普通高等教育“十三五”规划教材

单片机接口与应用

王普斌　编著

北　京
冶 金 工 业 出 版 社
2016

内 容 简 介

本书以 MCS-51 和 STC 增强型单片机为对象，重点介绍了单片机的基础知识和基本接口、单片机的扩展接口和 STC12C5A60S2 增强型单片机的扩展功能，并结合组态软件和工业实时控制技术，介绍了基于 Modbus 协议的单片机网络通信和实时多任务系统在单片机中的应用。全书围绕单片机接口与控制应用展开，面向技术发展，内在联系紧密，应用跨度大。书中含有大量例题和习题，能有效地提升读者的实际动手能力、独立思考能力、创新思维能力和综合实践能力。

本书可作为普通高等院校机械电子工程、机电一体化、电气自动化、电子信息工程、仪器仪表、计算机及相关专业的教材和实验参考书，也可供从事单片机软硬件开发应用的人员参考。

图书在版编目(CIP)数据

单片机接口与应用/王普斌编著. —北京：冶金工业出版社，2016.4

普通高等教育"十三五"规划教材

ISBN 978-7-5024-7203-0

Ⅰ.①单… Ⅱ.①王… Ⅲ.①单片微型计算机—接口—高等学校—教材 Ⅳ.①TP368.147

中国版本图书馆 CIP 数据核字（2016）第 071144 号

出 版 人　谭学余

地　　址　北京市东城区嵩祝院北巷 39 号　邮编　100009　电话　(010)64027926

网　　址　www.cnmip.com.cn　电子信箱　yjcbs@cnmip.com.cn

责任编辑　王雪涛　宋　良　美术编辑　吕欣童　版式设计　杨　帆

责任校对　郑　娟　责任印制　李玉山

ISBN 978-7-5024-7203-0

冶金工业出版社出版发行；各地新华书店经销；三河市双峰印刷装订有限公司印刷

2016 年 4 月第 1 版，2016 年 4 月第 1 次印刷

787mm×1092mm　1/16；19 印张；460 千字；290 页

40.00 元

冶金工业出版社　投稿电话　(010)64027932　投稿信箱　tougao@cnmip.com.cn

冶金工业出版社营销中心　电话　(010)64044283　传真　(010)64027893

冶金书店　地址　北京市东四西大街46 号(100010)　电话　(010)65289081(兼传真)

冶金工业出版社天猫旗舰店　yjgycbs.tmall.com

（本书如有印装质量问题，本社营销中心负责退换）

前　言

单片机知识面广、实践性强，本书是结合经典 MCS-51 单片机、STC 增强型单片机、C51 编程、多任务内核和单片机网络应用悉心写成。

全书分为三个部分：第 1~4 章为基础部分，第 5 章、第 6 章为增强部分，第 7 章、第 8 章为提高部分。

学习单片机，最基本的就是要了解它的基本组成。CPU、RAM、ROM、引脚、工作模式，等等，细节很多，不好入门。本书通过引入具有片内扩展 ROM、RAM 的 STC 单片机，简化了不少内容，减轻了学习负担。基础部分还有一个难点就是编程语言。从接口应用的角度讲，没有必要逐条学习机器指令，因此本书没有讲汇编语言，而是引入简洁高效的 C 语言，即 C51。这既减少了篇幅，降低了难度，又为后续学习打下了基础。

并口、中断、定时器/计数器、串口，这些内容是必须掌握的。本书采用即讲即用的方式，在介绍每一接口后，就辅以应用实例，且顺便介绍一些最基本的器件，利于由浅入深地学习。同时，为了便于理解，本书把接口电路的介绍和 C51 语句结合起来，且对每个 C51 程序都进行详细注释，避免了硬件与软件的生硬堆砌。总之，为使读者快速入门，笔者在原理介绍、硬件电路、程序设计和实际验证方面做了不少工作。但快速入门不是最终目的，本书通过介绍串口 PC 通信和定时器 T2，为学习单片机应用做好准备。

其实，很多人即便是学了单片机，对简单设备的控制，还是会感到茫然。编写第 4 章的初衷，就是要解决这个问题。这一章包括机电设备中常见的单相电动机、电磁阀、继电器、步进电动机、直流电动机和舵机的控制，穿插了 ULN2003、L298N、红外遥控器、光电开关、LCD 等器件的应用，涉及了 51 单片机所有片内资源，C51 的多种编程技巧，其知识面广，综合性强，是单片机机电控制的重要基础。读者通过对被控对象、接口电路、C51 程序几个方面的学习，一定能够加深领悟单片机控制的奥妙，逐步形成构思方案的素养，不断增强动手实践的能力。单片机应用中，硬件是躯壳，软件是灵魂，本章的程序都绘有流程图，方便理解。

第二部分中，第 5 章首先介绍单片机扩展并行 A/D、D/A 的方法，然后介

绍 I^2C 总线及其 A/D、D/A、EEPROM 接口器件，另外还介绍了单总线及 SPI 总线接口器件。串口器件驱动程序的语句多，该章整合诸多器件的应用于一例，有效地缩减了篇幅。第 6 章是基于 STC12C5A60S2 增强型单片机，讲述其片内扩展的 ADC、串口、PCA、EEPROM、SPI 和 WDT。针对每一功能，都要设计电路并编写程序进行验证。通过实例验证，化繁为简，并直观显示结果，起到了增进理解、贴近实用、通达实践的目的。通过这部分的学习，读者能够深入理解和实际感知单片机的片外扩展接口和片内增强功能，增强单片机应用的实战能力。

机电控制离不开网络。提高部分中的第 7 章首先介绍了 RS-485 串口标准和 Modbus 通信协议，然后介绍一款小型通用组态软件。在此基础上，通过单片机开发板、电动执行器、气动机械手三个实例，结合电路设计、程序设计、上位机组态设计三方面内容，讲解 PC 机与三台单片机组成的 SCADA 系统。通过这一章，读者能够初通单片机工控网络的硬件组成和软件设计方法，能够站在网络通信的平台上提升单片机控制应用的实战能力。

复杂控制需要实时多任务系统。第 8 章首先介绍了 51 单片机的 RTX51 Tiny 多任务内核，然后介绍了基于温度控制的单片机硬件电路和 PID 控制算法，最后进行多任务方式下的控制程序设计，并用 Proteus 软件进行仿真。通过这一章，读者能够突破传统程序设计的思维定式，初通多任务系统的程序设计方法，增进对实时控制系统组成、PID 控制算法的认识，能够在多任务内核的深度上提升应对复杂控制要求的实战能力。

上述内容，用 30~40 学时教学明显不足。以 40 学时为例，各章的参考学时为：第 1、2、5、7 章为 6 学时，第 3 章为 16 学时，第 4、6、8 章为自学参考。我的体会是：越是想提高，就越要自学。书中很多内容其实就是为自学准备的。

本书具有以下特色：

（1）易于入门，提升空间大。

结合新技术的发展，本书不讲述老旧内容，多数程序都绘有框图，较多地使用单片机串口与 PC 电脑通信，使得硬件电路简单，应用程序简短，数据处理灵活，主体内容突出，不少实例完全可以板书教学。同时，本书又不乏综合性很强的应用实例，在方便入门的同时，给读者以很大的提升空间。

（2）面向机电控制，层次多，跨度大。

从经典机型到增强机型，从简单应用到综合应用，从传统编程到实时多任务设计，从单机系统到工控网络，本书内容涵盖的层次多，跨度大，系统性强。特别是通过工控网络应用和实时多任务系统的引入，把单片机控制的学习推进到更大的平台和更高的层次上，这就有力地打开了学习的视野，能够有效促进创新思维的形成。

(3) 真实验证，便于自主实践。

本书是以机械电子工程专业单片机课程教学和指导大学生创新实践工作为目标而编写的，其内容编排和应用实例都是从实践中得来的。书中含有许多实例和有相当难度的习题，对于每一个实例，必须设法进行验证。个别的例子，即并行 A/D、D/A 及温度控制，为 Proteus 仿真，其他都可在单片机最小系统加相关 I/O 接口模块上进行真实验证。单片机芯片、STC 单片机自动编程器、各硬件电路模块都可网购，读者可网上自行选购并搭建应用系统，结合书中内容自主实践。

由于水平所限，书中不当之处，敬请读者指正。

感谢辽宁科技大学教务处对本书编写出版工作的大力支持！

王普斌

2016 年 1 月

目　录

1 单片机基本组成

单片机是 20 世纪 70 年代中期发展起来的一种大规模数字集成电路芯片，是集 CPU、ROM、RAM、I/O 接口和中断系统等于一体的器件。单片机能够通过运行程序检测外部输入并输出控制信号对外界产生作用，广泛应用于各行各业。目前，MCS-51 单片机已成为我国最具代表性的主流机型，它拥有的用户最多，应用最广，功能最完善。本章介绍单片机的基本概念，单片机应用所涉及的数制码值，MCS-51 单片机的组成及其最小系统。

1.1 基 本 概 念

1.1.1 单片机的定义

微处理器是由一片大规模集成电路组成的中央处理器，一般也称为 CPU（Center Process Unit）。微型计算机（简称微机或微型机）是以微处理器为核心，配上存储器、输入输出接口电路和系统总线构成的裸机。微型计算机系统是指以微型计算机为主体，再配以相应的外围设备、电源、辅助电路和所需要的软件而构成的计算机系统。

单片机属于微型计算机的一种，是把 CPU、存储器、定时器/计数器、中断系统和多种 I/O 接口电路与总线控制电路制作在一块芯片上的超大规模集成电路，即集成在一块芯片上的计算机，简称为单片机（Single Chip Microcomputer，SCM）。单片机使用时，通常是处于测控系统的核心地位并嵌入其中，所以国际上通常把单片机称为嵌入式控制器（Embedded Microcontroller Unit，EMCU），或微控制器（Microcontroller Unit，MCU）。我国习惯于使用“单片机”这一名称。

1.1.2 51 系列单片机

出现较早也是最成熟的单片机为 Intel 公司的 MCS-51 系列，如 Intel8031、Intel8051、Intel8751 等型号，该系列单片机字长为 8 位，具有完善的结构和优越的性能、较高的性价比和要求较低的开发环境。因此，后来很多厂商或公司沿用或参考了 Intel 公司的 MCS-51 内核，相继开发出了自己的单片机产品，如 PHILIPS、Dallas、ATMEL 等公司，并增加和扩展了单片机的很多功能，这些采用 MCS-51 内核的单片机通常简称为 51 单片机。目前市场流行的 51 单片机有 ATMEL 公司的 AT89 系列、国内品牌 STC 系列等。

STC 系列单片机为宏晶科技公司生产的增强型 51 单片机，具有多种型号。STC 单片机支持串口在线下载（ISP）、内部看门狗和内部 EEPROM 在应用编程（IAP），个别型号内部设计有 A/D 转换器。由于 STC 单片机功能强且价格低，市场容易购置，实验和研发成本较低，具有较强竞争力。本书在介绍经典 MCS-51 单片机的同时，也介绍了 STC90C516RD+（相当于增强型的 MCS-52）和 STC12C5A60S2（单时钟/机器周期单片机）。

1.1.3 单片机应用

单片机是一种芯片级计算机系统，具有数据运算和处理的能力，它可以嵌入到很多电子设备的电路系统中，实现智能化检测和控制。单片机应用领域非常广泛，主要表现在以下几个方面：

（1）智能仪器仪表。单片机结合不同类型的传感器，可实现电信号、湿度、温度、流量、压力、速度和位移等物理量的测量。以单片机为核心的智能仪器仪表，可以提高机器测量精度，扩展测量范围，且具备联网能力，完成复杂的测控任务。现在，单片机已经广泛应用于各种仪器仪表中，使仪器仪表数字化、智能化、微型化。

（2）机电一体化产品。机电一体化产品是指集机械技术、控制仪表、计算机技术于一体，具有智能化特征的机电产品。如在汽车、自动机床、机器人、智能医疗仪器中，单片机作为其中的控制器，能充分发挥体积小、可靠性高、功能灵活的优点，提高机器的智能化程度。

（3）实时控制。单片机具有较强的实时数据处理能力和控制能力，被广泛地应用于各种实时控制系统中。例如，工业测控、野外远程控制、航空航天、尖端武器等。

（4）分布式控制系统。在比较复杂的系统中，常采用分布式控制结构。分布式系统由多个节点组成，每个节点采用一个单片机作为控制器，各自完成特定的任务，如对现场信息进行实时采集和控制等。单片机与上位机之间通过串行通信接口连接，采用一定的协议进行通信，实现整个系统的功能。单片机的高可靠性和强抗干扰能力，使它可以工作于恶劣环境的前端。

（5）家居生活。单片机在家用电器方面也有着广泛应用。单片机系统能够完成电子系统的输入和自动操作，非常适合于对家用电器的智能控制。嵌入单片机的家用电器实现了智能化，是传统型家用电器的更新换代，现已广泛应用于洗衣机、空调、电视机、电冰箱、微波炉等各种智能家电以及各种视听设备中。

1.2 基本组成

单片机是把 CPU、存储器、I/O 接口、定时器/计数器、串行接口、中断控制等电路集成在一块集成电路芯片上的微处理器，图 1-1 为 MCS-51 单片机内部基本组成框图。

1.2.1 内部总线

总线（Bus）是传输信息的公共导线。在单片机内部使用的总线称为内部总线或片内总线，在单片机外部使用的总线称为外部总线或系统总线。根据总线传输信息作用的不同，通常把总线分为地址总线、数据总线和控制总线。

地址总线（Address Bus，AB）用于传输地址信息，以便于 CPU 对存储器中的存储单元或 I/O 接口芯片中的寄存器单元（即 I/O 端口）进行选择。地址总线的传输是单向的，即只能由 CPU 向外发出地址信息。只有在发出了地址信号后，CPU 和选中的器件之间才能在数据总线上进行数据传输。地址总线的根数决定着 CPU 可以直接访问的存储单元的

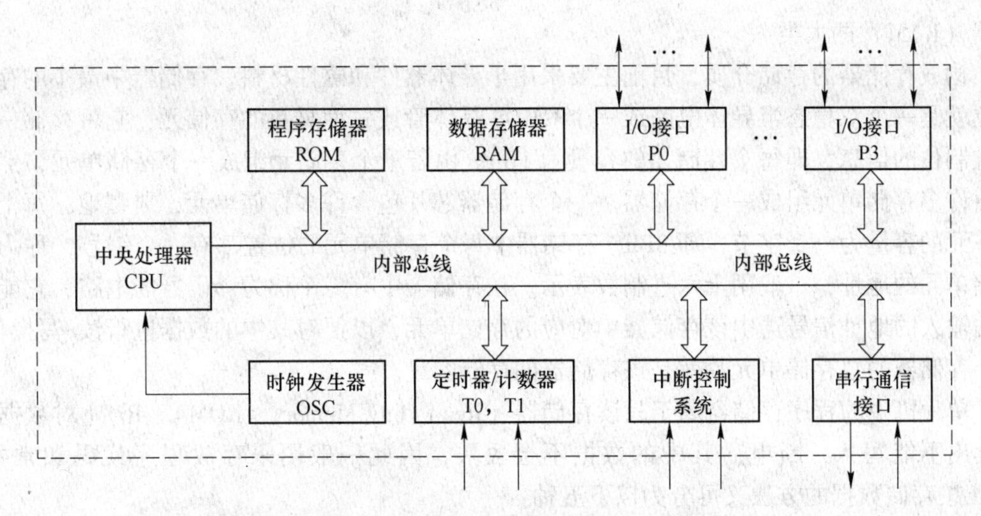

图 1-1　MCS-51 单片机内部组成框图

数目，例如由 16 根地址线组成的地址总线，可以允许 CPU 访问 $2^{16}=65536=64K$ 个存储单元。

数据总线（Data Bus，DB）是用于 CPU 与存储器之间或 CPU 与 I/O 接口之间进行数据传送的一组信号线。数据总线的根数与单片机的字长（CPU 一次能并行处理的二进制位数）是一致的。MCS-51 是 8 位字长的单片机，数据总线为 8 根。数据总线是双向的，CPU 既可以通过它向外部（如 ROM、RAM、I/O 接口）输出数据，也可以通过它读取由外部传来的数据。

控制总线（Control Bus，CB）是一组控制命令信号线，是 CPU 决定对外部器件做什么操作的命令线。控制总线中的很多控制信号，如读/写信号、片选信号，是由 CPU 向外部器件发出的，但外部器件向 CPU 发送的中断请求、状态就绪等信号也归入控制总线。

按照传输数据的方式划分，上面介绍的属于并行总线，其特征是：使用多根导线同时传输多位二进制数据。在单片机系统中，还经常使用串行总线。串行总线使用一根数据线逐位传输数据。常见的串行总线有 RS232、I^2C、SPI、CAN 等。

1.2.2　中央处理器

中央处理器是单片机的核心，简称 CPU，其作用是读入和分析每条指令，根据每条指令的功能要求，完成运算和控制操作。

单片机应用程序经编译器编译，将生成可执行代码。把 PC 和单片机系统连接好后，运行程序下载软件，例如 STC 单片机的 STC_ ISP 软件，就能够把程序代码下载到单片机片内 ROM 中。单片机在复位后，CPU 自动从 ROM 中逐条取出程序代码并执行。

1.2.3　程序存储器

存储器（Memory）是计算机系统中的记忆设备，用来存放程序和数据。存储器能够根据 CPU 指定的位置存入和取出信息，即对信息进行读/写操作。存储器中存储的信息也称为数据，对数据进行读/写操作也称为访问。存储器分为只读存储器（ROM）和随机存储器（RAM）两大类。

构成存储器的存储介质，目前主要采用半导体器件和磁性材料。存储器中最小的存储单位就是一个双稳态半导体电路或一个 CMOS 晶体管或磁性材料的存储元，它可存储一个二进制位的信息，即每个存储元的容量为 1Bit。由若干个存储元组成一个存储单元，然后再由许多存储单元组成一个存储器。一个存储器芯片包含许多存储单元，典型地，每个存储单元的容量为一个字节，即 8Bit。存储器中每个存储单元的位置都有一个编号，称为该存储单元的地址，一般用十六进制数表示。在存储器中有一个称为译码器的电路，它能够根据输入的地址信号选中该存储器中对应的存储单元，以便对其中的数据进行读/写操作。一个存储器的总存储单元数就是该存储器的存储容量。

单片机中的程序存储器属于只读存储器（Read Only Memory，ROM）。ROM 对数据只能读出不能写入，断电后其中的数据不会丢失，因此一般用来存放程序代码和常数。ROM 按存储数据的方法又可分为以下五种：

（1）掩膜 ROM（固定 ROM）。掩膜 ROM 由芯片制造公司把用户编好的程序代码写入 ROM，代码写入后便不能更改。这类 ROM 芯片成本最低，适于大批量定制。

（2）可编程只读存储器 PROM。PROM 由用户一次性写入程序和数据，数据一旦写入，只能读出，不能再进行更改。这类存储器也称为 OTP-ROM（One Time Programmable ROM），芯片成本也较低。

（3）可擦除只读存储器 EPROM。EPROM（Erasable Programmable ROM）的内容可以通过紫外线照射而彻底擦除，擦除后又可重复使用。

（4）电擦除只读存储器 EEPROM。EEPROM（Electrically Erasable Programmable ROM）可通过加电写入或清除其内容，编程电压和清除电压均为+5V，使用方便。数据不会因掉电而丢失。EEPROM 保存的数据至少可达 10 年以上，每块芯片可擦写 10 万次以上。

（5）Flash Memory。全名为 Flash EEPROM Memory，又名闪存，是一种长寿命的非易失性的存储器。闪存数据删除不是以单个的字节为单位而是以固定的区块为单位，区块大小一般为 256KB 到 20MB。闪存是 EEPROM 的变种。EEPROM 与闪存不同的是，它能在字节水平上进行删除和重写而不是按区块擦写，这样闪存就比 EEPROM 的更新速度快。由于其断电时仍能保存数据，闪存通常被用来保存设置信息、数据和资料。但是，闪存不像 RAM 那样能够以字节为单位改写数据，因此不能取代 RAM。

在单片机芯片内部，通常集成有一定容量的程序存储器和数据存储器。根据片内程序存储器类型的不同，单片机又可有下列分类。

ROM 型单片机：内部具有工厂掩膜制成的只读程序储存器。这种单片机是定制的，用户将调试好的程序代码交给厂商，厂商在制作单片机时把程序固化到 ROM 内，而用户是不能修改 ROM 中代码的。这种单片机价格最低，但生产周期较长，适用于大批量生产。

EPROM 型单片机：内部具有 EPROM 型程序存储器，对于有玻璃窗口的 EPROM 型单片机，可以通过紫外线擦除器擦除 EPROM 中的程序，用编程工具把新的程序代码写入 EPROM，且可以反复擦除和写入，使用方便，但价格贵，适合于研制样机。对于无窗口的 EPROM 型单片机，只能写一次，称为 OTP 型单片机。OTP 型单片机价格比较低，既适合于样机研制，也适用于批量生产。

Flash Memory 型单片机：内部含有 Flash Memory 型程序存储器，用户可以用编程器对 Flash Memory 存储器快速整体擦除和逐个字节写入。这种单片机价格也低，使用方便，是目前最流行的单片机。

1.2.4 数据存储器

数据存储器属于随机存储器（Random Access Memory，RAM）。RAM 对数据既能读出也能写入，断电后其中的内容全部丢失。单片机中的 RAM 常用于存放变量和中间计算结果。RAM 按照保持数据的方法，又分为静态 RAM 和动态 RAM 两种类型。

静态 RAM（Static RAM，SRAM）的特点是只要有电源加于存储器，数据就能长期保持。单片机系统中的 RAM 通常为静态 RAM。

动态 RAM（Dynamic RAM，DRAM）的特点是写入的信息只能保持若干毫秒，因此每隔一定时间必须重写一次，以保持原有信息不变。

最早的 MCS-51 单片机片内只集成有较少的 RAM 单元，增强型的 51 单片机对此有所扩充，以满足复杂应用的需要。

1.2.5 I/O 接口

单片机在应用中会涉及多种多样的外部器件和设备。常见的有按钮、开关、LED、扬声器、液晶屏、红外遥控器、IC 卡、USB 等器件。在测控应用中，单片机还可以通过 A/D 转换接口和 D/A 转换接口与各种传感器和执行器相连接，如温度、压力、流量等各种物理量传感器以及各种继电器、电磁铁、电动机等执行器，这些传感器和执行器也都属于外部设备。

I/O 接口是连接 CPU 与外部设备的中间电路。I/O 接口既可以与 CPU 集成在同一块芯片上，位于单片机芯片内部；也可以是独立的芯片或模块，与单片机通过外部总线连接。

I/O 接口与外部设备间交换的信号，通常有以下 4 种类型：

数字量：二进制表示的数据，如：字节数据、ASCII 码。

模拟量：随时间连续变化的物理量，如：电压、电流、温度、压力、流量。

开关量：二进制“0”和“1”描述的状态，如：开/关、启/停、通/断。

脉冲量：上下沿跳变的信号。

MCS-51 片内集成有 P0~P3 共 4 个并行 I/O 接口，增强型 51 单片机则还在片内集成有 A/D、D/A 等接口。

1.2.6 串行通信接口

串行通信接口，简称串口，其共同特征就是用单根导线传输数据，因此系统需要的连线少，易于扩展。MCS-51 片内集成有一个全双工的串行异步通信接口（UART）。增强型 51 单片机，片内可集成有更多的 UART，以及 I^2C、SPI 等串行总线接口。

1.2.7 定时器/计数器

定时器/计数器（Timer/Counter，T/C）具有完成硬件定时、对外部脉冲信号进行捕捉与计数、产生周期脉冲信号输出等功能。MCS-51 片内集成有两个 16 位定时器/计数器 T0、T1。增强型 MCS-51 片内又增加一个功能更强的定时器/计数器 T2。一些增强型 51 单片机还集成有可编程计数器阵列（Programmable Counter Array，PCA）。

1.2.8　中断控制系统

中断控制系统实现单片机对异步事件的处理机制。单片机在运行时，不时会有某些硬件信号请求单片机进行相应的处理工作。单片机在响应这些信号后，就要中断当前正在运行的程序，转去执行中断服务程序，执行后再返回原来的程序。MCS-51 有 5 个中断源，增强型 51 单片机则有更多的中断源。

1.2.9　时钟发生器

单片机的工作是在统一的时钟脉冲控制下一拍一拍地进行的，时钟发生器用来产生单片机工作所需要的时钟信号。时钟频率是衡量单片机运行速度的重要指标。MCS-51 单片机的最高时钟脉冲频率为 12MHz，12 个时钟周期可执行一条单字节指令，即最快 1μs 执行一条指令。增强型 51 单片机 STC12C5A60S2 时钟脉冲频率范围为 0～35MHz，且每时钟周期可执行一条指令，即 1T 单片机最快约 30ns 执行一条指令。

1.3　数制与编码

CPU 内部是二值电路，它所能直接处理的是二进制数。但二进制数书写冗长，阅读不便，所以程序设计中又常常用到十进制数、十六进制数。

实际应用中，有些数值不需要正负号，有些则需要正负号。但在 CPU 中，任何数值都要用“0”和“1”或其组合来表示，即便是数值前面的正号和负号，也要用“0”和“1”来表示。

1.3.1　数制

1.3.1.1　十进制数

十进制数的每一位有 0～9 十种数码，基数为 10，高位权是低位权的 10 倍，加减运算的法则为“逢十进一，借一当十”，后缀为 D，可省略。

记数形式：

$$D_3D_2D_1D_0=D_3\times10^3+D_2\times10^2+D_1\times10^1+D_0\times10^0$$

式中，D_3、D_2、D_1、D_0称为数码；10 为基数，10^3、10^2、10^1、10^0是各数码的位权。该式称为按位权展开式。

例如：

$$1234=1\times10^3+2\times10^2+3\times10^1+4\times10^0$$

1.3.1.2　二进制数

二进制数的每一位有 0 和 1 两种数码，基数为 2，高位权是低位权的 2 倍，加减运算的法则为“逢二进一，借一当二”，后缀为 B。

记数形式：

$$B_3B_2B_1B_0=B_3\times2^3+B_2\times2^2+B_1\times2^1+B_0\times2^0$$

式中，B_3、B_2、B_1、B_0称为数码；2 为基数，2^3、2^2、2^1、2^0是各数码的位权。

例如：

$$1011B=1\times2^3+0\times2^2+1\times2^1+1\times2^0$$

1.3.1.3 十六进制数

十六进制数的每一位有 0、1、2、3、4、5、6、7、8、9、A、B、C、D、E、F 十六种数码，其中 A、B、C、D、E、F 所代表的数分别相当于十进制的 10、11、12、13、14、15。基数为 16，高位权是低位权的 16 倍，加减运算的法则为“逢十六进一，借一当十六”，后缀为 H。

记数形式：

$$H_3H_2H_1H_0=H_3\times16^3+H_2\times16^2+H_1\times16^1+H_0\times16^0$$

式中，H_3、H_2、H_1、H_0称为数码；16 为基数，16^3、16^2、16^1、16^0是各数码的位权。

例如：

$$12ABH=1\times16^3+2\times16^2+10\times16^1+11\times16^0$$

1.3.2 数制转换

1.3.2.1 十进制数转换为二进制数

十进制数转换为二进制数采用“除二取余倒记法”，即将十进制数依次除以 2，并记下余数，一直除到商为 0。最后把全部余数按相反的顺序排列起来，就得到二进制数。

例如，把十进制数 19 换为二进制数：

	商	余数	位序
19 ÷ 2 =	9	…… 1	(最低位)
9 ÷ 2 =	4	…… 1	
4 ÷ 2 =	2	…… 0	
2 ÷ 2 =	1	…… 0	
1 ÷ 2 =	0	…… 1	(最高位)

即：19 = 10011B

1.3.2.2 二进制数转换为十进制数

二进制数转换为十进制数采用“乘权相加法”，即将二进制数依次按权位展开，然后求和，就得到十进制数。

例如，把二进制数 1101B 转换为十进制数：

$$1101B=1\times2^3+1\times2^2+0\times2^1+1\times2^0=13$$

1.3.2.3 二进制数转换为十六进制数

二进制数转换为十六进制数采用“合四为一法”，即从右向左，每四位二进制数转换为一位十六进制数，最高位不足四位用 0 补齐，就可得到十六进制数。

例如，把二进制数 1011010110010011111B 转换为十六进制数：

0101 1010 1100 1001 1111B = 5AC9FH

1.3.2.4 十六进制数转换为二进制数

十六进制数转换为二进制数采用“一分为四法”，即从左向右，每一位十六进制数转换为四位二进制数。

例如，把十六进制数6C7BH转换为二进制数：

6C7BH=0110 1100 0111 1011B

1.3.3 无符号数和有符号数

计算机用一定位数的二进制数表示整数，如8位整数、16位整数。如果一个数的所有数位都是数值位，没有符号位，则该数就是无符号数。例如，8位无符号数的8个位都是数值位，所以它可表示的数的范围为0000 0000B~1111 1111B，即0~255。同样，16位无符号数的16个位都是数值位，所以它可表示的数的范围为0000H~FFFFH，即0~65535。在计算机中最常用的无符号整数是表示地址的数。

有符号数就是有符号位的数。有符号数以其二进制数的最高位作为符号位，且0表示“+”，1表示“-”。例如，对于8位二进制数，00000001B表示+1，11111111B表示-1。对于16位二进制数，0001H表示+1，FFFFH表示-1。

以8位二进制数10011101为例，当视作无符号数时，其十进制数值为157，当视作有符号数时，其十进制数值为-99。

1.3.4 原码、反码和补码

二进制数有三种编码形式：原码、反码和补码。

1.3.4.1 原码

一个二进制数的原形就是该数的原码。原码可以是无符号数，也可以是有符号数。

1.3.4.2 反码

把一个二进制数的各位取反，就得到该数的反码。例如，8位二进制数01010101B的反码是10101010B，反之亦然。显然，若设N为二进制数的位数，则一个数A的原码与A的反码之和为2^N-1，即和的每一个数位都是1，表示为：

A的原码+A的反码$=2^N-1$

1.3.4.3 补码

补码可以参考集合的定义。一个全集中有子集A和A的补集$\overline{A}$，两者相加刚好等于全集。例如，设全集的容量为100%，A集的容量为1%，则补集$\overline{A}$的容量就是99%。如果把集合的容量数字化，则相对于100来说，1和99互补。

设CPU的字长为N位，N位二进制数的范围是0~（2^N-1），即数据全集中共有2^N个数，所以，如果两数之和为2^N，则这两个数互补。例如，1与2^N-1互补，2与2^N-2互补，等等。MCS-51的CPU为8位字长，它用8位寄存器存储数据。如果用一个8位寄存器存储2^8，即100000000B，则该寄存器所存的数是00H，最高位被1存于进位位CY中。因此，对于某数A，有：

A的原码+A的补码$=2^N=$00H，CY=1，N=8

A的反码$=2^N-$A的原码

$$=（A 的原码+A 的反码+1）-A 的原码$$
$$=A 的反码+1$$

这就是说，二进制数的补码等于其反码加 1。

采用补码能够将减法运算转换为加法运算：

$$A-B=A+2^N-B=A+B 的补码$$

这样，CPU 就能够使用加法电路完成减法运算。

1.3.5 逻辑数据的表示

逻辑数据有“0”和“1”两种取值：“0”代表假，“1”代表真。由于 1 位二进制数（即 1bit）也有 0 和 1 两种取值，所以逻辑数据完全可以用 1 位二进制数来表示并进行各种逻辑运算。MCS-51 中有一个位处理器，专门用来进行 1 位二进制数的逻辑运算。逻辑数据也可以用多位二进制数来表示，例如用 1 个字节（8 位二进制数）或 1 个字（16 位二进制数）来表示。这时，如果所有数据位都是数值 0，就表示逻辑“0”；而只要有 1 个数据位为数值 1，就表示逻辑“1”。在逻辑电路中，用一根导线的两种状态就可以表示逻辑数据，如用高电平表示“1”，用低电平表示“0”。

最基本的逻辑运算包括逻辑与、逻辑或、逻辑非、逻辑异或，见表 1-1。

表 1-1 基本逻辑操作表

逻辑操作类型	表达式	电路图	运算规则
与（AND）	$Y=A\cdot B$	A B Y	有 0 为 0，全 1 为 1
或（OR）	$Y=A+B$	A B Y	有 1 为 1，全 0 为 0
非（NOT）	$Y=\overline{A}$	A Y	变 1 为 0，变 0 为 1
异或（XOR）	$Y=A\oplus B$	A B Y	相同为 0，相异为 1

1.3.6 BCD 码和 ASCII 码

由于计算机只能识别二进制数，因此，各种输入信息，如数字、字母、符号等都要化成特定的二进制码来表示，这就是二进制编码。前面讨论的位权基数为 2 的二进制数称为纯二进制数代码。此外，在单片机中还常用 BCD 码和 ASCII 码。

1.3.6.1 BCD 码

BCD（Binary Coded Decimal）码是以四位二进制数的不同组合表示十进制数 0~9 十个数码的方法，又称二-十进制编码，见表 1-2。

常用的 BCD 码为 8421 BCD 码，即每位十进制数码用四位二进制数来表示，其中只有 0000~1001 十个码有效，其余 1010~1111 没有使用。四位二进制数从高到低的权值分别

为 2^3、2^2、2^1、2^0，即 8、4、2、1。BCD 码的优点是与十进制数转换方便，容易阅读；缺点是用 BCD 码表示的十进制数的数位比纯二进制数的数位更长，使电路复杂性增加，运算速度减慢。

根据存放格式的不同，BCD 码又分为压缩型 BCD 码和非压缩型 BCD 码。压缩型 BCD 码用一个字节存放两位十进制数，非压缩型 BCD 码一个字节只存放一位十进制数。

表 1-2 BCD 码

十进制数	压缩 BCD 码		非压缩 BCD 码	
	BIN	HEX	BIN	HEX
0	0000B	0H	0000 0000B	00H
1	0001B	1H	0000 0001B	01H
2	0010B	2H	0000 0010B	02H
3	0011B	3H	0000 0011B	03H
4	0100B	4H	0000 0100B	04H
5	0101B	5H	0000 0101B	05H
6	0110BB	6H	0000 0110B	06H
7	0111B	7H	0000 0111B	07H
8	1000B	8H	0000 1000B	08H
9	1001B	9H	0000 1001B	09H
65	0110 0101B	65H	0000 0110 0000 0101B	0605H

1.3.6.2 ASCII 码

在微型计算机中普遍采用 ASCII（American Standard Code for Information Interchange）码表示各种字符，见表 1-3。

表 1-3 ASCII 码

	列	0	1	2	3	4	5	6	7
行	位 654 3210	000	001	010	011	100	101	110	111
0	0000	NUL	DLE	SP	0	@	P	`	p
1	0001	SOH	DC1	!	1	A	Q	a	q
2	0010	STX	DC2	“	2	B	R	b	r
3	0011	ETX	DC3	#	3	C	S	c	s
4	0100	EOT	DC4	$	4	D	T	d	t
5	0101	ENG	NAK	%	5	E	U	e	u
6	0110	ACK	SYN	&	6	F	V	f	v
7	0111	BEL	ETB	‘	7	G	W	g	w
8	1000	BS	CAN	(	8	H	X	h	x
9	1001	HT	EM	)	9	I	Y	i	y
A	1010	LF	SUB	*	:	J	Z	j	z
B	1011	VT	ESC	+	;	K	[	k	{
C	1100	FF	FS	,	<	L	\	l	|
D	1101	CR	GS	-	=	M	]	m	}
E	1110	SO	RS	.	>	N	^	n	~
F	1111	SI	US	/	?	O	_	o	DEL

ASCII 码采用 7 位二进制编码，总共有 128 个字符，包括 52 个英文大、小写字母，10 个阿拉伯数字 0~9，32 个通用控制字符和 34 个专用字符。例如，数字 0~9 的 ASCII 码分别为 30H~39H，英文大写字母 A~Z 的 ASCII 码为 41H~5AH。ASCII 码表中有一些符号是作为计算机控制字符使用的，这些控制符号有专门的用途。例如，回车字符 CR 的 ASCII 码为 0DH，换行符 LF 的 ASCII 码为 0AH。

7 位二进制码称为标准的 ASCII 码。为表示更多符号，在标准 ASCII 码基础上，将 7 位 ASCII 码扩充到 8 位，可表示 256 个字符，称为扩充的 ASCII 码。扩充的 ASCII 码可以表示某些特定的符号，如希腊字符、数学符号等。

1.4　MCS-51 的 CPU

CPU 是单片机的核心，主要功能是从 ROM 中取出指令、译码并执行。CPU 能够根据每一条指令的具体功能，与存储器、I/O 端口进行数据传送，执行数据的算术逻辑运算、位操作等处理。MCS-51 的 CPU 一次能对 8 位二进制数据或代码进行操作，也能通过位处理器对一位二进制数据进行操作。从功能上，它分为控制器和运算器两部分，如图 1-2 所示。

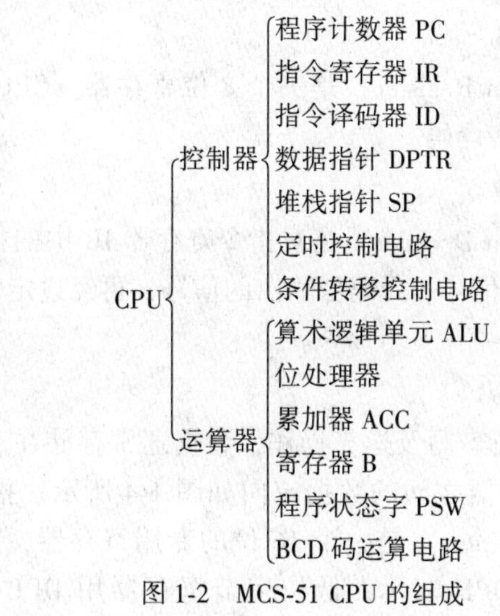

图 1-2　MCS-51 CPU 的组成

1.4.1　控制器

控制器由程序计数器 PC、指令寄存器 IR、指令译码器 ID、定时控制与条件转移逻辑电路等组成。其功能是取出存储器中的指令并对其译码，通过定时电路，在规定的时刻发出各种操作所需的全部内部和外部控制信号，使各部分协调工作，完成指令所规定的功能。控制器的各部分功能部件简述如下。

1.4.1.1　程序计数器 PC

程序计数器 PC（Program Counter）是一个 16 位的专用寄存器，用来存放下一条指令的地址，具有自动加 1 的功能。应用程序通过编译软件编译后，生成单片机指令码，并预先写入程序存储器 ROM 中。单片机运行后，CPU 逐条从 ROM 中取出指令码并执行。

在执行一条指令前，CPU 要根据 PC 的内容，从 ROM 中取出指令码和包含在指令中的操作数，这一过程称为“取指”。并且，每当 CPU 取完一个字节，PC 的内容自动加 1，为 CPU 取下一个字节做好准备。在 CPU 执行转移、调用、返回指令时，能够修改 PC 内容，从而实现程序的转移。由于 MCS-51 单片机的寻址范围为 64KB，所以，PC 中数据的编码范围为 0000H~FFFFH。单片机上电或复位时，PC 自动清 0，即装入地址 0000H，这时，CPU 从 ROM 的 0000H 地址单元取指令并执行。图 1-3 所示为 CPU 取指令并执行指令的流程。

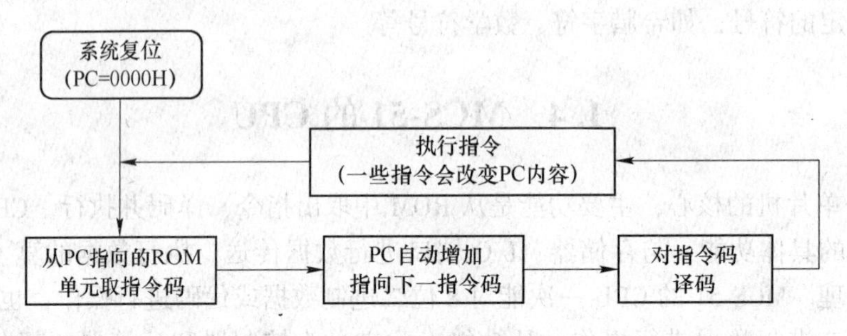

图 1-3　CPU 取指令、执行指令流程图

1.4.1.2　指令寄存器 IR

指令寄存器 IR（Instruction Register）是一个 8 位寄存器。CPU 从 ROM 取出指令后，就将指令码暂存于 IR 中，等待译码。

1.4.1.3　指令译码器 ID

指令译码器 ID（Instruction Decoder）是对指令寄存器 IR 中的指令进行译码，将指令码变为执行此指令所需要的电信号。译码器输出的信号，再经过定时电路定时，产生执行该指令所需要的各种控制信号。

1.4.1.4　数据指针 DPTR

很多指令需要对数据进行读/写及运算操作，数据通常存储在 ROM 和 RAM 中。CPU 在取指令及执行指令时与存储器之间的数据流向如图 1-4 所示。指针是存放地址的寄存器。数据指针 DPTR（Data Pointer）是一个 16 位的专用寄存器，用于存放数据的地址。DPTR 的高位字节寄存器用 DPH 表示，低位字节寄存器用 DPL 表示，因此数据指针 DPTR 既可以作为一个 16 位寄存器来处理，也可以作为两个独立的 8 位寄存器 DPH 和 DPL 来处理。DPTR 中存放的地址，可以用来读取 ROM 中的数据，也可以用来读/写片外 RAM 中的数据，但二者所用的指令不同。

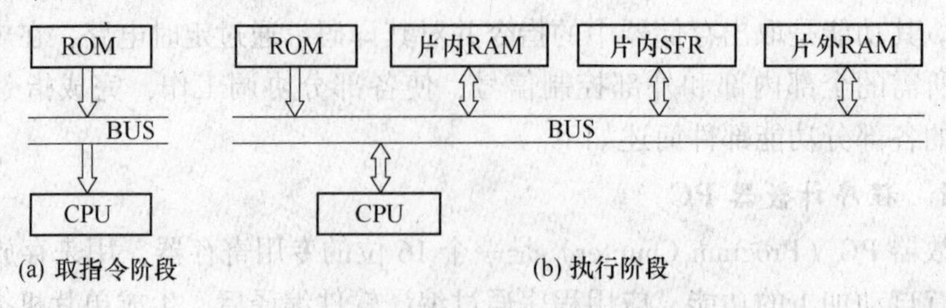

图 1-4　CPU 与存储器之间的数据流向

1.4.1.5 堆栈指针 SP

堆栈指针 SP（Stack Pointer）是一个 8 位专用寄存器，它指示出堆栈顶部在内部 RAM 块中的位置，即 SP 指向栈顶。SP 具有自动加 1、自动减 1 功能。当数据进栈时，SP 先自动加 1，然后 CPU 将数据存入；当数据出栈时，CPU 先将数据送出，然后 SP 自动减 1。系统复位后，SP 初始化为 07H，使得堆栈事实上由 08H 单元开始。

1.4.2 运算器

运算器主要进行算术和逻辑运算。运算器由算术逻辑单元 ALU、累加器 ACC、程序状态字 PSW、BCD 码运算电路、通用寄存器 B 和一些专用寄存器及位处理器等组成。

1.4.2.1 算术逻辑单元 ALU

ALU（Arithmetic Logic Unit）由加法器和其他逻辑电路等组成，完成数据的算术逻辑运算、循环移位、位操作等。参加运算的两个操作数，一个由 ACC 通过暂存器 2 提供，另外一个由暂存器 1 提供，运算结果送回 ACC，状态送 PSW。

1.4.2.2 累加器 ACC

累加器 ACC（Accumulator）是一个 8 位特殊功能寄存器，简记为 A，它通过暂存器与 ALU 传送信息，用来存放一个操作数或中间结果。

1.4.2.3 程序状态字 PSW

PSW（Program Status Word）也是一个 8 位的特殊功能寄存器，用于存储程序运行过程中的各种状态信息。

1.4.2.4 其他部件

暂存器用来存放中间结果，通用寄存器 B 用于乘法和除法时，提供一个操作数，对于其他指令，只用作暂存器。

1.4.2.5 位处理器

在 MCS-51 的 ALU 中，与字节处理器相对应，还特别设置了一个结构完整、功能极强的位处理器。MCS-51 指令系统中的位处理指令集（17 条位操作指令）、存储器中的位地址空间，以及借用程序状态寄存器 PSW 中的进位标志位 CY 作为位操作的累加器，构成了 MCS-51 的位处理器。位处理器可对直接寻址的位变量进行位处理，如置位、清零、取反、测试转移以及逻辑与、逻辑或等位操作，使用户在编程时可以利用指令完成原来要用硬件电路来完成的功能，并可方便地设置标志位等，给面向控制的实际应用带来了方便。

1.5 MCS-51 存储器

MCS-51 片内集成有一定容量的程序存储器 ROM 和随机存储器 RAM。ROM 用于存放用户程序和固定数据，RAM 用于暂存变量和中间数据。ROM 和 RAM 各自独立编址。

1.5.1 程序存储器 ROM

MCS-51 片内 ROM 为 4KB，MCS-52 为 8KB。程序代码超过此规模时就需要扩展外部 ROM 芯片，扩展后 ROM 最多可达 64KB，同时需要占用单片机的$\overline{EA}$和$\overline{PSEN}$引脚。增强型

51 单片机在芯片内部对 ROM 的容量进行了扩充，用户可根据应用需要进行选择。

表 1-4 给出了 STC90C51 系列若干型号及 STC12C5A60S2 单片机的片内程序存储器配置，其 Flash ROM 的容量从 4KB 到 61KB 不等。因此在开发产品时，只需要根据应用程序规模选择芯片，不需要扩展片外 ROM，片内 ROM 也不占用$\overline{EA}$和$\overline{PSEN}$引脚。

表 1-4 部分 STC 单片机 ROM 容量

芯片型号	ROM 容量，地址范围	芯片型号	ROM 容量，地址范围
STC90C51RC	4KB，0000H～0FFFH	STC90C510RD+	40KB，0000H～9FFFH
STC90C52RC	8KB，0000H～1FFFH	STC90C512RD+	48KB，0000H～BFFFH
STC90C53RC	13KB，0000H～33FFH	STC90C514RD+	56KB，0000H～DFFFH
STC90C54RD+	16KB，0000H～3FFFH	STC90C516RD+	64KB，0000H～FFFFH
STC90C58RD+	32KB，0000H～7FFFH	STC12C5A60S2	60KB，0000H～EFFFH

单片机复位后，程序计数器 PC 的内容为 0000H，CPU 从 ROM 的 0000H 单元开始取指令并执行。另外，单片机的每个中断服务程序都有一个固定的入口地址，当中断发生并得到响应后，PC 的内容被修改为相应的入口地址，CPU 就转去执行该中断服务程序。外部中断 0 的入口地址是 0003H，定时器/计数器 0 的入口地址是 000BH，外部中断 1 的入口地址是 0013H，定时器/计数器 1 的入口地址是 001BH，串口中断的入口地址是 0023H。

采用 C51 编程时，不需要指明这些入口地址。当一个函数被声明为中断服务函数后，C51 编译器根据其中断号自动确定其入口地址。

1.5.2 数据存储器

MCS-52 片内 RAM 的配置如图 1-5 所示，地址范围是 00H～FFH。

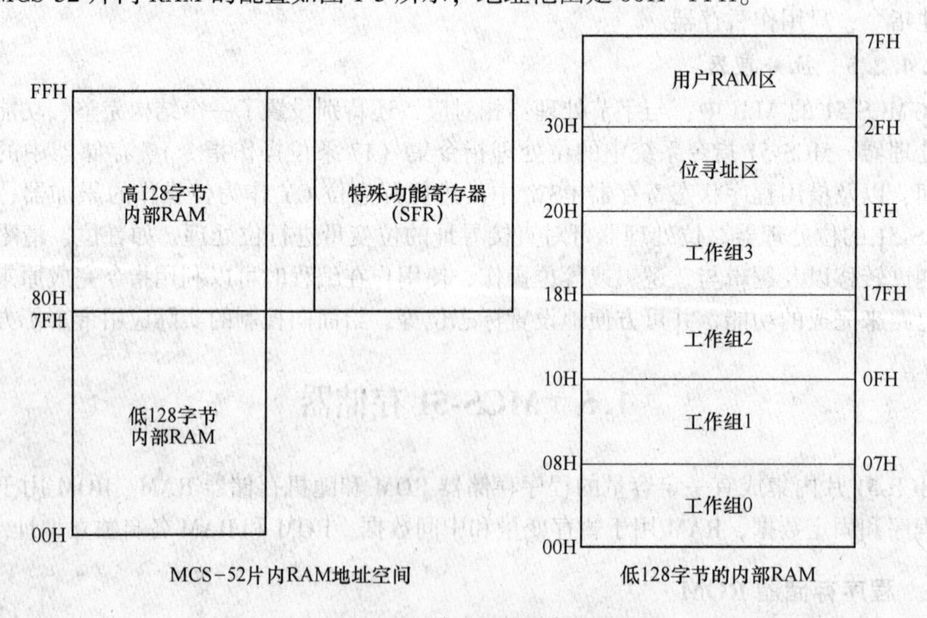

图 1-5 MCS-51 单片机数据存储器配置

MCS-52 片内 RAM 共 256 字节，分为 3 个部分：低 128 字节 RAM、高 128 字节 RAM

（MCS-51 只有低 128 字节的 RAM）及特殊功能寄存器（SFR）区。高 128 字节 RAM 与特殊功能寄存器区共用相同的地址范围，即 80H～FFH。地址空间虽然重叠，但物理上是独立的，使用时通过不同的寻址方式加以区分。

1.5.2.1 低 128 字节 RAM 区

低 128 字节 RAM 区也称通用 RAM 区。通用 RAM 区又可分为工作寄存器组区、位寻址区和用户 RAM 区。

工作寄存器组区：该区地址为 00H～1FH，共 32 字节，分为 4 组，每组称为一个工作组。每个工作组都包含 8 个 8 位工作寄存器，编号都是 R0～R7。工作组 0 是最常用的寄存器组。通过切换工作组，可以提高程序运行效率。C51 编程时，一般不需要指定工作组，编译器会自动为程序和函数分配它们。

位寻址区：该区地址为 20H～2FH，共 16 个字节。这个区域的存储单元既可以按字节存取，也可以按位存取。按位存取时，需要使用位地址。位地址可按下式计算：

$$位地址=(字节地址-20H)\times 8+位序$$

其中，字节地址为 20H～2FH，位序为 0～7。

例如，对于 2FH 字节单元中的第 7 位，可按上式算出其位地址为 127，即 7FH。

在 C51 编程中，当声明一个变量为 bit 型位变量时，编译器会在位寻址区为其分配一个位的存储空间。

用户 RAM 区：该区地址为 30H～7FH，用于暂存各种变量和临时数据，也能用作函数调用时所使用的堆栈区。C51 程序中的变量和堆栈可由编译器自动分配存储空间。

1.5.2.2 高 128 字节 RAM 区

MCS-52 扩展有高 128 字节 RAM，地址范围是 80H～FFH。

高 128 字节 RAM 只能间接寻址。C51 编程时，存储于该区的变量需要使用 idata 存储器类型进行变量声明。

1.5.2.3 特殊功能寄存器区

特殊功能寄存器 SFR 是用来对片内各功能模块进行管理、控制、监视的控制寄存器和状态寄存器。MCS-52 的 SFR 区与内部高 128 字节 RAM 区的地址范围重合，但二者在物理上是独立的。表 1-5 列出了 MCS-52 各特殊功能寄存器的名称、标识符和对应的字节地址。

表 1-5 特殊功能寄存器及 C51 预定义

特殊功能寄存器	标识符	字节地址	在 at89x52.h 中的定义
并口 0 端口寄存器	P0	80H	sfr P0 = 0x80;
堆栈指针	SP	81H	sfr SP = 0x81;
数据指针（低 8 位）	DPL	82H	sfr DPL = 0x82;
数据指针（高 8 位）	DPH	83H	sfr DPH = 0x83;
电源控制寄存器	PCON	87H	sfr PCON = 0x87;
定时器控制寄存器	TCON	88H	sfr TCON = 0x88;
定时器方式寄存器	TMOD	89H	sfr TMOD = 0x89;

续表 1-5

特殊功能寄存器	标识符	字节地址	在 at89x52. h 中的定义
定时器 0 低 8 位计数器	TL0	8AH	sfr TL0 = 0x8A;
定时器 1 低 8 位计数器	TL1	8BH	sfr TL1 = 0x8B;
定时器 0 高 8 位计数器	TH0	8CH	sfr TH0 = 0x8C;
定时器 1 高 8 位计数器	TH1	8DH	sfr TH1 = 0x8D;
并口 1 端口寄存器	P1	90H	sfr P1 = 0x90;
串行口控制寄存器	SCON	98H	sfr SCON = 0x98;
串行数据缓冲器	SBUF	99H	sfr SBUF = 0x99;
并口 2 端口寄存器	P2	A0H	sfr P2 = 0xA0;
中断允许控制寄存器	IE	A8H	sfr IE = 0xA8;
并口 3 端口寄存器	P3	B0H	sfr P3 = 0xB0;
中断优先控制寄存器	IP	B8H	sfr IP = 0xB8;
定时器 2 控制寄存器	T2CON	C8H	sfr T2CON = 0xC8;
定时器 2 方式寄存器	T2MOD	C9H	sfr T2MOD = 0xC9;
定时器 2 自动重装载寄存器（低 8 位）	RCAP2L	CAH	sfr RCAP2 = 0xCA;
定时器 2 自动重装载寄存器（高 8 位）	RCAP2H	CBH	sfr RCAP2H = 0xCB;
定时器 2 低 8 位计数器	TL2	CCH	sfr TL2 = 0xCC;
定时器 2 高 8 位计数器	TH2	CDH	sfr TH2 = 0xCD;
程序状态字寄存器	PSW	D0H	sfr PSW = 0xD0;
累加器	ACC	E0H	sfr ACC = 0xE0;
寄存器 B	B	F0H	sfr B = 0xF0;

对于单片机的特殊功能寄存器，C51 已经进行了预定义，这些定义存储于 C51 的头部文件中，如 reg52. h、at89x52. h。所以在编程时，只要包含了这样的头文件，就可以在语句中直接引用特殊功能寄存器的标识符，而无须记住它们的具体地址。例如：

```
#include<atmel\at89x52.h>//包含 atmel 公司 52 系列单片机的头文件
main()      //主函数
{
    P0 = 0xA1;    //把数值 A1H 写入 P0 寄存器并输出到 P0.0~P0.7 引脚，8 个位同时操作
    P1_0 = 0;     //把数值 0 写入 P1.0 位寄存器（即 P1.0 端口锁存器）并输出到 P1.0 引脚
    /*其他语句*/
}
```

1.5.3　STC 单片机片内扩展 RAM

MCS-51 片内 RAM 容量较小，当其不能满足应用需要时，就要采用扩展外部 RAM 的方法。这时要把单片机的 P0 口作为 8 位数据/低 8 位地址复用总线，P2 口作为高 8 位地址总线，16 位的地址总线支持 64KB 的扩展 RAM 空间。同时，为了进行数据读/写操作，还需要 P3. 6/$\overline{WR}$、P3. 7/$\overline{RD}$、ALE 引脚的配合。因此这种扩展占用了单片机较多的 I/O

资源，并且需要增加外部 RAM 芯片和附加电路。

许多型号的 STC 单片机在芯片内部扩展了 1K 或更多的 RAM，如 STC90C516RD+、STC12C5A60S2 扩展了 1KB 的 RAM，STC15F4K60S4 扩展了 4KB 的 RAM。这种片内扩展的 RAM 在物理上集成于单片机内部，在逻辑上占用外部扩展 RAM 空间，用访问扩展 RAM 的指令进行数据操作。图 1-6 为 STC90C516RD+片内集成的 ROM、RAM 地址空间分配图。

C51 编程时，用 xdata 声明变量存储器类型即可访问扩展 RAM 区的变量，如：

```
unsigned char xdata i; //在扩展 RAM 区定义无符号字符型变量 i
```

STC 单片机片内扩展 RAM 既节省了外部 RAM 芯片和附加电路，也不占用单片机的 P0 口、P2 口、P3.6/$\overline{WR}$、P3.7/$\overline{RD}$和 ALE 引脚，其片内 ROM 又节省了$\overline{EA}$和$\overline{PSEN}$引脚。

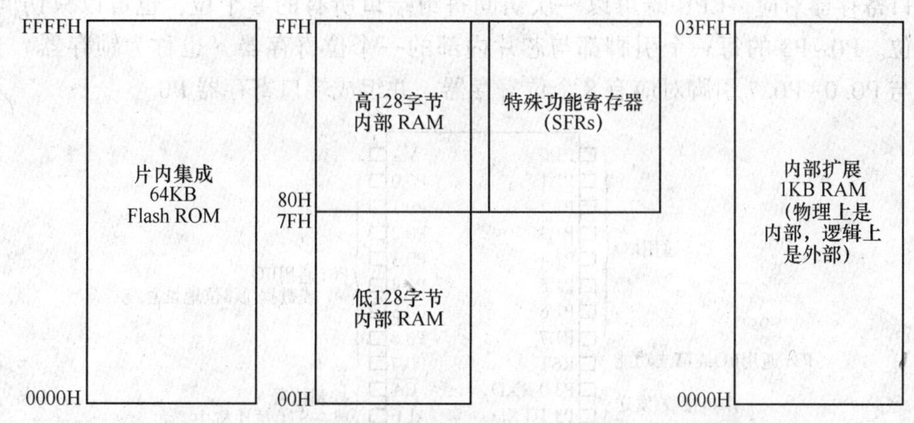

图 1-6　STC90C516RD+片内集成的 ROM 和 RAM 地址空间

1.6　MCS-51 单片机外部引脚

MCS-51 有双列直插封装和方形封装，图 1-7 所示为双列直插封装的引脚分布。40 个引脚按功能分为 4 个部分，即电源引脚（Vcc 和 Vss）、时钟引脚（XTAL1 和 XTAL2）、控制信号引脚（RST、$\overline{EA}$、$\overline{PSEN}$和 ALE）以及 I/O 口引脚（P0、P1、P2、P3）。

（1）电源引脚。

V_{cc}（40 脚）：主电源正端，接+5V。

V_{ss}（20 脚）：主电源负端，接地。

（2）时钟引脚。

XTAL1（19 脚）：内部振荡电路反相放大器的输入端，是外接晶体的一个引脚。当采用外部振荡器时，此引脚接地。

XTAL2（18 脚）：内部振荡电路反相放大器的输出端，是外接晶体的另一端。当采用外部振荡器时，此引脚接外部振荡源。

（3）控制信号引脚。

RST（9 脚）：RST 是复位信号输入端，高电平有效。此端保持两个机器周期（24 个时钟周期）以上的高电平时，就可以完成复位操作。RST 引脚的第二功能为备用电源输入端。

ALE（30 脚）：地址锁存控制信号。在系统扩展时，ALE 用于控制把 P0 口输出的低

8位地址送入锁存器锁存起来，以实现低位地址和数据的分时传送。STC单片机中，该引脚可用作P4.5。

$\overline{\text{PSEN}}$（29脚）：程序存储器允许信号输出端。当访问片外程序存储器时，此脚输出负脉冲作为读选通信号，低电平有效。STC单片机该引脚可用作P4.4。

$\overline{\text{EA}}$（31脚）：片外程序存储器选通控制端，低电平有效。STC单片机该引脚可用作P4.6。

（4）I/O端口引脚。

I/O接口是单片机连接外设的中间电路，I/O端口则是I/O接口中供CPU读写数据的寄存器。MCS-51共有P0、P1、P2、P3四组端口，分别与芯片内部的P0、P1、P2、P3四个端口寄存器对应。CPU既可以一次访问每组端口所有的8个位，也可以只访问其中的某一位。P0~P3的每一个引脚都与芯片内部的一个位寄存器（也称为锁存器）连接。例如，与P0.0~P0.7引脚对应有8个位寄存器，并组成端口寄存器P0。

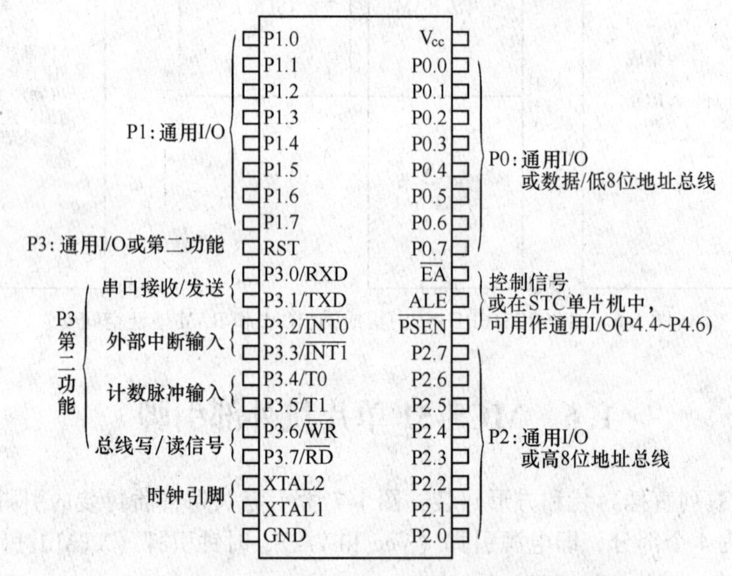

图1-7 DIP40封装MCS-51单片机引脚及功能图

在at89x52.h头文件中，把P0、P1、P2、P3的位寄存器分别定义为P0_0~P0_7、P1_0~P1_7、P2_0~P2_7、P3_0~P3_7，见表1-6。

表1-6 at89x52.h头文件对并口的位定义

P0位寄存器定义	P1位寄存器定义	P2位寄存器定义	P3位寄存器定义
sbit P0_0 = 0x80;	sbit P1_0 = 0x90;	sbit P2_0 = 0xA0;	sbit P3_0 = 0xB0;
sbit P0_1 = 0x81;	sbit P1_1 = 0x91;	sbit P2_1 = 0xA1;	sbit P3_1 = 0xB1;
sbit P0_2 = 0x82;	sbit P1_2 = 0x92;	sbit P2_2 = 0xA2;	sbit P3_2 = 0xB2;
sbit P0_3 = 0x83;	sbit P1_3 = 0x93;	sbit P2_3 = 0xA3;	sbit P3_3 = 0xB3;
sbit P0_4 = 0x84;	sbit P1_4 = 0x94;	sbit P2_4 = 0xA4;	sbit P3_4 = 0xB4;
sbit P0_5 = 0x85;	sbit P1_5 = 0x95;	sbit P2_5 = 0xA5;	sbit P3_5 = 0xB5;
sbit P0_6 = 0x86;	sbit P1_6 = 0x96;	sbit P2_6 = 0xA6;	sbit P3_6 = 0xB6;
sbit P0_7 = 0x87;	sbit P1_7 = 0x97;	sbit P2_7 = 0xA7;	sbit P3_7 = 0xB7;

1.7 MCS-51 最小系统

1.7.1 单片机最小系统组成

最小系统是单片机可以运行程序的基本电路，包括单片机、电源、振荡电路、复位电路四部分。MCS-51 的最小系统如图 1-8 所示。

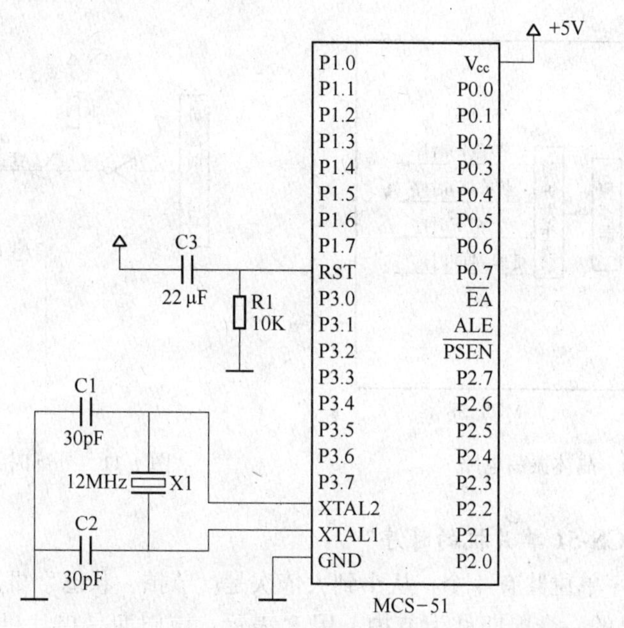

图 1-8 单片机最小系统

1.7.1.1 电源电路

在正常工作情况下，单片机的 V_{cc} 接+5V 电源，V_{ss} 接地。为了保证单片机运行的可靠性和稳定性，电源电压误差不超过 0.5V。在移动的单片机系统中，可以用 4 节镍镉电池或镍氢电池直接供电，实验情况下也可以用三节普通电池或计算机的 USB 总线接口电源供电，在嵌入式的单片机系统中，采用集成稳压器 7805 提供电源。图 1-9 所示为简单的单片机集成稳压电源，为了提高电路的抗干扰能力，电源正极与地之间接有 0.1μF 独立电容。

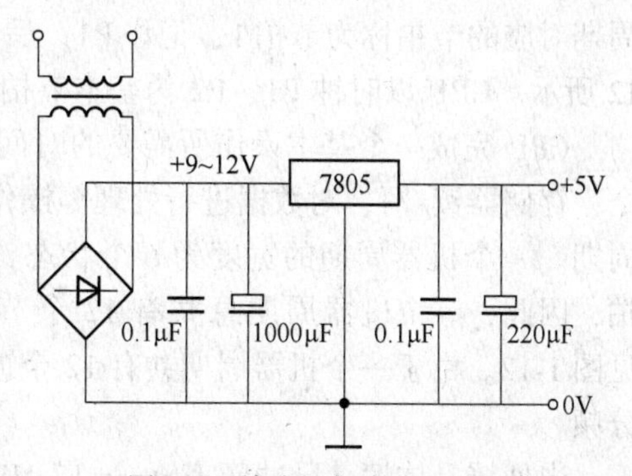

图 1-9 单片机集成稳压电源

1.7.1.2 晶体振荡电路

单片机的时钟信号用来提供单片机内部各种操作的时间基准，时钟电路用来产生单片机工作所需要的时钟信号。

在 MCS-51 芯片内部有一个高增益反相放大器，其输入端为芯片引脚 XTAL1，输出端为引脚 XTAL2，在芯片的外部通过这两个引脚跨接晶体振荡器和微调电容，形成反馈电路，就构成了一个稳定的自激振荡器，如图 1-10 所示。XTAL1 为振荡电路入端，XTAL2 为振荡电路输出端，同时 XTAL2 也作为内部时钟发生器的输入端。片内时钟发生器对振荡频率进行二分频，为控制器提供一个两相的时钟信号，产生 CPU 的操作时序。MCS-51 时钟电路的晶体常用的有 6MHz、11.0592MHz、12MHz。电容 C1 和 C2 对频率有微调作用，电容容量的选择范围为 5pF~30pF。

MCS-51 还可以把外部已有的时钟信号引入到单片机内，如图 1-11 所示。

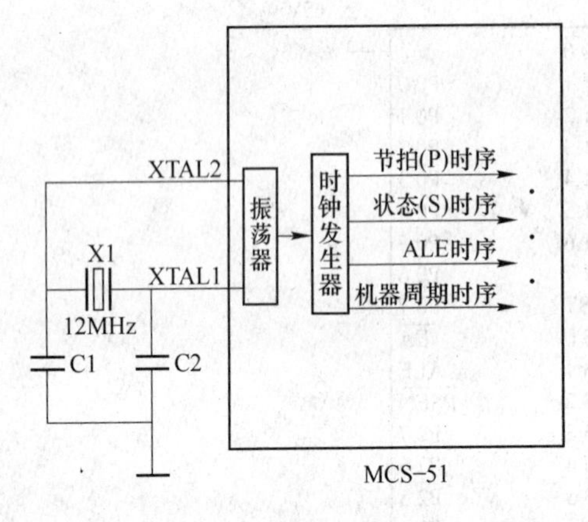

图 1-10 晶体振荡电路

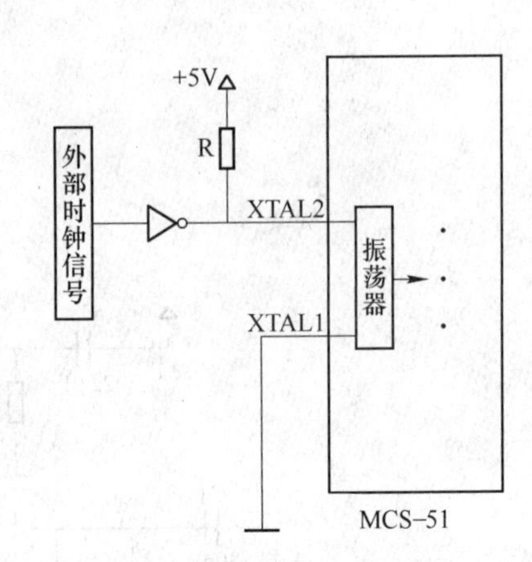

图 1-11 外部时钟输入电路

1.7.1.3 MCS-51 单片机的时序

MCS-51 的时序单位共有 4 个，从小到大依次是：节拍、状态、机器周期和指令周期。

晶体振荡信号的一个周期称为节拍，用 P 表示。该周期是单片机时钟脉冲频率的倒数，是最基本、最小的定时信号，又称为振荡周期或单片机的时钟周期。

状态周期由振荡脉冲二分频后得到，用 S 表示。这样，一个状态包含两个节拍，前半周期对应的节拍称为节拍 1，记作 P1；后半周期对应的节拍称为节拍 2，记作 P2，如图 1-12 所示。CPU 以时钟 P1、P2 为基本节拍，指挥单片机的各个部分协调工作。

CPU 完成一个基本操作所需要的时间称为机器周期。CPU 的基本操作指的是读取指令、存储器读/写、对数据进行处理等操作。MCS-51 采用定时控制方式，具有固定的机器周期。一个机器周期的宽度为 6 个状态，依次记作 S1~S6。由于一个状态又包括两个节拍，因此，一个机器周期总共有 12 个节拍，分别记作 S1P1、S1P2、…、S6P1、S6P2，见图 1-12。由于一个机器周期共有 12 个振荡脉冲周期，因此机器周期就是振荡脉冲的 12 分频。

当外接晶体振荡脉冲频率 fosc = 12 MHz 时，一个机器周期为 1μs；当 fosc = 6 MHz 时，一个机器周期为 2μs。

单片机执行一条指令所需要的时间称为指令周期。指令周期是单片机最大的工作时序单位，不同的指令所需要的机器周期数也不相同。MCS-51 大多数指令的指令周期由一个机器周期或两个机器周期组成，只有乘法、除法指令需要 4 机器周期。

以两个机器周期的指令周期为例，各时序单位之间的关系见图 1-12。

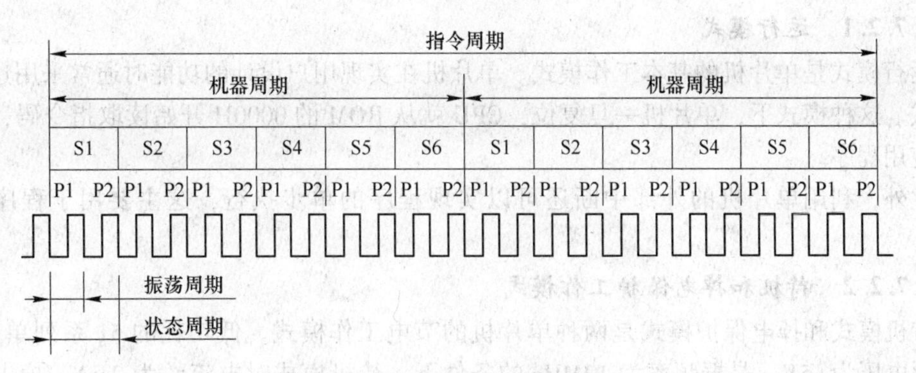

图 1-12　MCS-51 时序单位关系图

1.7.1.4　MCS-51 单片机复位电路

复位是单片机的初始化工作，复位后 CPU 及单片机内的其他功能部件都处在一个确定的初始状态，并从这个状态开始工作。复位后 PC＝0000H，CPU 从第一个单元取指令。在实际应用中，无论是在单片机刚开始接上电源时，还是断电后或者发生故障后都要复位。

在单片机的 RST 引脚上有持续两个机器周期（即 24 个振荡周期）的高电平即可让单片机进行复位操作，完成对 CPU 的初始化处理。实际应用中，复位操作通常有上电自动复位、手动复位和看门狗复位三种方式。上电复位要求接通电源后，自动实现复位操作。常用的上电自动复位电路如图 1-13 所示。图中电容和电阻电路对+5V 电源构成微分电路，单片机系统上电后，单片机的 RST 端会得到一个时间很短暂的高电平。图 1-14 所示为手动按键复位电路。

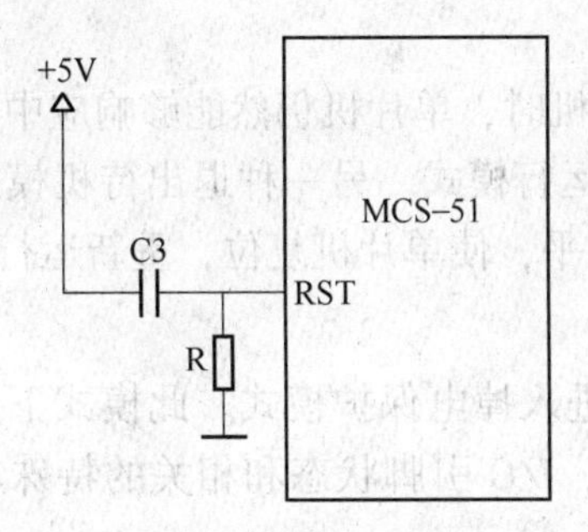

图 1-13　上电复位电路

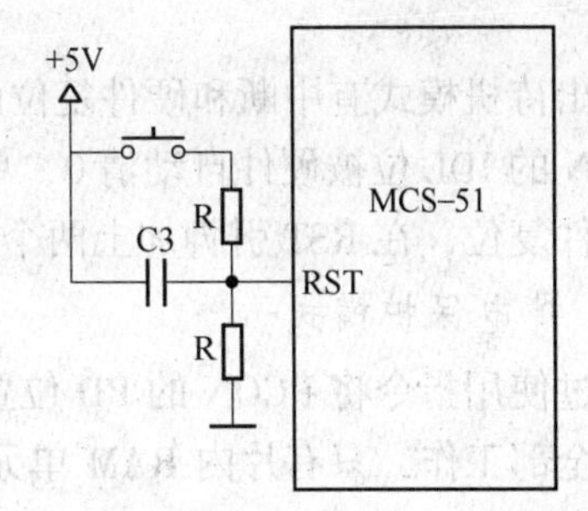

图 1-14　按键复位电路

单片机复位后，除不影响片内 RAM 状态外，P0～P3 口输出高电平，SP 赋初值 07H，程序计数器 PC 被清 0，大多数特殊功能寄存器都会被初始化（一般被清零）。

1.7.2　单片机的工作模式

根据单片机的工作状态，单片机的工作模式分为运行模式、待机模式和掉电保护模式三种。单片机的工作模式可以利用编程或人为干预方式相互转换。单片机的工作模式与电源有很大关系，在不同的工作环境和电源条件下，单片机工作模式也可以通过程序设定。

1.7.2.1　运行模式

运行模式是单片机的基本工作模式。单片机在实现用户设计的功能时通常采用这种工作模式。这种模式下，单片机一旦复位，CPU 就从 ROM 的 0000H 开始读取指令码，顺序执行应用程序。

此外，利用单片机的外部中断还可以实现程序的单步执行，这主要用于程序调试工作。

1.7.2.2　待机和掉电保护工作模式

待机模式和掉电保护模式是两种单片机的节电工作模式。低功耗的 51 系列单片机，在电源电压为+5V，晶振频率为 12MHz 的条件下，待机模式时电流约为 2mA，掉电保护模式时电流小于 0.1μA。这两种模式特别适合以电池或备用电池为工作电源的系统。

两种低功耗工作模式由单片机内部的电源控制寄存器 PCON 确定。PCON 的格式为：

SMOD	-	-	-	GF1	GF0	PD	IDL

SMOD：波特率倍增位，在串行通信中使用；

GF1、GF0：通用标志位；

PD：掉电模式控制位，PD=1，单片机进入掉电工作模式；

IDL：待机模式控制位，IDL=1，单片机进入待机工作方式。

A　待机模式

待机模式又称为空闲模式，通过使用指令将 PCON 的 IDL 位置 1 即可进入。此模式下，振荡器仍然运行，而且时钟被送往中断逻辑、串行口和定时器/计数器，但不向 CPU 提供时钟，因此 CPU 是不工作的，其他的寄存器及各引脚保持原有状态，中断系统正常工作。

退出待机模式有中断和硬件复位两种方法。在待机时，单片机仍然能够响应中断，此时 PCON 的 IDL 位被硬件自动清 0，单片机回到正常运行模式。另一种退出待机模式的方法是硬件复位，在 RST 引脚加上两个机器周期的高电平，使单片机复位，重新运行。

B　掉电保护模式

通过使用指令将 PCON 的 PD 位置 1，单片机就进入掉电保护模式。此模式下，单片机停止全部工作，只有片内 RAM 单元的内容被保存，I/O 引脚状态和相关的特殊功能寄存器的内容相对应。

退出掉电保护模式的方法只有通过硬件复位。复位后特殊功能寄存器的内容被初始化，但片内 RAM 的内容仍然保持不变。

习　题

1-1 什么是微型计算机，什么是单片机？

1-2 简述单片机的应用和 STC 单片机的特点。

1-3 试绘出 MCS-51 单片机内部基本组成框图。

1-4 单片机中的 CPU、RAM、ROM 各有何作用？

1-5 简述 Flash EPROM 的特点。

1-6 将下列二进制数转换为十六进制数。

10000000B　10010100B　01110101B　11100001B　11000011B　01011010B

1-7 将下列十六进制数转换为 8 位二进制数，并计算出各数的反码和补码。

80H　FFH　C5H　71H　ABH　3EH　92H　D4H

1-8 查表求出下列字符的 ASCII 码值，并用二进制和十六进制两种方式表示。

'A'　'a'　'0'　'1'　'!'　'&'　'~'　'='　'*'　'#'　'('　')'

1-9 MCS-51 CPU 中的 PC 和 DPTR 各有何作用？

1-10 MCS-51 CPU 中的 ALU 和位处理器各有何作用？

1-11 52 子系列单片机片内 RAM 分为哪几个区域？

1-12 STC90C516RD+单片机对 MCS-51 片内 ROM 和 RAM 做了哪些增强，有何优点？

1-13 写出以下特殊功能寄存器的名称和地址：

ACC，PSW，P0，P1，P2，P3，TH0，TL1，SBUF，IP，IE，TCON

1-14 某 STC 单片机片内集成有 32KB 的 Flash ROM、256B RAM 和 2KB 的内部扩展 RAM，试绘出该款单片机片内 ROM 和 RAM 的地址空间图。

1-15 试计算 25H 单元第 5 位的位地址。

1-16 已知位单元的地址为 100，试计算其所在的字节单元的地址及其位序。

1-17 MCS-51 单片机的引脚分为几类，P3 端口各引脚的第二功能是什么？

1-18 MCS-51 单片机有几种工作时序，它们之间有什么关系？

1-19 单片机复位的作用是什么，MCS-51 单片机的复位如何实现？

1-20 MCS-51 单片机有哪几种工作模式？

2 C51 程序设计

单片机的基本工作方式就是执行程序。MCS-51 的程序可由汇编语言和 C 语言编写。不论使用何种语言，编写后的程序都需要使用编译软件进行编译，生成可执行的指令码，下载到单片机的程序存储器中运行。

汇编语言的主要特点是与单片机的指令码一一对应，用它编写程序能够充分利用单片机的机器指令，生成代码少、运行速度快的程序。由于增强型 51 单片机运行速度的提高、片内程序存储器容量的扩大以及控制任务日趋复杂，汇编语言的总体优势已经丧失。

C51 是面向 51 系列单片机的 C 语言。与汇编语言相比，C51 有如下优点：

(1) 对单片机指令系统不要求了解，就可以直接编程操作单片机；

(2) 寄存器分配、存储器的寻址以及数据类型等细节完全由编译器自动管理；

(3) 有多种结构化控制语句，满足结构化设计要求；

(4) 库中提供许多标准子程序，具有较强的数据处理能力，使用方便；

(5) 具有方便的模块化编程技术，使已编好的程序很容易移植。

2.1 C51 的基本数据类型及转换

2.1.1 基本数据类型

数据的不同格式称为数据类型。数据按一定类型进行的排列、组合，称为数据结构。C51 的数据类型如图 2-1 所示。

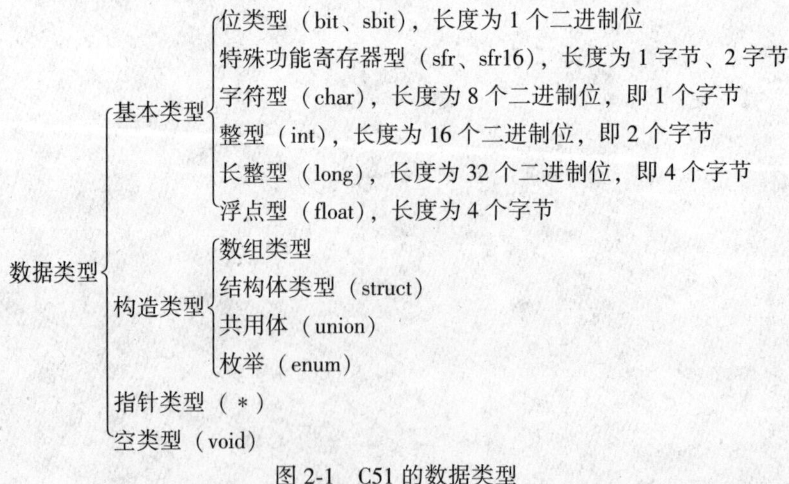

图 2-1　C51 的数据类型

2.1.1.1 位类型（bit， sbit）

位类型是 C51 扩充的数据类型，用于访问 51 单片机中的可寻址的位单元。C51 支持两种位类型：bit 型和 sbit 型。它们在内存中都只占一个二进制位，即 1bit，取值为 0 或 1。bit、sbit 型位变量所处的 RAM 区如图 2-2 所示。

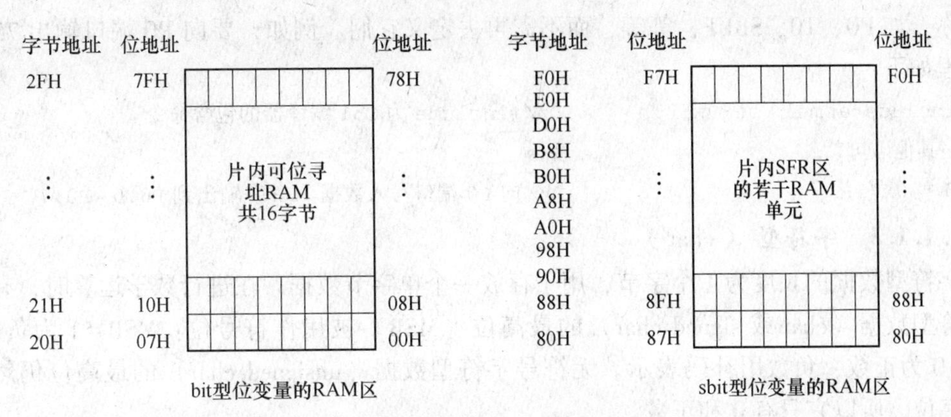

图 2-2 bit、sbit 型位变量所处的 RAM 区

bit 用于在可位寻址的 RAM 区定义位变量，位地址范围是 00H～7FH，共 128 个可寻址位。例如：

bit aflag;

定义了一个名为 aflag 的位变量，编译时编译器会把 aflag 定位于 20H～2FH 的 RAM 区。

sbit 用于在 SFR 区定义位变量，位地址范围是 80H～F7H。SFR 区的字节地址范围是 80H～FFH，但只有若干个字节单元可以位寻址，见图 2-2。例如：字节地址为 80H 的 SFR 单元的位地址为 80H～87H。例如：

sbit P0_0 = 0x80;

定义了一个名为 P0_0 的 sbit 型位变量，P0_0 的位地址为 80H，即 sfr 中 P0 寄存器的第 0 位。

使用 sbit 型位变量能够方便地对单片机并口的某一单个位进行操作。在“at89x52. h”文件中，已经包含了对 P0～P3 口所有单个位的定义，见表 1-6。C51 编程时，若在程序开头使用“#include<atmel \ at89x52. h>”语句，就可以直接引用 P0_0、P0_1、……、P3_7这些位变量，而不必再进行定义。例如，要向 P1.1 引脚输出 0，可编程如下：

```
#include<atmel\at89x52.h>     //#include 为 C51 编译器的包含命令
//其他语句
P1_1 = 0;                     //向 P1.1 端口寄存器写入 0 并通过 P1.1 引脚输出
```

2.1.1.2 特殊功能寄存器型（sfr，sfr16）

特殊功能寄存器类型也是 C51 扩充的数据类型，用于访问 MCS-51 单片机中的特殊功能寄存器，它分 sfr 和 sfr16 两种类型。sfr 用于定义位于 SFR 区的单字节单元，利用它可以访问 SFR 区所有的单字节特殊功能寄存器。sfr16 用于定义 SFR 区的双字节单元，利用它可以访问 SFR 区所有两个字节的特殊功能寄存器。C51 中，对特殊功能寄存器的访问必须先用 sfr 或 sfr16 进行声明。

SFR 区有 128 个字节的存储空间，但编程时只可访问其中的二十几个字节单元，这些字节单元都具有专门的地址，也有专门的名称，且一一对应，见表 1-5。由于在

"at89x52. h"、"reg52. h"这样的头文件中，已经包含了51、52子系列单片机所有sfr型变量的定义，所以，应用程序在包含了这样的头文件后，就可以直接引用所有sfr型变量的名称，如P0、T0、SBUF，等等，而不需再去定义它们。例如，要向P0端口输出75H，可编程如下：

```
#include<atmel\at89x52.h>        //#include为C51编译器的包含命令
//其他语句
P0 = 0x75;                       //向P0端口写入数据75H并输出到P0.0~P0.7
```

2.1.1.3 字符型（char）

字符型数据的长度为1个字节，用于存放一个单字节数据。在进行数学运算时，有符号字符型数据（char或signed char）的最高位（MSB）被用作符号位：MSB=1为负数，MSB=0为正数，负数用补码表示。无符号字符型数据（unsigned char）的最高位仍然用作数字位，所以它只有0和正数。

在对单片机并口进行数据输入输出操作时，并不涉及数学运算，其数据可以是unsigned char型，也可以是char型。例如，语句：

```
c = P2;
```

使CPU读入P2端口8个引脚的信息，然后写入字符型变量c中。

2.1.1.4 整型（int）

整型数据的长度为2个字节，用于存放一个双字节数据。有符号整型数据（int或signed int）正负数的表示方法与有符号字符型数据相同。无符号整型数据（unsigned int）的16个位都是数据位，数值范围是0000~FFFFH（0~65535）。

由于整型数据长度是2个字节，在把一个整形数据向单片机的一个并口输出时，C51只是把该数据的低字节输出，高字节被略去。例如，设i是一个整型变量，则语句：

```
P1 =i;
```

只是把i的低八位输出到P1。

2.1.1.5 长整型（long）

长整型数据的长度为4个字节，用于存放一个四字节数据。有符号长整型数据（long或singed long）正负数的表示方法与有符号字符型数据相同。无符号长整型数据（unsigned long）的32个位都是数据位。

与字符型和整型数据相比，长整型数据的运算速度较慢。如果要说明一个数据是长整型数据，可在其后附加字符"L"。如，数据1L表示数值为1的长整型数。

2.1.1.6 浮点型（float）

浮点型数据（float）是长度为4字节、格式符合IEEE-754标准的单精度浮点型数据，包含指数和尾数两部分，最高位为符号位，"1"表示负数，"0"表示正数，其次的8位为阶码，最后的23位为尾数的有效数位。

51单片机不含浮点运算硬件电路，所有的浮点运算都要通过子程序调用完成，这就使得浮点运算速度很慢。由于增强型51单片机提升了晶振频率和指令运行周期，使得浮点运算的速度得到改善。Keil C51提供有浮点运算库。

有时，需要把一个整型量转换为浮点数的格式，这可以通过调用C51的格式化输出函数 printf 完成。例如，语句：

printf（“%6.2f”，i）；

把变量 i 转换为总共 6 位且小数点后有 2 位数字的浮点数格式的字符串，并通过串口输出。

2.1.2　指针类型（*）

与指针类型（*）对应的是指针变量。指针变量中存放的是数据的地址。由于数据可有不同的类型，所以就有指向不同数据类型的指针，如字符型指针、整型量指针、浮点型指针等等。C51 不支持位类型指针变量。指针变量要占用一定的内存单元，在 C51 中它的长度为 1~3 个字节。

2.1.3　数据类型转换

在运算中，有可能出现数据类型不一致的情况。C51 允许标准数据类型的隐式转换，隐式转换的优先级顺序如下：

bit→char→int→long→float

signed→unsigned

例如，当 char 型与 int 型进行运算时，先自动对 char 型扩展为 int 型，然后与 int 型进行运算，运算结果为 int 型。

C51 除了支持隐式类型转换外，还可以通过强制类型转换符“（）”对数据类型进行人为的强制转换。例如：

f=（float）5；

把整数 5 强制转换为浮点数后赋值给变量 f。

2.2　C51 数据类型的扩展

2.2.1　数组与字符串

相同类型的数据排列形成的有限集合就是数组。数组中的单个变量称为数组元素，数组中的各个元素可以用数组名和下标来确定。数组可以是一维的，也可以是多维的。

一维数组的定义形式如下：

类型说明符 数组名［常量表达式］；

二维数组则需要两个下标。

在信息处理时常常用到以 ASCII 字符或扩展 ASCII 字符组成的字符串。C 语言规定字符串以'\0'作为结束符，'\0'的 ASCII 码值为 00H。对于字符串，既可以对其中的每个字符按下标进行访问，也可以对整个字符串进行处理。C51 提供了若干对字符串操作的库函数，如 strcmp、strchr、strpos、strlen 等，其头文件为“string.h”。

下面的语句分别定义了不同的数组，其意义附于各句的注释中。

```
int a [10];                    //定义整型数组 a，所有 10 个元素的初值都为 0
int b [10] = {1, 2, 3, 4};     //定义整型数组 b，前 4 个元素的值为 1, 2, 3, 4，余下的为 0
```

```
char c [ ] = {1, 2, 3, 4};      //定义字符型数组 c，赋值了全部元素，数组长度可以省略
char d [2] [5];                  //定义 2 行 5 列字符型数组 d，所有 10 个元素的初值都为 0
char s [ ] = {'a', 'b', 'c', 'd'}; //定义字符型数组 s，元素为'a', 'b', 'c', 'd'
char str = "abcd";               //定义字符串 str，元素为'a', 'b', 'c', 'd', '\0'
```

2.2.2　指针

指针的本身是变量，该变量存储的是地址信息。这个地址信息不仅可以指向字符、整型量，还可以指向数组、字符串和函数。进一步地，通过强制类型转换，还可以变换指针所指对象的类型。

下面是对指针定义和赋值的语句，其意义附于各句的注释中。

```
int *pw;            //定义 pw 为整型量指针，即 pw 存储的是整型量数据的地址
int i, *p;          //定义 i 为整型变量，p 为整型量指针
p = &i;             //把 i 的地址赋值给 p
char *q;            //定义 q 为字符型指针
char *r = "abcd";   //定义 r 为字符型指针，且把"abcd" 的首地址赋值给 r
```

2.2.3　结构

结构是一种由若干成员组成的构造类型。它的每一个成员可以是一个基本数据类型或者又是一个构造类型。

定义结构的一般形式为：

```
struct 结构名
{
成员表;
};
```

成员表由若干个成员组成，每个成员都是该结构的一个组成部分。对每个成员也必须作类型说明。

例如：

```
struct ioport
{
    unsigned int Address;
    char DIdata;
    char DOdata;
    char Status;
};
```

在这个结构定义中，结构名为 ioport，该结构由 4 个成员组成。第一个成员为 Address，为无符号整型变量；第二个成员为 DIdata，为字符型变量；第三个成员为 DOdata ，为字符型变量；第四个成员为 Status，为字符型变量。

在定义了结构之后，就可以定义结构变量。例如：

struct ioport port1，port2；

定义了 port1 和 port2 两个 ioport 结构类型的变量。

表示结构变量成员的一般形式是：

结构变量名．成员名

例如：port1. Address 即为 port1 的 Address 成员；

结构变量的赋值就是给各成员赋值。可用输入语句或赋值语句来完成，例如：

port1. Address = 0x7FFF；

2.2.4　联合

联合亦称为共用体，它的所有成员共用一个存储空间，存储空间的大小等于联合中最大字节数的成员所占用的空间。

定义联合类型的一般形式为：

```
union 联合名
{
  成员表；
}；
```

例如：

```
    union cildata
     {
        char c;
        int i;
        long l;
        char all [4];
}；
```

定义了一个名为 cildata 的联合类型，它含有 4 个成员。联合定义之后，即可进行联合变量说明，被说明为 cildata 类型的变量，可以存放字符量 c、整型量 i、长整型量 l、字符型数组 all。

联合变量的说明和结构变量的说明方式相同，例如：

```
union cildata a, b; /* 说明 a, b 为 cildata 类型 * /
```

经说明后的 a、b 变量均为 cildata 类型。a、b 变量的长度等于 cildata 的成员中最长的长度，为 4 个字节。

2.2.5　枚举

枚举类型是一个有名称的某些整型常量的集合。这些整型常量是该类型变量可取的所有的合法值。枚举定义时应当列出该类型变量的所有可取值。

枚举定义的一般形式为：

```
enum 枚举名 {枚举值列表}；
```

例如：

```
    enum WeekDay
     {
        Sun, Mon, Tue, Wed, Thu, Fri, Sat
}；
```

该枚举名为 WeekDay，枚举值共有 7 个。凡被说明为 WeekDay 类型的变量的取值只能是上面 7 个枚举值之一。

默认情况下，枚举值列表中第一个名字的取值为 0，第二个名字的取值为 1，如此递增。上例中，Sun = 0，Mon = 1，……，Sat = 6。此外，也可以通过初始化，指定某些名字的取值，而其后各名字的取值将依次递增。

2.3 常量、变量与绝对地址访问

2.3.1 常量

常量是指在程序执行过程中其值不能改变的量。C51 支持整型常量、浮点常量、字符常量和字符串常量。

整型常量也就是整型常数。C 语言以 0x 或 0X 开头表示十六进制整数，如 0x12 表示十六进制数 12H。另外，如果在整数后面加字母 L，则这个数按长整型存放，如 1L 在存储器中占四个字节。

浮点常量也就是实型常数，表示的方法与其他语言相同。

字符常量是用单引号引起的字符，如'a'、'b'、'1'、'2'等。一个字符的取值就是该字符的 ASCII 码值。例如，'a' = 0x61，'1' = 0x31。字符常量可以是可显示的 ASCII 字符，也可以是不可显示的控制字符。对于不可显示的控制字符，须在前面加上反斜杠“\”组成转义字符。利用它可以完成一些特殊功能和输出时的格式控制。最常用的有：'\n'（换行符）、'\r'（回车符）、'\t'（制表符）、'\0'（空字符，码值为 00H）。

字符串常量由双引号括起的字符组成。如"abcd"、"123.456"等。字符串常量在内存中存放时，系统会自动地在其后面加字符串结束符'\0'。例如，把字符'1'存储在内存中，占用 1 个字节单元，存储值为 31H；把字符串"1"存储在内存中，要占用 2 个字节单元，存储值依次为 31H、00H。

2.3.2 变量

变量是在程序运行时其值可以改变的量。由于数值可以改变，所以变量通常存储在 RAM 中。而且，不同数据类型的变量，占用 RAM 单元的数量也不同。此外，在应用程序不同位置定义的变量，其作用域也有所不同。C51 变量定义的格式如图 2-3 所示。

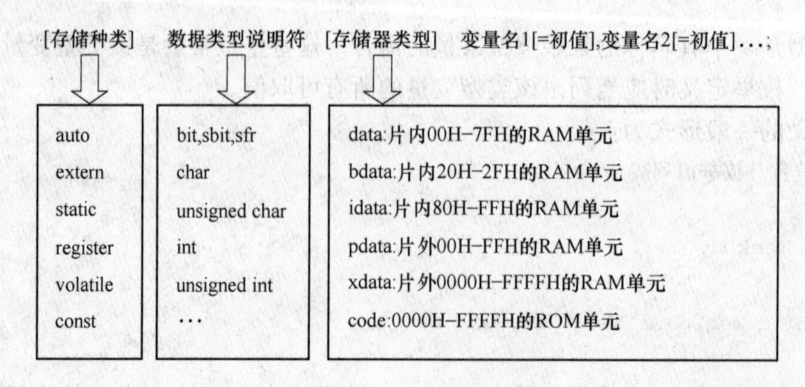

图 2-3 C51 变量定义

2.3.2.1 存储种类

存储种类是指变量在程序中的作用域，默认为auto，即变量作用在定义它的函数体或复合语句内部，这类变量属于局部变量。auto变量所占的存储单元在离开其作用域后就被自动释放。例如，下面的f1函数中定义了局部变量a，其存储种类为auto。在进入函数f1时，将为a自动分配存储单元；退出f1后，a所占用的存储单元被自动释放。

```
f1 ()
{
    int a;
    //其他语句
}
```

要使一个变量能够被程序中所有的函数访问，可以把这个变量定义于所有函数的前面，这样的变量称为全程变量。这是由于在编译应用程序时，编译器首先扫描到了该变量的定义，其后的函数就都可以使用它了。全程变量的存储空间一经分配，就一直保持，且能够被任何函数访问。

全程变量定义后只能在同一个源文件中使用。如果要在其他文件中使用该全程变量，必须在使用前用extern关键字对该变量进行外部声明。声明一个变量为extern，意在告诉C51编译器：该变量已经在别处进行了定义。在编译时，编译器会在其他地方或其他程序文件中寻找该变量的定义。

static型变量的存储单元一经分配，就一直保持，不被释放，这一点与全程变量相同，但static型变量只在声明它的函数范围内有效。例如，在下面的f2函数中定义了静态局部变量b，则为b分配的存储空间将不被释放，b初值为5。程序每调用一次f2，b值自增1。

```
f2 ()
{
    static int b=5;
    ++b;
}
```

register变量使用CPU的寄存器作为数据存储空间，一般由编译器自动分配。

volatile为易变型变量声明关键词，它说明一个变量的值可能随时变化。在单片机中，用作输入的I/O端口的值可能随时变化。当把一个变量声明为volatile型时，编译器通常不对其进行编译优化。

const为常数型变量声明关键词。如果把一个变量定义为const型，那么这个变量就成为常数，程序运行中不对其进行修改。

2.3.2.2 数据类型说明符

数据类型说明符用于声明变量的数据类型，它可以是C51支持的数据类型，也可以是程序中由typedef关键字定义的数据类型。

2.3.2.3 存储器类型

存储器类型用于声明变量的存储单元应定位于单片机的哪一个存储区，有data、bdata、idata、pdata、xdata、code之分。默认的类型是data，即片内低128字节的

RAM 区。

单片机程序存储器的存储器类型为 code，该存储区可存储数值不变的变量，如 const 存储种类的变量。

很多增强型 51 单片机在片内集成有扩展的外部 RAM，这类 RAM 在物理上位于片内，在逻辑上为外部 RAM。如要在这类 RAM 中定义变量，应声明变量存储器类型为 xdata。图 2-4 为 STC90C516RD+ 片内集成 ROM、RAM 的 C51 存储器类型。

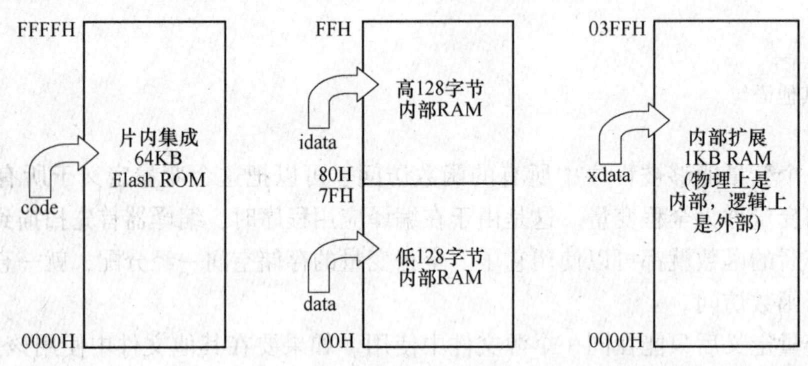

图 2-4 STC90C516RD+ 片内 ROM、RAM 的 C51 存储器类型

2.3.2.4 变量定义举例

下面是变量定义的一些语句。

```
int i=1, j, k;                          //定义 i, j, k 三个整型变量，存储在片内低
                                          128B RAM 区，i 的初值=1
static char c;                          //定义静态字符型变量 c
code char MCUtype [ ] = "STC12C5A60S2"; //在 ROM 区定义字符型数组
xdata char IOMap [512];                 //在扩展 RAM 区定义字符型数组，长度为 512
```

2.3.3 绝对地址访问

变量的存储器类型指明了变量所在的存储区域，但并没有给出变量的具体地址，它们通常由编译器自动分配。通过使用绝对地址访问，可以指定变量在存储器中的具体位置。

C51 有几种绝对地址访问方式，这里只介绍 _at_ 方式。

_at_ 是 C51 扩展的关键字，用于对指定的存储器空间的绝对地址进行访问，格式为：

[存储器类型] 数据类型说明符 变量名 _at_ 地址常数；

其中存储器类型见图 2-3，默认的类型是 data。数据类型为 C51 支持的数据类型。地址常数用于指定变量的绝对地址，必须位于有效的存储器空间之内。使用 _at_ 定义的变量必须为全局变量。例如：

```
char c _at_0x40;         //在 data 区中定义字节变量 c，它的地址为 40H
xdata  int  x _at_0x00;  //在 xdata 区中定义整型变量 x，它的起始地址为 00H
```

2.4 C51 的运算符

C51 的运算符有算术运算符、关系运算符、逻辑运算符、位操作运算符和特殊运算符。

2.4.1 算术运算符

C51 支持的算术运算符有+、-、*、/、%、++、--，见图 2-5。

算术运算符		示例
+	加	TH0 = 2000 / 256；//把 2000 的高 8 位送给 TH0
-	减	TL0 = 2000 % 256；//把 2000 的低 8 位送给 TL0
*	乘	j = i++；//先把 i 的值送给 j，然后 i 自增 1
/	除	j = ++i；//先把 i 自增 1，然后把 i 的值送给 j
%	取余数	j = i--；//先把 i 的值送给 j，然后 i 自减 1
++	自增 1	j = --i；//先把 i 自减 1，然后把 i 的值送给 j
--	自减 1	if（++i>100）j=1；//先把 i 自增 1，然后判断：若 i>100，把 1 送给 j

图 2-5 C51 算术运算符及示例

其中，自增 1 运算符记为“++”，其功能是使变量的值自增 1。自减 1 运算符记为“--”，其功能是使变量值自减 1。自增 1、自减 1 运算符均为单目运算，可有以下几种形式：

++i：i 自增 1 后再参与其他运算；

--i：i 自减 1 后再参与其他运算；

i++：i 参与运算后，i 的值再自增 1；

i--：i 参与运算后，i 的值再自减 1。

2.4.2 关系运算符与逻辑运算符

关系运算符用于比较运算，运算结果只有真（非 0 值）、假（0 值）两种。逻辑运算符用于逻辑运算，运算结果也只有真（非 0 值）、假（0 值）两种。

C51 支持的关系运算符与逻辑运算符有>、<、>=、<=、==、!=、||、&&、!。这些运算符及示例语句见图 2-6。

关系运算符和逻辑运算符		示例
>	大于	if（a > 1）b=1；//如果 a 大于 1，把 1 送给 b
<	小于	if（a < 1）b=0；//如果 a 小于 1，把 0 送给 b
>=	大于等于	if（a >= 1）a=0；//如果 a 大于等于 1，把 0 送给 a
<=	小于等于	if（a <= 1）a=~a；//如果 a 小于等于 1，把 a 逐位取反
==	等于	if（P1 == 0）continue；//若从 P1 读得 0x00，进行下次循环
!=	不等于	if（P1_1 != 0）P2_0=1；//若从 P1.1 读得 1，向 P2.0 输出 1
||	逻辑或	if（a>5 || b<8）P1_0 = 0；// a>5，b<8 之一成立，向 P1.0 输出 0
&&	逻辑与	if（a>5&& b<8）P3_7=1；// a>5，b<8 同时成立，向 P3.7 输出 1
!	逻辑非	P1_5 = ! a；//如果 a=0，P1_5 输出 1；如果 a!=0，P1_5 输出 0

图 2-6 C51 关系运算符、逻辑运算符及示例

2.4.3 位操作运算符

位操作运算符对操作对象按位进行运算，包括位与（&）、位或（|）、位非（~）、位异或（^）、左移（<<）、右移（>>）六种，如图 2-7 所示。

位操作运算符		示例
&	位与	a = 0xD1 & 0x7F; //a=11010001&01111111=0x51
|	位或	b = 0xA5 | 0x5A; //b=10100101 | 01011010=0xFF
^	位异或	c = 0xA5 ^ 0xAA; //c=10100101 ^ 10101010=0x0F
~	位取反	d = ~0x6C; //d=~01101100=10010011=0x93

<<	逐位左移	e = 0x81<<1; //e=10000001<<1=00000010=0x02
		//<<一次，CY←最高位 MSB，最低位 LSB←0

>>	逐位右移	f = 0x81>>1; //f=10000001>>1=01000000=0x40
		//>>一次，0→MSB，移出的位（原 LSB）被舍弃

图 2-7 位操作运算符及示例

2.4.4 特殊运算符

特殊运算符包括各种赋值运算符、问号运算符、逗号运算符、地址及指针运算符等，其类型及示例如图 2-8 所示。

特殊运算符		示例
=，+=，-=，*=，/=，%=	赋值运算符	a += 5; //相当于 a = a+5;
&=，|=，^=，>>=，<<=	赋值运算符	a <<= 5; //相当于 a = a<<5;
?:	问号运算符	b=（a>5）? 1: -1; //如果 a>5，b=1；否则 b=-1
,	逗号运算符	d=（a=1，b=2，c=3）；//依次计算 a=1，b=2，c=3，最后 d=3，即整个逗号表达式的值是最右边的表达式的值
&	取地址运算符	addr = &n; //取变量 n 的地址，送给变量 addr
*	指针运算符	n = *p; //把指针 p 所指向的变量的值取出，送给 n
sizeof	字节数运算符	n = sizeof（i）; //设 i 为 int 型变量，则 n=2
()	类型转换运算符	f =（float）i; //把整型变量 i 的值转换成浮点数，送给 f

图 2-8 特殊运算符及示例

2.5 C51 的表达式和语句

2.5.1 概述

由运算符把需要运算的各个量连接起来就组成一个表达式。

在表达式的后边加一个分号“;”就构成了表达式语句。

C51 中，一行可以放一个表达式形成表达式语句，也可以放多个表达式形成表达式语句，这时每个表达式后面都必须带“;”号。

用大括号“{}”将若干条语句括在一起就形成一个复合语句，其一般形式为：

```
{
    局部变量定义;
    语句 1;
    语句 2;
    .....
    语句 n;
}
```

复合语句在执行时，其中的各条单语句按顺序依次执行，整个复合语句在语法上等价于一条单语句。在复合语句内部定义的变量，称为该复合语句中的局部变量，它仅在当前这个复合语句中有效。利用复合语句将多条单语句组合在一起，以及在复合语句中进行局部变量定义是 C 语言的一个重要特征。

2.5.2 流程控制语句

从程序流程的角度来看，程序可以分为三种基本结构，即：顺序结构、分支结构、循环结构。这三种基本结构可以组成所有的各种复杂程序。流程控制语句用于控制程序的流程，以实现程序的各种结构，主要包括 if 语句、switch 语句、while 语句和 for 语句等。

2.5.2.1 if 语句

用 if 语句可以构成分支结构。它根据给定的条件进行判断，以决定执行某个分支程序段。C51 的 if 语句有 if、if-else、if-else-if 三种形式。图 2-9 所示为三种形式 if 语句的执行流程，图中表达式记为 exp，逻辑 1 记为 T，逻辑 0 记为 F。

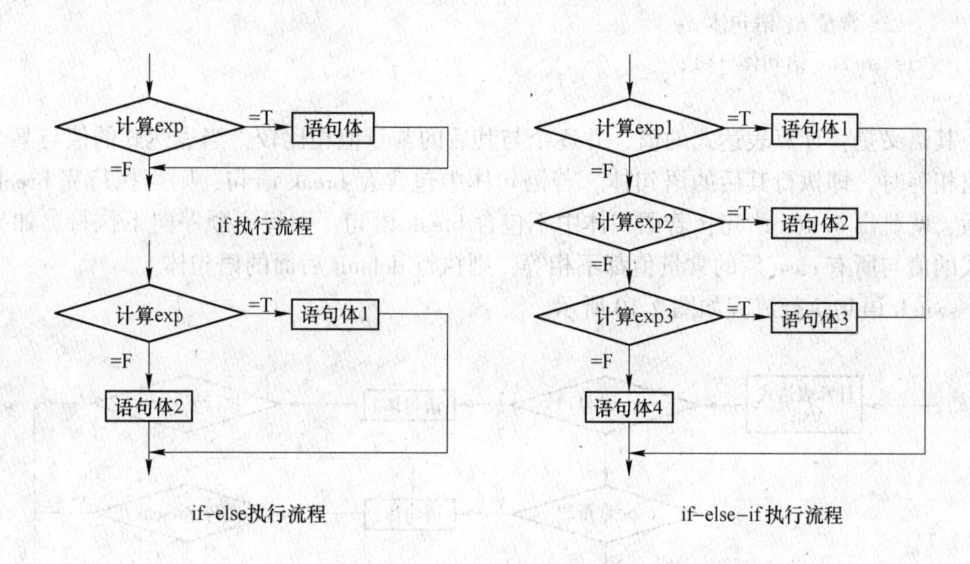

图 2-9 if 语句执行流程

第一种形式为 if：

```
if (表达式) { 语句体;}
```

其语义是：如果表达式的值为真，即逻辑 1，则执行其后的语句体；如果表达式的值为假，即逻辑 0，则不执行该语句体。语句体由一到多条语句组成。

第二种形式为 if-else：

```
if (表达式) {语句体 1;}
else        {语句体 2;}
```

其语义是：如果表达式的值为真，则执行语句体 1；否则执行语句体 2 。

第三种形式为 if-else-if：

前两种形式的 if 语句一般都用于两个分支的情况。当有多个分支选择时，可采用 if-else-if 语句。例如，依次对 3 个表达式进行判断的 if 语句的形式为：

```
if (表达式1)     {语句体1;}
else if (表达式2){语句体2;}
else if (表达式3){语句体3;}
else            {语句体4;}
```

其语义是：依次判断表达式的值，当某个表达式的值为真时，则执行其对应的语句体，然后跳到整个 if 语句之外继续执行程序。如果所有的表达式均为假，则执行 else 语句，然后执行后续程序。

2.5.2.2 switch 语句

C51 还提供了另一种用于多分支选择的 switch 语句，其一般形式为：

```
switch (表达式)
{
    case 常量1：语句体1;
    case 常量2：语句体2;
    …
    case 常量n：语句体n;
    default：语句体n+1;
}
```

其语义是：计算表达式的值，并逐个与其后的常量值相比较，当表达式的值与某个常量值相等时，即执行其后的语句体。若语句体中包含有 break 语句，则当执行完 break 语句后，就跳出 switch 语句；若语句体中不包含 break 语句，则程序顺序向下执行。如果表达式的值与所有 case 后的常量值都不相等，则执行 default 后面的语句体。

switch 语句执行流程如图 2-10 所示。

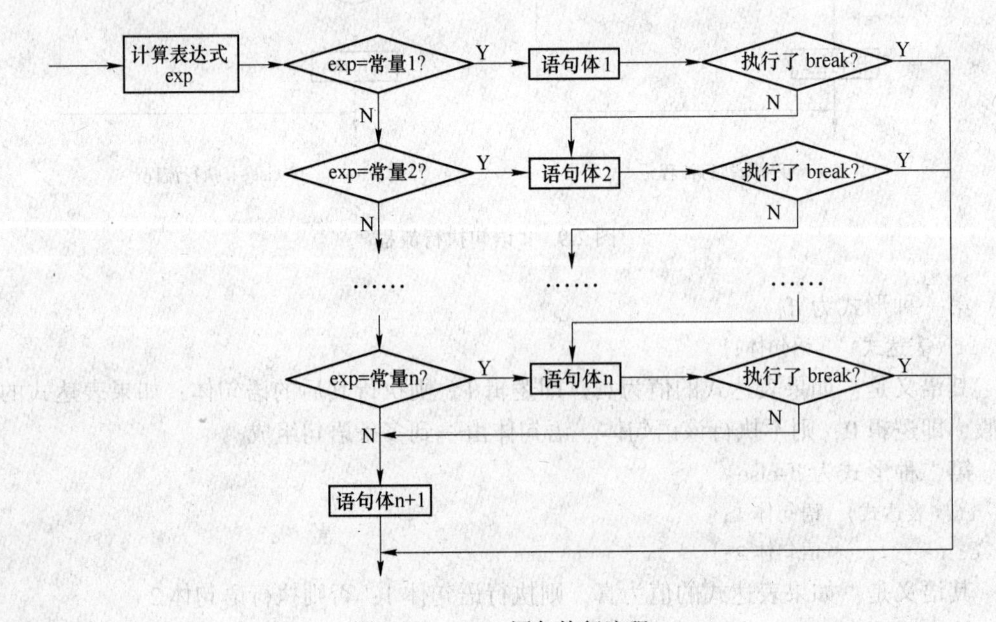

图 2-10　switch 语句执行流程

2.5.2.3 while 语句

while 语句的一般形式为：

```
while (表达式) {语句体;}
```

其中表达式是循环条件，语句体为循环体。

while 语句的语义是：首先计算表达式的值，当值为真（非0）时，执行循环体语句，执行后又去计算表达式的值；当值为假（0）时，跳过循环体，执行后续语句。

while 语句的另一种形式是 do-while 语句，其形式为：

```
do {
      语句体;
} while (表达式);
```

其中语句体是循环体，表达式是循环条件。

do-while 语句的语义是：先执行循环体语句一次，再判别表达式的值，若为真（非0）则继续循环，否则终止循环，执行后续语句。

do-while 语句和 while 语句的区别在于：do-while 是先执行后判断，因此 do-while 至少要执行一次循环体语句；while 是先判断后执行，如果条件不满足，则不执行循环体语句。

两种 while 语句的执行流程如图 2-11 所示。

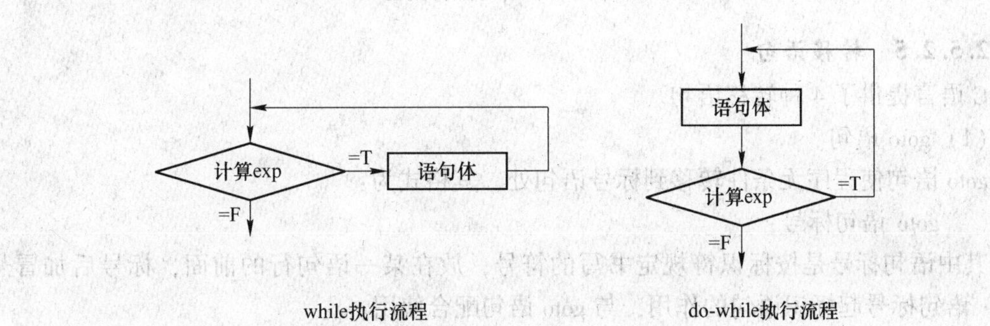

图 2-11 两种 while 语句的执行流程

2.5.2.4 for 语句

for 语句是 C 语言所提供的功能更强、使用更广泛的一种循环语句。其一般形式为：

```
for (表达式1; 表达式2; 表达式3)
{
      语句体;
}
```

其中，表达式 1 通常用来给循环变量赋初值，一般是赋值表达式。也允许在 for 语句外给循环变量赋初值，此时可以省略该表达式。

表达式 2 通常是循环条件，一般为关系表达式或逻辑表达式。

表达式 3 通常可用来修改循环变量的值，一般是赋值语句。

这三个表达式都可以是逗号表达式，即每个表达式都可由多个表达式组成。三个表达式都是任选项，都可以省略。

for 语句的语义是：

(1) 首先计算表达式 1 的值；

(2) 再计算表达式 2 的值，若值为真（非 0）则执行语句体一次，否则跳出循环；

(3) 执行语句体后，计算表达式 3 的值；

(4) 转回第 2 步。

在整个 for 循环过程中，表达式 1 只计算一次，表达式 2 和表达式 3 则可能计算多次。循环体可能多次执行，也可能一次都不执行。

图 2-12 为 for 语句执行流程图。

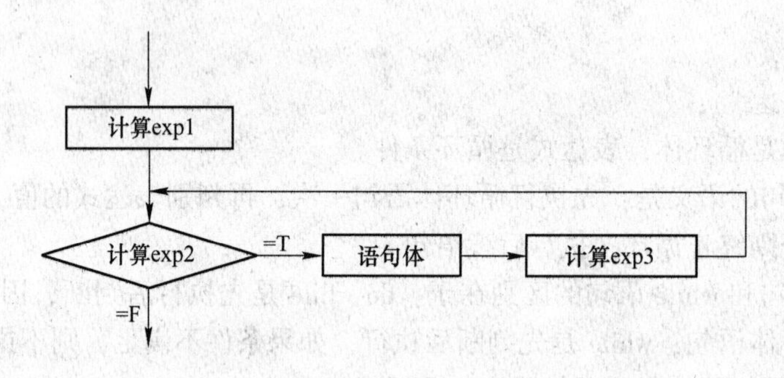

图 2-12　for 语句执行流程

2.5.2.5　转移语句

C 语言提供了 4 种转移语句。

(1) goto 语句。

goto 语句使程序无条件转移到标号语句处，其格式为：

goto 语句标号；

其中语句标号是按标识符规定书写的符号，放在某一语句行的前面，标号后加冒号“:”。语句标号起标识语句的作用，与 goto 语句配合使用。

(2) break 语句。

break 语句只能用在 switch 语句或循环体语句中，其作用是跳出 switch 语句或跳出本层循环，转去执行后续的程序。由于 break 语句的转移方向是明确的，所以不需要语句标号与之配合。break 语句的格式为：

break；

使用 break 语句可以使循环语句有多个出口，在一些场合下使编程更加灵活、方便。

(3) continue 语句。

continue 语句只能用在循环体中，其格式是：

continue；

其语义是：结束本次循环，即不再执行循环体中 continue 语句之后的语句，转入下一次循环条件的判断与执行。continue 语句只结束本层本次的循环，并不跳出循环。

(4) return 语句。

return 语句只能出现在被调函数中，用于返回主调函数，其格式是：

return（表达式）；

其中，表达式为函数的返回值。

2.6 函　　数

函数是C语言程序的基本模块，应用程序通过对函数模块的调用实现特定的功能。可以说C程序的全部工作都是由各式各样的函数完成的，所以也把C语言称为函数式语言。由于采用了函数模块式的结构，C语言易于实现结构化程序设计，使程序的层次结构清晰，便于程序的编写、阅读、调试。

2.6.1　程序结构

C51应用程序的一般组成结构如下：

```
预处理命令
全程变量声明
函数声明
main ()
{
    局部变量声明
    执行语句
}
函数 1 (形参表)
{
    局部变量声明
    执行语句
}
.....
函数 n (形参表)
{
    局部变量声明
    执行语句
}
```

应用程序从主函数main开始执行，在执行中可以调用其他函数。每个应用程序只能有一个主函数main，包括main在内的各个函数的位置是任意的。

从使用者角度来看，有两类函数：标准库函数和用户自定义函数。标准库函数是由C51函数库提供的函数，应用程序可以直接调用它们，如printf函数。用户自定义函数是用户自己编写的函数，用来解决用户的专门需要。

2.6.2　函数定义的形式

C51函数定义的形式如下：

```
类型说明符　函数名 (形式参数表)
{
    类型说明;
    语句;
}
```

其中类型说明符和函数名称为函数头。类型说明符指明了本函数的类型，函数的类型实际上是函数返回值的类型。

{ } 中的内容称为函数体。在函数体中也有类型说明，这是对函数体内部所用到的变量的类型说明。

在形式参数表中给出的参数称为形式参数，它们可以是各种类型的变量，各参数之间用逗号分隔。在进行函数调用时，这些形式参数将被赋予实际的值。如果函数没有参数，即为无参函数，这时函数名后面括号内为空，或者在括号内加 void 关键字。

在程序中是通过对函数的调用来执行函数体的，其过程与其他语言的子程序调用相似。C 语言中，函数调用的一般形式为：

函数名（实际参数表）;

2.6.3 函数的参数和函数的值

2.6.3.1 函数的参数

函数的参数分为形参和实参两种。形参出现在函数定义中，在整个函数体内都可以使用，离开该函数则不能使用。实参出现在主调函数中，进入被调函数后，实参变量也不能使用。形参和实参的功能是作数据传送。发生函数调用时，主调函数把实参的值传送给被调函数的形参从而实现主调函数向被调函数的数据传送。

2.6.3.2 函数的值

函数的值是指函数被调用之后，执行函数体中的程序段所取得的并返回给主调函数的值。对函数的值（或称函数返回值）有以下一些说明：

（1）函数的值只能通过 return 语句返回主调函数。

return 语句的一般形式为：

return 表达式;

或者为：

return（表达式）;

该语句的功能是计算表达式的值，并返回给主调函数。在函数中允许有多个 return 语句，但每次调用只能有一个 return 语句被执行，因此只能返回一个函数值。

（2）函数值的类型和函数定义中函数的类型应保持一致。如果两者不一致，则以函数类型为准，自动进行类型转换。

（3）如函数值为整型，在函数定义时可以省去类型说明。

（4）不返回函数值的函数，可以明确定义为“空类型”，类型说明符为 void。

2.6.4 函数的编写与调试

下面举例说明 C51 函数的编写与调试过程。

【例】 用程序延时的方法使 P1.1 引脚输出占空比为 1/3 的波形。

（1）编写程序。

程序延时就是使 CPU 循环执行一段程序而消耗时间，达到延时的目的。例如用如下的 for 语句就能够实现延时：

for (i=0; i<1000; i++);

这个语句所消耗的机器周期数可以计算出来。其方法是在用 Keil uV4 调试程序时，在 Watch 1 窗口中观察机器周期数变量 states，并求出执行此语句前后的 states 之差 Δstates。设上面 for 语句中的 i 为 int 型变量，则在调试时可求出该循环语句所消耗的机器周期数为 5472。如果单片机晶振频率为 12MHz，则该 for 循环的延时时间就是 5472μs。

输出 1/3 占空比波形的执行过程是：P1.1 引脚输出高电平，延时，P1.1 引脚输出低电平，延时，延时。本例的延时间隔自定，延时操作可以在主程序中直接使用 for 循环实现，可以编写一个延时函数，在主程序中调用。

由于单片机没有预装操作系统，main 函数实际上无处返回，所以 main 函数通常是在执行了初始化工作后，就进入了一个无限循环体。

下面是 C51 程序。

```
#include<atmel\at89x52.h>
int n; //定义 int 型全程变量 n
/* 延时函数 */
void delay (int n)
{
    int i;
    for (i=0; i<n; i++);
}
/* 主函数 */
main ()
{
    n = 20000;
    while (1) {                  //主循环
        P1_1 = 1;                //向 P1.1 引脚输出高电平
        delay (n);               //延时
        P1_1 = 0;                //向 P1.1 引脚输出低电平
        delay (n);               //延时
        delay (n);               //延时
    }
}
```

(2) 编译程序。

程序编写后，要对它进行编译。编译的目的是检测 C51 源文件的语法错误，生成用于调试的目标文件和用于下载到单片机中运行的程序代码文件（HEX 文件）。

下面是用 Keil uV4 进行 C51 编辑、编译、调试的步骤。

1) 创建项目。运行 Keil uV4，点击菜单 Project→New uVsion Project；在弹出的窗口中输入项目名，如 abc；点击“保存”。

2) 选择单片机型号。这里选择 Atmel 公司的 AT89S52，点击“OK”。随后弹出“Copy Standard 8051 Startup Code……”对话框，点击“否（N）”。

3) 编写程序。点击 File→New，然后在 uV4 编辑窗口编写上面的 C51 源文件。编写后保存为 .c 型文件，如 123.c。

4）编译。展开屏幕左侧 Project 窗口中的 “Target 1”，点击 “Source Group 1” 鼠标右键，选择 “Add Files to Group Source Group 1”，在弹出的对话框中把 C51 源文件（如 123. c）添加到项目中。这时展开 Project 窗口中 “Source Group 1”，可见 C51 源文件已经加入，如图 2-13 所示。

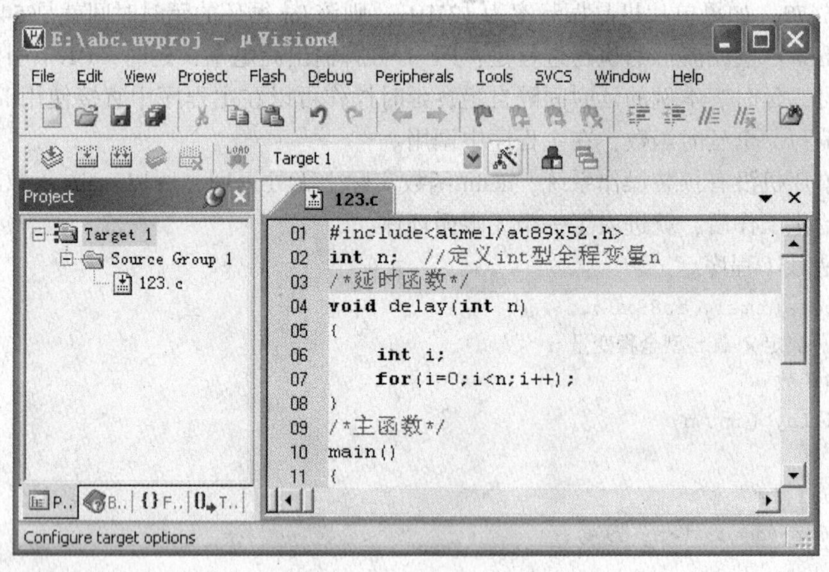

图 2-13　Keil uV4 界面

进入 Project 菜单下的 Options for Target “Target1” 选项窗口。在 Target 卡片中填写单片机晶振频率：12MHz，见图 2-14。在 Output 卡片中勾选 Create HEX File，见图 2-15。点击 “OK”。

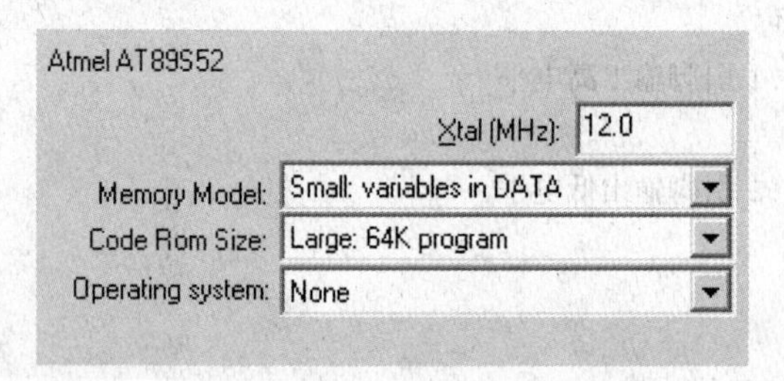

图 2-14　Target 选项

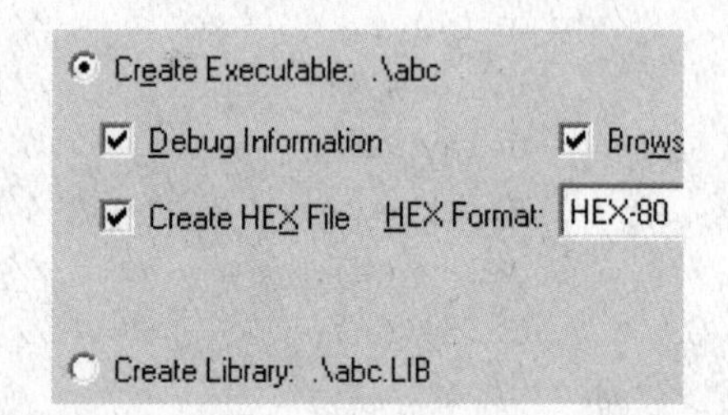

图 2-15　Output 选项

执行 Project 菜单下的 “Build target” 或按 F7 键，对项目进行编译。如果编译出错，应该修改 C51 源文件，直至编译成功。源文件编译成功后，会在 “Build Output” 窗口中显示程序代码规模、成功创建 HEX 文件、0 出错信息，见图 2-16。

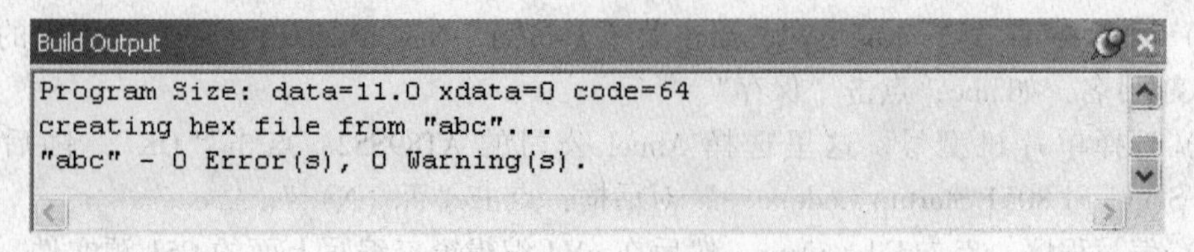

图 2-16　Build Output 窗口

（3）调试程序。

在 Keil uV4 的 Debug 菜单中，包含了多个用于调试源程序的选项。如：Ctrl+F5 用于启动和终止调试，F5 用于运行程序，F10 为单步运行程序，Ctrl+F10 为运行到光标所在行，F9 为设置/清除断点。

在用 Ctrl+F5 启动调试后，点击主菜单 Peripherals，会弹出单片机芯片内所包含的各种接口选项，如：Interrupt（中断）、I/O-Ports（并口）、Serial（串口）、Timer（定时器）。选择 I/O-Ports→Port1，则在屏幕上显示出“Parallel Port 1”窗口，见图 2-17。该窗口中有 2 行信息，上一行为 P1 口 8 个锁存器锁存的内容，下一行是 P1 口 8 个引脚的状态信息。在运行程序时，会观察到 P1.1 信息的变化。

点击主菜单 View，选择 Watch Windows→Watch1，屏幕上显示 Watch1 窗口。在 Name 栏输入 states，则运行时会显示该变量的值，即机器周期数。同样方法可以加入其他变量。

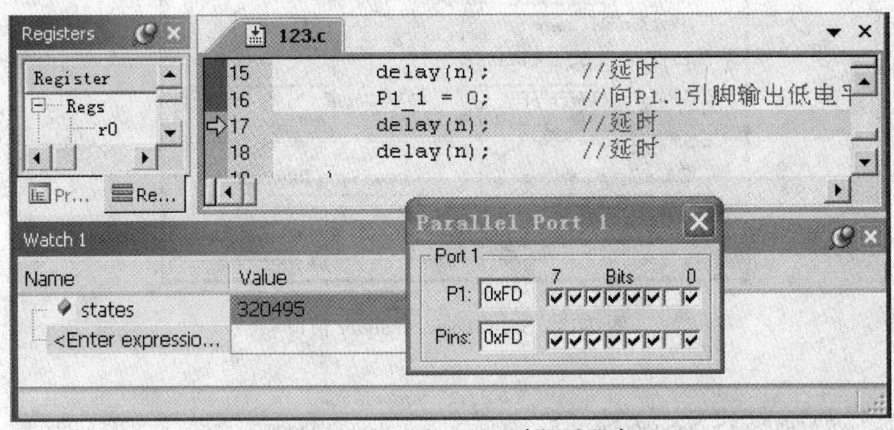

图 2-17 在 Keil uVision 中调试程序

点击主菜单 View，选择 Analysis Windows→Logic Analyzer，屏幕上显示 Logic Analyzer（逻辑分析器）窗口，见图 2-18。点击窗口左上角的 Setup，弹出 Setup Logic Analyzer 窗口。在 Current Logic Analyzer Signals 栏添加 P1_1，在 Display Type 项选择 Bit，点击 Close。

运行程序则在 Logic Analyzer 窗口显示出 P1_1 的波形，见图 2-19。点击窗口中的 In、Out、All 按钮，可调整栅格的时间间隔。图 2-19 中栅格的时间间隔为 0.5s。

（4）下载到单片机。

下载就是把经编译生成的 HEX 文件写入单片机的程序存储器，也称“烧写”。程序下载后，单片机每次复位后都会自动运行该程序。

下面是 PC 向 STC 单片机下载程序代码的步骤。

1）首先在 PC 上安装 STC 单片机自动编程器的 USB 驱动程序。

2）将编程器与 PC 通过 USB 线连接，连接后 PC 将为该设备分配一个虚拟串口。

3）把编程器的 GND、RXD、TXD、5V0 分别与单片机芯片的 GND、P3.1、P3.0、VCC 连接，运行 STC-ISP 程序，选择单片机芯片型号。

4）打开程序文件，如 abc.HEX。

5）选择串口，下载。

6）下载成功后，程序即自动运行。若用杜邦线把 P1.1 引脚与一只 LED 连接，可以观察到 LED 闪烁。

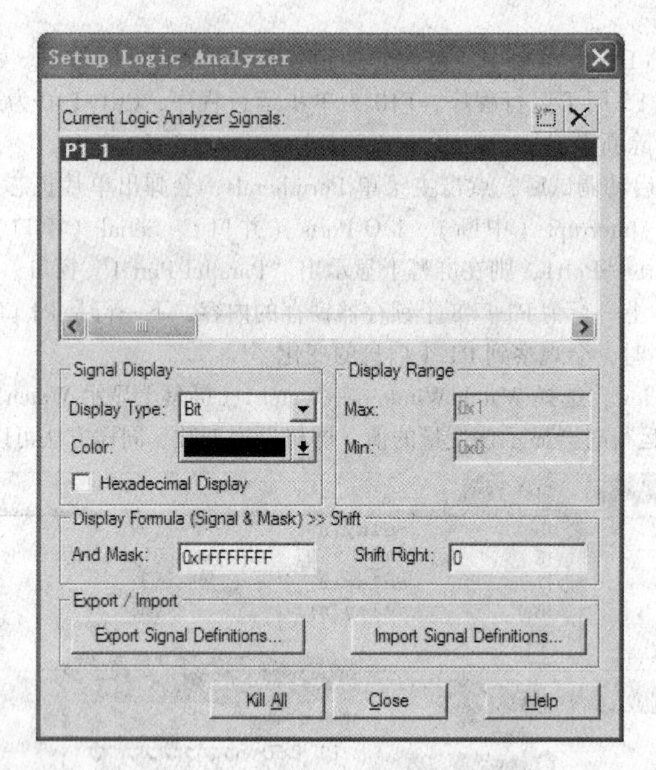

图 2-18　Setup Logic Analyzer 窗口

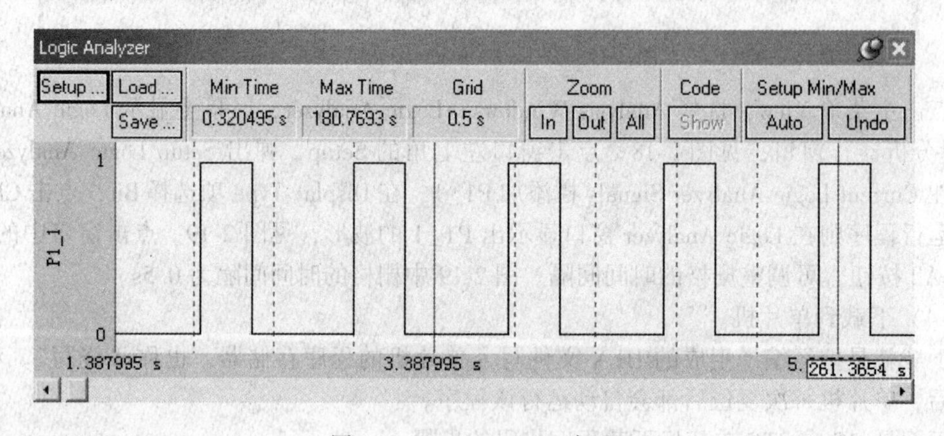

图 2-19　Logic Analyzer 窗口

2.7　编译预处理

编译预处理是 C51 编译系统的一个重要组成部分。利用编译预处理命令可以增强程序的可读性、灵活性，并易于修改。在 C51 程序中，以“#”开头的语句为预处理命令语句，如#include、#define 等。C51 提供的预处理命令有宏定义、文件包含和条件编译。

2.7.1 宏定义

宏定义命令为#define，它的作用是用一个简单易读的字符串替代另一个字符串。宏定义可以增强程序的可读性和可维护性。宏定义分为不带参数的宏定义和带参数的宏定义。

2.7.1.1 不带参数的宏定义

不带参数的宏定义，其宏名后不带参数，一般形式为：

#define 标识符 字符串

其中，#表示这是一条预处理命令；define 表示为宏定义命令；标识符为所定义的宏名；字符串可以是常数、表达式等。例如，对 11.0592MHz 的晶振频率，可进行如下的宏定义：

```
#define  FOSC  11059200L
```

它的作用是指定用标识符 FOSC 替代 11059200L。这样，当后续的编程中要用到晶振频率的数值时，就可以使用 FOSC 这个名字，而不必书写 11059200L，FOSC 也称为宏名。如果想修改这个常数，只需要修改这个宏定义中的常数即可。例如，当单片机晶振频率为 12MHz 时，只需要将上面的宏定义修改为：

```
#define  FOSC  12000000L
```

2.7.1.2 带参数的宏定义

带参数的宏在预编译时不但要进行字符串替换，还要进行参数替换。带参数的宏定义的一般形式为：

宏名（实参表）

例如：

```
#define MAX (x, y) ( (x) > (y) ? (x) : (y) )        //带参数的宏定义
c = MAX (1, 2);                                     //宏调用语句
```

2.7.2 文件包含

文件包含是指一个源文件可以将另外一个源文件的全部内容包含进来，即将另外的文件包含到本文件中。C51 中，#include 为文件包含命令，一般形式为：

```
#include<文件名>
```

或

```
#include"文件名"
```

例如：

```
#include<atmel\at89x52.h>
#include<stdio.h>
```

这两个文件包含命令的功能是：将 \ Keil \ C51 \ INC \ atmel \ at89x52. h 文件的全部内容插入到#include<atmel \ at89x52. h>命令行的位置；将 \ Keil \ C51 \ INC \ stdio. h 文件的全部内容插入到#include<stdio. h>命令行的位置，文件名不分大小写。

在程序设计中，文件包含是很有用的。它可以节省程序设计人员的重复工作，也可以将一个大的程序分为多个源文件分别编写，然后把源文件包含在主文件中。

2.7.3 条件编译

通常情况下，编译器在对 C51 文件进行编译时，会对源程序中的所有部分都进行编译。如果只想让源程序中的部分内容只在满足一定条件时才进行编译，可以通过条件编译命令实现。条件编译命令有以下 3 种形式。

形式 1：

```
#ifdef 标识符
    程序段 1
#else
    程序段 2
#endif
```

作用：当标识符已经被定义过（通常使用#define 定义）时，对程序段 1 进行编译，否则编译程序段 2；如果没有程序段 2，本格式中的“#else”可以去掉。

形式 2：

```
#ifndef 标识符
    程序段 1
#else
    程序段 2
#endif
```

作用：当标识符没有被定义过时，对程序段 1 进行编译，否则编译程序段 2。这种形式的作用与形式 1 的作用正好相反。

形式 3：

```
#if 常量表达式
    程序段 1
#else
    程序段 2
#endif
```

作用：如果常量表达式的值为逻辑真，则对程序段 1 进行编译，否则编译程序段 2。

习 题

2-1 写出实现下列功能的语句：

（1）向 P2.7 引脚输出 0。

（2）将 89H 向 P2 端口及引脚输出。

（3）先定义一个位变量 a1，然后 CPU 读取 P1.5 引脚状态并写入 a1。

（4）先定义一个无符号字节型变量 b1，然后 CPU 读取 P1 各引脚状态并写入 b1。

（5）定义一个 int 型一维数组 d1，该数组共有 8 个元素。

（6）在 xdata 区定义字符串变量 s1，其初值为"abcde!"。

（7）在 xdata 区中定义整型变量 z，且指定它的起始地址为 00H。

（8）在 idata 区中定义浮点型变量 f。

2-2 逐条解释以下程序

```
#include<atmel\at89x52.h>
#define FOSC 11059200L
#define ON 0
#define OFF 1
int n;
char GetP1 ( )
{
      char c;
      c = P1;
      return c;
}
void OutP2 (char c)
{
      P2 = c;
}
main ()
{
      n = 10000;
      while (1) {
          unsigned char a, b, c;
          int i;
          a = GetP1 ( );
          b = (a > 0xa0) ? 0x55 : 0xAA;
          OutP2 ( b );
          P0_0 = OFF;
          P0_1 = ON;
          P0_2 = ~P0_2;
          a &= 0xC7;
          P0_3 = a & 0x80;
          P0_4 = a & 0x01;
          P3 ^= 0x5A;
          c = (P3_7==ON) ? 10 : 1;
          do {
              for (i=0; i<n; i++);
          } while (--c);
      }
}
```

2-3 用 Keil uV4 对题 2-2 的程序进行编译和调试。调试时，在屏幕上打开 P0、P1、P2、P3 窗口，通过改变 P1、P3 口的状态，单步运行程序，观察 P0~P3 各并口及其引脚状态。

2-4 在题 2-3 基础上，打开 Logic Analyzer 窗口，加入 P0_0、P0_1、P0_2 等变量，运行程序后，观察它们的波形。

2-5 把题 2-2 程序的 HEX 文件下载到单片机，将 P1 口各引脚与 8 个按键连接，把 P0、P2、P3 口的相关引脚与 LED 连接。运行程序，手动改变按键状态，观察 LED 输出。

2-6 试计算 2-2 题中 for（i=0；i<n；i++）语句的运行时间。

2-7 简述 goto、break、continue、return 语句的作用。

2-8 全程变量通常定义在何处？

2-9 auto、static、volatile、const 型变量有何不同？

2-10 data、bdata、idata、xdata、code 存储器类型各代表何种存储空间？

3 单片机片内接口

单片机应用就是用单片机对输入输出接口进行操作。单片机片内接口体现了单片机的基本输入输出能力。学习一款单片机，必须掌握它的片内接口。本章讲述 MCS-51 单片机片内集成的并行接口、中断控制、定时器/计数器、串行接口，以及 MCS-52 单片机的定时器/计数器 T2。

3.1 并 行 接 口

MCS-51 单片机有 P0、P1、P2、P3 共 4 组并行 I/O 端口，每组端口都是 8 位准双向口，共占 32 根引脚。

3.1.1 P0 口

P0 口是一个多功能的三态双向口，可以字节访问也可位访问，其字节访问地址为 80H，位访问地址为 80H~87H。C51 编程时，在包含了“atmel/at89x51. h”文件后，可直接用 P0、P0_0~P0_7 访问。字节访问方式就是 CPU 一次对 P0 的 8 个位进行读/写操作；位访问方式就是 CPU 一次仅对 P0 的某一个位进行读/写操作。

P0 口每一位的结构如图 3-1 所示。

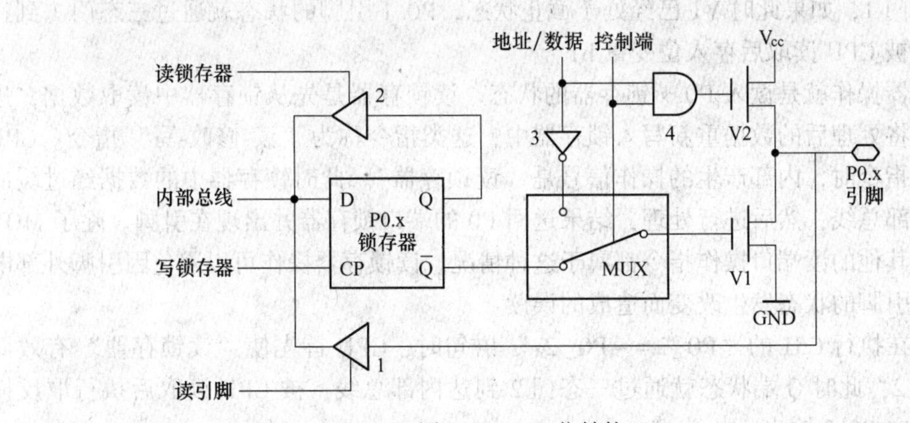

图 3-1　P0 口位结构

3.1.1.1 P0 用作通用输出口

P0 用作通用输出口时，CPU 通过控制端发出低电平封锁与门 4，将场效应管 V2 截止，同时使多路开关 MUX 下通，把锁存器输出与场效应管 V1 栅极接通，所以 D 端与 P0. x 同相。P0. x 锁存器也就是 P0 的 8 个位寄存器（P0_0~P0_7）之一。

CPU 向 P0. x 输出数据时，数据（0 或 1）首先通过内部总线由 D 端进入 P0. x 锁存器，然后向 P0. x 引脚输出。

C51 中，用“=”运算符直接对端口赋值来实现端口输出操作。例如，对于位访问方式，在执行 C51 的“P0_7 = 0;”语句时，CPU 首先把数据 0 通过内部总线送到 D 端，然后发出“写锁存器”脉冲，使 CP 端有效，这时 P0.7 锁存器的 Q=D=0，$\overline{Q}$=1，V1 导通，P0.7 引脚输出 0V。在执行 C51 的“P0_7 = 1;”语句时，CPU 首先把数据 1 通过内部总线送到 D 端，然后发出“写锁存器”脉冲，使 CP 端有效。这时 P0.7 锁存器的 Q=D=1，$\overline{Q}$=0，V1 截止，P0.7 引脚为漏极开路输出，若外接上拉电阻（4.7~10kΩ），就能得到+5V 输出。

对于字节访问方式，在执行“P0 = 0x56;”语句时，由于内部总线有 8 根数据线，CPU 能够一次把一个字节的 8 位数据（56H=01010110B）分别写入 P1.7~P1.0 端口锁存器并输出。

P0 口的每一位输出可驱动 8 个 LSTTL 负载。

3.1.1.2 P0 用作通用输入口

P0 用作通用输入口时，分为读引脚和读锁存器两种操作。

读引脚操作就是读入 P0.x 引脚的状态。CPU 在执行从端口读入的 MOV 类输入指令时，内部产生的操作信号是“读引脚”。此时 P0.x 引脚上的数据经过缓冲器 1 读入到内部总线。这时，如果 V1 导通，就会将输入的高电平拉成低电平，产生误读。所以在进行读入操作前，必须先向端口锁存器写“1”，使 V1 截止，变为高阻抗输入。这种在读引脚之前，先要向其锁存器做写“1”操作的 I/O 口，称为准双向口。由于 MCS-51 复位后各 I/O 端口为输出高电平状态，这时可以直接读取端口输入，而不必先向其锁存器写“1”。

C51 中，用“=”运算符直接取端口值的操作为读引脚操作，其与单片机的 MOV 类指令相对应。例如，在执行 C51 的“b1 = P0_1;”语句时，CPU 首先使“读引脚”有效而打开三态门 1，如果此时 V1 已经处于截止状态，P0.1 引脚的状态就通过三态门 1 到达内部总线，被 CPU 读取后存入位变量 b1。

读锁存器操作就是读入 P0.x 锁存器的状态。读锁存器是先从锁存器中读取数据，进行处理后，将处理后的数据重新写入锁存器中，这类指令称为“读-修改-写”指令。CPU 在执行这类指令时，内部产生的操作信号是“读锁存器”。此时锁存器中的数据经过缓冲器 2 送到内部总线，然后进行处理，结果送回 P0 的端口锁存器并出现在引脚。除了 MOV 类指令外，其他的读端口操作指令都属于这种情况。读锁存器操作可以避免因引脚外部电路的原因使引脚的状态发生改变而造成的误读。

例如，在执行 C51 的“P0_2=~P0_2;”语句时，CPU 首先使“读锁存器”有效而打开三态门 2，此时 Q 端状态就通过三态门 2 到达内部总线，被 CPU 读取后执行取反操作，然后再向 P0.2 输出。

下面是访问 P0 的 C51 例句：

```
bit b;
char c;
c = P0;          //字节访问：CPU 读 P0 口引脚（P0.7~P0.0）状态并存入字符型变量 c
P0 = ~P0;        //字节访问：CPU 读 P0 口各引脚锁存器，取反后输出到 P0.7~P0.0 引脚
b = P0_0;        //位访问：  CPU 读 P0.0 引脚状态并存入位变量 b
P0_0 = ~P0_0;    //位访问：  CPU 读 P0.0 锁存器状态，取反后，输出到 P0.0 引脚
```

3.1.1.3 P0 用作低 8 位地址/数据总线

在 CPU 访问片外 ROM、RAM 时，P0 不再作为通用 I/O 口使用，而是用作低 8 位地址/数据总线。这可分为 P0 引脚输出地址/输出数据和 P0 引脚读入数据两种操作。

当执行输出地址/输出数据操作时，CPU 向控制端发出高电平。这时 MUX 上通，将地址/数据线与 V1 接通，同时与门 4 输出有效。若地址/数据线为 1，则 V2 导通，V1 截止，P0 口输出为 1；反之，V2 截止，V1 导通，P0 口输出为 0。由于上下两个 FET 处于反相，构成了推挽式的输出电路，其输出能力大大增强。

当执行读入数据操作时，CPU 自动使 MUX 下通，“读引脚”信号使三态缓冲器 1 打开，引脚上的数据经缓冲器 1 送到内部总线。

3.1.2 P1 口

P1 是一个 8 位准双向口，它只作通用的 I/O 口使用，其访问方式与 P0 口相同。

P1 的每一位口线都能独立用作输入线或输出线，作输出使用时，由于其内部有上拉电阻（约 30kΩ），所以不需要外接上拉电阻；作输入使用时，必须先向锁存器写入“1”，使场效应管截止，然后才能读取引脚数据。P1 口内部包含输出锁存器、输入缓冲器（读引脚、读锁存器）以及由 FET 晶体管与上拉电阻组成的输出/输入驱动器，位结构如图 3-2 所示。

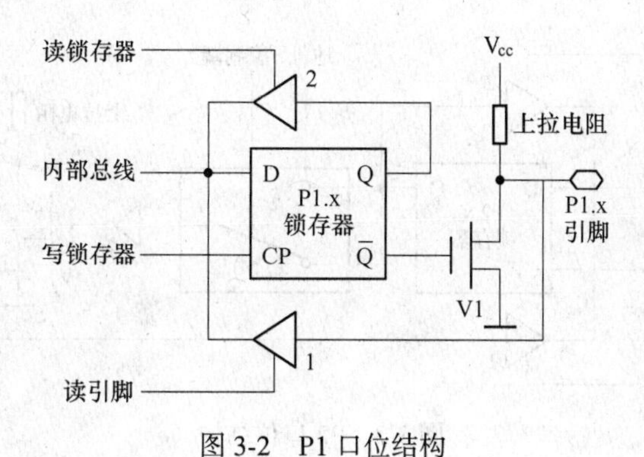

图 3-2 P1 口位结构

3.1.2.1 P1 用作输出口

P1 用作输出口时，CPU 如将“0”通过内部总线写入 P1. x 锁存器，则场效应管 V1 导通，P1. x 引脚输出低电平，即输出为“0”；如将“1”写入 P1. x 锁存器，则场效应管 V1 截止，P1. x 引脚输出高电平，即输出为“1”。

3.1.2.2 P1 用作输入口

P1 用作输入口时，分为读引脚和读锁存器两种操作。

读引脚时，必须先将“1”写入端口锁存器 P1. x，使场效应管 V1 截止。该口线由内部上拉电阻提拉成高电平，同时也能被外部输入源拉成低电平，即当外部输入“1”时该口线为高电平，而输入“0”时该口线为低电平。CPU 的控制信号使“读引脚”端为高电平后，三态缓冲器 1 导通，P1. x 引脚的信号到达内部数据总线。

读锁存器时，CPU 的控制信号使“读锁存器”端为高电平，三态缓冲器 2 导通，P1. x 锁存器的输出信号到达内部数据总线。

P1 口作输入时，可被任何 TTL 电路和 MOS 电路驱动，由于具有内部上拉电阻，也可以直接被集电极开路和漏极开路电路驱动，而不必外加上拉电阻。P1 口的每一位可驱动 4 个 LSTTL 门电路。

下面是 C51 访问 P1 口的例句：

```
char c1, c2;
bit b1, b2;
c1 = P1;          //字节访问：读 P1 口引脚（P1.7~P1.0）状态并送入变量 c1
c2 = ~P1;         //字节访问：读 P1 口引脚（P1.7~P1.0）状态，位取反后送入变量 c2
P1 = ~P1;         //字节访问：读 P1 口各锁存器，各位取反后输出到 P1 各引脚
P1 &= 0x01;       //字节访问：读 P1 口各锁存器，同 0x01 按位与后输出到 P1 各引脚
P1_1 = ~P1_1;     //位访问：读 P1.1 锁存器，取反后，输出到 P1.1 引脚
b1 = P1_5;        //位访问：读 P1.5 引脚状态并送入变量 b1
b2 = ~P1_7;       //位访问：读 P1.7 引脚状态，取反后送入变量 b2
```

3.1.3 P2 口

P2 是一个 8 位准双向口，它有两种用途：通用 I/O 口和高 8 位地址线。它的每一位的结构由一个输出锁存器、转换开关 MUX、两个三态缓冲器、一个非门、输出驱动电路和输出控制电路等组成，如图 3-3 所示。

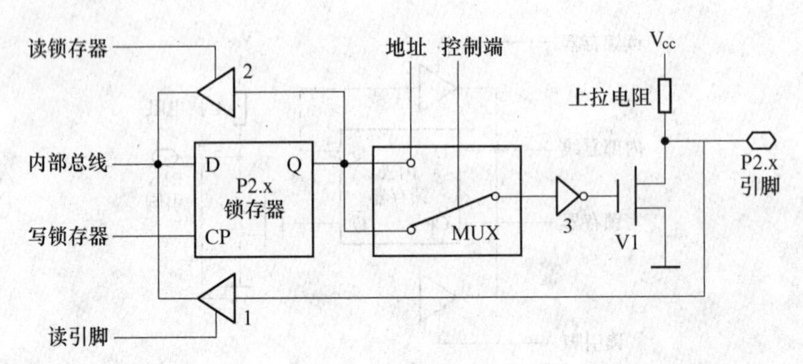

图 3-3 P2 口位结构

P2 作为准双向通用 I/O 口使用时，控制端的低电平使转换开关 MUX 下通，锁存器 Q 端经反相器 3 接场效应管 V1，其工作原理与 P1 口相同，也具有数据输出、读引脚和读锁存器三种操作方式。P2 口的每一位可驱动 4 个 LSTTL 门电路。

当 P2 口作为片外 ROM、RAM 的高 8 位地址总线使用时，控制端的高电平使转换开关 MAX 上通。此时来自程序计数器 PC 的高 8 位地址，或数据指针 DPTR 的高 8 位地址 DPH 经反相器 3 和场效应管 V1 原样呈现在 P2 口的引脚上，输出高 8 位地址 A8~A15。在这种情况下，P2 口锁存器的内容不受影响。所以，取指或访问外部存储器结束后，转换开关又自动接至下端，输出驱动器与锁存器 Q 端相连，引脚上将恢复原来的数据。

3.1.4 P3 口

P3 是一个多功能准双向口，也是一个多用途端口，位结构及各引脚的第二功能如图 3-4 所示。P3 口的第一功能是作为通用 I/O 口使用，第二功能是作为控制和特殊功能口使用。

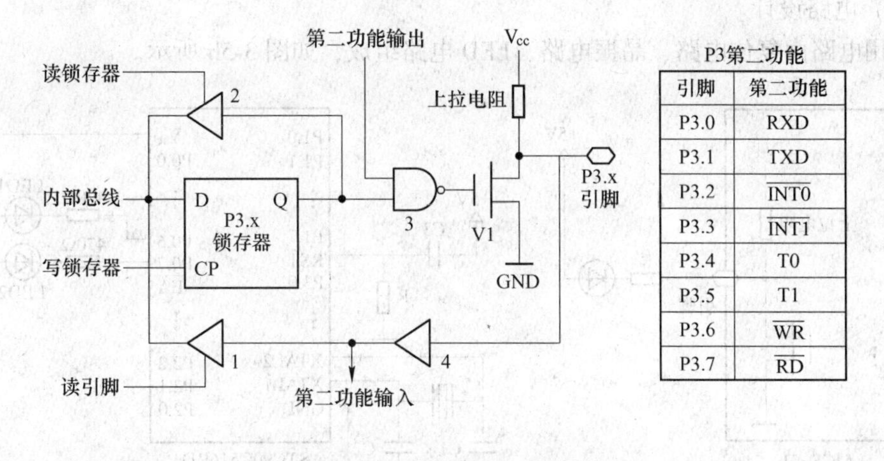

引脚	第二功能
P3.0	RXD
P3.1	TXD
P3.2	$\overline{INT0}$
P3.3	$\overline{INT1}$
P3.4	T0
P3.5	T1
P3.6	$\overline{WR}$
P3.7	$\overline{RD}$

图 3-4　P3 口位结构及各引脚第二功能

当 P3 作为通用 I/O 口时，CPU 置第二功能输出线为高电平“1”，此时与非门 3 的输出取决于 P3. x 锁存器输出端 Q 的状态。这时，P3 是一个准双向口，它的工作原理与 P1、P2 口相同，也具有数据输出、读引脚和读锁存器三种操作方式。P3 口的每一位可驱动 4 个 LSTTL 门电路。

当 P3. x 作为第二功能使用时，其锁存器输出端 Q 必须为高电平，否则 V1 管导通，引脚将被箝位在低电平，无法实现第二功能。当 P3. x 锁存器的 Q 端为“1”时，与非门 3 的输出就由第二功能输出线的状态确定，从而 P3 口线的状态取决于第二功能输出线的电平。

在 P3 口的引脚信号输入通道中有两个三态缓冲器，第二功能的输入信号取自缓冲器 4 的输出端，缓冲器 1 仍是第一功能的读引脚信号缓冲器。单片机复位后，锁存器的输出端为高电平，这时 P3 口第二功能中输入信号 RXD、INT0、INT1、T0、T1 能够直接经缓冲器 4 输入。通常情况下，P3 口的第二功能在应用中更为重要。

3.1.5　并口应用举例

【例 3-1】　用 P0. 6、P0. 7 引脚分别控制两只发光二极管 LED1、LED2。控制方式为：LED1 点亮、LED2 熄灭；延时；LED1 熄灭、LED2 点亮；如此循环。

（1）LED 的驱动。

发光二极管（Light Emitting Diode，LED）体积小、功耗低，常用来指示信号状态。一般地，LED 具有二极管的特点：反相偏压时，LED 不发光；正向偏压时，LED 发光，此时 LED 两端约有 1. 7V 的压降。通过 LED 的正向电流越大，LED 就越亮，而 LED 的寿命也将缩短，通常以 10~20mA 为宜。

MCS-51 的 P1、P2、P3 口内部有弱上拉电阻，输出低电平可以吸收数毫安，可以驱动一个 LED；输出高电平时电流小于 1mA，无法点亮 LED。例如，STC90C516RD+ P0 口的灌电流最大为 12mA，其他 I/O 口的灌电流最大为 6mA。所以，LED 的驱动应采用灌电流方式，如图 3-5a 所示。对 P0 口，限流电阻 R 至少为 470Ω；对其他 I/O 口，R 至少为 1kΩ。

（2）电路设计。

应用电路由复位电路、晶振电路、LED 电路组成，如图 3-5b 所示。

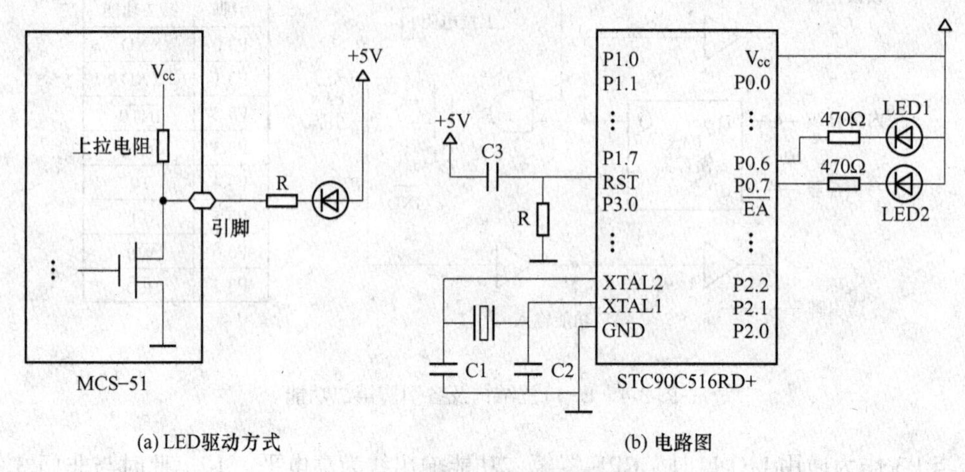

图 3-5　LED 驱动及控制电路图

（3）程序设计。

本题中，对 LED 的控制采用位访问方式实现，延时采用 for 语句实现。for 语句的延时时间取决于该语句所消耗的机器周期总数。通过 Keil uV4 调试，可计算出该 for 语句消耗的机器周期总数为 2425220。若晶振频率 fosc = 12MHz，则延时间隔 2425220×12/fosc ≈ 2.4s；若 fosc = 11.0592MHz，延时间隔约为 2.6s。

下面是 C51 程序。

```
#include<atmel\at89x52.h>
main ()
{
    unsigned int i;
    while (1) {
    P0_6 = 0;                        //LED1 点亮
    P0_7 = 1;                        //LED2 熄灭
    for (i=0; i<65535; i++);         //延时
    P0_6 = 1;                        //LED1 熄灭
    P0_7 = 0;                        //LED2 点亮
    for (i=0; i<65535; i++);         //延时
    }
}
```

【例 3-2】　用 P1.0、P1.1 引脚连接按钮 S1、S2 输入，用 P2.7 控制一只晶体管的导通与截止，该晶体管驱动一只小型直流继电器 K1。控制要求是：按下 S1 后，K1 通电；按下 S2 后，K1 断电。

（1）继电器的驱动。

继电器由线圈和触点组成，通过线圈通电产生的磁力吸引触点动作，实现对负载回路的通断控制。线圈通电时闭合而断电时开启的触点称为常开触点，反之则为常闭触点。由于继电器的线圈是功率器件，单片机输出口的输出功率微小，不能直接驱动，这时可以使用功率晶体管驱动。

驱动继电器的晶体管工作于开关状态。图 3-6a 中，当单片机 P1. x 引脚输出高电平时，PNP 晶体管处于截止状态，继电器 K 的线圈断电，其触点为常态；输出低电平时，PNP 晶体管处于饱和状态，继电器 K 的线圈通电，其触点动作。在图 3-6b 中，当 P1. x 引脚输出高电平时，NPN 晶体管处于饱和状态，K 通电，其触点动作；输出低电平时，NPN 晶体管处于截止状态，K 断电，其触点为常态。

由于线圈属于感性负载，当晶体管截止时，线圈中的电流不能瞬间为 0，图中的二极管 D 为线圈提供了一个放电路径，使线圈不会产生高的感应电势，起到保护晶体管的作用。

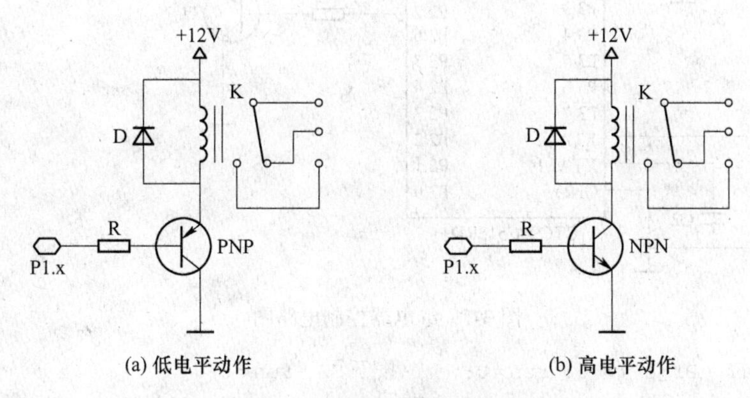

图 3-6　继电器的晶体管驱动

（2）电路设计。

图 3-7 是本例的控制电路图。图中，继电器 K1 由 PNP 晶体管 T1 驱动，继电器的线圈用方框表示。当 P2. 7 引脚输出低电平时，T1 导通，K1 线圈得到电源供电，K1 的常开触点吸合，接通负载回路，负载得到电源供电而工作。当 P2. 7 引脚输出+5V 高电平时，T1 截止，K1 线圈断电，K1 的常开触点断开，负载回路被断开，负载断电而停止工作。

按钮是常用的输入元件。图 3-7 中，当按下按钮 S1 时，P1. 0 引脚就得到 0V 的低电平输入；当 S1 弹起时，P1. 0 引脚浮空，由于 P1. 0 内有上拉电阻，其端口会得到+5V 的高电平输入。在按下或释放按钮时，会出现按键抖动现象，可以通过硬件或软件方法解决。

（3）程序设计。

继电器的通/断电和按钮的开/合都只有两种状态，都可以用位变量来表征。本例中，通过定义位变量 run 来存储按钮 S1、S2 的状态，并通过 run 控制 K1 的通/断电。S1、S2 的状态通过读入 P1. 0、P1. 1 得到，K1 的通/断电通过向 P2. 7 输出 0 或 1 实现。

C51 程序如下。

```
#include<atmel\at89x52.h>
main ()
{
    while (1) {
        bit run;                    //定义位变量，指示 K1 状态
        if (P1_0 = = 0) run=1;      //按下 S1，run=1
```

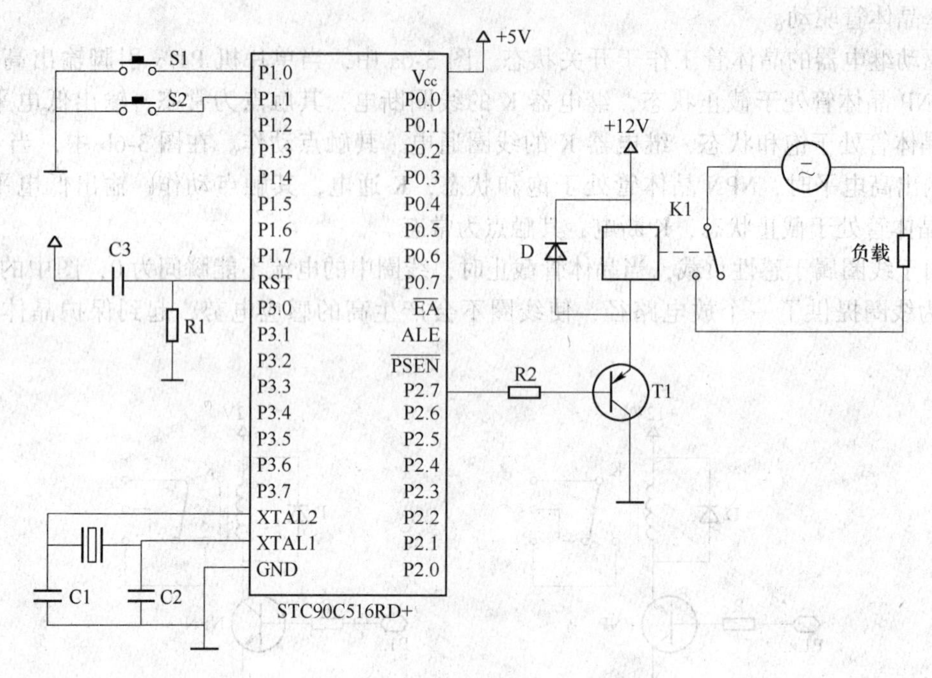

图 3-7　继电器控制电路图

```
        if (P1_1 = = 0) run=0;    //按下 S2, run=0
        if (run= =1) P2_7 = 0;    //run=1, P2.7 输出低电平, K1 通电
        else  P2_7 = 1;           //run=0, P2.7 输出高电平, K1 断电
    }
}
```

【例 3-3】　用单片机 P2 口通过 ULN2003 驱动芯片控制一只小型步进电动机运行，且通过软件延时实现电动机通电相序的变换。试绘出控制电路并编写 C51 程序。

（1）步进电动机简介。

步进电动机是一种将电脉冲转化为角位移的执行机构。当步进电动机驱动器接收到一个电脉冲信号，它就驱动步进电动机按设定的方向转动一个固定的角度，称为步距角。步进电动机的旋转是以固定的角度一步一步运行的。通过控制电脉冲的个数，就能控制步进电动机的角位移量；通过控制电脉冲的频率，就能控制步进电动机运行的角速度和角加速度。

常用的步进电动机有反应式步进电动机、永磁式步进电动机和混合式步进电动机。永磁式步进电动机一般为两相，转矩和体积较小，步距角一般为 7.5°或 15°。反应式步进电动机一般为三相，可实现大转矩输出，步距角一般为 1.5°，但噪声和振动都很大。反应式步进电动机的转子磁路由软磁材料制成，定子上有多相励磁绕组，利用磁导的变化产生转矩。混合式步进电动机是指混合了永磁式和反应式的优点。它又分为两相和五相：两相步距角一般为 1.8°而五相步距角一般为 0.72°。混合式步进电动机的应用最为广泛。

（2）步进电动机的驱动。

对于电流小于 0.5A 的步进电动机，可以采用 ULN2003 芯片驱动。ULN2003 是高耐压、大电流达林顿晶体管阵列，由七个硅 NPN 达林顿管组成。输入为 5V TTL 电平，输出可达500mA/50V，多用于单片机、智能仪表、PLC、数字量输出卡等控制电路中，可直接驱动小型继电器、小型步进电动机等负载。图3-8为ULN2003引脚内部连接及每通道驱动电路图。

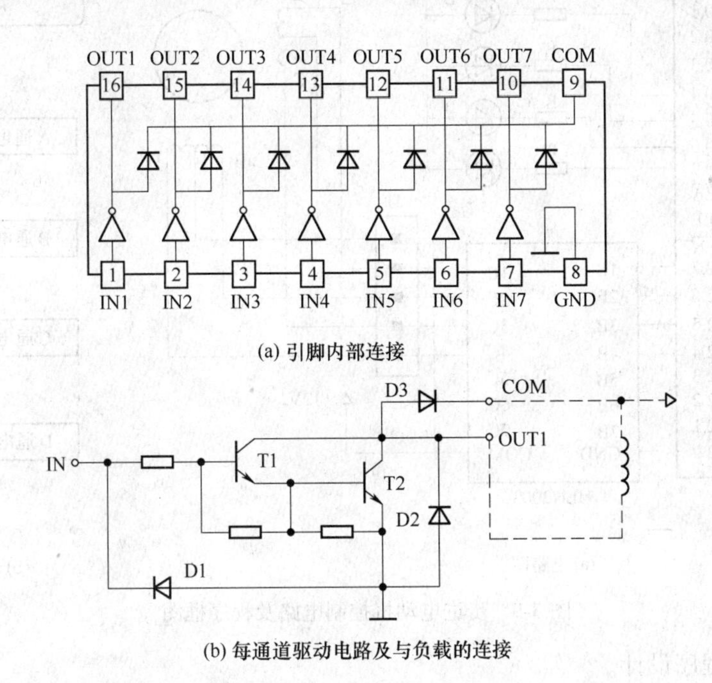

(a) 引脚内部连接

(b) 每通道驱动电路及与负载的连接

图3-8 ULN2003引脚内部连接及每通道驱动电路

在图3-8b中，晶体管T1和T2组成达林顿结构，称为达林顿管。达林顿管有较高的电流放大倍数。二极管D1是加速二极管。当输入端IN的控制信号从高电平到低电平的瞬间，二极管D1导通，可以使T2的一部分射极电流流过D1到达输入端IN，这加速了T2集电极电流的下降速度，也即加速了T2的关断。D2为稳压管，用于吸收OUT端的过电压。D3为续流二极管。ULN2003输入端的低电平输入将使其达林顿管截止，如果其输出端连接的负载是继电器线圈等感性元件，则电流不能突变，此时会产生一个高压；如果没有二极管D3，达林顿管会被击穿，二极管D3起到保护作用。由于ULN2003是集电极开路输出，为了让这个二极管起到续流作用，必须将COM端接在负载的供电电源上，只有这样才能够形成续流回路。

（3）单片机控制步进电动机的硬件电路。

图3-9a为单片机控制微型步进电动机的硬件电路图。图中P0.7~P0.4控制4只LED，用于显示步进电动机A、B、C/$\overline{A}$、D/$\overline{B}$端的通电状态。P2.7~P2.4通过ULN2003驱动芯片，分别控制步进电动机A、B、C、D端的通断电。步进电动机两相绕组的A、B、C、D端分别与ULN2003的1C、2C、3C、4C输出端连接，两相绕组的中间抽头为公共端，与ULN2003的COM端连接，并连接到步进电动机的供电电源端。

根据这种连接方法，若按A→B→C→D→A的顺序为绕组通电，步进电动机将沿一个方向转动；若按A→D→C→B→A的顺序为绕组供电，步进电动机将沿相反的方向转动。

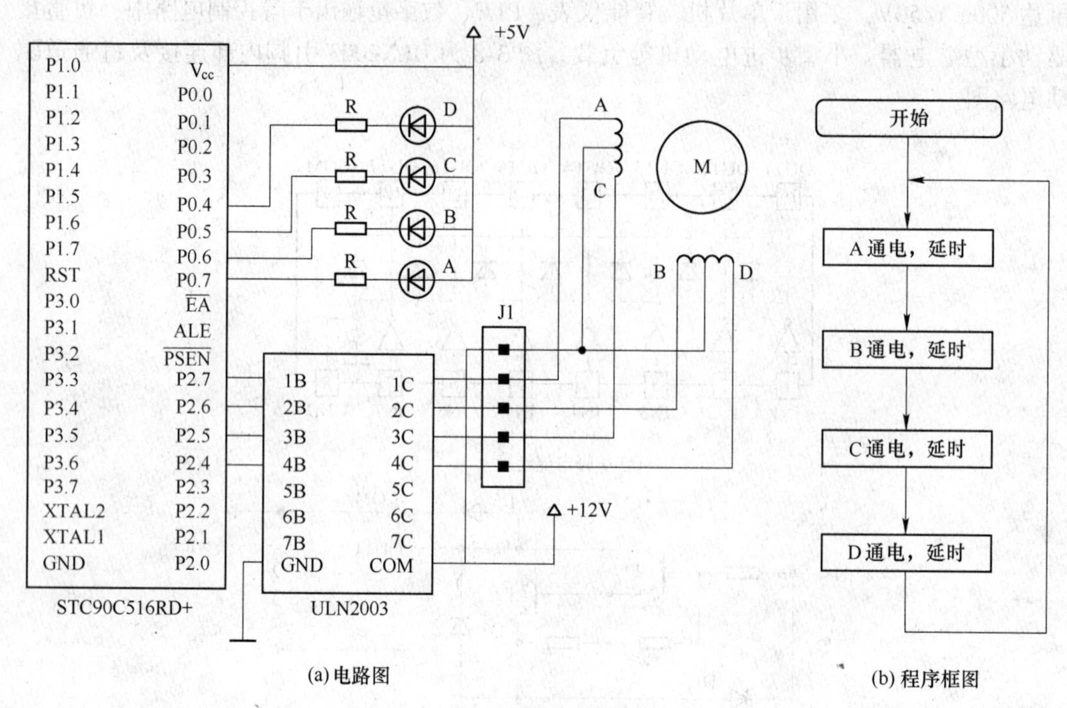

(a) 电路图　　(b) 程序框图

图 3-9　步进电动机控制电路及程序框图

（4）控制程序设计。

以 A→B→C→D→A 的通电顺序为例，其流程如图 3-9b 所示。这里的电脉冲是由程序分配的，A、B、C、D 端的通电状态每改变一次，就相当于施加一个电脉冲。

在程序设计上可以采用位访问和字节访问两种方式实现。

位访问方式的 C51 程序如下。

```
#include<atmel\at89x52.h>
main ()
{
    while (1) {
        int i;                          //定义变量 i，用于延时
        P2_ 7 = 1; P2_ 6 = 0; P2_ 5 = 0; P2_ 4 = 0; //A 通电
        P0_ 7 = 0; P0_ 6 = 1; P2_ 5 = 1; P2_ 4 = 1; //LED 显示
        for (i=0; i<1000; i++); //延时
        P2_ 7 = 0; P2_ 6 = 1; P2_ 5 = 0; P2_ 4 = 0; //B 通电
        P0_ 7 = 1; P0_ 6 = 0; P2_ 5 = 1; P2_ 4 = 1; //LED 显示
        for (i=0; i<1000; i++); //延时
        P2_ 7 = 0; P2_ 6 = 0; P2_ 5 = 1; P2_ 4 = 0; //C 通电
        P0_ 7 = 1; P0_ 6 = 1; P2_ 5 = 0; P2_ 4 = 1; //LED 显示
        for (i=0; i<1000; i++); //延时
        P2_ 7 = 0; P2_ 6 = 0; P2_ 5 = 0; P2_ 4 = 1; //D 通电
        P0_ 7 = 1; P0_ 6 = 1; P2_ 5 = 1; P2_ 4 = 0; //LED 显示
        for (i=0; i<1000; i++); //延时
```

```
    }
}
```

字节访问方式的C51程序如下。

```
#include<atmel\at89x52.h>
main ()
{
    while (1) {
        int i;       //定义变量i，用于延时
        for (P2=0x80, P0=~0x80, i=0; i<1000; i++);     //A通电，LED显示，延时
        for (P2=0x40, P0=~0x40, i=0; i<1000; i++);     //B通电，LED显示，延时
        for (P2=0x20, P0=~0x20, i=0; i<1000; i++);     //C通电，LED显示，延时
        for (P2=0x10, P0=~0x10, i=0; i<1000; i++);     //D通电，LED显示，延时
    }
}
```

3.2 中 断

中断系统是为使CPU具有对外界异步事件的处理能力而设置的。

所谓中断，是指当CPU正在运行程序时，外界发生了紧急事件，请求CPU暂停当前的工作，转而去处理这个紧急事件，处理完以后，再回到原来被中断的地方，继续原来的工作，这样的过程称为中断。能处理中断的功能部件称为中断系统，能产生中断请求的信号称为中断源。

3.2.1 中断源

3.2.1.1 MCS-52中断源

MCS-51有5个中断源，它们是：INT0中断，INT1中断，T0中断，T1中断，UART(串口）中断。52系列又增加了T2中断。图3-10为MCS-52中断源组成图。

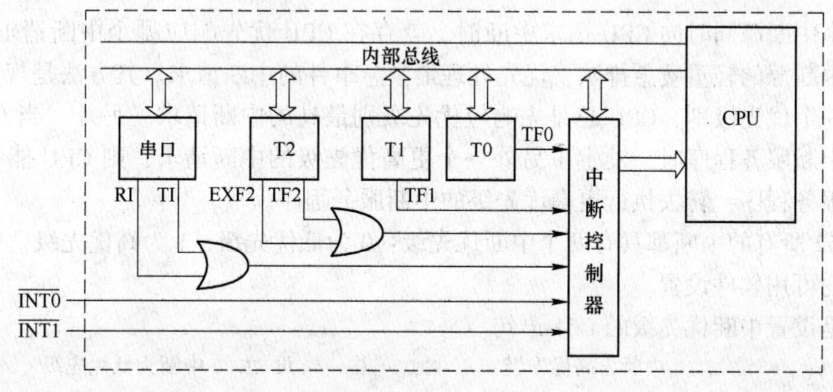

图3-10 MCS-52中断源

3.2.1.2 中断信号的产生

下面是MCS-52各中断信号的产生方式。

（1）INT0 中断：若预置 IT0=0，当 P3.2/$\overline{\text{INT0}}$引脚出现低电平时向 CPU 请求 INT0 中断；若预置 IT0=1，当 P3.2/$\overline{\text{INT0}}$引脚出现下降沿时向 CPU 请求 INT0 中断。

（2）INT1 中断：若预置 IT1=0，当 P3.3/$\overline{\text{INT1}}$引脚出现低电平时向 CPU 请求 INT1 中断；若预置 IT1=1，当 P3.3/$\overline{\text{INT1}}$引脚出现下降沿时向 CPU 请求 INT1 中断。

（3）T0 中断：当 T0 溢出标志 TF0=1 时，向 CPU 请求 T0 中断。

（4）T1 中断：当 T1 溢出标志 TF1=1 时，向 CPU 请求 T1 中断。

（5）串口中断：当串口发送中断标志 TI=1，或串口接收中断标志 RI=1 时，向 CPU 请求串口中断。

（6）T2 中断：当 T2 溢出标志 TF2=1，或 T2 外部标志 EXF2=1 时，向 CPU 请求 T2 中断。

3.2.1.3　中断允许的设置

上述每一个中断源都可以用软件独立地设置为开中断或关中断，只有设置为开中断的中断源才能向 CPU 请求中断。对于设置为关中断的中断源，即使产生了中断信号，也不能向 CPU 请求中断。此外，CPU 也可以设置为开中断或关中断。当把 CPU 设置为关中断时，CPU 不响应所有的中断请求；当把 CPU 设置为开中断时，CPU 响应有效的中断请求。

下面是 C51 设置开中断和关中断的语句。

```
EX0 = 1; /* 开 INT0 中断 */        EX0 = 0; /*关 INT0 中断 */
EX1 = 1; /* 开 INT1 中断 */        EX1 = 0; /*关 INT1 中断 */
ET0 = 1; /* 开 T0 中断 */          ET0 = 0; /*关 T0 中断 */
ET1 = 1; /* 开 T1 中断 */          ET1 = 0; /*关 T1 中断 */
ES = 1; /* 开串口中断 */           ES = 0; /*关串口中断 */
ET2 = 1; /* 开 T2 中断 */          ET2 = 0; /*关 T2 中断 */
EA = 1; /* 开 CPU 中断 */          EA = 0; /*关 CPU 中断 */
```

3.2.2　中断优先级

当多个中断源同时向 CPU 请求中断时，就存在 CPU 优先响应哪个中断请求的问题。通常根据中断源的轻重缓急排队，优先处理最紧急事件的中断请求。其方法是规定每一个中断源有一个优先级别，CPU 总是先响应优先级别最高的中断请求。另外，当 CPU 正在执行某一中断服务程序时，发生了另外一个更高优先级的中断请求，则 CPU 能够暂停当前的中断服务程序，转去执行更高优先级的中断服务程序。

MCS-52 所有的中断都具有两个中断优先级：0 为低优先级，1 为高优先级。每个中断的优先级均可用软件设置。

下面是设置中断优先级的 C51 语句。

```
PX0 = 1; /* 设 INT0 中断为高优先级 */ PX0 = 0; /*设 INT0 中断为低优先级 */
PX1 = 1; /* 设 INT1 中断为高优先级 */ PX1 = 0; /*设 INT1 中断为低优先级 */
PT0 = 1; /* 设 T0 中断为高优先级 */   PT0 = 0; /*设 T0 中断为低优先级 */
PT1 = 1; /* 设 T1 中断为高优先级 */   PT1 = 0; /*设 T1 中断为低优先级 */
PT2 = 1; /* 设 T2 中断为高优先级 */   PT2 = 0; /*设 T2 中断为低优先级 */
```

```
PS = 1;   /* 设串口中断为高优先级 */ PS = 0; /*设串口中断为低优先级 */
```

在同一优先级下，各中断源还有不同的查询次序，单片机硬件自动按以下查询次序由高到低排列各中断源：

INT0，T0，INT1，T1，UART，T2

按照以上查询次序对各中断源从0开始编号：INT0中断号为0，T0中断号为1，INT1中断号为2，T1中断号为3，UART中断号为4，T2中断号为5。

单片机响应不同优先级中断的原则是：

CPU首先响应高优先级的中断请求；

如果优先级相同，CPU按查询次序响应排在前面的中断；

正在进行的中断过程不能被新的同级或低优先级的中断请求所中断；

正在进行的低优先级中断过程，能被高优先级中断请求所中断。

CPU在执行每一条指令的后期，要对所有的中断源进行检测。在检测到中断请求前，程序计数器PC中存储的是下一条指令码的地址。如果CPU检测到某一中断请求并将响应该中断时，它要跳转到该中断服务程序处，即把PC的当前内容保存起来，再把该中断服务程序的入口地址送给PC，则其后CPU就执行该中断服务程序了。在退出中断服务程序前，CPU要执行中断返回指令RETI，该指令把进入中断服务程序前保存的PC内容再写入PC，则其后CPU就从进入中断服务程序前的断点处向下执行指令，其流程如图3-11所示。

用C51编写中断服务函数时，并不需要在中断服务函数的最后编写RETI指令，该指令由编译器在编译中断服务函数时自动添加。

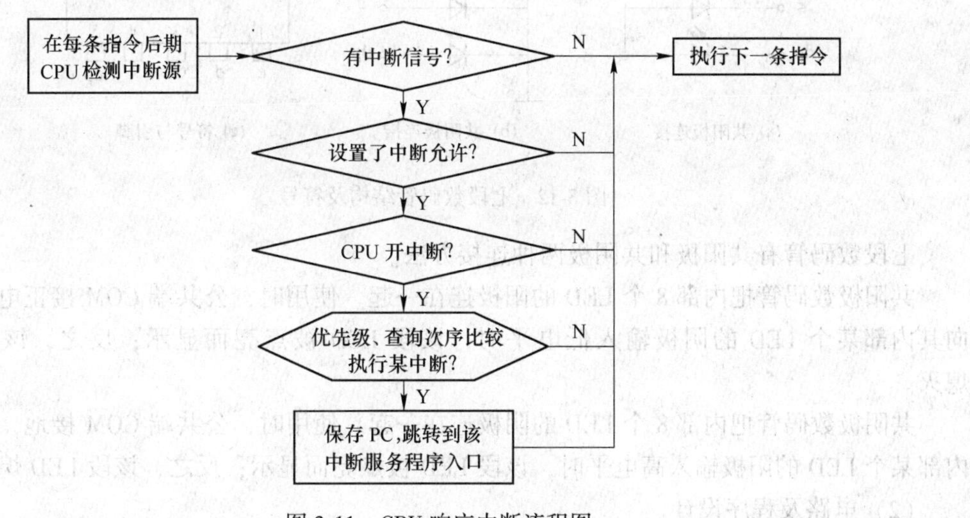

图3-11 CPU响应中断流程图

3.2.3 中断服务函数

在C51中，中断服务程序是用中断服务函数来实现的，它的常用形式如下：

```
void 函数名 (void) interrupt 中断号
{
    语句;
}
```

3.2.4 中断应用举例

【例 3-4】 用单片机自测 INT0、INT1 中断优先顺序。方法是把 P3.2/$\overline{INT0}$与 P1.0 连接，把 P3.3/$\overline{INT1}$与 P1.1 连接，P0 与一只七段数码管 7-Seg 连接，主程序使 7-Seg 显示字型 P，INT0 中断服务程序使 7-Seg 显示字型 0，INT1 中断服务程序使 7-Seg 显示字型 1。试绘出电路图、编写 C51 程序并进行测试。

(1) 七段数码管。

七段数码管（7-Seg）一般由 8 个发光二极管组成，其中由 7 个细长的发光二极管组成数字显示，另外一个小点状的发光二极管显示小数点。七段数码管的各段分别由字母 a，b，c，d，e，f，g，dp 来表示，如图 3-12 所示。

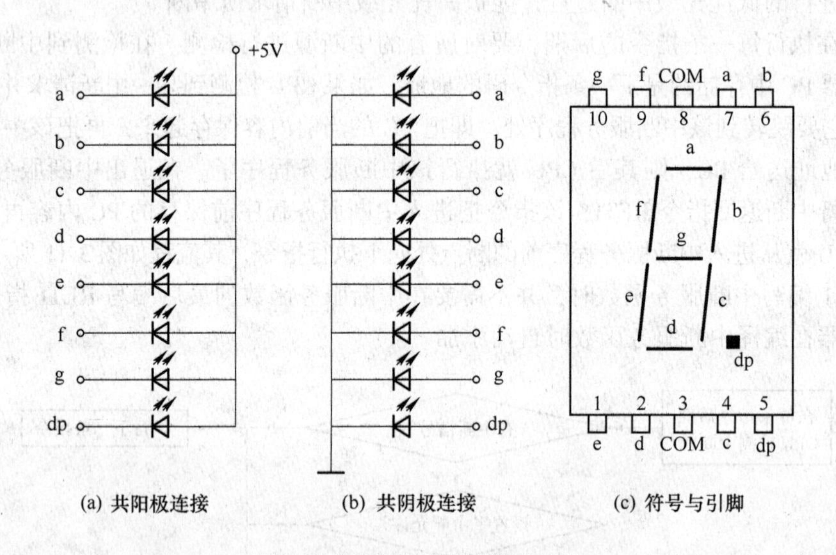

图 3-12 七段数码管结构及符号

七段数码管有共阳极和共阴极两种连接方法。

共阳极数码管把内部 8 个 LED 的阳极连在一起。使用时，公共端 COM 接正电压，当向其内部某个 LED 的阴极输入低电平时，该段 LED 被点亮而显示；反之，该段 LED 熄灭。

共阴极数码管把内部 8 个 LED 的阴极连在一起。使用时，公共端 COM 接地，当向其内部某个 LED 的阳极输入高电平时，该段 LED 被点亮而显示；反之，该段 LED 熄灭。

(2) 电路及程序设计。

本题电路如图 3-13a 所示，主程序的框图如图 3-13b 所示。

主程序首先设置 INT0、INT1 为下降沿触发中断，并设置 EX0、EX1 和 EA。主循环中，通过 P0 输出使 7-Seg 显示 P 并进行延时，然后通过拉低再拉高 P1.0、P1.1 引脚输出，使 P3.2、P3.3 引脚得到下降沿输入而触发 INT0、INT1 中断。

在 INT0 中断服务程序中，通过 P0 输出使 7-Seg 显示 0，并进行延时。INT0 的中断服务程序不是由函数名 INT0_isr 标识，而是用关键字 interrupt 后面的中断号 0 来标识。INT1 的中断服务程序与之类似。

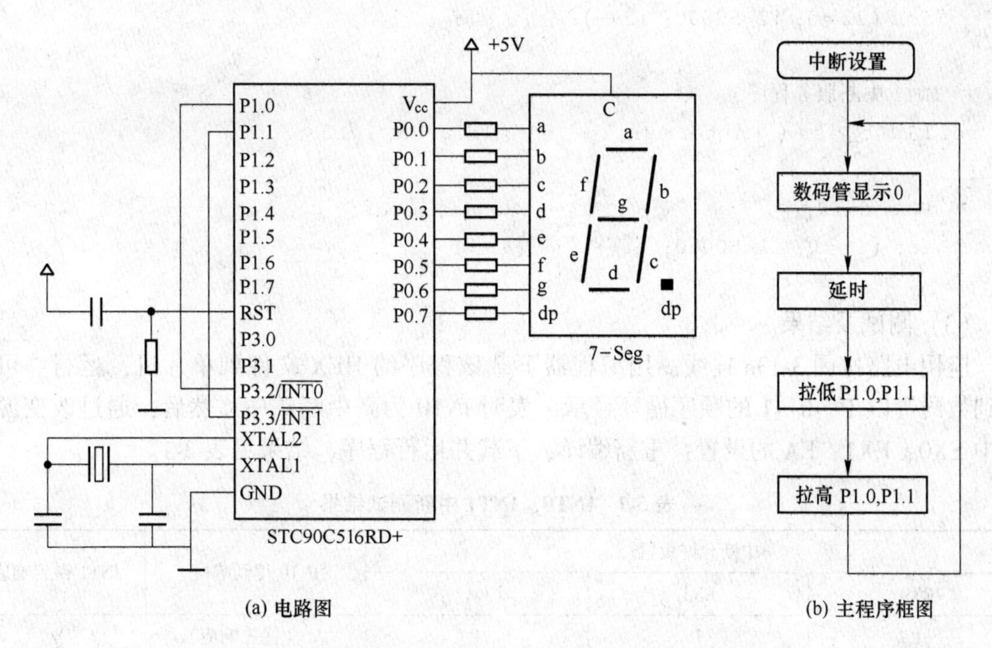

(a) 电路图 (b) 主程序框图

图 3-13 INT0、INT1 中断应用电路图及主程序框图

程序的 C51 代码如下。

```
#include<atmel\at89x52.h>
#include<intrins.h>
volatile unsigned int i1, i2;          //编译器不对 volatile 型变量进行优化
main ()
{
    IT0 = IT1 = 1;                     //置 INT0、INT1 下降沿触发中断
    EX0 = 1;                           //开 INT0 中断，删除此句禁止 INT0 中断请求
    EX1 = 1;                           //开 INT1 中断，删除此句禁止 INT1 中断请求
    EA  = 1;                           //开 CPU 中断，删除此句禁止 CPU 响应中断
    while (1) {                        //主循环
        unsigned int i;                //用于延时
        P0 = 0x8c;                     //7-Seg 显示 P
        for (i=0; i<65535; i++);       //延时
        P1 = 0xFC;                     //同时拉低 P1.0、P1.1，输出到 P3.2、P3.3，以触
                                         发中断
        _nop_(); _nop_(); _nop_(); _nop_(); //维持低电平 4 个机器周期
        P1 = 0xFF;                     //同时拉高 P1.0，P1.1，输出到 P3.2、P3.3
    }
}
/* INT0 中断服务程序 */
void INT0_isr( ) interrupt 0 /* INT0 中断号为 0 */
{
    P0 = 0xc0;                         //7-Seg 显示 0
```

```
    for (i2=0; i2<50000; i2++);     //延时
}
/* INT1 中断服务程序 */
void INT1_isr ( ) interrupt 2       /* INT0 中断号为 2 */
{
    P0 = 0xf9;                      //7-Seg 显示 1
    for (i1=0; i1<50000; i1++);     //延时
}
```

(3) 测试及结果。

应用电路按图 3-13a 连线，用编程器下载该程序的 HEX 文件到单片机，运行。可以看到数码管以 P→0→1 的顺序循环显示，表明 INT0 为高中断顺序。然后，通过改变源程序中 EX0、EX1、EA 的设置，重新编译、下载并运行程序，结果见表 3-1。

表 3-1 INT0、INT1 中断测试结果

中断允许设置			INT0 得到响应	INT1 得到响应
EX0	EX1	EA		
1	1	1	√（优先响应）	√
1	0	1	√	×
0	1	1	×	√
0	0	1	×	×
1	1	0	×	×

在用 Keil uV4 调试时，需要打开 Port 1 和 Port 3 窗口，然后按 F10 键单步逐条运行程序。当程序改变了 P1.0、P1.1 后，在 Port 3 窗口的 Pins 栏修改 P3.2、P3.3，使之与 P1.0、P1.1 相同，见图 3-14。再单步运行程序，观察中断服务程序的执行。

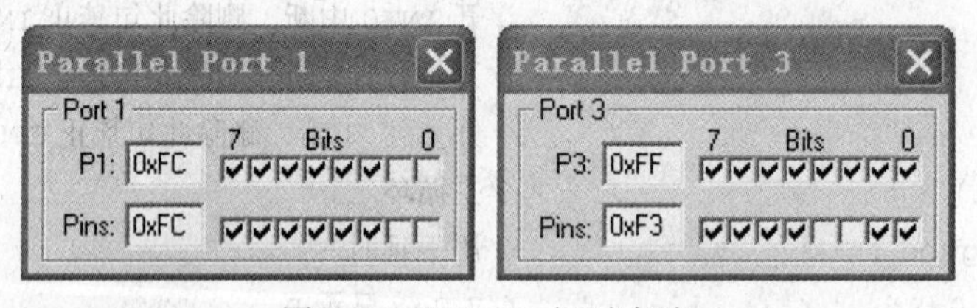

图 3-14 Keil uV4 调试方法

【例 3-5】 用单片机自测 INT0、INT1 中断嵌套。设 P3.2/$\overline{INT0}$与 P1.0 连接，P3.3/$\overline{INT1}$与 P1.1 连接，P0 与一只七段数码管 7-Seg 连接，主程序使 7-Seg 显示字型 P，INT0 中断服务程序使 7-Seg 显示字型 0，INT1 中断服务程序使 7-Seg 显示字型 1。试编写 C51 程序并进行测试。

(1) 测试方法。

所谓中断嵌套是指 CPU 在运行低优先级中断服务程序时，能够响应高优先级中断的机制。对于 MCS-51 单片机而言，优先级为 1 的中断能够打断优先级为 0 的中断，形成中断嵌套，而同一优先级的中断则不能互相打断。

用单片机自测 INT0、INT1 中断嵌套的方法就是把 P1.0 与 P3.2 引脚、P1.1 与 P3.3

引脚连接。这样单片机就可以通过 P1.0、P1.1 向 P3.2、P3.3 引脚发送下降沿信号以触发 INT0、INT1 中断。电路如图 3-13a 所示。

（2）程序设计。

第一个程序是设置 INT1 中断为优先级 1，以测试其是否能够打断 INT0 中断。其主程序的 while 循环首先使数码管显示 P，然后触发 INT0 中断。在 INT0 中断服务程序中，首先触发 INT1 中断，然后使数码管显示 0。INT1 中断服务程序就是使数码管显示 1。程序运行后，数码管以 P→1→0 的顺序循环显示，表明在主程序运行中发生了 INT0 中断，且在 INT0 中断的过程中，CPU 又响应了 INT1 中断。如果删除程序中的“PX1=1;”语句，则两个中断的优先级都为 0。程序运行后，数码管以 P→0→1 的顺序循环显示，表明 INT1 中断在 INT0 中断之后才得到 CPU 响应，它不能打断 INT0 中断。

该程序的 C51 代码如下。

```
#include<atmel\at89x52.h>
#include<intrins.h>
volatile unsigned int i1, i2;
main ()
{
    PX1 = 1;                    //置 INT1 中断优先级为 1。删除此句，则显示顺序为 P→0
                                →1
    IT0 = IT1 = 1;              //置 INT0、INT1 下降沿触发中断
    EA = EX0 = EX1 = 1;         //开 CPU、INT0、INT1 中断
    while (1) {                 //主循环
        unsigned int i;         //用于延时
        P0 = 0x8c;              //7-Seg 显示 P
        for (i=0; i<65535; i++); //长延时
        P1_0 = 0;               //拉低 P1.0，P3.2 产生下降沿，触发 INT0 中断
        _nop_ (); _nop_ (); _nop_ (); _nop_ (); //维持低电平
        P1_0 = 1;               //拉高 P1.0，P3.2 得到高电平
    }
}
/* INT0 中断服务程序 */
void INT0_isr ( ) interrupt 0 /* INT0 中断号为 0 */
{
    P1_1 = 0;     //拉低 P1.1，P3.3 产生下降沿，触发 INT1 中断，7-Seg 将先显示 1
    _nop_ (); _nop_ (); _nop_ (); _nop_ (); //维持低电平
    P1_1 = 1;                   //拉高 P1.1，P3.3 得到高电平
    P0 = 0xc0;                  //7-Seg 显示 0
    for (i1=0; i1<50000; i1++); //延时
}
/* INT1 中断服务程序 */
void INT1_isr ( ) interrupt 2   /* INT1 中断号为 2 */
{
    P0 = 0xf9;                  //7-Seg 显示 1
    for (i2=0; i2<65535; i2++); //延时
}
```

第二个程序是设置INT0中断为优先级1，以测试其是否能够打断INT1中断。在主程序中触发INT1中断。在INT1中断服务程序中，触发INT0中断。程序运行后，数码管以P→0→1的顺序循环显示，表明INT0中断打断了INT1中断。如果删除程序中的“PX0 = 1;”语句，则程序运行后数码管以P→1→0的顺序循环显示，表明INT0中断不能打断同优先级的INT1中断，虽然INT0中断的优先顺序高于INT1。

该程序的C51代码如下。

```
#include<atmel\at89x52.h>
#include<intrins.h>
volatile unsigned int i1, i2;
main ()
{
    PX0 = 1;                         //置INT0的中断优先级为1。删除此句，则显示顺序为P→1
                                     →0
    IT0 = IT1 = 1;                   //置INT0、INT1下降沿触发中断
    EA = EX0 = EX1 = 1;              //开CPU、INT0、INT1中断
    while (1) {                      //主循环
        unsigned int i;              //用于延时
        P0 = 0x8c;                   //7-Seg显示P
        for (i=0; i<65535; i++);     //延时
        P1_1 = 0;                    //拉低P1.1，P3.3产生下降沿，触发INT1中断
        _nop_(); _nop_(); _nop_(); _nop_(); //维持低电平
        P1_1 = 1;                    //拉高P1.1，P3.3得到高电平
    }
}
/* INT0中断服务程序 */
void INT0_isr ( ) interrupt 0  /* INT0中断号为0 */
{
    P0 = 0xc0;                       //7-Seg显示0
    for (i2=0; i2<50000; i2++);      //延时
}
/* INT1中断服务程序 */
void INT1_isr ( ) interrupt 2      /* INT1中断号为2 */
{
    P1_0 = 0; //拉低P1.0，P3.2产生下降沿，触发INT0中断，7-Seg将显示0
    _nop_(); _nop_(); _nop_(); _nop_(); //维持低电平
    P1_0 = 1;                        //拉高P1.0，P3.2得到高电平
    P0 = 0xf9;                       //7-Seg显示1
    for (i1=0; i1<50000; i1++);      //延时
}
```

(3) 测试结果。

上面的测试验证了MCS-51单片机的中断嵌套机制，其结果总结见表3-2。

表 3-2 INT0、INT1 中断嵌套测试结果

中断优先级设置		INT0 中断打断 INT1 中断	INT1 中断打断 INT0 中断
PX0	PX1		
0	0	×	×
0	1	×	√
1	0	√	×

3.3 定时器/计数器

3.3.1 定时器/计数器的结构

MCS-51 单片机片内集成有两个 16 位加 1 定时器/计数器，记为 T0 和 T1，其结构如图 3-15 所示。T0、T1 的基本功能就是对输入脉冲计数：每接收到一个下降沿的脉冲输入，其计数值自动加 1。T0 的计数值存储于计数寄存器 TH0、TL0 中，TH0 存储高字节，TL0 存储低字节；T1 的计数值存储于计数寄存器 TH1、TL1 中，TH1 存储高字节，TL1 存储低字节。TH0、TL0、TH1、TL1 中的值都可以供 CPU 读取，也都可以由 CPU 装入初值。

如果 T0、T1 对单片机内部的机器周期脉冲信号计数，则为定时器。如果 T0、T1 对来自 P3.4/T0、P3.5/T1 引脚的脉冲信号计数，则为计数器。由于单片机检测外部引脚一个从 1 到 0 的下降沿需要两个机器周期，所以计数脉冲的最大频率为 fosc/24。例如当晶振频率 fosc 为 12MHz 时，计数脉冲的最大频率是 500kHz。

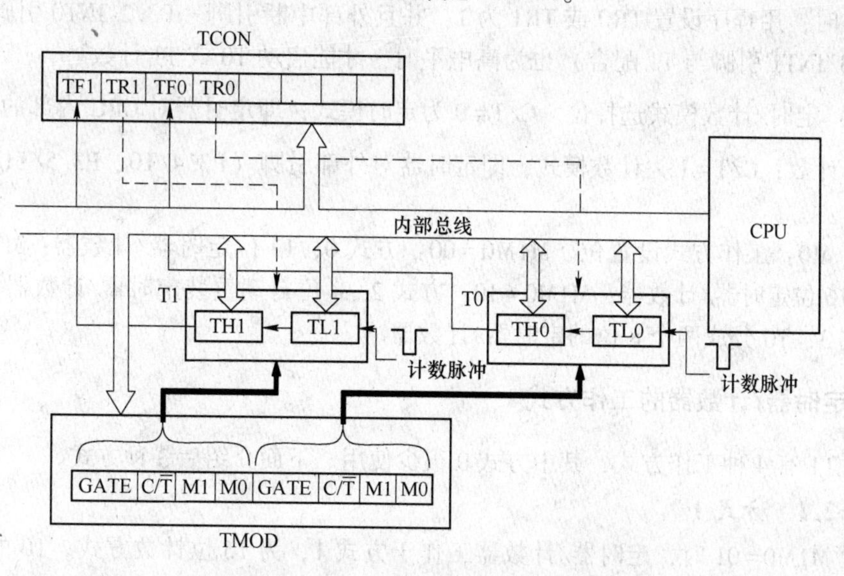

图 3-15 MCS-51 定时器/计数器结构框图

当 16 位的计数器（TH0、TL0 或 TH1、TL1）达到全 1（即 FFFFH）时，若再接收一个计数脉冲，由于加 1 的作用使计数器的值为全 0（即 0000H），同时 T0 或 T1 发生溢出，

溢出标志 TF0 或 TF1 被置位，并向 CPU 发出中断请求。

TCON 是定时器控制寄存器，其中的 TR0、TR1 位用于控制 T0、T1 的运行。TMOD 是定时器模式寄存器，用于设置 T0、T1 的工作方式。

3.3.1.1 TCON 寄存器

TCON 是定时器控制寄存器，它的高 4 位用于控制 T0、T1。TCON 的格式为：

TF1	TR1	TF0	TR0	IE1	IT1	IE0	IT0

TF1：T1 溢出标志位。T1 被允许计数以后，从初值开始加 1 计数。当最高位产生溢出时由硬件置位 TF1，向 CPU 请求中断；TF1 一直保持到 CPU 响应中断时，才由硬件清零（TF1 也可由程序查询清零）。

TR1：T1 运行控制位。该位由软件置位和清零。当 TR1 = 1 时，启动 T1 开始计数；当 TR1 = 0 时，停止 T1 计数。

TF0：T0 溢出标志位，功能和 TF1 类似。

TR0：T0 运行控制位，功能和 TR1 类似。

3.3.1.2 TMOD 寄存器

TMOD 是定时器模式寄存器，它的高半字节用于设置 T1，低半字节用于设置 T0。TMOD 的格式为：

GATE	$C/\overline{T}$	M1	M0	GATE	$C/\overline{T}$	M1	M0

GATE：门控位。GATE = 0 时，T0、T1 只分别由 TR0、TR1 来控制运行与停止；GATE = 1 时，用程序设置 TR0 或 TR1 为 1，并且外部中断引脚（P3.2/INT0 引脚与 T0 配合，P3.3/INT1 引脚与 T1 配合）也为高电平时，才能启动 T0 或 T1 计数。

$C/\overline{T}$：定时/计数模式选择位。$C/\overline{T}=0$ 为定时模式，即定时器对 CPU 内部的机器周期脉冲信号计数；$C/\overline{T}=1$ 为计数模式，即定时器对外部引脚（P3.4/T0、P3.5/T1）脉冲信号计数。

M1、M0：工作方式设置位。M1M0 = 00：方式 0，13 位定时器/计数器；M1M0 = 01：方式 1，16 位定时器/计数器；M1M0 = 10：方式 2，8 位自动重装定时器/计数器；M1M0 = 11：方式 3，T0 分成两个 8 位的定时器/计数器。

3.3.2 定时器/计数器的工作方式

T0、T1 有 4 种工作方式，其中方式 0 很少使用。下面介绍后 3 种方式。

3.3.2.1 方式 1

当置 M1M0 = 01 时，定时器/计数器工作于方式 1，为 16 位计数方式。T0 的 16 位计数器由 TL0 和 TH0 组成。TL0 溢出时，向 TH0 进位，TH0 溢出时，置位 TF0 标志，向 CPU 发出中断请求。图 3-16 是 T0 工作在方式 1 的逻辑结构图，T1 与之类似。

当程序置 $C/\overline{T}=0$ 时，电子开关打在上方位置，T0 的计数脉冲为 CPU 机器周期脉冲信号，即单片机晶体振荡脉冲信号的 12 分频，其频率等于 fosc/12。

当程序置 $C/\overline{T}=1$ 时，电子开关打在下方位置，T0 的计数脉冲由 P3.4/T0 引脚输入。

当程序置 GATE = 0 时，或门输出总是 1，此时 T0 的启/停仅由 TR0 控制。

当程序置 GATE = 1 时，只有当 TR0 和 $\overline{INT0}$ 引脚同时为 1 时，才能启动 T0。

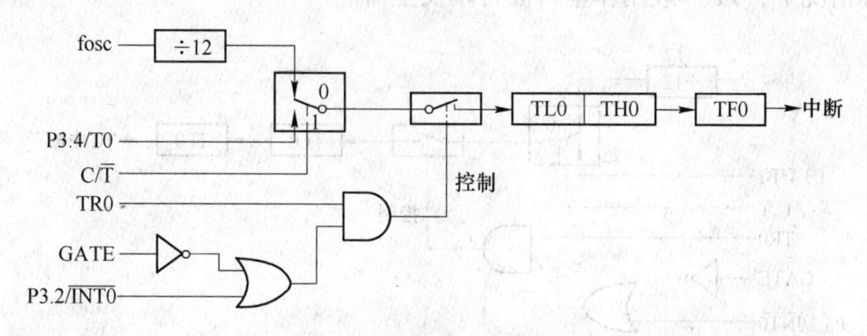

图 3-16 T0 方式 1 的逻辑结构

3.3.2.2 方式 2

当置 M1M0 = 10 时，定时器/计数器工作于方式 2，为 8 位自动重装计数方式，各控制信号的作用与方式 1 相同。方式 2 下，TL0 作 8 位计数器使用，TH0 作为 8 位常数缓冲器，保存计数初值。当 TL0 计数产生溢出时，在把 TF0 置 1 的同时，将保存在 TH0 中的计数初值自动装入 TL0，使 TL0 再次从该初值加 1 计数，如此循环。由于是 8 位的计数器，所以计数值达到 $2^8=256$ 就产生溢出。图 3-17 是 T0 工作在方式 2 的逻辑结构图，T1 与之类似。

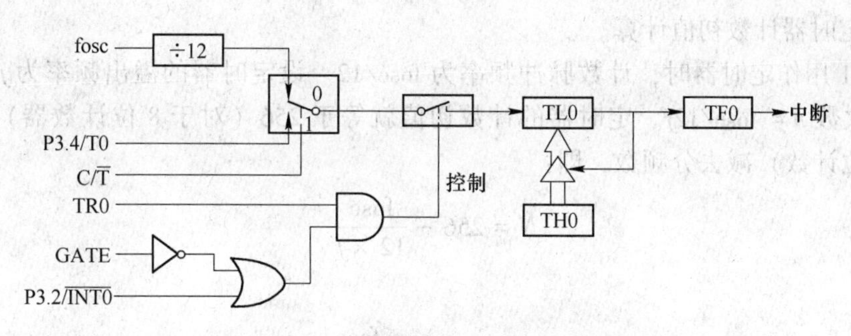

图 3-17 T0 方式 2 的逻辑结构

在方式 2 下，定时器计数次数（即计数值）的计算与方式 1 相同。设定时间隔（即定时器的溢出时间间隔）为 t，则：

定时器溢出频率 $f=1/t$

计数次数 $n=(fosc/12)\times t=(fosc/12)/f$

计数初值 $N=256-n$

所以，计数次数就是定时器溢出频率对计数脉冲源频率的分频数。

方式 2 对定时器重装初值的操作是由硬件电路自动完成的，所以其定时间隔相当精确，常在串口波特率发生器中使用。

3.3.2.3 方式 3

方式 3 只适用于 T0，见图 3-18。此时，T0 被分为两个独立的 8 位计数器 TL0 和 TH0。

其中，TL0 占用 T0 的控制位、引脚和中断源。除计数位数不同于方式 1 外，其功能和操作与方式 1 完全相同，可定时也可计数。TH0 占用 T1 的控制位 TF1 和 TR1，同时还占用了 T1 的中断源，其启/停仅受 TR1 控制。TH0 只能用作 8 位定时器，不能对外部脉冲计数。在这种情况下，T1 一般用作串口波特率发生器。

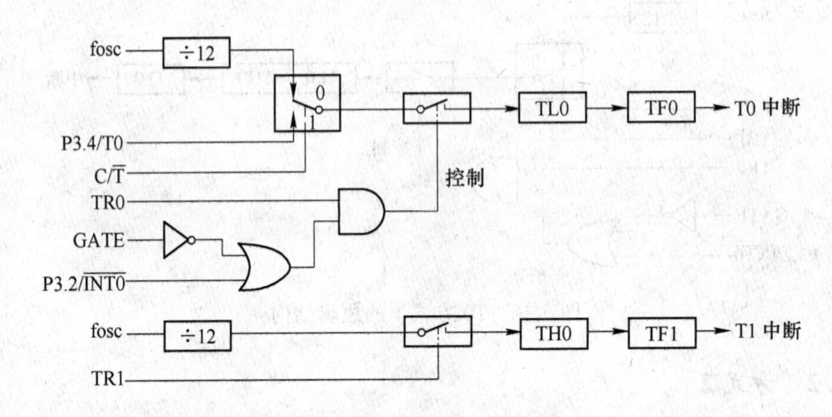

图 3-18　T0 方式 3 的逻辑结构

3.3.3　T0、T1 应用举例

【例 3-6】　设单片机晶振频率为 12MHz，编写 C51 程序，用 T0 定时中断使 P1.0 引脚输出 1kHz 的脉冲方波，再用 T1 定时中断使 P1.1 引脚输出 10kHz 的脉冲方波。

（1）定时器计数初值计算。

T0、T1 用作定时器时，计数脉冲频率为 fosc/12。设定时器的溢出频率为 f，则定时器的计数次数 $n=$ fosc/12f。定时器的计数初值就等于 256（对于 8 位计数器）或 65536（对于 16 位计数）减去分频数，即：

$$N = 256 - \frac{\text{fosc}}{12 \times f}$$

或

$$N = 65536 - \frac{\text{fosc}}{12 \times f}$$

定时器计数初值计算及定时方式选择如图 3-19 所示。

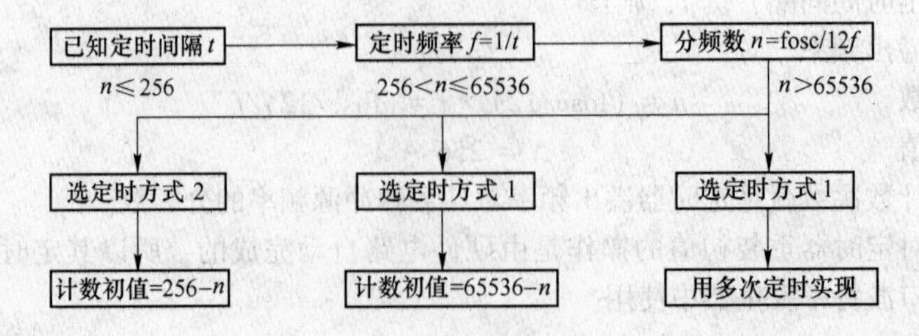

图 3-19　定时器计数初值计算图示

（2）程序设计。

使 P1.0 输出方波的方法，是在一次 T0 中断时，向 P1.0 输出某状态；而在下一次 T0 中断时，向 P1.0 输出相反的状态，即用二次定时中断产生一个周期的方波，所以，定时中断频率应为方波频率的二倍。若要求 P1.0 输出 1kHz 的脉冲方波，则 T0 的中断频率应为 2000Hz；要求 P1.1 输出 10kHz 的脉冲方波，则 T1 的中断频率应为 20kHz。

本例中，T1 的计数次数小于等于 256，可以使用定时器方式 2，优点是定时器溢出后其计数初值被自动装入。T0 的计数次数大于 256，需要使用定时器方式 1，这时在中断服务程序中要重装 16 位的计数初值。图 3-20 为应用程序框图。

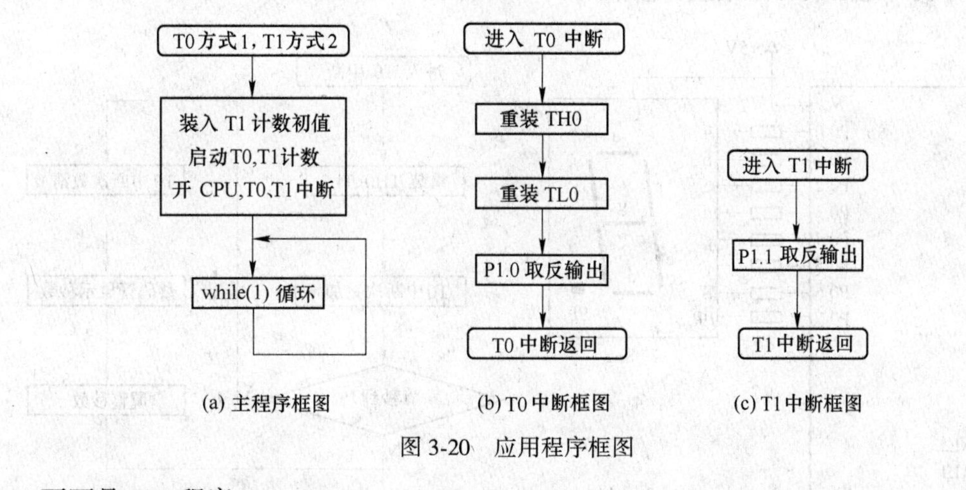

(a) 主程序框图　(b) T0 中断框图　(c) T1 中断框图

图 3-20　应用程序框图

下面是 C51 程序。

```
#include<atmel\at89x52.h>
#define FOSC 12000000L                          //晶体振荡频率
#define N_T20KHZ (256-FOSC/12/20000)            //T1 初值
#define N_TH2KHZ (65536-FOSC/12/2000)/256       //TH0 初值
#define N_TL2KHZ (65536-FOSC/12/2000)%256       //TL0 初值
main()
{
    TMOD = 0x01;          //T0 方式 1：□□□□□□□■
    TMOD |= 0x20;         //T1 方式 2：□□■□□□□□
    TH1 = N_T20KHZ;       //装 T1 计数初值
    EA = ET0 = ET1 = 1;   //开 CPU，T0、T1 中断
    TR0 = TR1 = 1;        //启动定时器 T0、T1
    while (1) {
    }
}
void t0_isr () interrupt 1
{
    TH0 = N_TH2KHZ;                   //装计数初值高 8 位
    TL0 = N_TL2KHZ;                   //装计数初值低 8 位
    P1_0 = ~P1_0;                     //P1.0 取反后输出
```

```
}
void t1_isr () interrupt 3
{
    P1_1 = ~P1_1;                          //P1.1 取反后输出
}
```

【例 3-7】 设单片机晶振频率为 12MHz，用 T0 定时产生 1s 的定时间隔，并通过 P0 控制一只共阳极七段数码管，显示秒钟的个位数。试绘出硬件电路并编写 C51 程序。

（1）硬件电路。

单片机与七段数码管的连接电路如图 3-21a 所示。

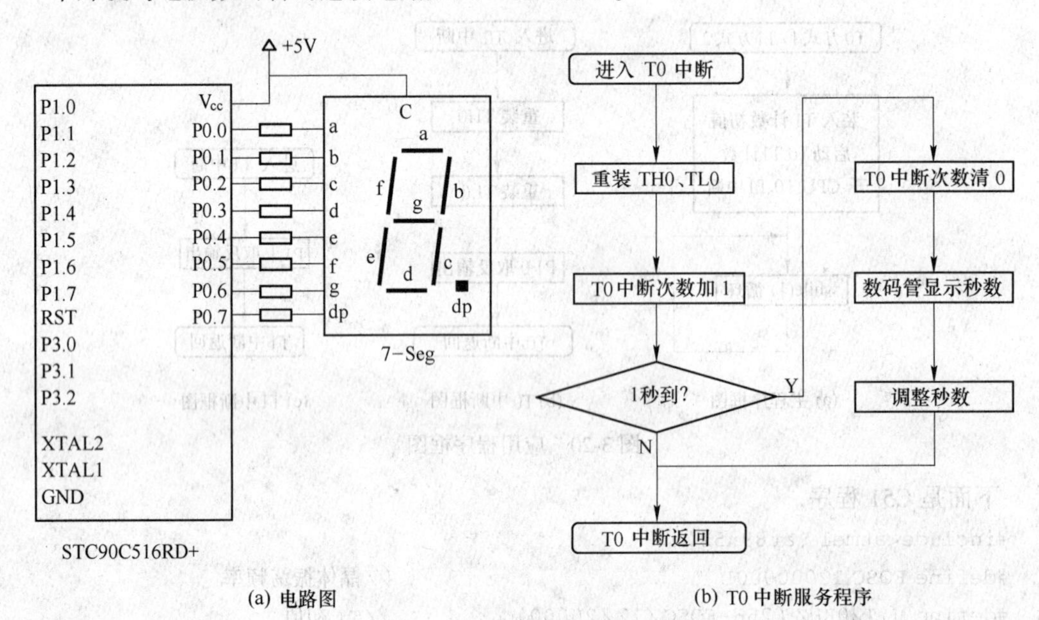

图 3-21 电路图及 T0 中断程序框图

（2）程序设计。

对于 16 位定时器，其最大的计数次数为 65536，即计数初值为 0。若 fosc 为 12MHz，则每个计数周期为 1μs，所以定时器最大的定时间隔约为 65ms。本例的定时间隔为 1s，这就需要定时器进行多次定时来完成。下面的程序中，把 T0 设置为 50ms 定时，则 T0 溢出 20 次才能达到 1s。

在 T0 中断服务程序中，定义一个计数 T0 中断次数的静态变量 n_t0，T0 每中断一次，该变量加 1。当 n_t0 达到 N_1ses，即 1s 所对应的中断次数时，中断服务程序进行显示更新。图 3-21b 为 T0 中断程序框图。

C51 程序如下。

```
#include<atmel\at89x52.h>
#define FOSC 12000000L                                  //晶体振荡频率
#define N_TH50ms (65536-FOSC/12*50/1000)/256            //50ms (20Hz) TH0 初值
#define N_TL50ms (65536-FOSC/12*50/1000)%256            //50ms (20Hz) TL0 初值
#define N_1sec 1000/50                                  //1s T0 中断次数
main ()
```

```
{
      TMOD = 0x01;           //T0 方式 1: □□□□□□□□■
      TR0 = 1;               //启动定时器
      EA = ET0 = 1;          //开 CPU、T0 中断
      while (1) {}
}
code unsigned char
SegDat [] = {0xc0, 0xf9, 0xa4, 0xb0, 0x99, 0x92, 0x82, 0xf8, 0x80, 0x90}; //0~9
void t0_isr () interrupt 1
{
      static int n_t0, n_sec;
      TH0 = N_TH50ms;              //装计数初值高 8 位
      TL0 = N_TL50ms;              //装计数初值低 8 位
      if (++n_t0 = = N_1sec) {
          n_t0 = 0;
          P0=SegDat [n_sec]; //P0 输出，显示
          if (++n_sec = = 10) n_sec = 0;
      }
}
```

【例 3-8】 用单片机的 P3.4/T0 引脚对一只 NPN 型光电开关的输出脉冲进行计数，并通过 P0 控制一只七段数码管，显示脉冲数的个位数。试绘出硬件电路并编写 C51 程序。

(1) 光电开关简介。

光电开关（Photo Switch）是光电接近开关的简称，它是利用被检测物对光束的遮挡或反射，由同步回路选通电路，从而检测物体有无的。物体不限于金属，所有能遮挡或反射光线的物体均可被检测。光电开关将输入电流在发射器上转换为光信号射出，接收器再根据接收到的光线的强弱或有无对目标物体进行探测。

图 3-22 是 NPN 槽型光电开关的工作原理图，位于光敏接收管对面的是作为光源的发光二极管，在它们之间有一个能断续遮光的转盘。当光电开关通上工作电源，光电发射管发出红外线。当转盘上的缺口、缝隙或小孔对准发光二极管时，光线可以通过，接收管处于导通状态，光电开关输出信号 SIG 为低电平。当遮挡片或物体经过凹槽时，发光管的红外线信号被遮挡，接收管处于截止状态，光电开关输出信号 SIG 为高电平。这里的发光二极管的发光频率一般在红外线和紫外线范围内，是肉眼看不见的。

根据检测方式的不同，红外线光电开关有以下类型。

1）漫反射式光电开关：是一种集发射器和接收器于一体的传感器，当有被检测物体经过时，物体将光电开关发射器发射的足够量的光线反射到接收器，于是光电开关就产生开关信号。当被检测物体的表面光亮或其反光率极高时，首选漫反射式的光电开关。

2）镜反射式光电开关：它亦集发射器与接收器于一体，光电开关发射器发出的光线经过反射镜反射回接收器，当被检测物体经过且完全阻断光线时，光电开关就产生检测信号。

3）对射式光电开关：它包含了在结构上相互分离且光轴相对放置的发射器和接收

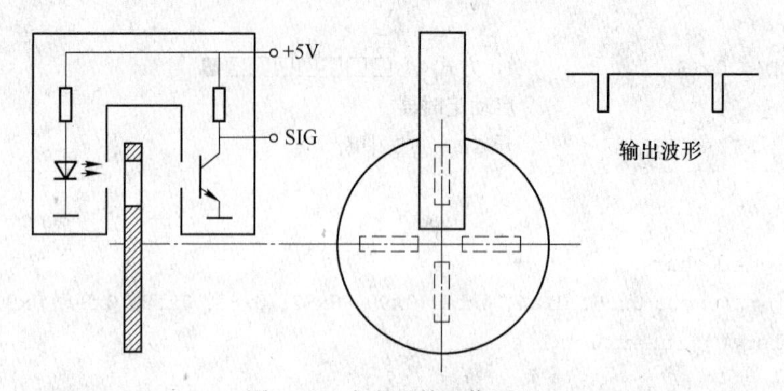

图 3-22 光电开关工作原理

器，发射器发出的光线直接进入接收器，当被检测物体经过发射器和接收器之间且阻断光线时，光电开关就产生了开关信号。当检测物体为不透明时，对射式光电开关是最可靠的检测装置。

4）槽式光电开关：它通常采用标准的 U 形结构，其发射器和接收器分别位于 U 形槽的两边，并形成一光轴，当被检测物体经过 U 形槽且阻断光轴时，光电开关就产生了开关量信号。槽式光电开关比较适合检测高速运动的物体，并且它能分辨透明与半透明物体，使用安全可靠。

5）光纤式光电开关：它采用塑料或玻璃光纤传感器来引导光线，可以对距离远的被检测物体进行检测。通常光纤传感器分为对射式和漫反射式。

（2）硬件电路。

硬件电路如图 3-23 所示。图中槽式光电开关 S 对码盘 D 上的刻线（缝隙）进行检测并将输出信号接入 P3. 4/T0 引脚。码盘 D 安装在直流电动机输出轴上，与电动机轴一起转动。

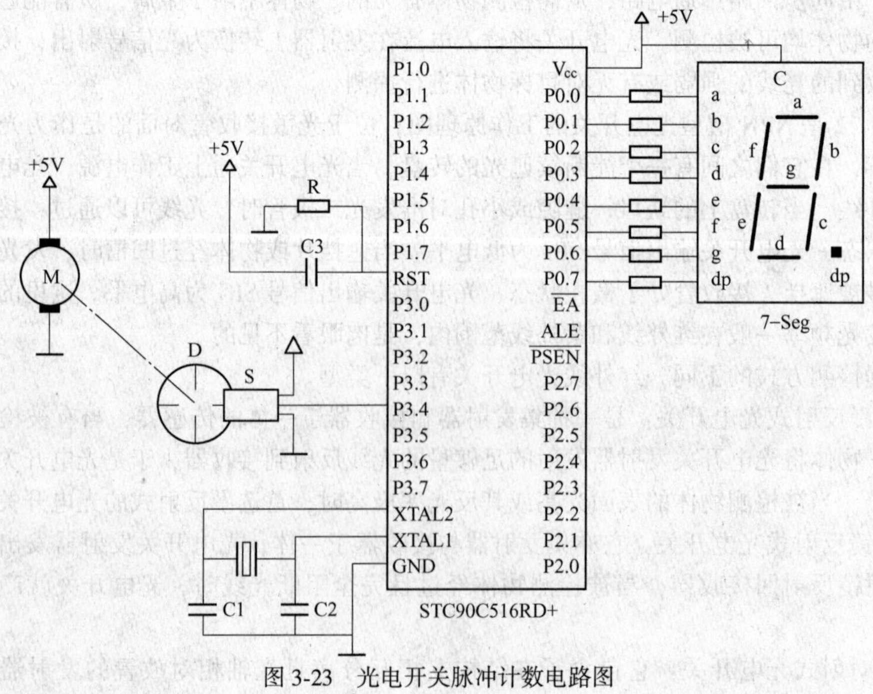

图 3-23 光电开关脉冲计数电路图

（3）程序设计。

T0、T1 具有对外部脉冲计数功能。如果设置 T0 为计数工作方式，计数初值为 0，则在 T0 启动后，它就对 P3.4/T0 引脚的脉冲进行加 1 计数，TH0、TL0 中的数值就是当前的脉冲数，CPU 可以随时读取它们。程序设计时，要把 T0 设置为计数方式。在主循环中，CPU 先读取 TH0、TL0 并把它们合成为无符号 16 位整数，然后再取其个位数进行显示。

C51 程序如下。

```
#include<atmel\at89x52.h>
code unsigned char
SegDat[] = {0xc0, 0xf9, 0xa4, 0xb0, 0x99, 0x92, 0x82, 0xf8, 0x80, 0x90}; //0~9
main()
{
    TMOD = 0x05;            //T0 方式 1，对外部脉冲计数：□□□□□■□■
    TR0 = 1;                //启动 T0
    while(1){
        unsigned int i;
        i = TH0*256+TL0;            //读取 TH0、TL0 并合成为无符号 16 位整数
        i %=10;                     //i 对 10 取余数，得到 i 的个位数
        P0=SegDat[i];               //P0 输出，显示 i 的字型
        for(i=0; i<30000; i++);//为显示延时一段时间
          /*如果没有光电开关，可以把 P1.0 与 P3.4 连接，并加入以下语句
          P1_0 = 0;
          for(i=0; i<10; i++);
          P1_0 = 1;
          */
    }
}
```

【例 3-9】 用单片机的 P2.7 引脚通过 ULN2003 的一个通道控制一只直流电动机的运行，并用 T0 定时器使 P2.7 引脚输出周期为 2ms 的 PWM 波形，设每个波形的前 1.5ms 为高电平，后 0.5ms 为低电平。试设计硬件电路并编写 C51 程序。

（1）直流电动机的驱动。

小型直流电动机由固定永磁体和电枢绕组组成，可由晶体管控制电枢绕组电源的通断，见图 3-24a。晶体管工作在饱和或截止的开关状态，由于电枢绕组呈现感性，需要二极管 D 保护晶体管。图 3-24a 中，当单片机使 P2.7 引脚输出+5V 高电平时，晶体管 T 导通，直流电动机 M 通电运行；当 P2.7 引脚输出 0V 的低电平时，晶体管 T 截止，M 断电停止。如果使 P2.7 引脚输出时高时低的 PWM 波形，就能调节直流电动机的转速，见图 3-24b。

PWM（Pulse Width Modulation）即脉冲宽度调制。PWM 波形即指脉冲周期不变，脉冲高、低电平宽度可以调整的波形。在直流电动机的驱动中，当用 PWM 波形控制晶体管 T 的饱和与截止时，就能使电枢绕组得到不同的平均电压，达到调节电动机转速的目的，即 PWM 调速。由图 3-24b 可见，当 U_i 端输入 PWM 的频率较低时，电枢两端电压 U_o 脉

动较大，如果将 PWM 的频率提高，电枢两端电压才会趋于平滑。一般将 PWM 的频率调整在 500Hz~2kHz。

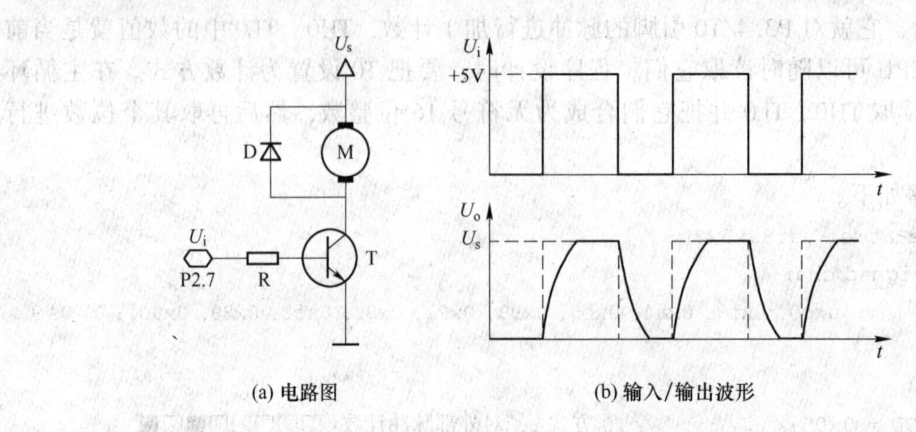

(a) 电路图　(b) 输入/输出波形

图 3-24　直流电动机单向驱动电路及波形图

（2）控制电路及程序设计。

P2.7 引脚通过 ULN2003 驱动直流电动机 M 的连接电路如图 3-25a 所示。当 P2.7 引脚输出高电平时，ULN2003 的 1C 输出端为低电平（见图 3-8），电动机 M 通电；当 P2.7 引脚输出低电平时，ULN2003 的 1C 输出端为高电平，电动机 M 断电。

程序设计时，设置 T0 为方式 2，即 8 位自动重装定时方式，定时时间为 0.1ms，则一个 PWM 周期需要 20 次 T0 中断。根据 PWM 波形要求，前 15 次 T0 中断使 P2.7 引脚输出 1，后 5 次中断使 P2.7 引脚输出 0，如此循环。图 3-25b 为程序框图。

程序中，实现 PWM 输出只需要一条语句，即：

```
P2_7= (n_t0 < 15) ? 1 : 0;
```

其中 n_t0 为 T0 中断次数。

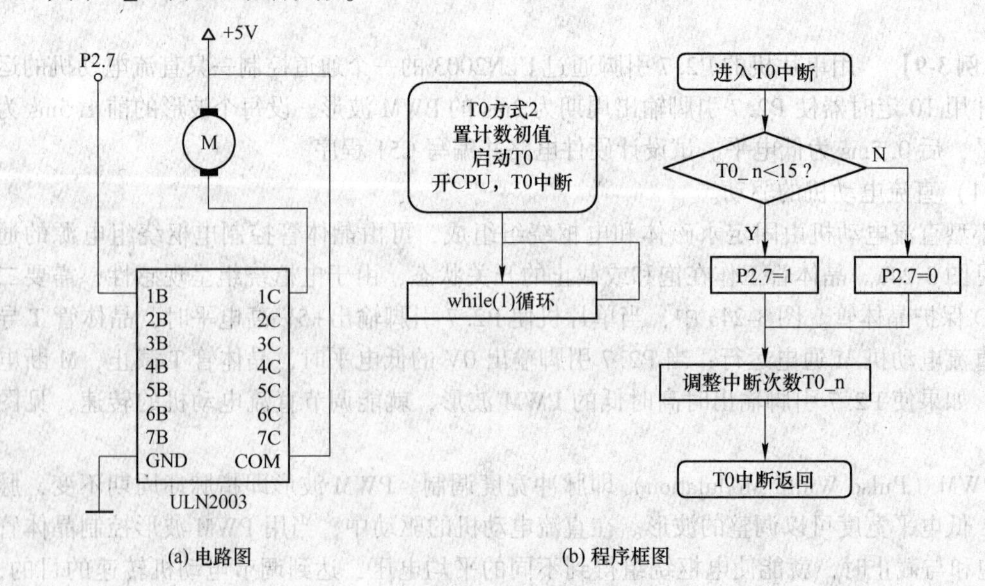

(a) 电路图　(b) 程序框图

图 3-25　直流电动机控制电路及程序框图

C51 程序如下。

```
#include<atmel\at89x52.h>
#define FOSC 12000000L                          //晶体振荡频率
#define N_T0d1ms (256-FOSC/12/10000)            //0.1ms (10000Hz) TH0 初值
main ()
{
    TMOD = 0x02;                //T0 方式 2：□□□□□□■□
    TH0 = N_T0d1ms;             //装 T0 计数初值预存于 TH0
    TR0 = 1;                    //启动 T0
    EA = ET0 = 1;               //开 CPU、T0 中断
    while (1) {
    }
}
void t0_ isr () interrupt 1                     //T0 中断号=1
{
    static char n_ t0;                          //T0 中断次数
    P2_7= (n_t0 < 15) ? 1 : 0;                  //向 P2.7 输出 PWM 波形
    if (++n_t0 == 20) n_t0=0;                   //PWM 周期=20 次×0.1ms=2ms
}
```

3.4 串 行 接 口

3.4.1 串行通信基本概念

计算机与外界的通信可分为并行通信和串行通信两种基本方式。并行通信是指数据字节的各位同时在多根数据线上发送或接收，见图 3-26；串行通信是指数据字节的各位在同一根数据线上依次逐位发送或接收，见图 3-27。单片机与外界的数据传输大多是串行的，其传输的距离可以从几米到几千千米。

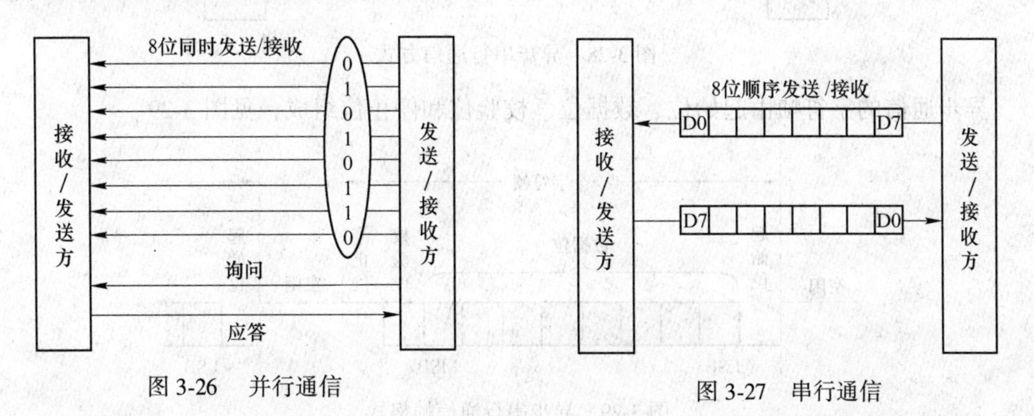

图 3-26　并行通信　　　　图 3-27　串行通信

在串行通信中，数据是在两个站之间进行传输的。按照数据传输的方向，串行通信可分为单工、半双工、全双工三种制式。

单工制式：甲乙双方只能单向传输数据。每个设备只有一种功能：要么接收，要么发送。

半双工制式：甲乙双方都具有发送和接收能力，但接收和发送不能同时进行，即发送时就不能接收，接收时就不能发送。

全双工制式：甲乙双方都能够同时接收和发送数据。

串行通信的速率称为波特率，定义为每秒传输二进制数码的位数，也称比特率，单位为 b/s（或 bps），即位/秒。如：波特率为 9600 bps 指每秒钟传输 9600 位二进制数码。

串行通信按同步方式可分为同步通信和异步通信两种基本方式。

同步通信是一种连续传输数据的通信方式，一次通信传输多个字符数据，称为一帧信息，其典型格式如下：

同步字符 1	同步字符 2	数据字符 1	数据字符 2	…	数据字符 n-1	数据字符 n	校验字符	(校验字符)

其中，同步字符作为起始位以触发同步时钟开始发送或接收数据；多字节数据之间不允许有空隙，每位占用的时间相等；空闲位需发送同步字符。同步通信传输速度较快，但要求有准确的时钟来实现收发双方的严格同步，对硬件要求较高，适用于成批数据传送。

异步通信以单个字符为单位进行数据传输，一帧传输一个字符的数据。信息发送端一帧一帧地发送信息，每一帧都是低位在前、高位在后，通过传输线被接收端一帧一帧地接收，见图 3-28。发送端和接收端由各自的时钟来控制数据的发送和接收，这两个时钟彼此独立，互不同步。

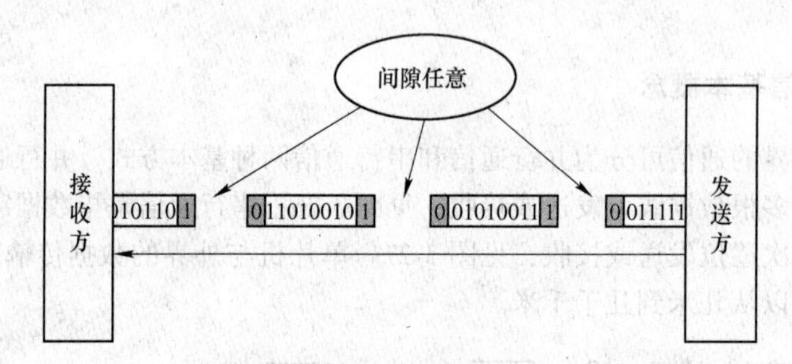

图 3-28　异步串行通信方式

异步通信的字符帧由起始位、数据位、校验位和停止位组成，见图 3-29。

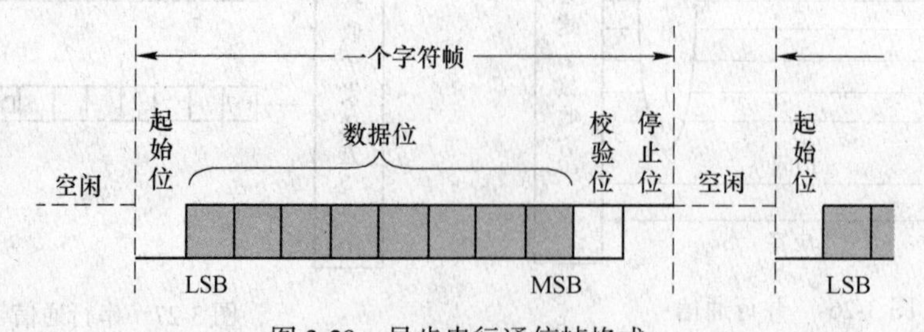

图 3-29　异步串行通信帧格式

起始位：位于字符帧开头，只占一位，为逻辑 0 低电平，用于向接收设备表示发送端开始发送一帧信息。

数据位：紧跟起始位之后，根据通信约定可取 5~8 位，低位在前、高位在后。

奇偶校验位：位于数据位之后，用于数据位的奇偶校验。奇偶校验有奇校验、偶校验和无校验三种方式，若选择无校验方式，则通信时不发送该位。

停止位：位于字符帧的最后，为逻辑 1 的高电平，根据通信约定可取 1 位、1.5 位或 2 位。用于向接收端表示一帧字符信息已经发送完，也为发送下一帧做准备。

从起始位开始到停止位结束的全部内容称为一帧。两相邻帧之间可以没有空闲位，也可以有若干空闲位。

3.4.2 MCS-51 单片机串口结构及串口寄存器

MCS-51 片内集成一个可编程的全双工串行通信接口（UART），可以实现串行数据的发送和接收，还可以作为同步移位寄存器使用。

MCS-51 的串口组成如图 3-30 所示。P3.0/RXD 引脚是串行数据接收端，P3.1/TXD 引脚是串行数据发送端；上面的 SBUF 是串口发送寄存器，下面的 SBUF 是串口接收寄存器；定时器 T1 溢出脉冲经分频后用作串口发送和接收的波特率脉冲信号；发送控制器用于控制移位寄存器将来自 SBUF 的并行数据转换为串行数据，经 P3.1/TXD 引脚输出，并控制产生串口发送中断标志 TI；接收控制器用于控制移位寄存器将来自 P3.0/RXD 引脚的串行输入数据转换为并行数据送入 SBUF，并控制产生串口接收中断标志 RI。

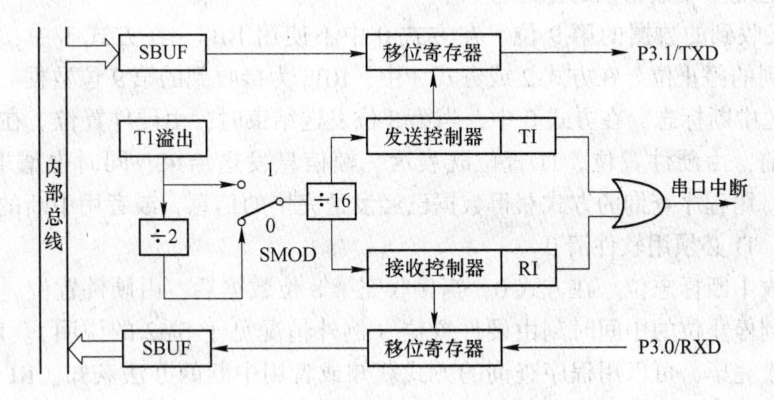

图 3-30 MCS-51 串口组成框图

在串口中可供用户编程的是它的寄存器，掌握这些寄存器对于使用串口来说十分重要。

3.4.2.1 SBUF 寄存器

图 3-30 中 SBUF 是串口寄存器，包括发送寄存器和接收寄存器。它们有相同名字和地址，但不会出现冲突，因为它们当中一个只能被 CPU 读出数据，另一个只能被 CPU 写入数据。当 CPU 向 SBUF 写入时，数据进入发送 SBUF，同时启动串行发送；当 CPU 读 SBUF 时，实际上是读接收 SBUF 中的数据。

3.4.2.2 SCON 寄存器

串口控制寄存器 SCON 的格式为：

SM0	SM1	SM2	REN	TB8	RB8	TI	RI

SM0、SM1：这两位按下列组合确定串口的工作方式：

SM0	SM1	工作方式	功能说明	波特率
0	0	方式 0	同步移位串行方式	fosc/12
0	1	方式 1	10 位 UART，波特率可变	（2^{SMOD}/32）×（T1 的溢出率）
1	0	方式 2	11 位 UART，波特率固定	（2^{SMOD}/64）×fosc
1	1	方式 3	11 位 UART，波特率可变	（2^{SMOD}/32）×（T1 的溢出率）
其中，fosc 为单片机晶体震荡器频率；T1 的溢出率 = fosc/12 /（256-TH1）				

SM2：多机通信控制位。在方式 0 时，SM2 应为 0。在方式 1 中，如果 SM2 位为 1，则只有接收到有效停止位时，RI 才置 1。在方式 2 或方式 3 时，当 SM2=1 且接收到的第 9 位数据 RB8=1 时，置位 RI；否则不置位 RI。

REN：接收允许控制位。由软件置位以允许串口接收，又由软件清 0 来禁止串口接收。

TB8：是要发送数据的第 9 位。在方式 2 或方式 3 中，TB8 为要发送的第 9 位数据，根据需要由软件置 1 或清 0。例如，可以约定 TB8 作为奇偶校验位，或者在多机通信中用它作为区别地址帧或数据帧的标志位。

RB8：接收到的数据的第 9 位。在方式 0 中不使用 RB8。在方式 1 中，若 SM2=0，RB8 为接收到的停止位。在方式 2 或方式 3 中，RB8 为接收到的第 9 位数据。

TI：发送中断标志。在方式 0 中，当第 8 位发送结束时，由硬件置位。在其他方式的发送停止位前，由硬件置位。TI 置位既表示一帧信息发送结束，同时也请求串口中断，可根据需要，用程序查询的方式获得数据已经发送完毕的信息，或者用中断的方式来发送下一个数据。TI 必须用软件清 0。

RI：接收中断标志位。在方式 0，当接收完第 8 位数据后，由硬件置位。在其他方式中，在接收到停止位的中间时刻由硬件置位（例外情况见于 SM2 的说明）。RI 置位表示一帧数据接收完毕，可以用程序查询的方式获知或者用中断的办法获知。RI 必须用软件清 0。

3.4.2.3 PCON 寄存器中的 SMOD 位

SMOD 是电源控制寄存器 PCON 中的最高位，用于设置串口方式 1、方式 2、方式 3 的波特率是否加倍：SMOD=1，波特率加倍；SMOD=0，波特率不加倍。

3.4.3 串口工作方式

MCS-51 串口有 4 种工作方式，由 SCON 中的 SM0、SM1 设置。

3.4.3.1 方式 0

当 SM0=SM1=0 时，串口工作于方式 0，为移位寄存器输入/输出方式。这种方式常用于外接移位寄存器扩展并行 I/O 接口。

方式 0 以 8 位数据为一帧，不设起始位和停止位，发送和接收均以 fosc/12 的固定速率按照由低位到高位的顺序进行。两个引脚中，P3.0/RXD 用于输入或输出数据，P3.1/

TXD 用于输出同步脉冲。

输出时，当 CPU 将数据写入 SBUF，立即启动发送，将 8 位数据以 fosc/12 的固定波特率从 RXD 输出，低位在前，高位在后。发送完一帧数据后，发送中断标志 TI 由硬件置位。方式 0 的输出波形如图 3-31 所示。

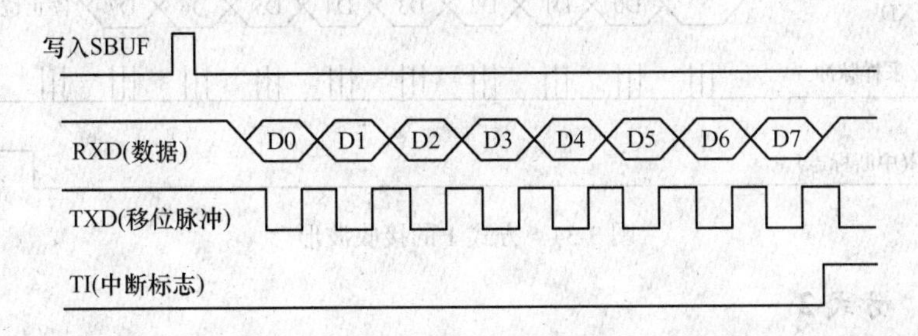

图 3-31　方式 0 输出波形

输入时，RXD 为串行数据输入端，TXD 仍为同步脉冲移位输出端。当 RI = 0 和 REN = 1 同时满足时，开始接收。当接收到第 8 位数据时，将数据移入 SBUF，并由硬件置位 RI。方式 0 的输入波形如图 3-32 所示。

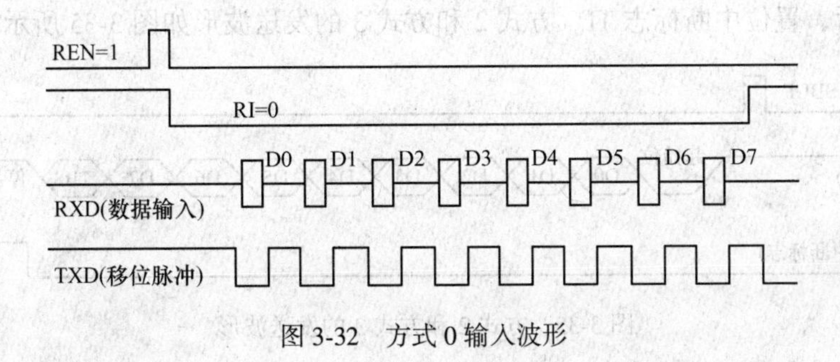

图 3-32　方式 0 输入波形

3.4.3.2　方式 1

当 SM0 = 0、SM1 = 1 时，串口工作于方式 1，为波特率可变的 10 位异步串行通信方式。一帧信息包括 1 个起始位、8 个数据位和 1 个停止位。

输出时，当 CPU 将数据写入 SBUF，就启动发送。串行数据从 P3.1/TXD 引脚输出，发送完一帧数据后，由硬件置位 TI。方式 1 的发送波形如图 3-33 所示。

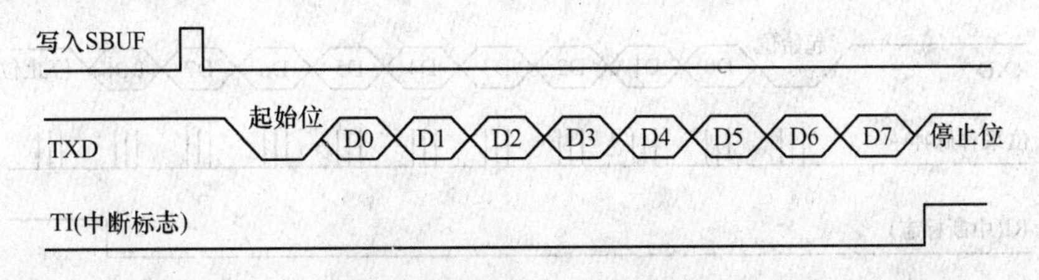

图 3-33　方式 1 的发送波形

输入时，在 REN 置位后，串口采样 RXD 引脚。当采样到由 1 至 0 的跳变时，确认是开始位 0，就开始接收一帧数据。只有当 RI = 0 且停止位为 1 或者 SM2 = 0 时，停止位才进入 RB8，8 位数据才能进入接收寄存器 SBUF，并由硬件置位中断标志 RI；否则信息丢失。

所以在方式 1 接收时，应先用软件清零 RI 和 SM2 标志。方式 1 的接收波形如图 3-34 所示。

单片机与单片机串口通信，单片机与计算机串口通信，通常都选择方式 1。

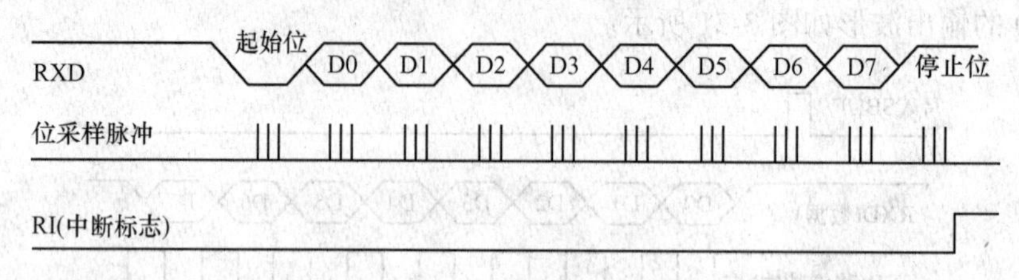

图 3-34 方式 1 的接收波形

3.4.3.3 方式 2

当 SM0=1、SM1=0 时，串口工作于方式 2，为固定波特率的 11 位 UART 方式。它比方式 1 增加了一位可程控为 1 或 0 的第 9 位数据。

输出时，发送的串行数据由 TXD 端输出，一帧信息为 11 位，附加的第 9 位来自 SCON 寄存器的 TB8 位，用软件置位或复位。它可以作为多机通信中地址/数据信息的标志位，也可以作为数据的奇偶校验位。当 CPU 将数据写入 SUBF，就启动发送器发送。发送一帧信息后，置位中断标志 TI。方式 2 和方式 3 的发送波形如图 3-35 所示。

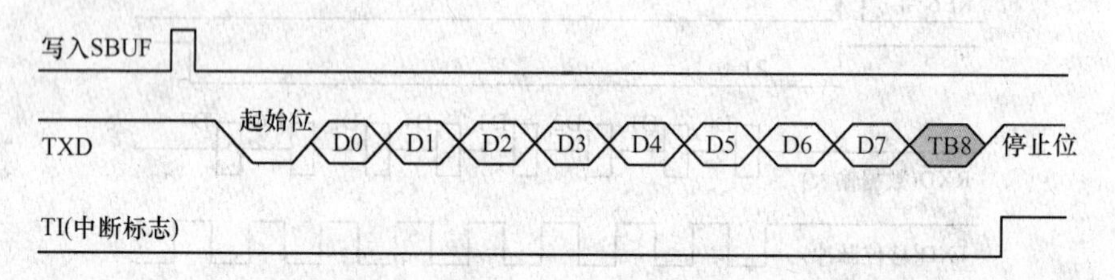

图 3-35 方式 2 和方式 3 的发送波形

输入时，在 REN 置位后，串口采样 RXD 引脚。当采样到由 1 至 0 的跳变时，确认是开始位 0，就开始接收一帧数据。在接收到附加的第 9 位数据后，当 RI=0 或者 SM2=0 时，第 9 位数据才进入 RB8，8 位数据才能进入接收寄存器 SBUF，并由硬件置位中断标志 RI；否则信息丢失，并且不置位 RI。再过一位时间后，不管上述条件是否满足，接收电路即行复位，并重新检测 RXD 上从 1 到 0 的跳变。方式 2 和方式 3 的接收波形如图 3-36 所示。

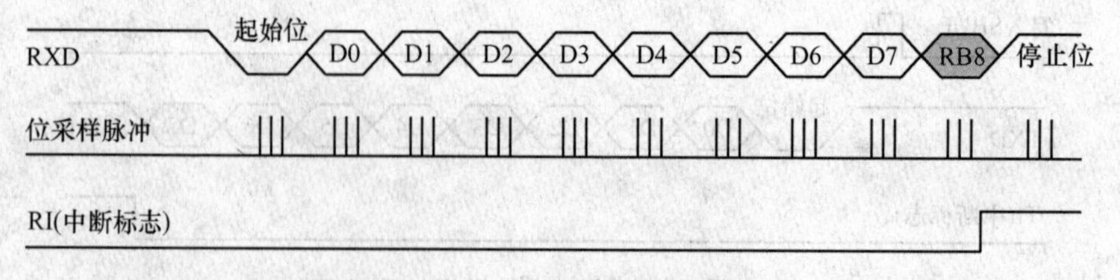

图 3-36 方式 2 和方式 3 的接收波形

3.4.3.4 方式 3

当 SM0=SM1=1 时，串口工作于方式 3，为波特率可变的 11 位 UART 方式。除波特率外，其余与方式 2 相同。

3.4.4 串口接收/发送编程举例

【例 3-10】 在直流电动机的 PWM 控制中，用单片机的串口接收 PWM 波形中高电平的时间值，以改变 PWM 脉冲的占空比。已知单片机晶振频率为 11.0592MHz，串口通信参数为：波特率=9600，数据位=8，无奇偶校验，停止位=1。试编写 C51 程序。

（1）PWM 调速的实现。

本例的硬件电路参见图 3-25。例 3-8 的程序设计实现了用 T0 定时中断输出 PWM 波形，但要实现电动机的速度调节，还需要适时地改变 PWM 波形中高电平或低电平所占的时间值。本例中单片机通过串口接收的方法获得 PWM 波形中高电平所占的时间值，并把它存储于全程变量 PWM_ON 中，以供 T0 中断服务函数使用。

（2）C51 程序设计。

程序设计的步骤是初始化单片机的 T0 和串口，然后不断查询串口接收状态。当串口接收到一个字节的数据后，就进行数据的上下限判断，并对全程变量 PWM_ON 赋值。

C51 程序如下。

```
#include<atmel\at89x52.h>
#define FOSC 11059200L                             //晶体振荡频率
#define N_T0d1ms (256-FOSC/12/10000)               //0.1ms (10000Hz) TH0 初值
char PWN_ON = 10;                                  //全程变量，PWM 高电平时间值
main ()
{
    /* 设置 T0 方式 2，0.1ms 定时 */
    TMOD = 0x02;                   //T0 方式 2：□□□□□□■□
    TH0 = N_T0d1ms;                //装 T0 计数初值预存于 TH0
    TR0 = 1;                       //启动 T0
    EA = ET0 = 1;                  //开 CPU、T0 中断
    /* 设置串口：波特率=9600，数据位=8，无奇偶校验，停止位=1 */
    TMOD |=0x20;                   //T1 方式 2，8 位自动重装□□■□□□□□
    TH1 = 0xFD;                    //9600bps，T1 定时初值
    SM0=0, SM1=1;                  //设定串口方式 1：□■
    REN=1;                         //允许串口接收
    TR1=1;                         //启动定时器 1
    while (1) {
        char c;
        /* 串口接收一个字符 */
        while ( RI==0 );           //等待串口接收完成
        RI = 0;                    //RI 清零
        c = SBUF;                  //从串口读取一个字符
        if (c > 0 && c < 20) PWN_ON = c; //PWN_ON 装入新值
        SBUF = PWN_ON;             //串口发送 PWN_ON 的值。只发送 1 字符，不需查询 TI
    }
}
```

```
void t0_isr () interrupt 1                    //T0 中断号=1
{
    static char n_t0;                         //T0 中断次数
    P2_7= (n_t0 <PWN_ON) ? 1 : 0;             //向 P2.7 输出 PWM 波形
    if (++n_t0 == 20) n_t0=0;                 //PWM 周期=20 次×0.1ms=2ms
}
```

(3) 实验验证。

首先按图 3-25 搭建好硬件电路，并将编程器与 PC 电脑的 USB 口连接。下载程序到单片机，配置好串口通信参数后，打开串口。通过“串口助手”向单片机发送单字节数据。可以观察到：发送的数值越大，电动机转速越快。

【例 3-11】 在对光电开关输出脉冲计数的应用中，利用单片机串口发送脉冲计数值。试用串口接收查询和串口接收中断两种方式实现：当单片机串口接收到字符'P'时，就通过串口发送 T0 的 16 位计数值。已知单片机晶振频率为 11.0592MHz，串口通信参数为：波特率=9600，数据位=8，无奇偶校验，停止位=1。

(1) 串口接收查询编程。

本例的硬件电路参见图 3-23。

所谓串口接收查询就是在程序中不断查询串口的 RI 标志，当串口接收了一个字符后，RI 被硬件置位，此后 CPU 从串口读取字符并将 RI 清零。如果检测到串口接收了字符'P'，就通过串口发送 TH0、TL0 的存储值，如此循环。在通过串口发送一个字符后，也需要不断查询 TI 标志，待字符发送完成、TI 被硬件置位后，将 TI 清零。主程序首先设置 T0 为方式 1，对外部脉冲计数，然后根据串口通信参数初始化串口，其内容包括设置波特率发生器和设置 UART 两部分。

C51 程序如下。

```
#include<atmel\at89x52.h>
main ()
{
    TMOD = 0x05;          //T0 方式 1，对外部脉冲计数：□□□□□■□■
    TR0 = 1;              //启动 T0
    /*设置串口：波特率=9600，数据位=8，无奇偶校验，停止位=1*/
    TMOD |=0x20;          //T1 方式 2，8 位自动重装：□□■□□□□□
    TH1 = 0xFD;           //9600bps，T1 定时初值
    TR1=1;                //启动定时器 1
    SM0=0, SM1=1;         //设定串口方式 1：□■
    REN=1;                //允许串口接收
    while (1) {           //主循环
        char c;
        /*串口接收一个字符*/
        while ( RI==0 );              //等待串口接收完成
        RI = 0;                       //RI 清零
        c = SBUF;                     //从串口读取一个字符
        if (c != 'P') continue;       //接收的不是字符 P，跳到循环开头
```

```
        /* 接收到字符 P, 串口发送 TH0、TL0 */
        SBUF = TH0;                   //通过串口发送 TH0
        while ( TI==0 );              //等待串口发送完成
        TI = 0;                       //TI 清零
        SBUF = TL0;                   //通过串口发送 TL0
        while ( TI==0 );              //等待串口发送完成
        TI = 0;                       //TI 清零
    }
}
```

（2）串口接收中断编程。

在设置允许串口中断后，单片机串口在接收到一个字符或发送完一个字符后都会请求串口中断。所以在串口中断服务函数中要进行判断：如果 RI 等于 1，则是串口接收中断；如果 TI 等于 1，则是串口发送中断。在串口接收中断中，如果检测到串口接收了字符'P'，就通过串口发送 TH0、TL0 的存储值。

C51 程序如下。

```
#include<atmel\at89x52.h>
main ()
{
    TMOD = 0x05;                //T0 方式 1，对外部脉冲计数：□□□□□■□■
    TR0 = 1;                    //启动 T0
    /* 设置串口：波特率=9600，数据位=8，无奇偶校验，停止位=1 */
    TMOD |=0x20;                //T1 方式 2，8 位自动重装□□■□□□□□
    TH1 = 0xFD;                 //9600bps，T1 定时初值
    TR1=1;                      //启动定时器 1
    SM0=0, SM1=1;               //设定串口方式 1：□■
    REN=1;                      //允许串口接收
    EA = ES = 1;                //开 CPU、串口中断
    while (1) {                 //主循环
    }
}
void uart_ isr () interrupt 4
{
    if (RI) {
       RI=0;
       if (SBUF=='P') {/* 接收到字符 P, 串口发送 TH0、TL0 */
           SBUF = TH0;          //通过串口发送 TH0
           while ( TI==0 );     //等待串口发送完成
           TI = 0;              //TI 清零
           SBUF = TL0;          //通过串口发送 TL0
           while ( TI==0 );     //等待串口发送完成
           TI = 0;              //TI 清零
       }
```

```
    }
    if (TI) TI=0;
}
```

（3）实验验证。

首先按图 3-23 搭建好硬件电路，并将编程器与 PC 电脑的 USB 口连接，下载程序的 HEX 文件到单片机。在 STC 单片机下载软件 STC-ISP 的“串口助手”窗体中点选“十六进制显示”和“字符格式发送”，配置好串口通信参数后，打开串口。在“单字符串发送区”窗口中键入字符'P'，然后点击“自动发送”，则“串口助手”每 1000ms 自动发送字符'P'一次，PC 机接收到的字符显示在“接收/键盘发送缓冲区”窗口中。由图 3-37 可见，电动机启动前 T0 的计数值为 0000H，电动机启动后，T0 计数值从 0825H 开始不断增加。

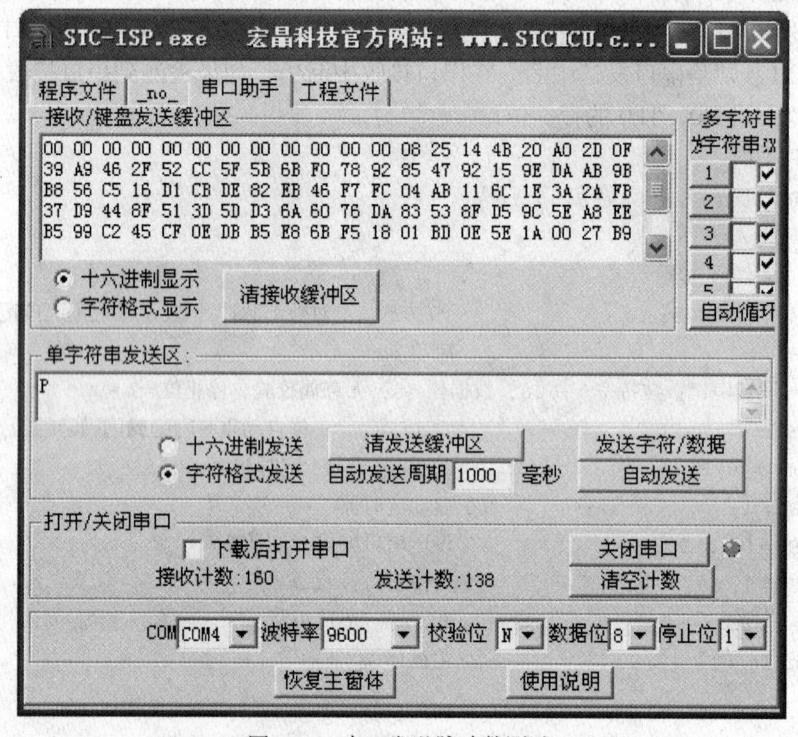

图 3-37 串口发送脉冲数测试

3.4.5 单片机与 PC 的串口通信

单片机软件开发通常在 PC 上进行，开发后通过串口/USB 口把程序代码下载到单片机中。PC 还可以通过串口/USB 口介入到单片机的程序调试中。在工业控制领域，单片机常常作为前置机来对被控对象进行数据采集和控制，PC 作为后置机来对单片机进行某种管理和监控。因此，PC 电脑和单片机之间需要进行数据通信，其通信方式通常为串行通信。

3.4.5.1 单片机与 PC 的连接

单片机与 PC 之间的串行通信有两种实现方式。一种是通过 PC 的串口，即 COM 口，与单片机的串口通信。PC 的 COM 口是符合 RS-232 标准的串口，这种串口采用的是负逻辑电平，即-15V~-3V表示逻辑1；+15V~+3V表示逻辑0。而单片机的UART采用的是TTL电平标准，即输出≥2.4V为逻辑1，输出≤0.5V为逻辑0；输入≥2.0V为逻辑1，输入≤0.8V为逻辑0。因此要实现二者的通信，就需要电平转换电路。MAX232是一款专门用来进行这种电平转换的芯片，使用起来简单方便，其与RS-232串口和单片机的连接如图3-38所示。

PC和单片机的另一种通信方式，是通过PC的USB口与单片机进行串行通信。这就需要USB总线与单片机UART之间的转换电路。CH340就是能够完成这种转换的一种芯片，只需要外接较少的器件，该芯片就能够为计算机扩展虚拟的异步通信串口。CH340与USB及单片机串口的连接如图3-39所示。在把配有CH340转换电路的单片机自动编程器与PC机的一个USB口连接后，PC通过CH340驱动程序，为该USB分配一个虚拟的COM口。此后，PC就可以通过该虚拟COM口与单片机的UART进行串行通信。

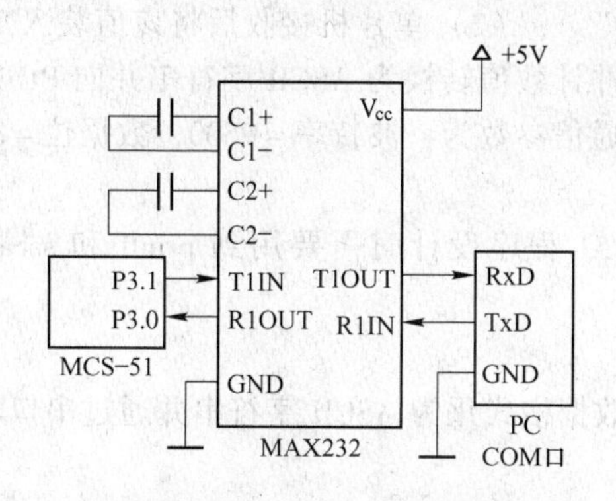

图3-38　MAX232连接简图

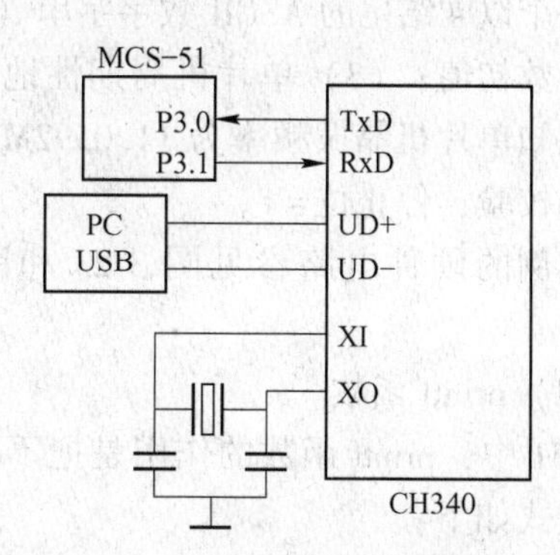

图3-39　CH340连接简图

3.4.5.2　单片机串口波特率设定

在单片机应用系统中，相同型号单片机波特率很容易达到一致，只要晶振频率相同，可以采用完全一致的设置参数。不同型号单片机的波特率设置较难达到一致，这是由于不同型号单片机的波特率产生的方式不同，计算公式也不同，只能产生有限的离散波特率值。这时的设计原则是应使两个通信设备之间的波特率误差小于2.5%。

MCS-51单片机常用的晶振频率为12MHz和11.0592MHz，所以，选用的波特率也相对固定。当单片机与PC、HMI等具有标准RS-232串口的设备通信时，通常要求波特率按规范取值，如4800、9600、19200、38400bps等，若采用12MHz晶振频率，按波特率计算公式算出的T1定时初值将不是一个整数，因此会产生波特率误差而影响串行通信的同步性能。而采用11.0592MHz的晶振频率，可使计算出的T1初值为整数。表3-3是串口方式1或方式3在不同晶振下的常用波特率和误差。

表3-3　不同晶振频率常用的波特率和误差

fosc/MHz	波特率/bps	SMOD	T1初值	实际波特率/bps	误差/%
12	9600	1	F9H	8928	7
12	4800	1	F3H	4808	0.16
12	2400	0	F3H	2404	0.16

续表 3-3

fosc/MHz	波特率/bps	SMOD	T1 初值	实际波特率/bps	误差/%
11.0592	19200	1	FDH	19200	0
11.0592	9600	0	FDH	9600	0
11.0592	4800	0	EAH	4800	0
11.0592	2400	0	F4H	2400	0

3.4.6 单片机与 PC 串口通信举例

【例 3-12】 在对光电开关输出脉冲计数的应用中，要求单片机把 P3.4/T0 引脚的脉冲计数值转换为 ASCII 字符串并通过串口向 PC 发送。通信过程是：（1）PC 先向单片机发送一个以'#'结尾的 ASCII 数字字串（如“123#”）；（2）单片机接收后将该值装入 T0 作为计数初值；（3）单片机周期性地将当前脉冲计数值转换为 ASCII 字符串并向 PC 发送。已知单片机晶振频率为 11.0592MHz，串口通信参数为：波特率 = 9600，数据位 = 8，无奇偶校验，停止位 = 1。

本例的硬件电路参见图 3-23 和图 3-38。C51 程序设计时需要用到 printf 和 sscanf 函数。

（1）printf 函数。

C51 中，printf 函数的作用是把不同类型的数据格式化为 ASCII 字符串并通过串口输出，格式如下：

```
int printf (
        const char * fmtstr            /* 格式字符串 */
        < [>, arguments ... <] >);     /* 参数表 */
```

其中，格式字符串 fmtstr 是用双引号括起来的字符串，也称转换控制字符串，它包括 3 种信息：格式说明符、普通字符和转义字符。

格式说明符：由%和格式说明字符组成，用于指明输出的数据格式，如%d、%f 等，见表 3-4。

表 3-4　printf 函数的格式字符及功能

格式字符	数据类型	输出格式
d	int	有符号十进制整数
u	int	无符号十进制整数
o	int	无符号八进制数
x	int	无符号十六进制数，用"0123456789abcdef"表示
X	int	无符号十六进制数，用"0123456789ABCDEF"表示
f	float	十进制带符号浮点数，形式为［-］*dddd.dddd*
e，E	float	十进制带符号浮点数，形式为［-］*d.ddddE*［-］*dd*
g，G	float	自动选择 e 或 f 格式中更紧凑的一种输出格式
c	char	单个字符

续表 3-4

格式字符	数据类型	输 出 格 式
s	char *	以空字符（'\ 0'）结尾的字符串
p	*	带存储器指示符和偏移量的指针，形式为 *t*：*aaaa* 其中 *t* 为存储器类型，*aaaa* 为十六进制的地址

普通字符：这些字符按原样输出，用于输出某些提示信息。

转义字符：用来输出特定的控制符，如输出转义字符“\ n”就是使输出换一行，见表 3-5。

表 3-5 常用的转义字符

转义字符	含义	ASCII 码值	转义字符	含义	ASCII 码值
\ 0	空字符	00H	\ f	换页符	0CH
\ n	换行符	0AH	\ '	单引号	27H
\ r	回车符	0DH	\ "	双引号	22H
\ t	制表符	09H	\ \	反斜杠	5CH
\ b	退格符	08H			

参数表是需要输出的一组数据，可以是表达式。

例如，语句“printf ("%d", 12345);”把整数 12345 转换为 ASCII 字符串并通过串口输出。句中，“%d”为格式字符串，表示要输出一个有符号十进制整数的 ASCII 字符串，12345 是待输出的整型数的数值。

（2）scanf、sscanf 函数。

scanf 函数按指定的格式从串口读取信息并转换为数值，格式如下：

```
int scanf (
        const char * fmtstr                 /* 格式字符串 */
        < [>, arguments ... <] >);          /* 参数表 */
```

其中，fmtstr 是用双引号括起来的格式字符串，包括 3 种信息：空白字符、非空白字符和格式说明符。

空白字符：包括空格、制表符和换行符，scanf 会跳过它们。

非空白字符：除了以百分号（“%”）开头的格式说明符外的所有非空白字符，scanf 读取非空白字符但并不保存它们。如果 scanf 从串口读入的字符与 fmtstr 指定的非空白字符不匹配，scanf 将终止操作。

格式说明符：由%和格式说明字符组成，用于指明输入数据的格式，如%d、%f 等，见表 3-6。

参数表给出的是变量的地址，它们可以是指针变量、变量的地址和字符串名。这些变量用于存储经 scanf 转换得到的数值。

sscanf 函数从输入缓冲区中读取数据，其他与 scanf 相同。scanf 采用的是边读入边处理的方式，并不保存从串口接收的原始信息。而先把从串口接收的信息存入一个缓冲区，再调用 sscanf 读取其中的数据，具有保存串口原始接收信息的优点。sscanf 的函数原型声明如下：

```
int sscanf (
```

```
        char *buffer,          /* 输入缓冲区 */
        const char *fmtstr     /* 格式字符串 */
        〖, arguments...〗);    /* 参数表 */
```

其中，buffer 为输入缓冲区。

例如，语句

sscanf (str1,"%d", &i);

把缓冲区 str1 中的 ASCII 字符串转换为有符号整数，并存入整型变量 i 中。句中，str1 为字符型数组，存储待转换的 ASCII 字符串;"%d" 是格式字符串，表示按有符号十进制整数的 ASCII 字符串进行读取；&i 是整型变量 i 的地址值，sscanf 把转换结果存入从该地址开始的存储单元中。

表 3-6 scanf 函数的格式字符及功能

格式字符	数据类型	输 出 格 式
d	int *	有符号十进制整数
i	int *	有符号十进制、十六进制或八进制整数
u	unsigned int *	无符号十进制整数
o	unsigned int *	无符号八进制数
x	unsigned int *	无符号十六进制数
f	float *	浮点数
e	float *	浮点数
g	float *	浮点数
c	char *	单个字符
s	char *	以空白字符（空格、制表符和换行符）结尾的字符串

(3) 程序设计。

程序首先设置 T0、T1 和串口方式，将 TI 置 1，然后调用 printf 函数通过串口向 PC 发送提示信息。此后，通过查询 RI 标志接收 PC 机发来的字符并存入 rbuf 缓冲区，在接收到'#'后，通过调用 sscanf 函数从 rbuf 读取一个整数，并作为 T0 的计数初值。最后，单片机周期性地调用 printf 函数，把 T0 计数值格式化为 ASCII 字符串并通过串口向 PC 发送。

C51 程序：

```
#include<atmel\at89x52.h>
#include<stdio.h>
main ()
{
char rbuf [16];             //定义串口接收缓冲区
int i;
TMOD = 0x05;                //T0 方式 1，对外部脉冲计数：□□□□□■□■
TR0 = 1;                    //启动 T0
/*设置串口：波特率=9600，数据位=8，无奇偶校验，停止位=1*/
TMOD |=0x20;                //T1 方式 2，8 位自动重装□□■□□□□□
TH1 = 0xFD;                 //9600bps，T1 定时初值
TR1=1;                      //启动定时器 1
SM0=0, SM1=1;               //设定串口方式 1：□■
REN=1;                      //允许串口接收
```

```
TI = 1;                        //printf采用查询TI的方法控制串口发送，且需要预置TI=1
printf ("Input a number end with #: \n" ); //向PC发送提示信息
for (i=0; i<15;) {             //最多接收15个字符
    while ( RI==0 );           //等待串口接收完成
    RI = 0;                    //RI清零
    rbuf [i] = SBUF;           //从串口读取字符并存入rbuf
    if (rbuf [i++] =='#') break; //接收到'#'后跳出for循环
}
sscanf (rbuf,"%d", &i);       //按有符号十进制整数的格式从rbuf中转换数值，存入变量i
TH0=i/256;                     //将i装入TH0、TL0
TL0=i%256;
while (1) {                    //循环发送T0计数值
    printf ("%u\t", TH0*256+TL0); //将TH0，TL0的值格式化后发送
    for (i=0; i<10000; i++);         //延时一段时间
    }
}
```

（4）实验验证。

首先按图3-23搭建好硬件电路，并将STC单片机自动编程器与PC电脑的USB口连接，下载程序的HEX文件到单片机。

在STC-ISP的“串口助手”窗体中点选“字符格式显示”和“字符格式发送”，配置串口通信参数并打开串口。在“单字符串发送区”窗口中键入要发送的字符串（如：123#），然后点击“发送字符/数据”，在“接收/键盘发送缓冲区”窗口可以看到PC机不断地接收到T0计数值，并且接收到的是无符号十进制数的ASCII字符串。由图3-40可

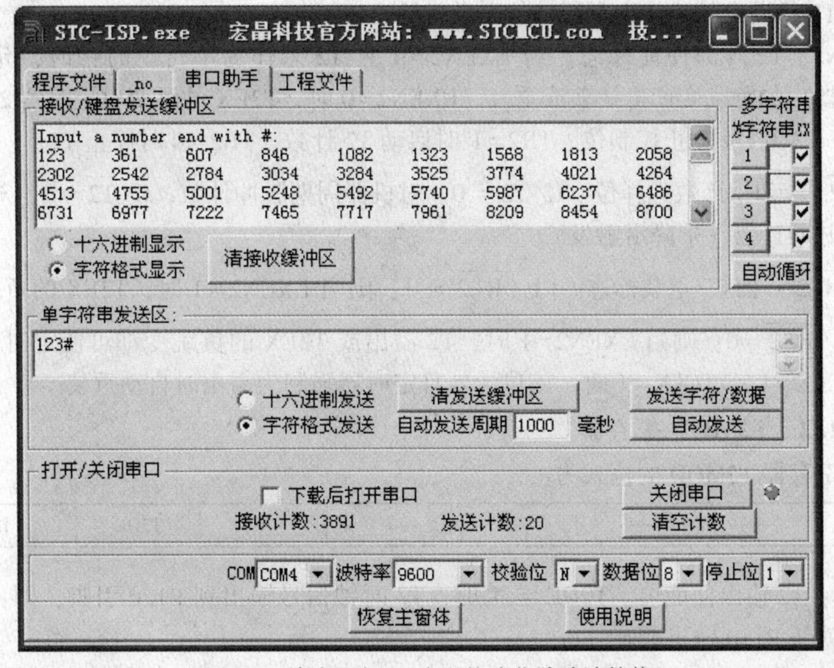

图3-40　单片机向PC发送格式化脉冲计数值

见，T0 的初始计数值为 123，与之前 PC 发送的设定值（123#）相符，由于电动机已经启动，T0 随后的计数值不断增加。

3.5 定时器/计数器 T2

3.5.1 定时器/计数器 T2 的组成

在 T2 内部，包含有两个 8 位计数器 TL2 和 TH2，控制寄存器 T2CON，模式寄存器 T2MOD，以及捕获寄存器 RCAP2L 和 RCAP2H。T2 既可以对片内机器周期脉冲信号进行计数，也可以对外部引脚 P1.0 的输入脉冲计数，但外部脉冲频率不能超过 fosc/24。

3.5.1.1 T2CON 寄存器

控制寄存器 T2CON 的格式为：

TF2	EXF2	RCLK	TCLK	EXEN2	TR2	$C/\overline{T2}$	$CP/\overline{RL2}$

TF2：T2 溢出标志。定时器 2 溢出时置位，必须由软件清除。当 RCLK 或 TCLK = 1 时，TF2 将不会置位。

EXF2：T2 外部标志。当 EXEN2 = 1 且 T2EX 的负跳变产生捕获或重装时，EXF2 置位。T2 中断使能时，EXF2 = 1 将使 CPU 执行 T2 中断服务程序。EXF2 位必须用软件清零。

RCLK：接收时钟标志。RCLK = 1 时，T2 的溢出脉冲作为串行口的接收时钟。RCLK=0 时，将 T1 的溢出脉冲作为串行口的接收时钟。

TCLK：发送时钟标志。TCLK=0 时，T2 的溢出脉冲作为串行口的发送时钟。TCLK=0 时，将 T1 的溢出脉冲作为串行口的发送时钟。

EXEN2：T2 外部使能标志。当 EXEN2 = 1 且 T2 未作为串行口时钟时，允许 T2EX（P1.1 引脚）的负跳变产生捕获或重装。EXEN2=0 时，T2EX 的跳变对定时器 2 无效。

TR2：T2 启动/停止控制位。TR2=1 时启动 T2 计数，TR2=0 时停止 T2。

$C/\overline{T2}$：定时/计数选择位。$C/\overline{T2}$ = 0，对机器周期脉冲计数；$C/\overline{T2}$ = 1，对 P1.0 引脚的输入脉冲计数（下降沿触发）。

$CP/\overline{RL2}$：捕获/重装标志。$CP/\overline{RL2}$ = 1：则当 EXEN2=1 时，T2EX 的负跳变产生捕获。$CP/\overline{RL2}$ =0：则当 EXEN2=1 时，T2 溢出或 T2EX 的负跳变都可使定时器自动重装。当 RCLK=1 或 TCLK=1 时，该位无效且定时器强制为溢出时自动重装。

3.5.1.2 T2MOD 寄存器

模式寄存器 T2MOD 的格式为：

—	—	—	—	—	—	T2OE	DCEN

T2OE：T2 输出使能位。T2OE = 1 时，T2 时钟信号输出到 P1.0 引脚，即：T2 每溢出一次，就使 P1.0 输出翻转一次。

DCEN：减 1 计数使能位。DCEN = 1，T2 减 1 计数；DCEN = 0，T2 加 1 计数。

3.5.2　定时器/计数器 T2 的工作方式

T2 有 4 种操作方式：捕获、自动重装、波特率发生器和可编程时钟输出。

3.5.2.1　捕获方式

当预置 CP/ $\overline{RL2}$ = 1，且 T2 不用作波特率发生器时，T2 工作于捕获方式。

在捕获方式中，如果 EXEN2 = 0，T2 作为一个 16 位定时器或计数器，溢出时置位 TF2，该位可用于产生中断。如果 EXEN2 = 1，与以上描述相同，但增加了一个特性，即外部输入 T2EX 由 1 变 0 时，将 T2 中 TL2 和 TH2 的当前值各自捕获到 RCAP2L 和 RCAP2H。另外，T2EX 的负跳变使 T2CON 中的 EXF2 置位，EXF2 也像 TF2 一样能够产生中断（其中断地址与 T2 溢出中断地址相同，T2 中断服务程序通过查询 TF2 和 EXF2 来确定引起中断的事件）。捕获方式如图 3-41 所示。在该方式中，TL2 和 TH2 无重新装载值，甚至当 T2EX 产生捕获事件时，计数器仍然进行计数。

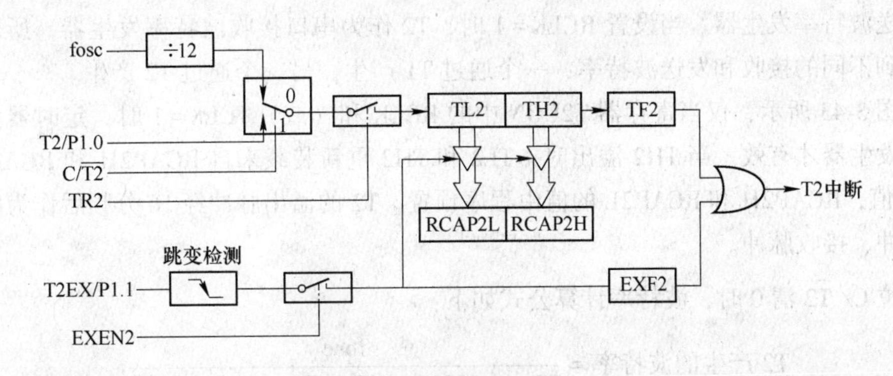

图 3-41　T2 的捕获方式

3.5.2.2　自动重装方式（递增/递减计数器）

当预置 CP/ $\overline{RL2}$ = 0，且 T2 不用作波特率发生器（RCLK = TCLK = 0）时，T2 工作于自动重装方式，即作为 16 位递增/递减计数器使用。

计数方向由 DCEN 确定。当 DCEN = 0 时，T2 默认为向上计数；当 DCEN = 1 时，T2 可通过 T2EX 确定递增或递减计数。图 3-42 显示了当 DCEN = 0 时，T2 自动递增计数。如

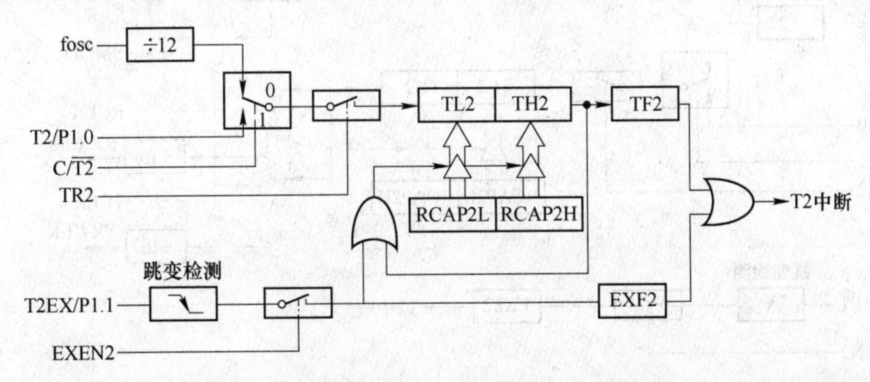

图 3-42　T2 的自动重装方式（DCEN = 0）

果 EXEN2 = 0，T2 递增计数到 FFFFH，并在溢出后将 TF2 置位，然后将 RCAP2L 和 RCAP2H 中的 16 位值作为重新装载值装入 TL2 和 TH2。RCAP2L 和 RCAP2H 的值是通过程序预设的。如果 EXEN2 = 1，16 位重新装载可通过溢出或 T2EX 从 1 到 0 的负跳变实现。此负跳变同时将 EXF2 置位。如果 T2 中断被使能，则当 TF2 或 EXF2 置 1 时产生中断。

DCEN = 1 时，T2 可递增或递减计数。此时 T2EX（P1.1 引脚）用于控制计数的方向。当 T2EX 置 1 时，T2 递增计数，计数到 FFFFH 后溢出。T2 溢出就置位 TF2，并可请求中断，同时还使 RCAP2L 和 RCAP2H 中的 16 位值作为重新装载值放入 TL2 和 TH2。当 T2EX 置 0 时，将使 T2 递减计数。当 TL2 和 TH2 计数到等于 RCAP2L 和 RCAP2H 时，自动将 FFFFH 装入 TL2 和 TH2 并请求 T2 中断。

3.5.2.3　波特率发生器方式

当预置 TCLK = 1 或 RCLK = 1 时，T2 工作于波特率发生器方式。单片机复位后，TCLK = 0，RCLK = 0，系统默认 T1 作为串口波特率发生器。当设置 TCLK = 1 时，T2 作为串口发送波特率发生器。当设置 RCLK = 1 时，T2 作为串口接收波特率发生器。所以，串口能得到不同的接收和发送波特率，一个通过 T1 产生，另一个通过 T2 产生。

如图 3-43 所示，仅当寄存器 T2CON 中的 RCLK 和（或）TCLK = 1 时，定时器 2 作为波特率发生器才有效。当 TH2 溢出时，TL2 和 TH2 重新装载来自 RCAP2H 和 RCAP2L 的 16 位的值，RCAP2H 和 RCAP2L 的值由程序预置。T2 的溢出脉冲经 16 分频后作为串口的发送脉冲、接收脉冲。

当位 $C/\overline{T2}$ 清 0 时，波特率计算公式如下：

$$\text{T2 产生的波特率} = \frac{fosc}{32 \times [65536 - (RCAPH,\ RCAPL)]}$$

此方式下，TH2 溢出并不置位 TF2，也不产生中断。如果需要，T2EX 可用做附加的外部中断。如果 EXEN2 被置位，T2EX 引脚由 1 到 0 的跳变会置位 EXF2 并请求中断，但并不导致 T2 重新装载。

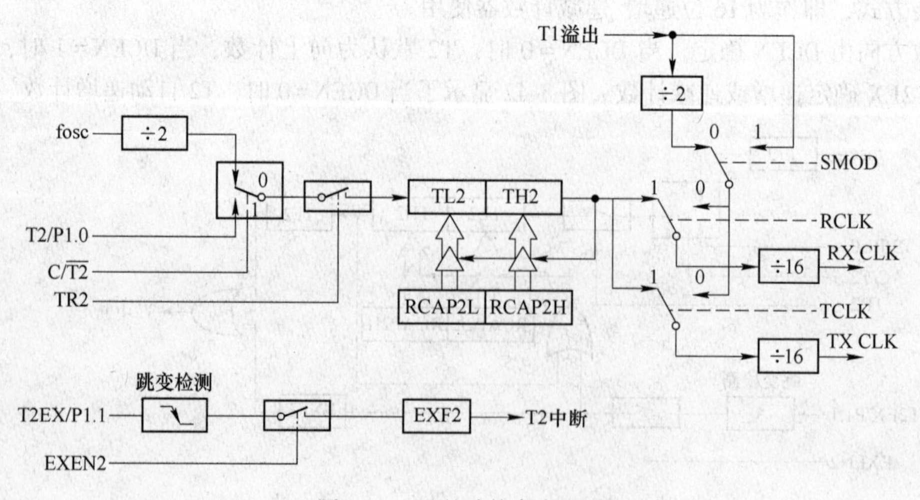

图 3-43　T2 的波特率发生器方式

3.5.2.4　可编程时钟输出

对于具有定时器 2 的单片机，P1.0 除了用作通用 I/O 引脚外，还可以通过编程作为 T2 的外部时钟输入或占空比为 50%的时钟输出。

为了把 T2 配置成时钟发生器，位 $C/\overline{T2}$必须清 0，位 T2OE 必须置 1，位 TR2 用于启动、停止定时器，见图 3-44。时钟输出频率取决于晶振频率和定时器 2 捕捉寄存器（RCAP2H，RCAP2L）的重载值，计算公式为：

$$\text{T2 时钟输出频率} = \frac{fosc}{4 \times [65536 - (RCAPH, RCAPL)]}$$

在时钟输出模式下，定时器 2 不会产生中断，这和定时器 2 用作波特率发生器一样。定时器 2 也可以同时用作波特率发生器和时钟产生，不过，波特率和输出时钟频率相互并不独立，它们都依赖于 RCAP2H 和 RCAP2L。

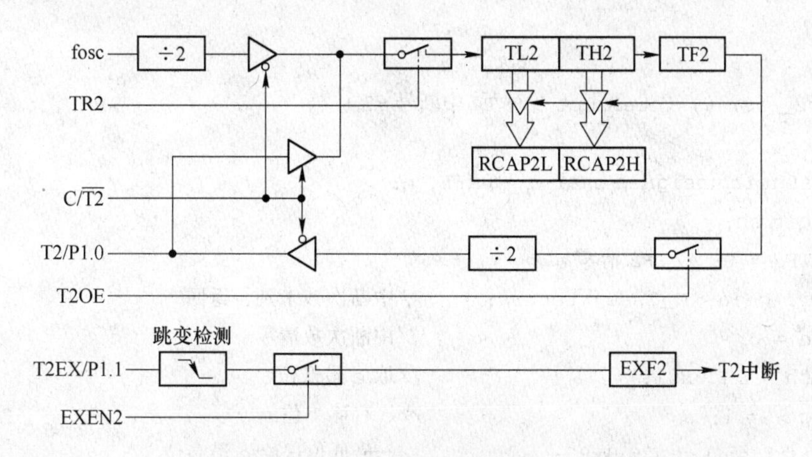

图 3-44　T2 可编程时钟输出

3.5.3　定时器 T2 应用举例

【例 3-13】　编写程序，用 T2 实现周期为 1s 的定时，且每当定时时间到，就使 P0 输出值循环右移 1 位。设 P0 的初值为 0FEH，单片机晶振频率为 11.0592MHz。

定时器 2 具有 16 位计数初值自动重装功能，就是在 T2 产生溢出的同时，自动将 RCAP2L、RCAP2H 的值装入 TL2、TH2。因此在 16 位计数时，T2 不需要在中断服务程序中重新装入计数初值，但需要将溢出标志 TF2 清零。T2 用作定时器时仍然是对振荡周期的 12 分频脉冲信号计数，较长时间的定时需要多次定时中断才能达到。

C51 没有循环移位运算符，要实现数据的循环移位，可以把要移出的位先保存起来，然后用 << 或 >> 运算符移位 1 次，最后再把先前保存的位复制到数据的另一端。另外，也可以调用 C51 库函数，如_crol_()、_cror_() 等，其头部文件为“intrins.h”。

C51 程序如下。

```
#include<atmel\at89x52.h>
#define FOSC 11059200L
#define N_TH50ms (65536-FOSC/12/20)/256        //50ms (20Hz) TH2 初值
```

```
#define N_TL50ms (65536-FOSC/12/20)%256        //50ms (20Hz) TL2 初值
#define N_1sec 20                              //1sec T2 中断次数
main ()
{
    P0 = 0xFE;              //P0 输出初值 0xFE=■■■■■■■□
    C_T2 = 0;               //T2CON 的 C/T2=0 (初值): T2 用作定时器
    CP_RL2 = 0;             //T2CON 的 CP/RL2=0 (初值): T2 为自动重装方式
    T2MOD=0x00;             //T2OE=0 (T2 不输出到 P1.0 引脚), CDEN=0 (+1 计数)
    RCAP2H=N_TH50ms;        //装入 TH2 自动重装初值
    RCAP2L=N_TL50ms;        //装入 TL2 自动重装初值
    TR2 = 1;                //启动定时器 T2
    EA = ET2 = 1;           //CPU、T2 开中断
    while (1) {
    }
}
void t2_ isr () interrupt 5/* T2 中断号=5 */
{
    static unsigned char c = 0xFE, n;
    bit sh;
    TF2 = 0; //TF2 清零
    if (++n < N_1sec) return;         //中断次数未到, 返回
    n = 0;                            //中断次数清零
    sh = c & 0x01;                    //取 c 最低位
    c >>= 1;                          //c 右移 1 位
    if ( sh ) c |= 0x80;              //c 最低位送给 c 最高位
    P0 = c;                           //c 输出到 P0
    }
```

如果用 P0 驱动 8 只 LED，则该程序下载后，可见 8 只 LED 以流水灯方式闪烁。

【例 3-14】 编写程序，用 T2 的捕获方式实现对 P1.1 引脚的下降沿进行捕获，并将捕获值发送到串口。

T2 具有对 P1.1 引脚输入的下降沿信号进行自动捕获的功能，就是当 P1.1 引脚出现下降沿时，TL2 和 TH2 的当前值被自动装载到 RCAP2L 和 RCAP2H。因此，利用此功能可以测量 P1.1 引脚脉冲信号的宽度。为了产生 P1.1 引脚的脉冲输入信号，用 P1.0 引脚与之连接，这里的 P1.0 用作通用 I/O 引脚。

当 EXEN2 置位后，P1.1 引脚的下降沿输入能够置位 EXF2 标志并触发 T2 中断，见图 3-41。在 T2 中断服务函数中，对 T2 计数器清零，并对 EXF2 标志清零。注意不论是否对 T2 计数器清零，T2 都将继续进行加 1 计数。

最后，为便于观察，使用 printf 函数通过单片机串口发送捕获值。图 3-45 为程序运行结果，其约等于单片机执行 printf 函数所用的机器周期数。

C51 程序如下。

```
#include<atmel\at89x52.h>
```

```c
#include<stdio.h>
main ()
{
    unsigned int n;              //用于存储捕获值
    /* 设置 T2 */
    CP_RL2 = 1;                  //捕获/重装标志=1
    EXEN2 = 1;                   //T2 外部使能有效，使 P1.1 下降沿时 T2 产生捕获并请求
                                   T2 中断
    TR2 = 1;                     //启动定时器 T2
    EA = ET2 = 1;                //CPU、T2 开中断
    /* 设置串口：波特率=9600，数据位=8，无奇偶校验，停止位=1 */
    TMOD |=0x20;
    TH1 = 0xFD;
    SM0=0，SM1=1; REN=1; TR1=1; TI=1;
    while (1) {
        P1_0 = 0;                //P1.0—P1.1 连接，本句 P1.1 得到下降沿输入信号
        n = RCAP2H*256 + RCAP2L;
        P1_0 = 1;                //拉高 P1.0，本句 P1.1 得到高电平输入
        printf ("%u\t", n);      //串口发送捕获值
    }
}
void t2_isr () interrupt 5      /* T2 中断号=5 */
{
    TL2 = TH2 = 0;               //T2 计数寄存器清零
    TF2 = 0;                     //TF2 清零
    EXF2 = 0;                    //EXF2 清零
}
```

图 3-45 T2 捕获 P1.1 引脚的脉冲输入

【例 3-15】 编写程序，用 T2 使 P1.0 引脚输出 1000Hz 的方波，设单片机晶振频率为 12MHz。

T2 能够通过 P1.0 引脚实现完全由硬件产生的方波输出，其频率非常稳定。这时应把 T2 设置为定时器，且把 T2MOD 的 T2OE 置位。T2 用作定时器时具有自动重装初值功能，

不需要用中断服务程序重装初值。在编程时应注意 T2 计数初值的计算。下面是 C51 程序。

为了便于验证 P1.0 输出波形，在程序的 while 循环体中，将 P1.0 的输出再送入 P2.0 输出。图 3-46 为使用 Logic Analyzer 得到的波形图，由图可见 P2.0 为周期等于 1ms 的方波输出，即频率为 1000Hz。

```
#include<atmel\at89x52.h>
#define FOSC 12000000L
#define N_TH2_OUT1KHZ (65536-FOSC/4/1000)/256     //P1.0 输出 1000Hz 的 TH2 初值
#define N_TL2_OUT1KHZ (65536-FOSC/4/1000)%256     //P1.0 输出 1000Hz 的 TL2 初值
void main (void)
{
    /*设置 T2*/
    T2MOD =0x02;                //T2OE=1: T2 时钟信号输出到 P1.0 引脚
    C_T2=0;                     //T2 用作定时器
    RCAP2H=N_TH2_OUT1KHZ;       //装入 T2 自动重装初值高字节
    RCAP2L=N_TL2_OUT1KHZ;       //装入 T2 自动重装初值低字节
    TR2 = 1;                    //启动 T2 定时器
    while (1) {
          P2_0 = P1_0;          //P2_0 用于 Logic Analyzer
    }
}
```

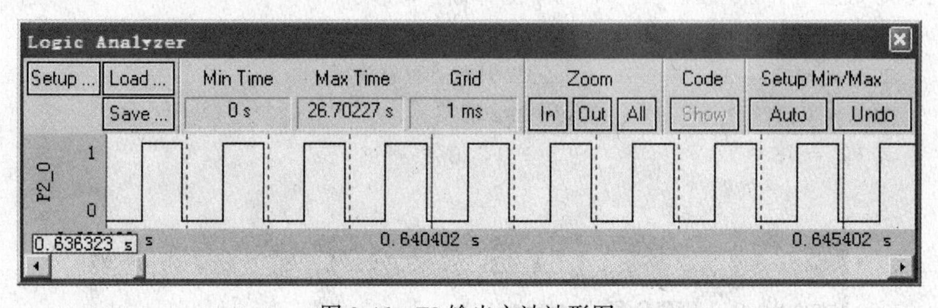

图 3-46　T2 输出方波波形图

【例 3-16】　用 T2 外部中断测试 T2/P1.0 的脉冲周期。

本例以 STC90C516RD+单片机自测其 T2/P1.0 的脉冲周期。方法是把单片机的 T2/P1.0 引脚与 T2EX/P1.1 引脚连接，并置位 T2 的 EXEN2。因此，当 P1.0 输出负跳变时，P1.1 引脚得到下降沿输入，从而置位 EXF2 并触发 T2 中断。同时，把 T0 设置为 16 位定时器，计数初值为 0。在 T2 中断服务程序中，读取 T0 计数值，然后主程序通过串口发送给 PC 机。

由图 3-44，T2 通过 P1.0 引脚输出脉冲的频率 f=fosc/4/计数值，而 T0 的计数脉冲源频率 f=fosc/12，所以 T0 的计数值应为 T2 计数值的 1/3。程序中设 T2 的计数值为 63000，则理论上 T2/P1.0 每脉冲周期的 T0 计数值应为 21000。从图 3-47 的实测结果可见，其与理论值相差 3 个机器周期，且十分稳定。

下面是 C51 程序。

```
#include<atmel\at89x52.h>
#include<stdio.h>
unsigned char c1, c2;    //用于暂存TL0, TH0
bit send;                //发送数据标志
main ()
{
    /*T2中断设置*/
    EXEN2 = 1;           //允许T2EX/P1.1引脚的负跳变置位EXF2并产生T2中断
    EA = ET2 = 1;        //CPU、T2开中断
    /*T0设置*/
    TMOD = 0x01;         //T0方式1, 用作16位定时器
    /*设置串口: 波特率=19200, 数据位=8, 无奇偶校验, 停止位=1*/
    PCON |=0x80;         //波特率加倍
    TMOD |=0x20;         //T1方式2, 8位自动重装□□■□□□□□□
    TH1 = 0xFD;          //9600×2=19200bps, T1定时初值
    SM0=0, SM1=1;        //设定串口方式1: □■
    TR1=1;               //启动定时器1
    TI = 1;              //TI置位
    /*T2输出设置, T2计数值=63000, 所以计数初值=65536-63000*/
    T2MOD=0x02;          //T2OE=1: T2时钟信号输出到T2/P1.0引脚
    C_T2=0;              //T2用作定时器
    RCAP2H= (65536-63000) /256;    //装入T2自动重装初值高字节
    RCAP2L= (65536-63000)%256;     //装入T2自动重装初值低字节
    TR0 = 1;             //启动T0定时器
    TR2 = 1;             //启动T2定时器
    while (1) {
        if (send) {
            printf ("%d\t", c2*256+c1);    //发送T0计数值
            send=0;                        //清发送数据标志
        }
    }
}
/*T2中断服务程序: P1.0——P1.1连接, 以产生T2外部中断*/
void t2_ isr ( ) interrupt 5/*T2中断号为5*/
{
    c1=TL0; TL0=0; //将TL0暂存后清零
    c2=TH0; TH0=0; //将TH0暂存后清零
    send=1; //置发送数据标志
    EXF2 = 0; //T2外部标志清零
}
```

图 3-47 T2/P1.0 输出脉冲周期测试

3-1 P0、P2、P3 口除了用作通用 I/O 口，还各有哪些用途？

3-2 使用 STC90C516RD+代替 MCS-51 芯片，从 I/O 引脚利用方面看，有哪些优点？

3-3 什么是中断，MCS-51 单片机的中断源有哪些，中断优先级和中断优先顺序如何确定？

3-4 MCS-51 单片机如何响应中断？

3-5 T0、T1、T2 作为定时器时，是对什么脉冲信号计数；作为计数器时，又分别是对什么脉冲信号计数？

3-6 T2 能通过哪个引脚输出方波，又能够对哪个引脚进行捕获，捕获的内容是什么？

3-7 什么是并行通信，什么是串行通信，串行同步通信和串行异步通信有何区别？

3-8 MCS-51 串口工作于方式 1 时，一帧信息是如何组成的？

3-9 MCS-51 串口工作于方式 1 时，什么条件下 TI 被置位，什么条件下 RI 被置位？

3-10 MCS-51 串口如何与 PC 的 RS-232 串口连接，又如何与 PC 的 USB 口连接？

3-11 编写 C51 语句，实现：

(1) 把 P1.5 引脚状态读入一个位变量中；

(2) 向 P0.7 引脚输出逻辑 1；

(3) 把 P0 口各引脚的状态读入一个字符变量中；

(4) 向 P1 口输出 0XED。

3-12 用 Keil uV4 调试下面的程序。在启动调试后，点击主菜单 View→Disassembly Window，会在屏幕上弹出 Disassembly 窗口。请在该窗口中查看，然后标出程序中使用了 MOV 指令的语句，并归纳其特点。

```
#include<atmel\at89x52.h>
main ()
{
    char c1, c2;
    bit b1, b2;
    c1 = P1;
    c2 = ~P1;
    P1 = ~P1;
    P1 &= 0x01;
```

```
    P1_1 = ~P1_1;
    b1 = P1_5;
    b2 = ~P1_7;
    while (1) {
    }
}
```

3-13 用MCS-51的P0.0~P0.3连接四只LED L1~L4。试绘出系统电路图；编写程序，实现：每隔1s（用for延时实现）依次点亮L1、L2、L3、L4，并如此循环。设fosc为12MHz。

3-14 用MCS-51的P2.1引脚通过PNP三极管控制继电器K1的通断，用P1.6连接一个按键S1的输入，P1.7连接另一个按键S2的输入。设fosc为12MHz。试绘出系统电路图；编写程序，实现：按下S1后，K1每5s（用for延时实现）通断一次；按下S2后，K1断电。

3-15 已知fosc为12MHz，用T0实现1ms的定时，试计算其计数次数和计数初值。

3-16 已知fosc为12MHz，编程实现：用T2实现10ms的定时，并在T2中断服务程序中使P1.0引脚输出状态翻转。

3-17 已知fosc为12MHz，编程实现：用T2定时功能使P1.0引脚输出100kHz的方波。

3-18 MCS-51的P1.0、P1.1连接两个按钮S1和S2；P2.0通过三极管控制一只继电器K1的通断。①绘出应用系统电路图；②用C51编程实现：按下S1后，K1每2s通断一次（使用T0定时），按下S2后，K1停止工作。已知fosc为12MHz。

3-19 用MCS-51的T0对P3.4/T0引脚的脉冲计数，P0口控制一只共阳极七段数码管，用于显示脉冲数的个位数。①绘出应用系统电路图；②用C51编程实现：T0每计数一个脉冲，就更新一次七段数码管的显示。

3-20 用MCS-51的P1.0引脚连接一只按键S1。编写程序实现：当按下S1后，单片机向PC机不断发送字符‘!’，直至S1松开。已知单片机晶振频率为11.0592MHz，串口通信参数为：波特率=9600，数据位=8，无奇偶校验，停止位=1。

3-21 用MCS-51的P0口和P2口连接2只七段数码管。编写程序实现：单片机用查询RI的方法不断接收PC机发送的字符，且每当接收到一个字符，就把该字符以16进制的形式通过两只七段数码管显示。已知单片机晶振频率为11.0592MHz，串口通信参数为：波特率=9600，数据位=8，无奇偶校验，停止位=1。

3-22 用MCS-51的P0口连接1只七段数码管。编写程序实现：①单片机从串口接收一个十进制整数的字符串；②单片机从接收信息中读取整数值并存入整型变量n；③用七段数码管从高到低逐位显示n（十六进制形式），即：显示最高数位（0~F之一），延时1s，……，显示最低数位（0~F之一），延时0.5s；如此循环。

3-23 P3.2/$\overline{INT0}$引脚出现下降沿能够触发INT0中断，因此获取相邻两次INT0中断的时间间隔，也就得到了其输入脉冲的宽度。当脉冲宽度较长时，用计数其所占用T0中断次数的方法，可以测得其脉冲宽度。若T0工作于方式2，计数初值为0，则计数256次产生溢出。设单片机晶振频率为11.0592MHz，则T0的定时间隔约为278μs。下面的程序能够实现P3.2/$\overline{INT0}$引脚脉冲宽度的测量并通过串口发送，请对程序逐条注释。

```
#include<atmel\at89x52.h>
unsigned char n_T0int, n;
main ()
{
    TMOD = 0x02;            //
    TL0 = TH0 = 0;          //
    TR0 = 1;                //
```

```
        PT0 = 1;                //
        IT0 = 1;                //
        EA = EX0 = ET0 = 1;     //
        TMOD |=0x20;            //
        TH1 = 0xFD;             //
        TR1=1;                  //
        SM0=0, SM1=1;           //
        REN=1;                  //
        while (1) {
        }
    }
    void Int0_isr ( ) interrupt 0//
    {
        n = n_T0int;            //
        n_T0int = 0;            //
        SBUF = n/256;           //
        While (TI==0);          //
        TI = 0;                 //
        SBUF = n%256;           //
        While (TI==0);
        TI = 0;
    }
    void t0_isr () interrupt 1  //
    {
        n_T0int++;              //
    }
```

3-24 用单片机的 P2 口通过 ULN2003 驱动芯片控制一只小型步进电动机的运行，且单片机通过串口接收 PC 机发送的步进电动机运行频率，并用 T0 定时中断实现。已知单片机晶振频率为 11.0592MHz，试绘出控制电路并编写 C51 程序。

3-25 用单片机的 P2.7 引脚通过 ULN2003 的一个通道控制一只直流电动机的运行。单片机首先用串口接收 PC 发送的 PWM 脉冲频率，并用 T0 定时器输出 PWM 脉冲；然后，单片机串口不断接收 PC 发送的 PWM 脉冲中高电平的时间值，以控制 PWM 的占空比。已知单片机晶振频率为 11.0592MHz，试设计硬件电路并编写 C51 程序。

3-26 某直流电动机输出轴上安装有一只码盘，并通过光电开关对码盘刻线进行检测，单片机的 P3.4/T0 引脚则对光电开关输出脉冲进行计数。要求单片机每秒（用 T2 定时）向 PC 发送脉冲数的增量值和电动机转速值，已知码盘的刻线数为 16。已知单片机晶振频率为 11.0592MHz，试设计硬件电路并编写 C51 程序。

单片机数字量控制应用

数字量控制，即用数字量信号就能实现的控制。广义的数字量控制包括对单个位的控制（即开关量控制）、对单字节或多字节数据的控制（即一般的数字量控制）和对脉冲量的控制。数字量控制属于单片机中最基本的控制，同时也是应用最为广泛的控制，这种控制通过直接对单片机并行接口的输入输出操作就能完成。

本章从被控对象方面入手讲述数字量控制，这些被控对象包括单相电动机、电磁阀、继电器、步进电动机、直流电动机和舵机，并且穿插了 ULN2003、L298N、按钮、开关、LED、七段数码管、红外遥控器、光电开关、LCD 等器件的应用。在单片机硬件方面，用到了并口输入/输出、串口接收/发送、定时器多种定时/计数方式及多个定时器中断。相应地，在单片机软件方面，用到了 C51 程序设计的多种结构语句和编程技巧。本章各例都用单片机最小系统加相关 I/O 模块搭建的电路进行验证，所用单片机为 STC90C516RD+芯片。

数字量控制是单片机控制应用的重要基础。

4.1 单相电动机正反转控制

4.1.1 单相电动机简介

单相电动机一般是指用单相交流电源（AC220V）供电的小功率单相异步电动机。单相异步电动机通常在定子上有两相绕组，转子是普通鼠笼型的。两相绕组在定子上的分布以及供电情况的不同，可以产生不同的启动特性和运行特性。

要使单相电动机能自动旋转起来，可在定子中加上一个启动绕组，启动绕组与主绕组在空间上相差 90°，启动绕组要串接一个合适的电容，使得与主绕组的电流在相位上近似相差 90°，即所谓的分相原理。这样两个在时间上相差 90°的电流通入两个在空间上相差 90°的绕组，将会在空间上产生旋转磁场，在这个旋转磁场作用下，转子就能自动启动。启动后，待转速升到一定值时，借助于一个安装在转子上的离心开关或其他自动控制装置将启动绕组断开，正常工作时只有主绕组工作。因此，启动绕组可以做成短时工作方式。但在很多时候，启动绕组并不断开。

要改变这种电动机的转向，只要把辅助绕组的接线端头调换一下即可。图 4-1 是带正反转倒顺开关的接线图。图中电动机的 A 绕组与 B 绕组的线径与线圈数完全一致。手动开关 S 的上通和下通就能实现电动机的正转和反转。

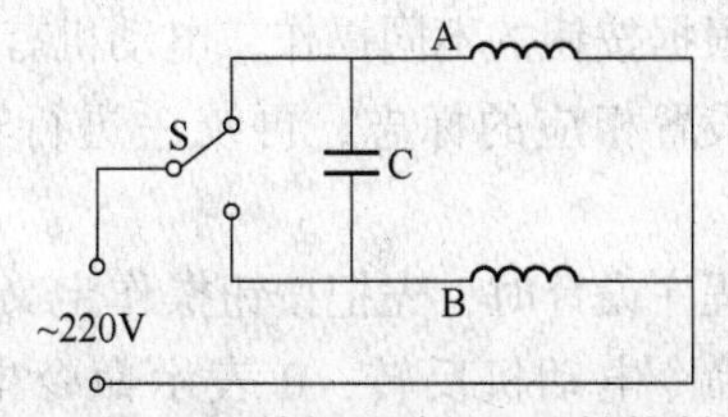

图 4-1　单相电动机正反转控制

4.1.2 硬件电路

在使用单片机控制单相电动机正反转时，需要自动地控制图 4-1 中开关 S 的倒顺。但是单片机的 I/O 接口是微电子电路，不允许通过强电电流，而继电器的触点允许通过较大电流，所以可以用继电器来代替手动开关 S。然而继电器本身也是通过其自身的线圈通电产生的磁力使其触点动作的，虽然驱动继电器线圈的功率要远小于驱动电动机线圈的功率，但单片机 I/O 接口的输出功率只有毫瓦级，远远不能驱动继电器的线圈。通常，单片机要通过开关三极管或像 ULN2003 那样的集成驱动芯片来驱动小型直流继电器。

单片机控制单相电动机的硬件电路如图 4-2 所示。S1、S2、S3 分别为正转按钮、反转按钮和停止按钮；P0.6、P0.7 控制两只 LED，用来指示电动机的正转和反转。P2 口经 ULN2003 控制两只继电器 K1、K2，用于实现单相电动机正反转。当 K1 通电、K2 断电时，电动机 M 的右侧接线端子接交流电源；当 K1 断电、K2 通电时，电动机 M 的左侧接线端子接交流电源；当 K1、K2 都断电时，电动机 M 停止。

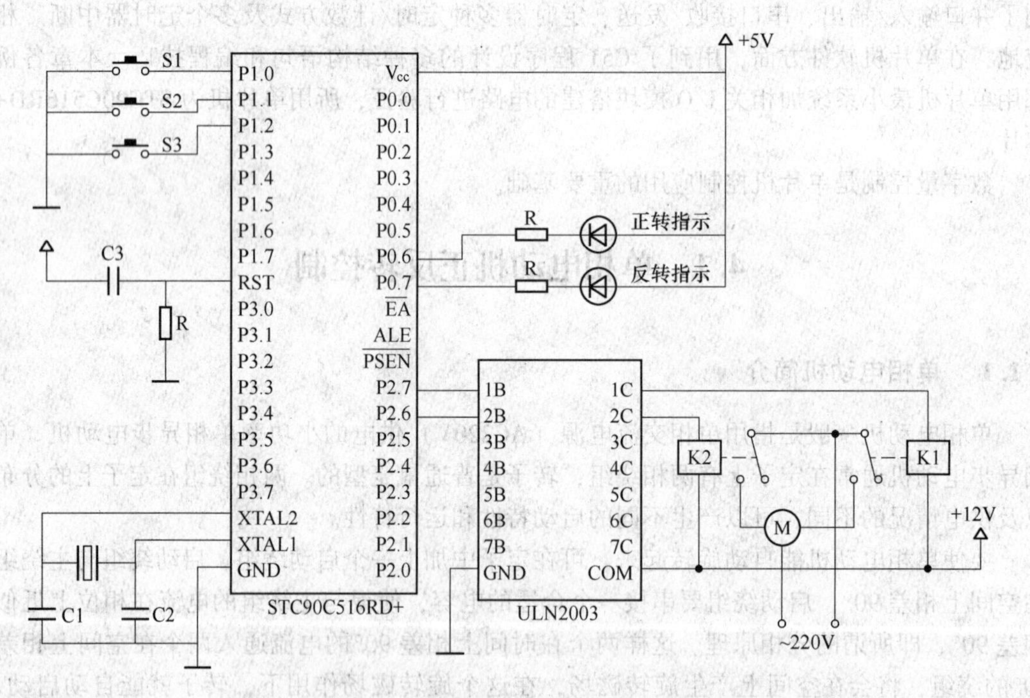

图 4-2 单相电动机正反转控制电路图

4.1.3 程序设计

根据按钮的不同操作，电动机有正转、反转、停止三种状态。对于每种按钮操作，可以先设置相应的标志，再统一进行输入输出控制。图 4-3 是对应于这种处理方式的流程图。

程序设计时，先把按钮操作定义为一个字符型变量，用 1 表示命令电动机正转，-1 表示命令电动机反转，0 表示命令电动机停止，然后再用 switch 语句对每种情况进行处理。

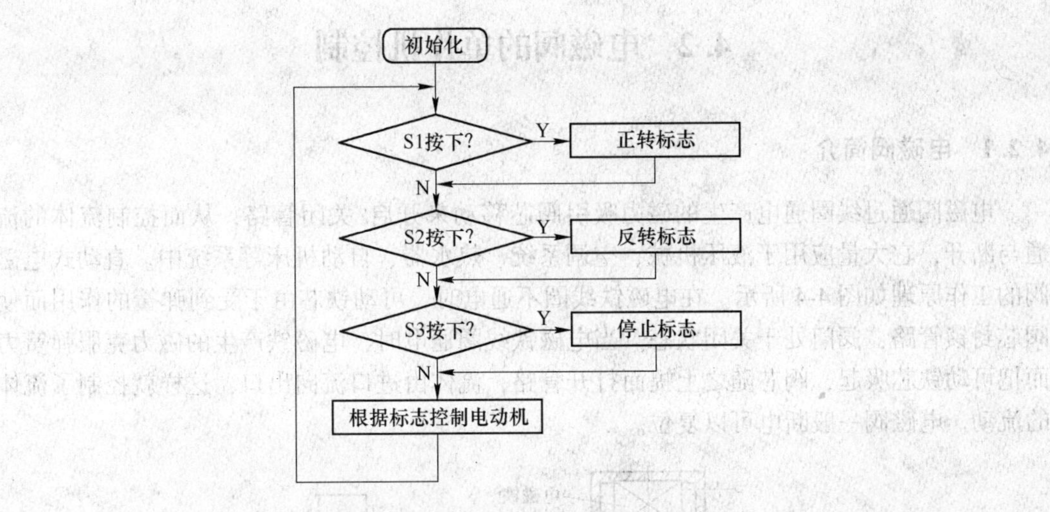

图 4-3 单相电动机正反转控制程序框图

C51 程序如下。

```
#include <Atmel\AT89X52.h>
char MotorState;
main ()
{
      P2_7 = P2_6 = 0;                        //电动机停止
      MotorState = 0;                         //电动机停止标志
      while (1) {
      if (P1_0==0) MotorState = 1;            //按下 S1，正转
      if (P1_1==0) MotorState = -1;           /按下 S2，反转
      if (P1_2==0) MotorState = 0;            //按下 S3，停止
      /*根据标志控制输出*/
      switch ( MotorState ) {
            case 1: P2_7 = 1; P2_1 = 6;       //电动机正转
                P0_6 = 0; P0_7 = 1;           //LED 显示输出
                break;
            case -1: P2_7 = 0; P2_6 = 1;      //电动机反转
                P0_6 = 1; P0_7 = 0;           //LED 显示输出
                break;
            case 0: P2_7 = 0; P2_6 = 0;       //电动机停止
                P0_6 = 1; P0_7 = 1;           //LED 显示输出
                break;
            default:
                break;
            }
      }
}
```

4.2 电磁阀的单片机控制

4.2.1 电磁阀简介

电磁阀通过线圈通电产生的磁力吸引阀芯移动来开启/关闭管路，从而控制流体的流通与断开，它大量应用于液压机械、空调系统、热水器、自动机床等系统中。直动式电磁阀的工作原理如图 4-4 所示。在电磁铁线圈不通电时，可动铁芯由于受到弹簧的作用而使阀芯封锁管路，阀门处于关闭状态。当电磁铁线圈通电时，电磁铁产生的磁力克服弹簧力而把可动铁芯吸起，阀芯随之上提而打开管路，流体由进口流向出口，这样就控制了流体的流动。电磁阀一般断电可以复位。

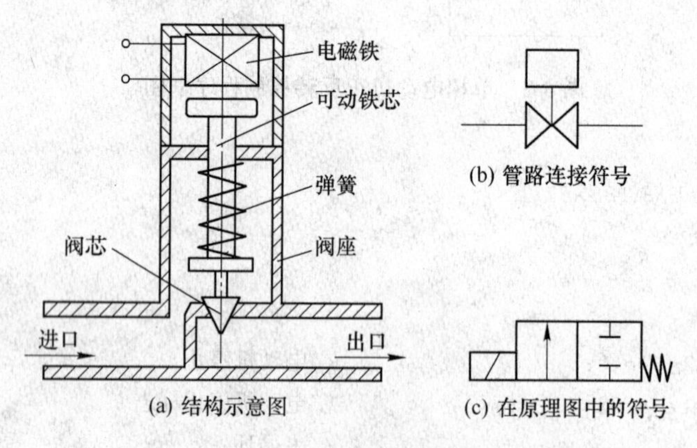

图 4-4 开关电磁阀简图

电磁阀线圈驱动电源有交流和直流两种。交流电磁阀使用方便，吸力大，但容易产生振动，启动电流大，易发热，不适合频繁通断。直流电磁阀工作稳定，可频繁通断，但吸力小，需专门电源，如 12V、24V 等。

单片机对电磁阀的控制，实质上就是控制其电磁铁线圈的通电和断电。与单相电动机控制类似，单片机的输出口要通过功率驱动器件驱动继电器来控制电磁阀。

4.2.2 液体搅拌机控制要求

图 4-5 为某液体搅拌机组成图。

搅拌机的控制要求为：电磁阀 YV1 开启，将未搅拌的液体注入容器；当液体注满后，液位传感器 SQ1 动作，这时 YV1 关闭，搅拌机开始搅拌；搅拌的方法是使单相电动机每 10s 交替正转和反转；10min 后，搅拌完成，YV2 开启，排放液体；当液位下降到液位传感器 SQ2 动作时，YV2 关闭，一个搅拌过程结束。

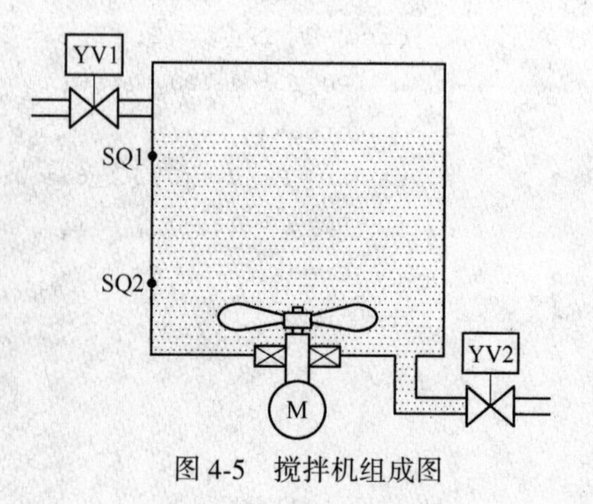

图 4-5 搅拌机组成图

4.2.3 硬件电路

单片机控制液体搅拌机的硬件电路如图 4-6 所示。

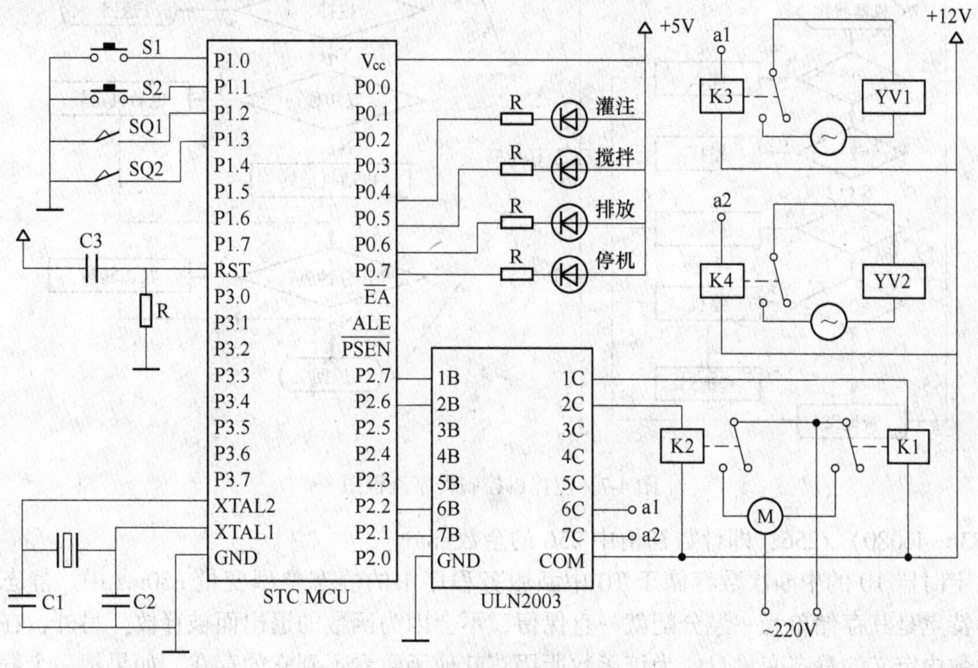

图 4-6 搅拌机控制电路图

S1、S2 分别为启动按钮和停止按钮；SQ1、SQ2 为两个液位传感器的触点。P0.4~P0.7 控制 4 只 LED，以指示机器工作状态。P2 口经 ULN2003 控制 4 只继电器，其中 K1、K2 用于实现单相电动机正反转，K3、K4 用于控制电磁阀 YV1、YV2 的开启和关闭。

4.2.4 程序设计

搅拌机的搅拌工作按照注入、搅拌、排放、停止顺序进行，具有顺序控制特征。因此在主程序中使用一个字符型变量表示机器所处的状态，再用 switch 语句体对各个状态分别进行处理，并依据条件进行状态转换。图 4-7 为主程序和 T0 中断服务程序的框图。

搅拌机在搅拌过程中的定时要求，使用单片机定时器来实现。但是，单片机定时器一次定时间隔最多为几十毫秒，对于 10s、10min 的定时工作，就需要多次定时中断才能完成。

在控制程序中，使用 T0 作为定时器，每 50ms（即 20Hz）中断一次。T0 在方式 1 下工作，这种方式 T0 实际上是对单片机晶振频率的 12 分频（fosc/12）进行计数，所以 50ms 的计数次数就是 T0 的计数频率除以 50ms 所对应的 20Hz 的频率，也就是分频数。设 fosc 为 11059200Hz，则分频数就是 11059200/12/20，结果是 40680。由于 T0 在方式 1 时是 16 位的加 1 计数器，在加 1 计数到 $2^{16}=65536$ 时产生溢出并请求中断，所以 T0 的计数初值应为（65536-40680）。T0 方式 1 要求每次中断后要重新装入定时初值，其高字节 TH0 应装入（65536-46080）/256，即计数初值中 2^8 的倍数部分；其低字节 TL0 应装入

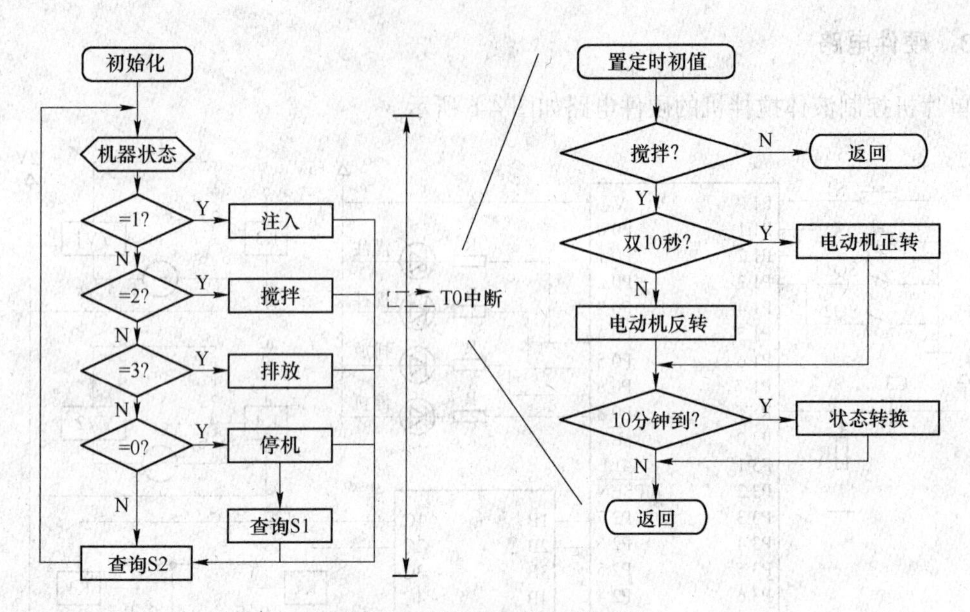

图 4-7 搅拌机控制程序流程图

（65536-46080）/256，即计数初值中 256 的余数部分。

定时器 T0 的中断次数存储于 T0 中断服务程序中的静态整型变量 n50ms 中。静态变量的特点是其存储单元一经分配就一直保留，不会因为函数的退出而被释放。另外，在一个函数内定义的静态变量只能为该函数所用，其他函数看不到它的存在。如果把一个静态变量定义于所有函数之前，它就是全程静态变量了，那么，在这个变量所在的 C51 文件的所有函数，都可以访问该变量，如程序中的字节型变量 RunState。volatile 说明符指明 RunState 为易变型变量，C51 编译器不对其进行优化编译。

搅拌机控制的 C51 程序如下。

```
#include <Atmel \ AT89X52.h>
volatile char RunState = 0; //运行状态=停机
main()
{
    TMOD |= 0x01; //T0 方式 1
    EA = ET0 = TR0 = 1;             //开放 CPU 中断·开放 T0 中断·启动 T0
    while (1) {                     //主循环
    switch ( RunState ) {
        case 1: //注入
            P2_2 = 1; P0 = 0xEF; //YV1 开启，LED 显示输出
            if (! P1_2) {           //如果 SQ1 动作
                P2_2 = 0;           //YV1 关闭
                RunState = 2;       //进行状态转换
            }
            break;
        case 2: //搅拌
            P0 = 0xDF;              //LED 显示输出，搅拌控制由 T0 定时中断执行
```

```
            break;
        case 3: //排放
            P2_1 = 1; P0 = 0xBF; //YV2 开启，LED 显示输出
            if (! P1_3) {          //如果 SQ2 动作
                  P2_1 = 0;       //YV2 关闭
                  RunState = 0; //进行状态转换
            }
            break;
        case 0: //停机
            P2 = 0; P0 = 0x7F;   /* 电动机停止，阀门关闭；LED 显示输出 */
            if ( P1_2 && P1_3 && ! P1_0 ) RunState = 1; //SQ1、SQ2 常态·按下 S1
            break;
        default: break;
    }
    if ( ! P1_1) RunState = 0; /* 按下 S2，置停机状态 */
    }
}
void T0isr ( ) interrupt 1
{
    static unsigned int n50ms = 0;
    TH0 = (65536-46080) /256; //分频数 = fosc/12 * 50/1000 = 46080
    TL0 = (65536-46080)% 256;
    if (RunState == 2) {                //搅拌
        if ( ( (n50ms/200) & 0x0001) == 0) { /* 10 秒的偶数倍 */
            P2_7 = 1; P2_6 = 0; //电动机正转
        }
    else {/* 10 秒的奇数倍 */
            P2_7 = 0; P2_6 = 1; //电动机反转
        }
    if (++n50ms >= 12000) {        //10 分钟到
        P2_7 = 0; P2_6 = 0;       //停止搅拌
        n50ms = 0;
        RunState = 3;             //置运行状态 = 排放
    }
    }
}
```

4.3 步进电动机转速控制

4.3.1 硬件电路

图 4-8 为单片机控制微型步进电动机的硬件电路图。按钮 S1、S2、S3 分别为电动机

正转、反转、停止按钮，S4 为电动机运行频率设定按钮，每按一次 S4，会改变一次电动机的运行频率。P0.7~P0.4 控制 4 只 LED，用于显示步进电动机各绕组的通电状态。这里把具有中间抽头的两相电动机按四相电动机处理。P2.7~P2.4 通过 ULN2003 驱动芯片，分别控制步进电动机 A、B、C/$\overline{A}$、D/$\overline{B}$端的通/断电。步进电动机的 A、B、C、D 端分别与 ULN2003 的 1C、2C、3C、4C 连接，公共端与 ULN2003 的 COM 端连接，并连接到步进电动机的供电电源端。

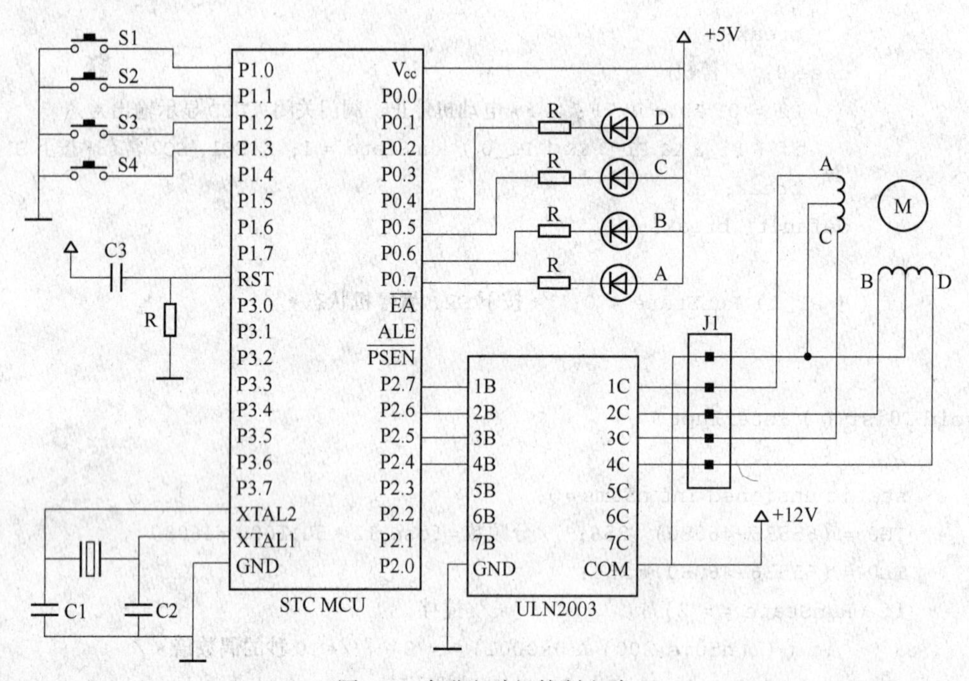

图 4-8　步进电动机控制电路

4.3.2　程序设计

程序设计首先要解决脉冲分配的问题，也就是如何根据控制脉冲使步进电动机的各相顺序得电。二相步进电动机有 1 相驱动、2 相驱动、1-2 相驱动三种方式。1 相驱动是任何时刻只有一组线圈被激磁，以 A→B→C→D→A 的循环通电相序使电动机正转，以 A→D→C→B→A 的循环通电相序使电动机反转。2 相驱动是任何时刻有二组线圈被激磁，以 AB→BC→CD→DA→AB 的循环通电相序使电动机正转，以 AD→DC→CB→BA→AD 的循环通电相序使电动机反转。1-2 相驱动又称为半步驱动，即每次移相只驱动电动机转动半步，以 AB→B→BC→C→CD→D→DA→A→AB 的循环通电相序使电动机正转，以 A→AD→D→DC→C→CB→B→BA→A 的循环通电相序使电动机反转。

这里采用 2 相驱动的脉冲分配法。图 4-8 中，P2.7~P2.4 输出控制步进电动机的 A、B、C、D 端。设开始时 AB 通电，则 P2.7~P2.4 应输出 1100。为便于编程，用对整个 P2 端口的操作实现 P2.7~P2.4 的输出。程序中将 P2.7~P2.4 的输出信息 1100 存储于一个字节变量 c 的高 4 位中。而 c 的低 4 位，仍然存入 1100，即 c 的低 4 位与高 4 位内容相同，这样 c 的初值就是 11001100，即 0xcc。通过这种存储方式，使用向左、向右循环移位的方法，就能够实现电动机正向、反向循环通电。

cror（c，1）函数的功能是使字符变量 c 循环右移 1 位。设 c 的初值为 11001100，则调用_cror_（c，1）一次后，c=01100110，经 P2 输出后 BC 通电；再次调用_cror_（c，1）后，c=00110011，经 P2 输出后 CD 通电；第三次调用_cror_（c，1）后，c=10011001，经 P2 输出后 DA 通电；第四次调用_cror_（c，1）后，c=11001100，经 P2 输出后 AB 通电。如此循环进行，就实现了步进电动机的正转，见图 4-9a。

crol（c，1）函数的功能是使字符变量 c 循环左移 1 位。设 c 的初值为 11001100，则调用_crol_（c，1）一次后，c=10011001，经 P2 输出后 AD 通电；再次调用_crol_（c，1）后，c=001100011，经 P2 输出后 DC 通电；第三次调用_crol_（c，1）后，c=01100110，经 P2 输出后 CB 通电；第四次调用_crol_（c，1）后，c=11001100，经 P2 输出后 AB 通电。如此循环进行，就实现了步进电动机的反转，见图 4-9b。

相序：AB→BC→CD→DA→AB

1	1	0	0	1	1	0	0
0	1	1	0	0	1	1	0
0	0	1	1	0	0	1	1
1	0	0	1	1	0	0	1
1	1	0	0	1	1	0	0

(a) 循环右移4次

相序：BA→AD→DC→CB→BA

1	1	0	0	1	1	0	0
1	0	0	1	1	0	0	1
0	0	1	1	0	0	1	1
0	1	1	0	0	1	1	0
1	1	0	0	1	1	0	0

(b) 循环左移4次

图 4-9　用循环移位实现脉冲分配

接下来是如何产生控制脉冲的问题。所谓控制脉冲就是使步进电动机走一步的信号。步进电动机通常是按一定的频率运行，从几十赫兹到数千赫兹，用定时器中断就能方便地实现。

单片机 T2 定时器可工作于 16 位自动重装初值的定时方式。其定时初值的计算与 T0 方式 1 相同，重装初值应预先装入 RCAP2H 和 RCAP2L 寄存器中。每当 T2 定时中断一次，就对步进电动机重新分配一次相序。所以 T2 的中断信号就是步进电动机的控制脉冲。控制脉冲的频率，即 T2 溢出频率，就是步进电动机的运行频率。

为了产生不同的 T2 溢出频率，在程序中定义了一个数组，并通过按钮 S4 选择。每按一次 S4，就取数组中的下一数值作为 T2 定时中断的计数值。计数值越小，频率值越大。例如，计数值为 100 时，T2 中断频率为 fosc/12/100，即 9216Hz。对按钮 S4，用增加延时语句的方法避开按钮抖动期。

图 4-10 为主程序和 T2 中断服务程序的流程图。

步进电动机的 C51 控制程序如下。

```
#include<Atmel\at89x52.h>
#include<intrins.h>
#define FOSC 11059200L
char MotorState;
code unsigned int freqs [] = {100, 200, 300, 500, 800, 1000, 1500, 2000}; //T2
```

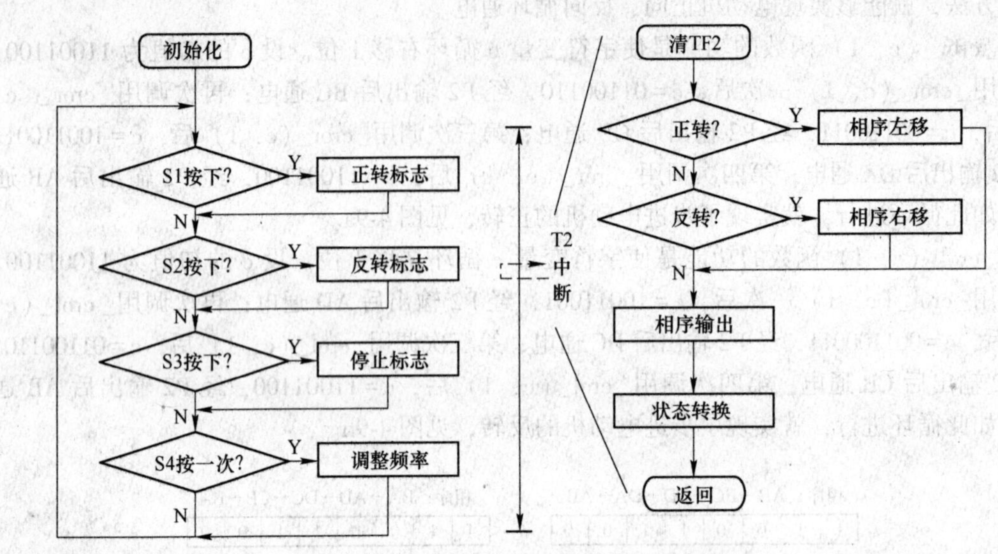

图 4-10　步进电动机控制程序组成及流程图

计数数组

```
void main (void)
{
        C_T2 = 0; //T2 as Timer
        T2MOD = 0x00; //T2OE = 0, CDEN = 0
        EA = ET2 = TR2 = 1;
        while (1) { //主循环
            unsigned char i;
            unsigned int n;
            if ( ! P1_0 ) MotorState = 1; //按下 S1，正转
            if ( ! P1_1 ) MotorState = -1; //按下 S2，反转
            if ( ! P1_2 ) MotorState = 0; //按下 S3，停止
            if ( ! P1_3) {                  //按下 S4
                for (n = 0; n<5000; n++); //延时，避开按键抖动
                if (! P1_3) {
                    while (! P1_3);              //等待 S4 弹起
                    /* 电机频率调整 */
                    if ( i > 7 ) i = 0;
                    TR2 = 0;                     //停止 T2
                    n = FOSC/12/freqs [i++];     //计算分频数
                    RCAP2H = TH2 = (65536-n) /256;  //T2 定时初值，自动重装
                    RCAP2L = TL2 = (65536-n)%256;
                    TR2 = 1;                     //启动 T2
                }
            }
        }
}
```

```
void t2_ isr () interrupt 5
{
    static unsigned char c=0xcc;                              //0xcc为P2输出初值
    TF2 = 0;                                                  //TF2清零
    if ( MotorState == 1 ) c = _ cror_(c, 1);                 //循环右移1位
    else if ( MotorState == -1 ) c = _ crol_(c, 1);           //循环左移1位
    P2 = c & 0xF0;          //输出相序: P2.7~P2.4=A~D, 1=ON
    P0 = ~ (c & 0xF0);      //LED输出, 0=ON
}
```

4.4 直流电动机控制

4.4.1 直流电动机 PWM 调速

永磁直流电动机由固定永磁体和电枢绕组组成。改变电枢绕组两端的电压，就能够改变电动机转速。在脉冲宽度调制（PWM）方式中，这种电压的改变是按周期进行的。在一个 PWM 周期（T_P）中，用一部分时间（T_H）把电源电压全部加在电枢两端，另一部分时间（T_L）把电源电压关断。

这种方式下，加在电动机电枢绕组两端的电压平均值 V 为：

$$V = (T_H \times V_s)/(T_H + T_L) = (T_H \times V_s)/T_P = D \times V_s$$

式中，D 为占空比，$D= T_H/T_P$；V_s 为电源电压。

占空比 D 表示了在一个周期 T_P 里电源接通的时间与周期的比值。D 的变化范围为 $0 \leqslant D \leqslant 1$。在电源电压 V_s 不变的情况下，输出电压的平均值 V 取决于占空比 D 的大小，改变 D 值也就改变了输出电压的平均值，从而达到控制电动机转速的目的，即实现 PWM 调速。

在 PWM 调速时，占空比 D 是一个重要参数。改变占空比的方法有定宽调频法、调宽调频法和定频调宽法。

常用的定频调宽法，同时改变 T_H 和 T_L，但周期 T_P（或频率）保持不变。这种方法用单片机也易于实现。其方案是，单片机使用一个定时器（例如 T2）定时中断，并把这个定时间隔作为基本时间单位 T。取 PWM 周期为 PWM_ N×T，则一个 PWM 周期就需要定时中断 PWM_ N 次，且在这 PWM_ N 次中断中，有 PWM_ ON 次中断为全电压输出，余下的 PWM_ OFF 次为零输出。这种方法的 C51 程序也很简单，见图 4-11。

4.4.2 硬件电路

直流电动机 PWM 调速的硬件电路如图 4-12 所示。按钮 S1、S2、S3 分别为电动机正转、反转、停止按钮，S4 为 PWM 设定按钮，每按一次 S4，会改变一次 PWM_ ON 的数值，从而改变电动机转速。

P2.5 是单片机 PWM 输出引脚，该引脚通过 ULN2003 驱动芯片的一个输出，接到直流电动机的一端，直流电动机的另一端与 ULN2003 的 COM 端连接，并连接到电动机的供电电源端。P2.7、P2.6 经 ULN2003 驱动芯片的输出，控制继电器 K1、K2，最终控制电

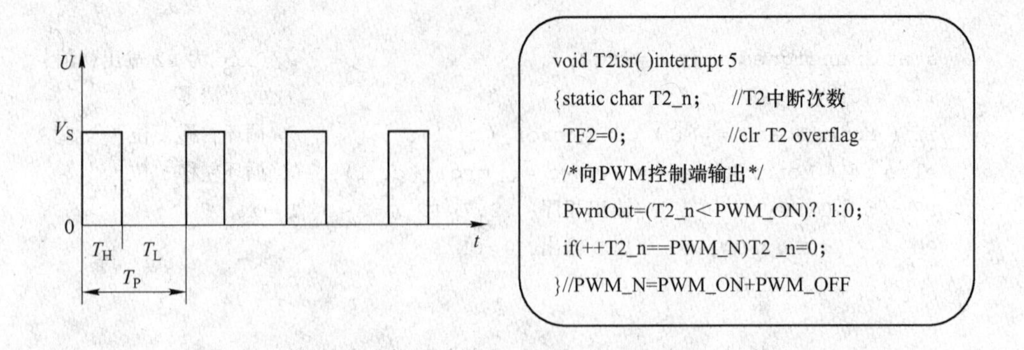

图 4-11 PWM 控制方式及 C51 编程

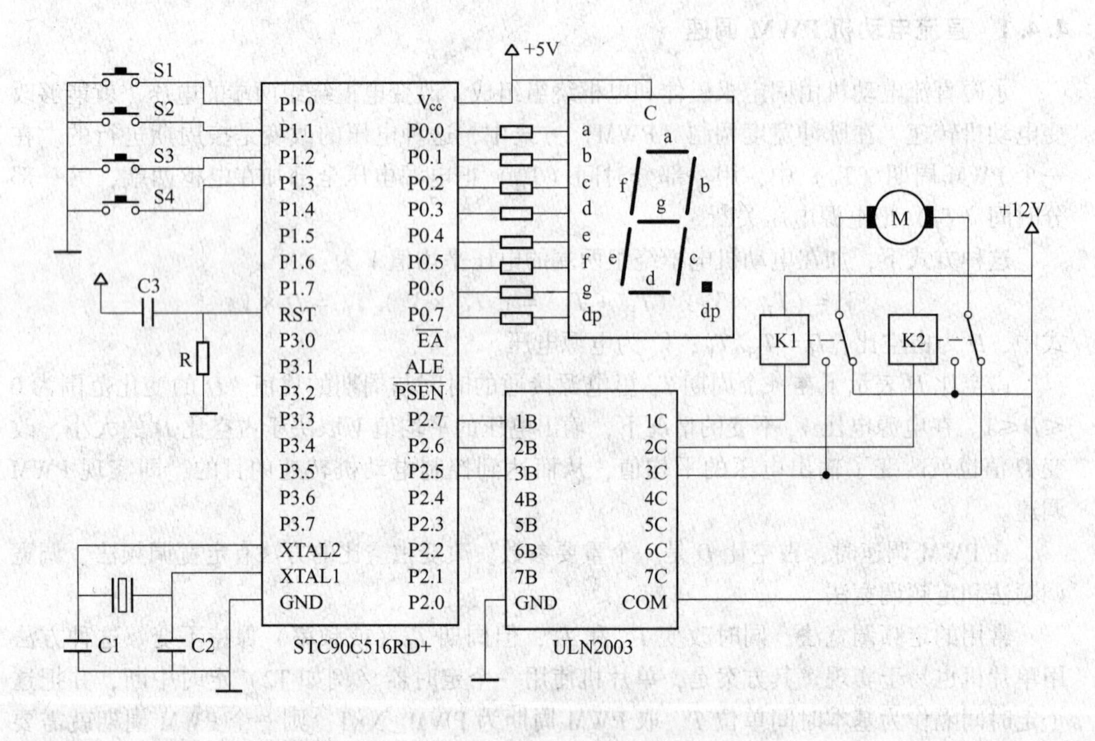

图 4-12 直流电动机正反转控制电路图

动机的转向。当 P2. 7=0、P2. 6=0 时，K1、K2 断电，其触点为平常状态，即图 4-12 所示的状态。这时 PWM 控制端 P2. 5 经 ULN2003 的 3C 引脚接到电动机右端，电动机供电电源+12V 接到电动机左端，所以电动机将在 P2. 5 控制下按某一方向转动。当 P2. 7=1、P2. 6=1 时，K1、K2 通电，其触点与平常状态相反，即与图 4-12 所示的状态相反。这时 PWM 控制端 P2. 5 经 ULN2003 的 3C 引脚接到电动机左端，电动机供电电源+12V 接到电动机右端，所以电动机将在 P2. 5 控制下按另一方向转动。当 P2. 7、P2. 6 输出值相反时，K1、K2 一个通电，一个断电，则电动机电枢两端同电位，电动机停止转动。

P0. 0~P0. 7 控制 1 只共阳极七段数码管 7-Seg，用于显示由 S4 按钮设定的电动机转速序号。

4.4.3 程序设计

控制程序由主程序和T2中断服务程序组成，流程图见图4-13。

主程序首先对定时器T2初始化，并预置PWM参数和7-Seg显示输出。在随后的while主循环中，依次扫描S1~S4状态。如果S1~S3之一被按下，就进行电动机的正转、反转、停转控制。如果S4被按下，要延时避开按钮抖动，待S4按钮释放后，再进行PWM数值调整，并更新7-Seg显示。

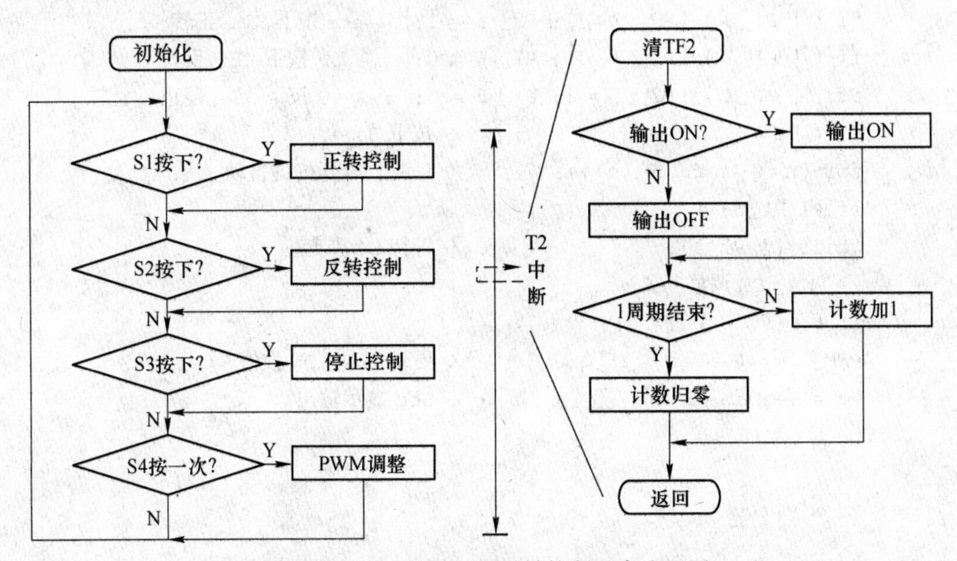

图4-13 直流电动机正反转控制程序流程图

CPU在执行while循环过程中，定时器T2周期性地产生计数溢出，请求中断，CPU随即响应中断并执行T2中断服务函数。在T2中断服务函数中，当T2中断次数小于静态变量PWM_ON时，应使PWM输出控制端输出1，否则应使PWM输出控制端输出0。

T2每溢出一次，T2中断次数就加1。为了使PWM周期性地发生，必须使T2中断次数在达到PWM周期数后清零。

C51程序如下。

```
#include<Atmel \ at89x52.h>
#define FOSC 11059200L
#define PwmOut P2_ 5
char PWM_ ON;
code unsigned int PwmDat [] = {2, 5, 8, 10, 12, 15, 18, 20};    //PWN_ ON数值表
code unsigned char SegDat [] =
{0xc0, 0xf9, 0xa4, 0xb0, 0x99, 0x92, 0x82, 0xf8, 0x80, 0x90}; //0~9字型表
void main (void)
{
    unsigned char i;
    unsigned int n;
    C_T2=0;                          //T2 as Timer
```

```
    T2MOD=0x00;                         //T2OE=0, CDEN=0
    n = FOSC/12/500;                    //计算 500Hz 分频数, T2 2ms 定时, 自动重装
    RCAP2H=TH2= (65536-n) /256;        //T2 装入初值, 自动重装
    RCAP2L=TL2= (65536-n)%256;
    EA = ET2 = TR2 = 1;
    PWM_ ON = 10; i = 3;
    P0 = SegDat [i+1];                  //Seg 显示输出
    while (1) {                         //主循环
        if ( ! P1_0 ) {P2_ 7 = 1; P2_ 6 = 1;}    /按下 S1, 正转
        if ( ! P1_1 ) {P2_ 7 = 0; P2_ 6 = 0;}    //按下 S2, 反转
        if ( ! P1_2 ) {P2_ 7 = 1; P2_ 6 = 0;}    //按下 S3, 停止
        if ( ! P1_3 ) {                  //按下 S4
        for (n=0; n<5000; n++);         //延时, 避开按键抖动
        if (! P1_3) {
        while (! P1_3);                 //等待 S4 弹起
        /* PWM_ ON 调整 */
        if ( ++i > 7 ) i = 0;
        PWM_ ON =PwmDat [ i ] ;         //更新 PWN_ ON 数值
        P0 = SegDat [i+1];              //Seg 显示输出
        }
    }
    }
}
void T2isr () interrupt 5               //T2 中断服务程序
{
    static char T2_n;                   //T2 中断次数
    TF2 = 0;                            //clr T2 overflag
    PwmOut = ( T2_n < PWM_ON) ? 1: 0;  //向 PWM 控制端输出
    if (++T2_n == 20) T2_n=0;          //PWM_ N=20
}                                       //PWM_ N = PWM_ ON + PWM_ OFF
```

4.5　红外遥控应用

4.5.1　红外遥控简介

红外遥控是目前使用最广泛的一种通信和遥控手段。由于红外线遥控装置具有体积小、功耗低、功能灵活和成本低等特点，因而，继彩色电视机、录像机之后，在录音机、音响设备、空调机，以及玩具等其他小型电器装置上也纷纷采用红外遥控。工业设备中，在高压、辐射、有毒气体和粉尘等环境下，采用红外遥控不仅完全可靠而且能有效地隔离电气干扰。

通用红外遥控系统由发射和接收两个部分组成，应用编码/解码专用集成电路芯片进行控制操作。在图 4-14 中，红外遥控器由遥控编码电路、键盘电路、放大器，以及红外

发光二极管等部分组成。当键盘有键按下时，遥控编码电路通过键盘行列扫描获得所按键的键值，键值通过编码得到一串键值代码，用编码脉冲调制成 30 ~50kHz（多为 38kHz 或 40kHz）的载波信号，放大后通过发光二极管发射出去。一体化红外接收头包括光/电转换放大器和解调电路。

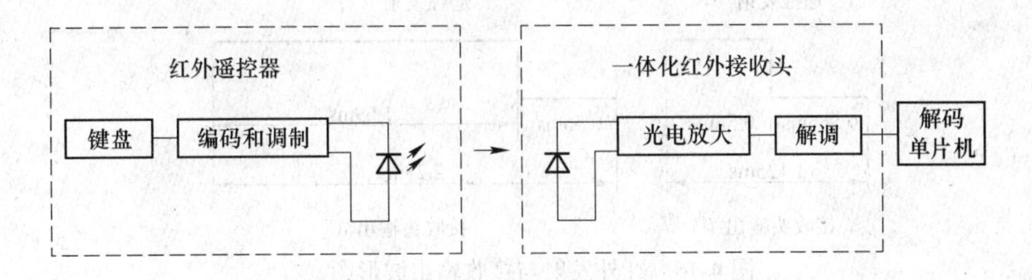

图 4-14 红外遥控发射、接收系统

电视遥控器使用的是专用集成发射芯片来实现遥控码的发射，如东芝 TC9012、飞利浦 SAA3010T 等，通常彩电遥控信号的发射，就是将某个按键所对应的控制指令和系统码（由 0 和 1 组成的序列），调制在 38kHz 的载波上，然后经放大、驱动红外发射管将信号发射出去。不同公司的遥控芯片，采用的遥控码格式也不一样。较普遍的有两种，一种是 NEC 标准，一种是 PHILIPS 标准。下面介绍 NEC 标准。

NEC 标准遥控载波的频率为 38kHz，占空比为 1∶3。当某个按键按下时，系统首先发射一个完整的全码，如果键按下超过 108ms 仍未松开，接下来发射的代码（连发代码）将仅由起始码（9ms）和结束码（2.5ms）组成。一个完整的全码 = 引导码+用户码+用户码+数据码+数据反码，如图 4-15 所示。其中，引导码高电平 4.5ms，低电平 4.5ms；用户码 8 位，数据码 8 位，共 32 位；其中前 16 位为用户识别码，能区别不同的红外遥控设备，防止不同机种遥控码互相干扰。后 16 位为 8 位的操作码和 8 位的操作反码，用于核对数据是否接收准确。接收端根据数据码做出应该执行什么动作的判断。连续发代码是在持续按键时发送的码。它告知接收端，某键是在被连续地按着。

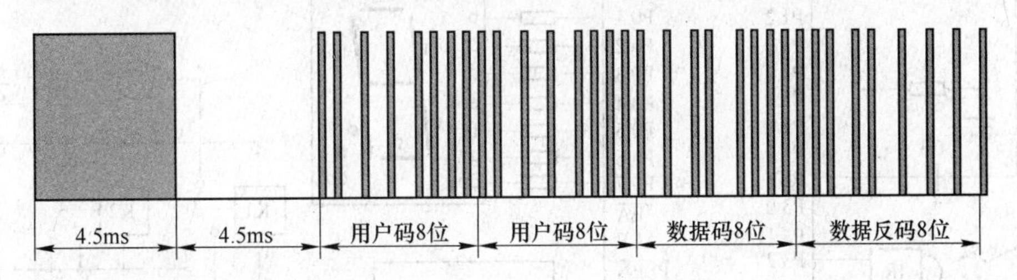

图 4-15 NEC 标准下的发射码

NEC 标准中，发射时数据 0 用“0.56ms 高电平+0.565ms 低电平 = 1.125ms”表示；数据 1 用“高电平 0.56ms+低电平 1.69ms = 2.25ms”表示，即发射码“0”表示发射 38kHz 的红外线 0.56ms，停止发射 0.565ms；发射码“1”表示发射 38kHz 的红外线 0.56ms，停止发射 1.69ms。需要注意的是：当一体化接收头收到 38kHz 红外信号时，输出端输出低电平，否则为高电平。所以一体化接收头输出的波形与发射波形是反向的，见图 4-16。

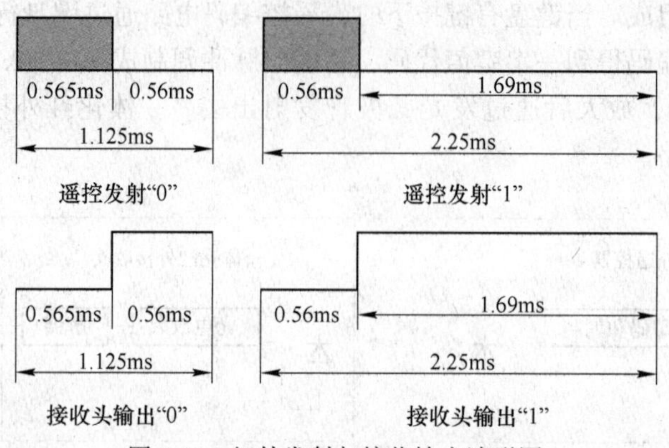

图 4-16 红外发射与接收输出波形图

4.5.2 单片机红外遥控解码的硬件电路

图 4-17 是单片机接收红外遥控器发射信号并控制直流电动机运行的硬件电路图。图中单片机作为控制中心，红外接收头 IR 接收红外遥控器发射的信号，经过放大和滤波，把遥控器按键信号从 38kHz 的调制信号中解调出来，以电压方波的形式送到单片机的外部中断 0 输入引脚 P3.2/ $\overline{\text{INT0}}$ 。通过把外部中断 0 设置为下降沿触发方式，单片机就能够在接收到红外接收头 IR 的下降沿信号时产生中断，并在中断服务程序中对接收信息进行处理，最后判断出红外遥控器的按键。

图 4-17 中，P1.0 引脚连接 1 只 LED，用于显示单片机红外接收状态；P0 口连接 1 只七段数码管，用于显示由红外遥控器设定的电动机转速级别；P2.5～P2.7 经 ULN2003 芯片实现直流电动机的 PWM 调速和正反转控制。

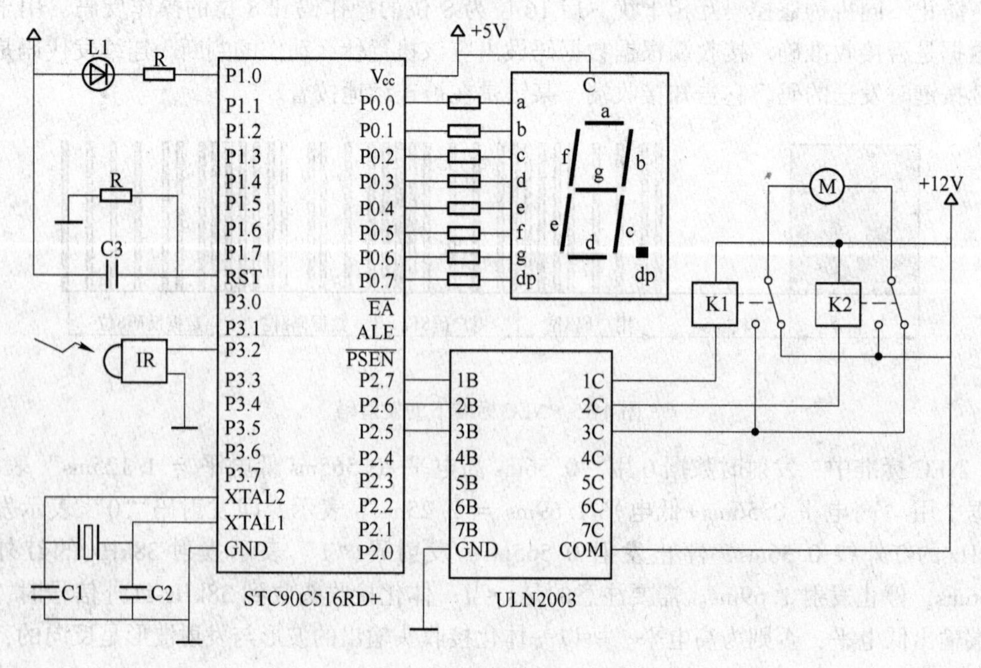

图 4-17 单片机红外遥控解码的硬件电路

4.5.3 程序设计

控制程序必须解决如何捕获并存储单片机接收到的红外信息。

首先，在程序中使用定时器T0定时中断产生基准定时间隔。T0工作于自动重装初值的工作方式2，其定时初值为0，即分频数等于256。若单片机晶振频率为11.0592MHz，可计算出定时间隔约为280μs。在T0中断服务程序中，对定时间隔数irtime进行加1操作。

其次，把INT0中断设置为下降沿触发方式，那么，对于每一个由红外接收头IR输出的脉冲，都会在脉冲起始的下降沿触发INT0中断。由于接收一个红外全码，IR要输出一连串的脉冲，因此，利用T0和INT0中断服务程序，就能够获得所有接收脉冲（结束码除外）所对应的T0定时间隔数。

例如，当接收到第一个数据码的第一位时，IR输出的下降沿信号触发INT0中断。在INT0中断服务程序中，把当前的T0定时间隔数irtime存入数组irdata中，然后将irtime清零。待下一次INT0中断时，又把当前的T0定时间隔数irtime存入数组irdata中，则这个irtime就是第一个数据码的第一位所对应的T0定时间隔数，这样就实现了以数值的方式记录两个红外接收脉冲起始点之间的时间间隔。而一个完整全码的最后一位，即结束码，并不能被测量。所以，irdata数组存储的是起始码和32位发射码的T0定时间隔数。

接下来就是根据定时间隔数判定接收码的类型。如果定时间隔数大于32（9ms/280μs≈32），可以判定它是起始码；如果定时间隔数大于6（6×280μs = 16.8ms ≈ (1.125+2.25)/2），可以判定它是码“1”；如果定时间隔数小于等于6，可以判定它是码“0”。用这种判定方法，就能够还原出红外遥控器发出来的32位发射码。例如，若irdata数组中的某数为4，则该位脉冲的宽度就是4×280μs = 11.20ms，可以判定该发射码为“0”。同样，若某数为8，可以判定该发射码为“1”。

得到了32位发射码，下一步就是解码操作。这里只介绍单次按键的解码方法。根据红外遥控器发射码序，接收数组中的第18个数到第25个数，对应于发射数据（即按键值）的D0～D7位，因此通过按位或的逻辑操作就能还原出遥控器按键的键值。例如，红外发送数据的D6位的时间值存储于irdata［23］中，若irdata［23］>6，键值key与01000000B按位或，则key的D6位被置为1；否则，key的D6位保持0值。其语句为：

```
if (irdata [23] >6) key | =0x40;
```

通过对字节型变量key所有8个位的操作，最终得到按键键值。

此后，控制程序就可以根据按键键值执行该按键所对应的操作。本节程序中，共处理了电动机正转、反转、停止和8级PWM调速设定的操作。

图4-18为红外遥控单片机控制程序组成和流程图。

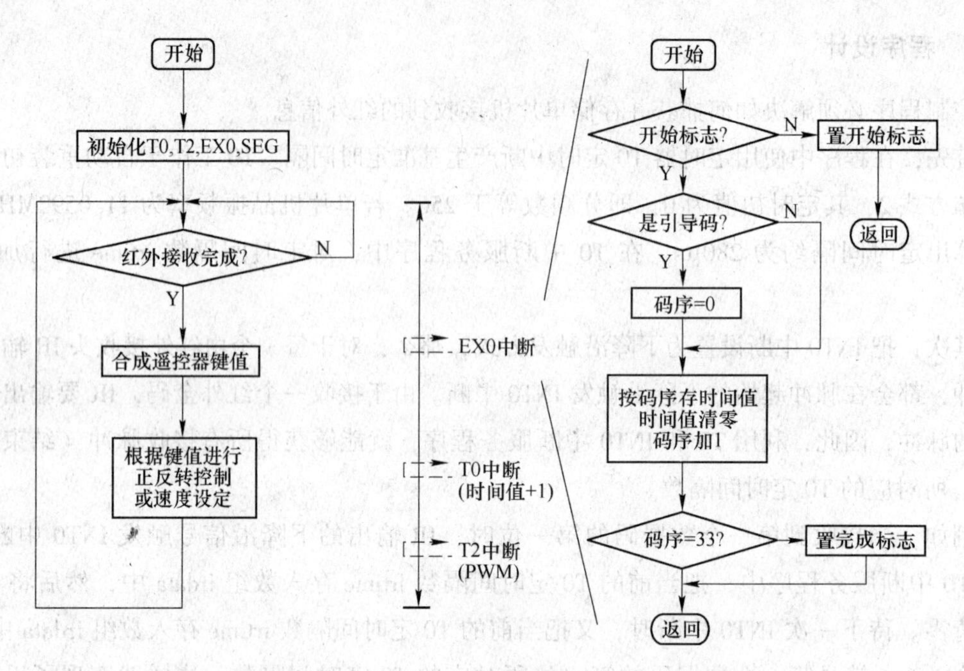

图 4-18 红外遥控单片机控制程序组成和流程图

红外遥控单片机 C51 程序如下。

```
/*
接线: P2.7————————RL1; DC 正反转继电器 1
      P2.6————————RL2; DC 正反转继电器 2
      P2.5————————DC1; PWM 输出---DC motor
      P1.0————————LED1; 红外指示
      P3.2/INT0———红外接收头输出
      P0——————————共阳极 7-Seg, 显示由遥控器设定的速度等级
*/
#include<Atmel\at89x52.h>
#define PwmOut P2_5
char PWM_ON = 10;
sbit IR=P3^2;                          //红外接收头输出 IR-OUT ←→P3.2
unsigned char  irtime;                 //T0 定时间隔数, 即 280μs 的倍数
bit irok;                              //红外接收完成标志
code unsigned char SegDat [] =
{0xc0, 0xf9, 0xa4, 0xb0, 0x99, 0x92, 0x82, 0xf8, 0x80, 0x90}; //0~9 字型表
unsigned char irdata [33];             //编码时间数组
void main (void)
{
    TMOD=0x02;                         //T0 工作方式 2
    TH0 = TL0 = 0x00;                  //TH0 是重装值, TL0 是初值
    ET0 = TR0 = 1;                     //开 T0 中断·启动 T0
    C_T2=0;                            //T2 as Timer
```

```
T2MOD=0x00;                       //T2OE=0, CDEN=0
RCAP2H=TH2= (65536-1984) /256;    //T2 2ms 定时, 自动重装
RCAP2L=TL2= (65536-1984)%256;
EA = ET2 = TR2 = 1;               //开全局中断·开 T2 中断·启动 T2
EX0 = IT0 = 1;                    //开 INT0 中断·指定 INT0 (P3.2) 引脚下降沿
                                    触发
P0 = SegDat [4];                  //Seg 显示输出
while (1) {                       //主循环
    unsigned char key, n;
    if (irok) {                   //如果红外接收完成
        P1_0=0;                   //P1_0 连接 LED, 可见 LED 闪亮
        /*将第三组红外发射码转换为键值 key*/
        key=0;
        if (irdata [17] >6) key |=0x01; //第 18 位发射码为 D0
        if (irdata [18] >6) key |=0x02; //第 19 位为 D1
        if (irdata [19] >6) key |=0x04; //第 20 位为 D2
        if (irdata [20] >6) key |=0x08; //第 21 位为 D3
        if (irdata [21] >6) key |=0x10; //第 22 位为 D4
        if (irdata [22] >6) key |=0x20; //第 23 位为 D5
        if (irdata [23] >6) key |=0x40; //第 24 位为 D6
        if (irdata [24] >6) key |=0x80; //第 25 位为 D7
        n = 255; //预置 n 为无效 PWM_ ON 数值
        /*根据键值进行正反转控制, 或对 PWM_ ON 赋值*/
        switch (key) {
        case 0x15: P2_ 7 = 1; P2_ 6 = 1; break; /*key '+':  DC motor Fore */
        case 0x07: P2_ 7 = 0; P2_ 6 = 0; break; /*key '-':  DC motor Reverse*/
        case 0x09: P2_ 7 = 1; P2_ 6 = 0; break; /*key 'EQ': DC motor Stop*/
        case 0x0c: n = 2; P0 = SegDat [1]; break; /*key '1': set speed 1*/
        case 0x18: n = 5; P0 = SegDat [2]; break; /*key '2': set speed 2*/
        case 0x5e: n = 8; P0 = SegDat [3]; break; /*key '3': set speed 3*/
        case 0x08: n =10; P0 = SegDat [4]; break; /*key '4': set speed 4*/
        case 0x1c: n =12; P0 = SegDat [5]; break; /*key '5': set speed 5*/
        case 0x5a: n =15; P0 = SegDat [6]; break; /*key '6': set speed 6*/
        case 0x42: n =18; P0 = SegDat [7]; break; /*key '7': set speed 7*/
        case 0x52: n =20; P0 = SegDat [8]; break; /*key '8': set speed 8*/
        default: break;    //无效按键
        }
        if (n<21) {   //有效设定值
            PWM_ON = n;
        }
        P1_0=1          ; //LED off
        irok=0;     //红外接收完成标志清零
}
```

```
    }
}
void T2isr () interrupt 5
{
    static char T2_n;                        //T2 中断次数
    TF2 = 0;                                 //clr T2 overflag
    PwmOut = ( T2_n < PWM_ON) ? 1: 0; //向 PWM 控制端输出
    if (++T2_n = = 20) T2_n=0;               //PWM_N=20
}   //PWM_N = PWM_ON + PWM_OFF
void T0isr (void) interrupt 1
{
    irtime++;   //irtime 用于计数 2 个下降沿之间的时间
}
void INT0isr (void) interrupt 0 //P3.2<---->IR_ OUT-pin
{
    static unsigned char  i;                 //接收红外信号处理
    static bit startflag;                    //是否开始处理标志位
    if (startflag) {                         //如果红外信号已经开始
        if (irtime<63&&irtime>=33) i=0; //引导码 TC9012 的头码，9ms+4.5ms
        irdata [i] =irtime; //存储每个电平的持续时间，用于以后判断是 0 还是 1
        irtime=0;            //下一个发射码的时间置零
        i++;
        if (i==33) {         //引导码+4 组 8 位码，共 33 个发射码
            irok=1;          //红外接收完成
            i=0;
        }
    }
    else {                   //如果红外信号还没有开始
irtime=0;                    //下一个发射码的时间置零
startflag=1;                 //红外信号开始标志置位
    }
}
```

4.5.4　红外遥控器按键测试

在 4.5.3 节的 C51 程序中，直接给出了红外遥控器按键的键值。例如，键‘1’的键值是 0CH，键‘2’的键值是 18H，等等。不同的遥控器，其按键键值也不尽相同，因此应对遥控器的按键进行键值测试。这需要把 IR 输出连接到单片机的 P3.2 引脚。

实现键值测试的 C51 程序如下。

```
#include<Atmel\at89x52.h>
sbit IR=P3^2;                    //红外接收头 IR-OUT ←→P3.2/INT0
unsigned char  irtime;           //T0 定时间隔数，即 280μs 的倍数
bit irok;                        //红外接收完成标志
```

```
unsigned char irdata [33];      //编码时间数组
//T0 定时，初值=0，对应 fosc=11.0592MHZ，≈280μs
void tim0_ isr (void) interrupt 1
{
   irtime++;                           //irtime 用于计数 2 个下降沿之间的时间
}
void EX0_ ISR (void) interrupt 0   //P3.2<---->IR_ OUT
{
   static unsigned char i;             //接收红外编码的序号
   static bit startflag;               //红外信号开始标志位
   if (startflag)                      //如果红外信号已经开始
   {
       if (irtime<63&&irtime>=33) i=0; //引导码长度：9ms~13.5ms（兼容多个
                                                    协议）
       irdata [i] =irtime;             //存储每个电平的持续时间，用于以后判断是 0 还是 1
       irtime=0;                       //下一个发射码的时间置零
       i++;
       if (i==33) {                    //引导码+4 组 8 位码，共 33 个发射码
          irok=1;                      //红外接收完成
          i=0;
       }
   }
  else {                               //如果红外信号还没有开始
       irtime=0;                       //下一个发射码的时间置零
       startflag=1;                    //红外信号开始标志置位
  }
}
void main (void)
{
  unsigned char k;
  IT0 = EX0 = EA = 1;                  //设定外部中断 0 下降沿触发，INT0（P3.2）
  TMOD=0x02;                           //定时器 0 工作方式 2
  TH0=TL0=0x00;                        //TH0 是重装值，TL0 是初值
  ET0=TR0=1;                           //开 T0 中断，启动 T0
  TMOD |= 0x20;                        //T1 工作方式 2，作为波特率发生器
  TH1=TL1=0xFD;                        //9600baudrate，fosc=11.0592MHz
  SM0=0; SM1=1; REN=1;                 //串口方式 1，允许接收
  TR1=1;                               //启动 T1：查看-->Peripherals->serial 窗口，
                                         查看串口设置是否正确
  while (1) {                          //主循环
    if (irok) {                        //如果接收完成通过串口发送时间值
       P1=0;                           //P1 某引脚连接 LED，可见 LED 闪亮
       for (k=0; k<33; k++) {          //由串口发送 33 个时间值
```

```
                SBUF=irdata [k];       //向串口发送
                while (! TI);          //查询 TI 以确定发送完成
                TI=0;                  //TI 清零
            }
            P1=0xFF;                   //熄灭 LED
            irok=0;                    //接收完成标志清零,准备下次接收
        }
    }
}
```

这个程序的功能是接收红外遥控器按键的发射码，并把接收的 33 个发射码的时间值通过串口发送到 PC 电脑。

程序编译并下载后，在“串口助手”中设置好串口通信参数，打开串口。此后，按下遥控器的某个按键，其 33 个时间值就会显示在“接收/键盘发送缓冲区”窗口。图 4-19 中，前 2 行是按键“1”的时间值，后 2 行是按键“2”的时间值。这些数值是以 T0 中断时间为单位的，把它们乘以 280μs，就是发射码的实际时间。

以按键“1”为例，图 4-19 第 2 行的前 8 个数值就是其第 18 到第 25 个发射码的时间值，即：04 04 08 09 04 04 04 04。据前述，若数值大于 6，为码“1”；否则，为码“0”。所以，各时间值的数据码依次是：0 0 1 1 0 0 0 0。红外遥控器发射的数据位是从 D0 到 D7 排列，所以应把各时间值的数据码倒序，就是：00001100，即十六进制数 0CH。

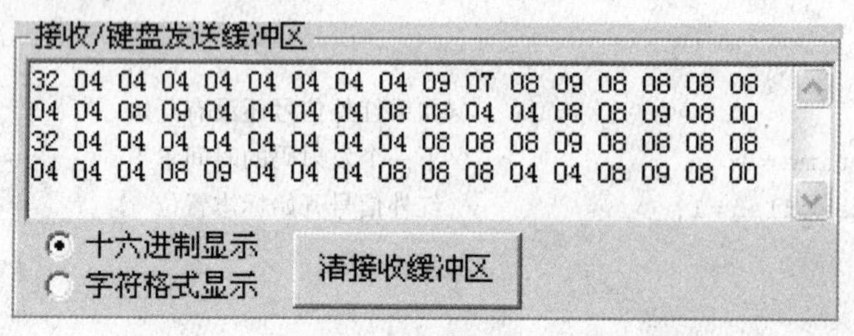

图 4-19 遥控器按键“1”、“2”的时间值

4.6 LCD 显示光电开关脉冲计数值

4.6.1 LCD1602 简介

液晶显示器是一种将液晶显示屏、连接件、集成电路、PCB 线路板、背光源和结构件装配在一起的组件，称为液晶显示模块（Liquid Crystal Display Module）。LCD 具有体积小、质量轻、功耗极低、显示内容丰富等特点，广泛应用于便携式仪器仪表、智能仪器、消费类电子产品等领域。

LCD1602 液晶显示模块是目前广泛使用的一种字符型液晶显示器，16 代表每行可显示 16 个字符，02 表示共有 2 行。这种 LCD 可同时显示 32 个 5×7 的点阵字符。

LCD1602 与单片机的连接见图 4-20，其各引脚的功能如下。

V_{SS}：电源，接地。

V_{DD}：电源，接+5V。

V_{EE}：电源，LCD亮度调节。电压越低，屏幕越亮。

RS：输入，寄存器选择信号。RS=1，选择数据寄存器；RS=0，选择指令寄存器。

RW：输入，读/写信号。RW=1，把LCD中的数据读出到单片机上；RW=0，把单片机中的数据写入LCD。

E：输入，使能信号。E=1，允许对LCD进行读/写操作；E=0，禁止对LCD进行读/写操作。

D0~D7：输入/输出，8位双向数据线。

LCD1602的控制器采用HD44780。HD44780内有多个寄存器，通过对这些寄存器的读/写操作可以使LCD执行多种功能。

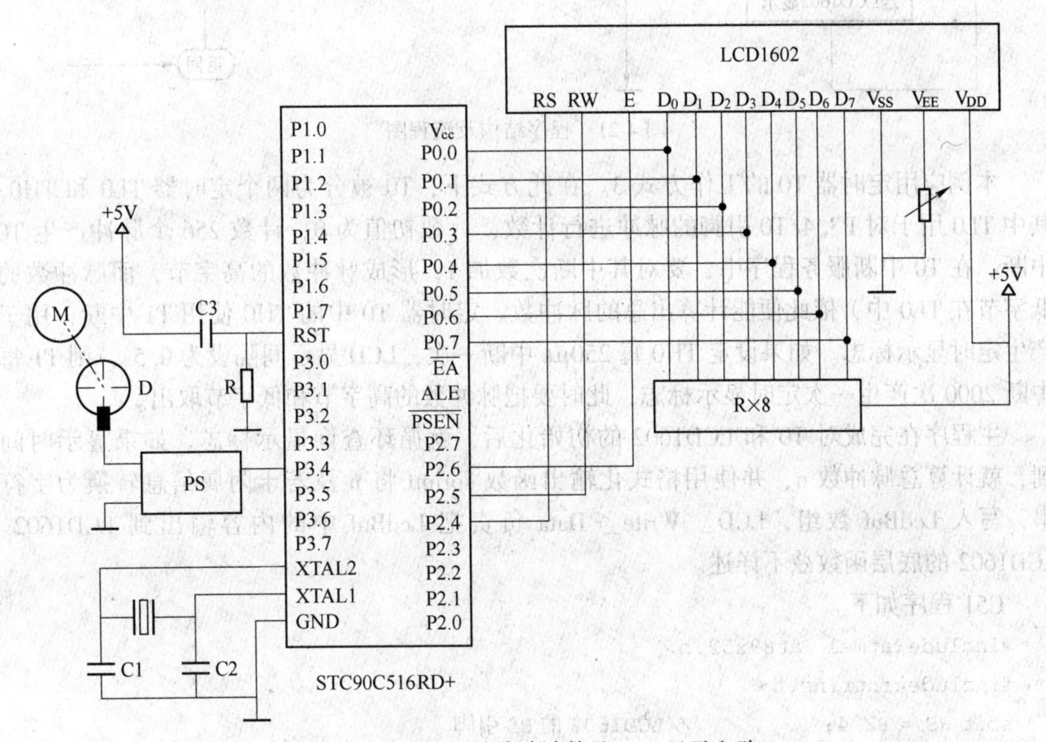

图4-20 光电开关脉冲计数及LCD显示电路

4.6.2 LCD显示光电开关脉冲计数值的硬件电路

在图4-20所示的电路中，槽型光电开关PS对码盘D进行检测，码盘D与电动机M同轴安装。因此电动机M转动时，码盘D同步转动。在码盘D上均匀地刻有多条缝隙，允许光线通过。因此当码盘转动时，光电开关将有脉冲输出。光电开关的输出端接到单片机P3.4/T0引脚，当程序设定T0对外部脉冲计数时，T0就对P3.4/T0引脚出现的脉冲进行加1计数。据此脉冲数可以计算出电动机转动的角位移。LCD1602用于脉冲数的显示。

4.6.3 单片机程序设计

图4-21为LCD显示光电开关脉冲计数值的程序结构及流程图。

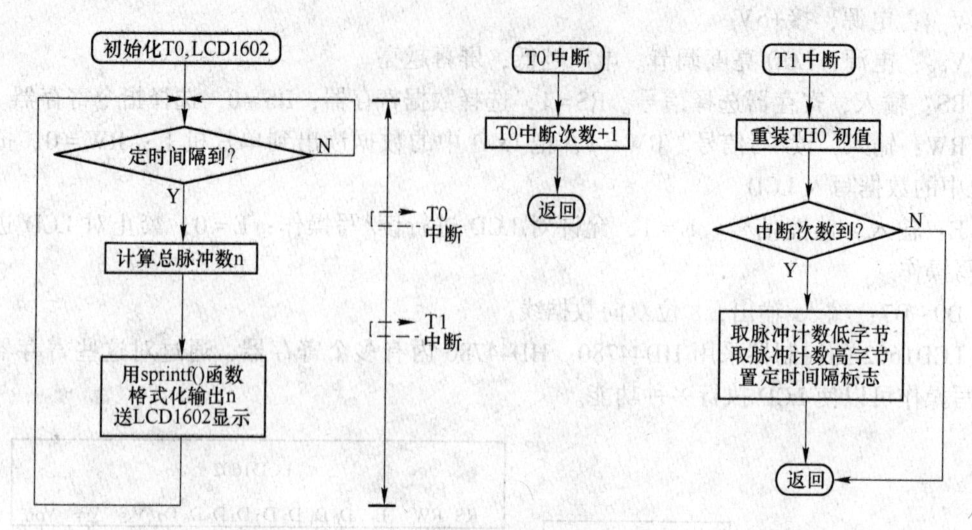

图 4-21　程序结构及流程图

本例应用定时器 T0 的工作方式 3。在此方式下，T0 被分为两个定时器 TL0 和 TH0。其中 TL0 用于对 P3.4/T0 引脚的脉冲进行计数，计数初值为 0，计数 256 个脉冲产生 T0 中断。在 T0 中断服务程序中，要对其中断次数加 1，形成脉冲数的高字节，而脉冲数的低字节在 TL0 中，依此便能计算出总的脉冲数。定时器 T0 中的 TH0 使用 T1 中断，用于产生定时显示标志。如果设定 TH0 每 250μs 中断一次，LCD 显示间隔设为 0.5s，则 T1 每中断 2000 次产生一次定时显示标志，此时要把脉冲数的高字节和低字节取出。

主程序在完成对 T0 和 LCD1602 的初始化后，就循环查询显示标志。如果显示时间到，就计算总脉冲数 n，并使用格式化输出函数 sprintf 将 n 及若干附属信息转换为字符串，写入 LcdBuf 数组，LCD_ Write_ Data 负责把 LcdBuf 中的内容输出到 LCD1602。LCD1602 的底层函数兹不详述。

C51 程序如下。

```
#include<atmel \ at89x52.h>
#include<intrins.h>
sbit RS = P2^4;            //LCD1602 的 RS 引脚
sbit RW = P2^5;            //LCD1602 的 RW 引脚
sbit EN = P2^6;            //LCD1602 的 EN 引脚
#define DataPort P0        /* LCD1602 数据口 * /
#define RS_CLR RS=0        /* LCD1602 RS 置 0 * /
#define RS_SET RS=1        /* LCD1602 RS 置 1 * /
#define RW_CLR RW=0        /* LCD1602 RW 置 0 * /
#define RW_SET RW=1        /* LCD1602 RW 置 1 * /
#define EN_CLR EN=0        /* LCD1602 EN 置 0 * /
#define EN_SET EN=1        /* LCD1602 EN 置 1 * /
/* 向 LCD1602 写命令 * /
void LCD_Write_Command (unsigned char command)
{
```

```
    unsigned int i;
    for (i=0; i<1000; i++); //Delay Same Time
    RS_CLR;   RW_CLR;   EN_SET;
    DataPort= command;
    _nop_();  EN_CLR;   EN_SET;
    DataPort= command<<4;
    _nop_(); EN_CLR;
}
void LCD_Write_Data (unsigned char Data) /*向 LCD1602 写数据*/
{
    RS_SET;   RW_CLR;   EN_SET;
    DataPort= Data;
    _nop_();   EN_CLR;   EN_SET;
    DataPort= Data<<4;
    _nop_();   EN_CLR;
}
/*向 LCD1602 写字符串*/
void LCD_Write_String (unsigned char x, unsigned char y, unsigned char *s)
{
    LCD_Write_Command (0x80+y*0x40 + x); //y=0: 第一行, y=1: 第二行
    while (*s) LCD_Write_Data (*s++);
}
void LCD_ Init (void) /*初始化 LCD1602*/
{
    LCD_Write_Command (0x38);     /*显示模式设置*/
    LCD_Write_Command (0x38);
    LCD_Write_Command (0x38);
    LCD_Write_Command (0x28);     //4bit 模式
    LCD_Write_Command (0x08);     /*显示关闭*/
    LCD_Write_Command (0x01);     /*显示清屏*/
    LCD_Write_Command (0x06);     /*显示光标移动设置*/
    LCD_Write_Command (0x0C);     /*显示开及光标设置*/
}
unsigned char TL0int_NUM=0;          /*T0 中断次数*/
unsigned char Pulse_H;               /*脉冲数高字节*/
unsigned char Pulse_L;               /*脉冲数低字节*/
bit HalfSec=0;                       /*0.5s 标志*/
void t1_isr () interrupt 3           //T1 中断服务程序
{
    static unsigned int TH0_NUM=0;           /*T1 中断次数*/
    TH0=256-230; //计数初值 26, 每计数 230 (250μs) 中断
    if (++TH0_NUM == 2000) {     //2000×250μs=500ms=0.5s 时间到
    TR0=0;                       //停止 T0 计数
```

```
        Pulse_ L=TL0;                   //脉冲数低字节=当前脉冲计数
        TR0=1;                          //启动T0计数
        Pulse_H=TL0int_NUM;             //脉冲数高字节=T0中断次数
        TH0_NUM=0;                      //T1中断次数清零，重新开始0.5s定时
        HalfSec=1;                      //置时间标志，以便更新LCD显示
    }
}
void t0_ isr ( ) interrupt 1            //T0中断服务程序
{
    TL0int_NUM++; //计T0引脚脉冲数。计数初值=0，每计数256中断
}
#include<stdio.h>
main ()
{     /*T0方式3：TL0计数（T0 pin，使用T0中断），TH0定时（使用T1中断） */
     TMOD |= 0X07;              //T0:: Mode3，TL0计数（T0 int），TH0定时（T1 int）
    TL0=0;                      //TL0计数初值
    TH0=256-230;                //TH0计数初值250μs=250/12*11.0592
    EA=TR0=TR1=ET0=ET1=1; //开CPU、T0、T1中断，启动T0、T1
    LCD_Init ();
    while (1) {                 //主循环
          unsigned int n;
          char LcdBuf [16];     //用于LCD1602显示的缓冲区
          if (HalfSec==0) continue; //如果定时时间没到，继续循环
          HalfSec=0;            //定时时间到，定时标志清零
          n=Pulse_H*256+Pulse_L; //计算总脉冲数
          sprintf (LcdBuf," Num=% -8.0d", n); //把总脉冲数转化为字符串，存入Lcd-
                                                Buf
          LCD_ Write_ String (1, 1, LcdBuf); //在1行1列显示LcdBuf中的字符串
    }
}
```

4.7 H桥驱动直流电动机测速

4.7.1 直流电动机H桥驱动电路

H桥式电动机驱动电路包含4个三极管和一个电动机，如图4-22所示。要使电动机M转动，必须使对角线上的一对三极管导通。在图4-22a中，三极管Q1和Q4导通，电流从电源正极经Q1从左至右流过电动机M，然后再经Q4回到电源负极，从而驱动电动机按一个方向转动，图中所示为顺时针方向。在图4-22b中，三极管Q3和Q2导通，电流从电源正极经Q3从右至左流过电动机M，然后再经Q2回到电源负极，从而驱动电动机按另一个方向转动，图中所示为逆时针方向。

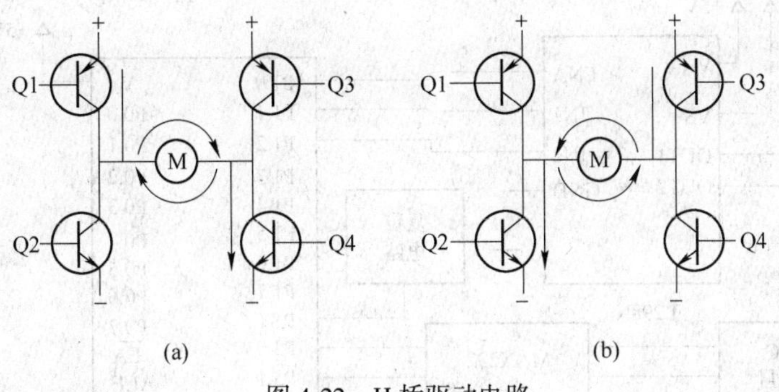

图 4-22 H 桥驱动电路

4.7.2 L298N 芯片简介

L298N 是 SGS 公司的产品，内含 A、B 两组 H 桥的高电压大电流双全桥式驱动器，接收标准 TTL 逻辑电平信号。其输出电流可达 2.5A，负载电源电压范围是+2.5~46V。L298N 可以驱动感性负载，如较大功率的直流电动机、步进电动机、减速电动机、伺服电动机、电磁阀等。特别是其输入端可以与单片机直接相连，从而能很方便地用单片机进行控制。

L298N 与单片机的连接见图 4-23，其主要引脚的功能如下。

ENA：A 组使能端。低电平时 A 组停止；高电平时 A 组工作，此时电动机状态由 IN1、IN2 控制。

IN1、IN2：A 组电动机控制端。IN1 = 1，IN2 = 0 时，电动机正转；IN1 = 0，IN2 = 1 时，电动机反转；IN1 = IN2 时电动机停止。

OUT1、OUT2：A 组驱动输出，可接一台直流电动机，或步进电动机的两相。

ENB：B 组使能端。低电平时 B 组停止；高电平时 B 组工作，此时电动机状态由 IN3、IN4 控制。

IN3、IN4：B 组电动机控制端。IN3 = 1，IN4 = 0 时，电动机正转；IN1 = 1，IN2 = 0 时，电动机反转；IN3 = IN4 时电动机停止。

OUT1、OUT2：B 组驱动输出，可接另一台直流电动机，或步进电动机的另两相。

V_{SS}：芯片逻辑电路电源，接 4.5~7V 电压。

VS：电动机驱动电源，根据负载情况可接+2.5~46V。

GND：地线。

4.7.3 硬件电路

图 4-23 为直流电动机测速及串口通信的硬件电路。

图中，L298N 的 A 组输出 OUT1、OUT2 连接直流电动机 M 的两接线端。直流电动机输出轴装有同步码盘，槽型光电开关 PS 用于对码盘转动进行检测，PS 的输出端接到单片机的 P3.4/T0。单片机的 P1.0 接 L298N 的 ENA，用于产生 PWM 控制输出。P1.1、P1.2 分别与 IN1、IN2 连接，用于设定直流电动机的转向。P2.7~P2.3 分别连接 5 个按钮 S1~S5，其中 S1~S3 用于控制电动机的正转、反转和停止。S4 用于单片机经串口读入 PWM_

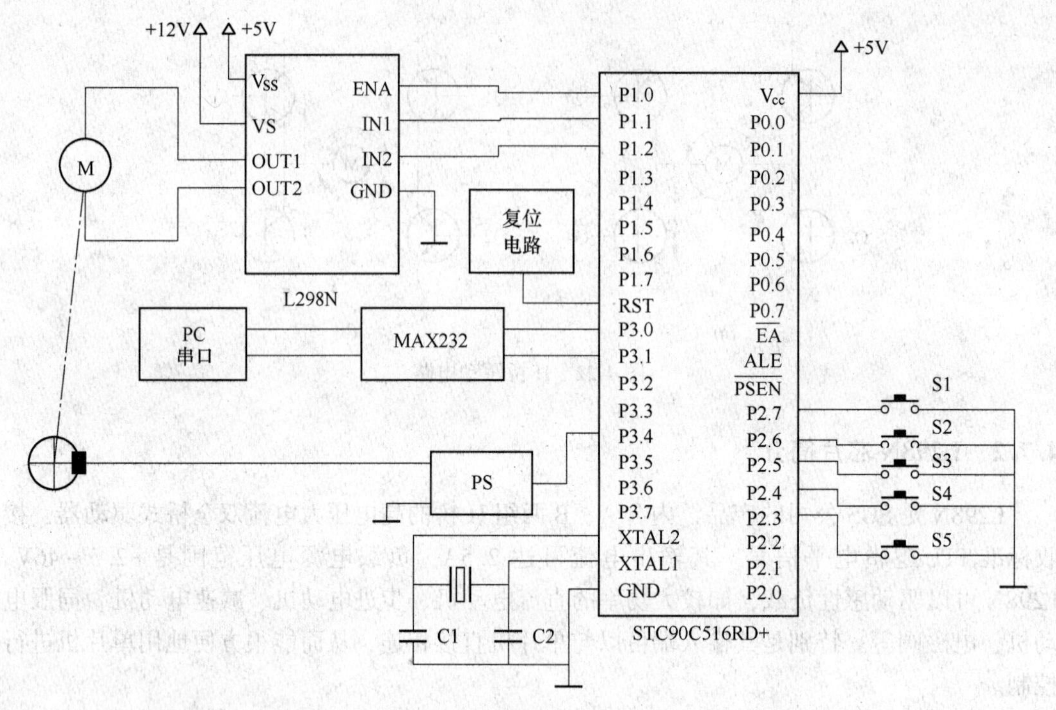

图 4-23 直流电动机测速及串口通信的硬件电路

ON 的数值，S5 用于单片机经串口读入 PWM_N 的数值。P3.0/RXD、P3.1/TXD 经 RS232 电平转换模块与 PC 串口连接，也可以经 USB 转换模块与 PC 电脑的 USB 口连接。

4.7.4 程序设计

图 4-24 为直流电动机测速及串口通信的程序结构及流程图。

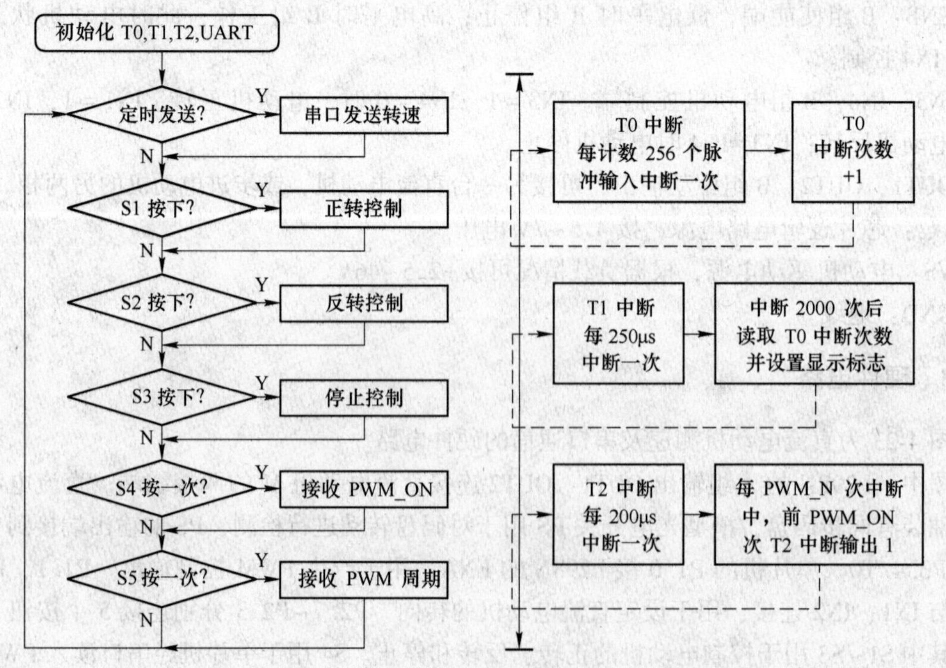

图 4-24 直流电动机测速及串口通信的程序结构及流程

主程序首先对T0、T1、T2、串口初始化。其中T0设置为方式3，用于对码盘光电脉冲计数并产生定时显示标志；T1设置为方式2，用于产生串口波特率定时脉冲；T2设置为定时器，用于产生直流电动机PWM输出；单片机串口设置为方式1，8数据位，1停止位，无奇偶校验，波特率加倍，为19200bps。

主程序中主循环的流程，就是对串口定时发送标志、S1~S5按钮状态进行查询并分别处理。这其中，串口发送信息是使用格式化输出函数printf完成的，串口接收信息采用查询方式，逐个字节接收。例如在S4被按下后，程序延时避开按键抖动并等待S4弹起。在S4弹起后，程序使用printf函数向PC发送提示信息。这时在PC“串口助手”软件的“单字符串发送区”输入两个字节的十六进制数，点击“发送字符/数据”按钮，就完成了向单片机发送数值的操作。单片机主程序会在随后的串口定时发送操作中将该数据随同电动机转速值发送到PC电脑。通过查看“串口助手”的接收窗口就会验证PC串口输入数值是否为单片机正确接收。

控制程序中包含有三个中断服务程序。

T0中断用于对P3.4/T0引脚的脉冲进行计数，计数初值为0，计数256个脉冲产生T0中断。在T0中断服务程序中，要对其中断次数加1，形成脉冲数的高字节，而脉冲数的低字节在TL0中，依此便能计算出总的脉冲数。

定时器T0中的TH0使用T1中断，用于产生串口定时发送标志。程序中设定TH0每250μs中断一次，串口发送间隔设为0.5s，则T1每中断2000次产生一次定时显示标志，此时还要把脉冲数的高字节和低字节取出，并把当前脉冲计数值清零。

定时器T2中断周期性地完成在每PWM_N次中断中，前PWM_ON次输出使ENA输出1，其后使ENA输出0的任务。

直流电动机测速及串口通信的C51程序如下。

```
#include<Atmel\at89x52.h>
#define FOSC 11059200L  /*单片机晶振频率*/
#define S1 P2_7  /*按钮S1------P2.7*/
#define S2 P2_6  /*按钮S2------P2.6*/
#define S3 P2_5  /*按钮S3------P2.5*/
#define S4 P2_4  /*按钮S4------P2.4*/
#define S5 P2_3  /*按钮S5------P2.3*/
#define ENA P1_0 /*L298N.ENA------P1.0*/
#define IN1 P1_1 /*L298N.IN1------P1.1*/
#define IN2 P1_2 /*L298N.IN2------P1.2*/
unsigned int PWM_N=40, PWM_ON=20;
unsigned char TL0int_NUM=0, Pulse_H, Pulse_L;
bit HalfSec=0;
#include<stdio.h>
void main (void)
{
    unsigned char c1, c2;
    unsigned int n;
    /*T0方式3：TL0计数，TH0定时设置*/
    TMOD |= 0X07;                    //定时器0工作方式3，TL0计数（T0 int），TH0
                                       定时（T1 int）
    TL0=0;                           //TL0计数初值
```

```
    TH0=256-230;                  //TH0 计数初值 250μs=250/12*11.0592
    TR0=TR1=ET0=ET1=1;            //TL0 TH0run
    /*T1 & UART 设置*/
    PCON |= 0x80;                 //baudrate×2
    TMOD |= 0x20;                 //T1, 方式 2, 自动重装
    TH1=TL1=0xFD;                 //9600×2=19200bps, fosc=11.0592MHz
    TR1=1;
    SM0=0; SM1=1; REN=1; TI=1;    //串口方式 1, 允许接收, TI 置 1
    /*T2 设置*/
    C_T2=0;                       //T2 用作定时器
    T2MOD=0x00;                   //T2OE=0, CDEN=0: T2 引脚不输出, T2 向上
                                    计数
    //FOSC/12/5000=184;           //计算 5000HZ 的分频数, 即 0.2ms 定时, 自动
                                    重装
    RCAP2H=TH2=(65536-184)/256;   //T2 初值, 自动重装
    RCAP2L=TL2=(65536-184)%256;
    EA = ET2 = 1;                 //允许 MPU & T2 中断
    while (1) {                   //主循环
        if (HalfSec==1) {         //串口周期发送转速
            HalfSec=0;
            n=Pulse_H*256+Pulse_L; //0.5s 的总脉冲数
            n=n*2*60/16;          //计算每分钟转速, 每周 16 脉冲
            printf ("rpm=%d On=%d, Cycle=%d×0.2ms\n", n, PWM_ON, PWM
            _N); //发送
        }
        if (!S1) {                //按下 S1, 正转: IB=0, IA<-Pulse
            for (n=0; n<5000; n++); //延时, 避开按键抖动
            IN1 = 1; IN2 = 0;
            TR2 = 1;
            printf ("Dir=Fore\n");
        }
        if (!S2) {                //按下 S1, 反转: IA=0, IB<-Pulse
            for (n=0; n<5000; n++); //延时, 避开按键抖动
            IN1 = 0; IN2 = 1;
            TR2 = 1;
            printf ("Dir=Reverse\n");
        }
        if (!S3) {                //按下 S3, 停止
            for (n=0; n<5000; n++); //延时, 避开按键抖动
            IN1 = IN2 = 0;
            TR2 = 0;
            printf ("Motor Stop\n");
        }
        if (!S4) {                //按下 S4, PWM_ON 调整
        for (n=0; n<5000; n++);   //延时, 避开按键抖动
```

```
    if (! S4){
        while (! S4);              //等待 S4 弹起
        /* PWM_ ON调整 * /
        printf (" Enter PWM_ ON data (0000~9999): \n" ); //选十六进制发送
        while (RI==0);             //等待串口接收
        RI=0;
        c1=SBUF;                   //第一个串口字符存入 c1
        while (RI==0);             //等待串口接收
        RI=0;
        c2=SBUF;                   //第二个串口字符存入 c2
  n=( (c1&0xF0) >>4) * 1000+ (c1&0x0F) * 100+ ( (c2&0xF0) >>4) * 10+
    (c2&0x0F);
        if (n<PWM_ N) PWM_ ON = n;
    }
  }
  if (! S5 ){ //按下 S5, PWM_ N调整
      for (n=0; n<5000; n++); //延时, 避开按键抖动
      if (! S5) {
            while (! S5);        //等待 S5 弹起
            /* PWM_ON调整 * /
            printf (" Enter PWM_ N data (0010~9999): \n" ); //向 PC 机发
                                                              送提示
            while (RI==0);       //等待串口接收
            RI=0;
            c1=SBUF;             //第一个接收字符存入 c1
            while (RI==0);       //等待串口接收
            RI=0;
            c2=SBUF;             //第二个接收字符存入 c2
  n=( (c1&0xF0) >>4) * 1000+ (c1&0x0F) * 100+ ( (c2&0xF0) >>4) * 10+
    (c2&0x0F);
            if (n>9) PWM_ N = n;
      }
    }
  }
}
void t0_ isr ( ) interrupt 1  /* t0方式3的TF0中断: 码盘脉冲输入计数溢出 * /
{
    TL0int_ NUM++;          //计数初值=0, 每计数 256 中断
}
void t1_isr (void) interrupt 3    /* t0方式3的TF1中断 * /
{
   static unsigned int TH0_NUM=0;   /* t0方式3的TF1中断次数 * /
   TH0=256-230; /* 计数初值 26, 每计数 230 (250μs) 中断 * /
```

```
    if (++TH0_NUM = = 2000) {/* 半秒到，读总脉冲数以显示转速 */
        TR0 = 0;
        Pulse_L = TL0; /* 读低 8 位脉冲数 */
        TL0 = 0;         //脉冲计数的低 8 位清零
        TR0 = 1;
        Pulse_H = TL0int_NUM; /* 读高 8 位脉冲数 */
        TL0int_NUM = 0;//脉冲计数的高 8 位清零
        TH0_NUM = 0;    //T1 中断次数清零，重新开始 0.5s 定时
        HalfSec = 1;    //定时标志置 1，用于串口周期发送转速
    }
}
void t2_isr () interrupt 5
{
    static unsigned int T2_ n = 0; //T2 中断次数
    TF2 = 0;                        //TF2 清零
    ENA = (T2_n < PWM_ ON)? 1: 0;   //向 L298N 的 ENA 引脚输出 PWM 脉冲
    if (++T2_n = = PWM_ N) T2_n = 0; //PWM_N = 40
} //PWM_N = PWM_ON + PWM_OFF
```

4.7.5 程序调试

程序下载后，在“串口助手”窗口，设置好串口通信参数，在单片机运行程序后，点击“打开串口”按钮，就可以实时观察 PC 电脑经该串口接收的信息，也可以键盘输入信息，通过该串口向单片机发送，见图 4-25。

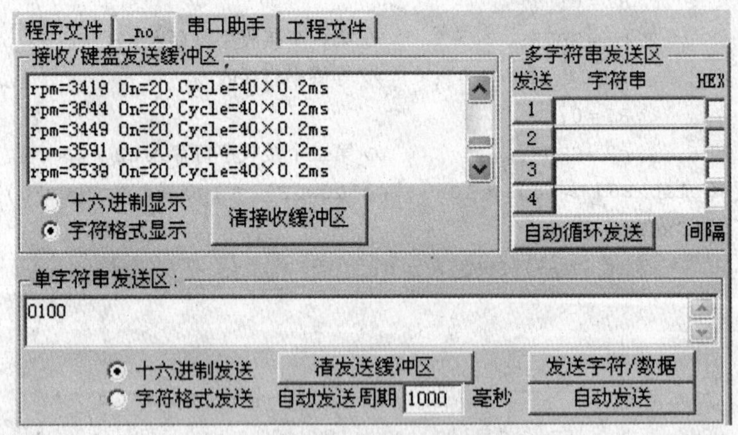

图 4-25 STC-ISP 的“串口助手”窗口

4.8 八路舵机控制

4.8.1 舵机简介

舵机是一种角度伺服驱动器，适用于那些需要角度不断变化并可以保持的控制系统，

目前在高档遥控玩具，如航模，包括飞机模型、潜艇模型；遥控机器人中已经使用得比较普遍。

舵机内部由直流电动机、减速齿轮组、电位器和控制电路组成，如图 4-26 所示。直流电动机是动力源。减速齿轮组的作用是增大扭矩。电位器旋转产生电阻变化，该信号作为输出轴角度反馈给控制电路。控制电路接受外部控制信号和电位器反馈信号，驱动电动机转动。

控制电路的工作过程是：外部控制信号进入控制电路后，与周期为 20ms、宽度为 1.5ms 的基准信号进行比较，经调制获得直流偏置电压；该电压与电位器反馈的电压比较，获得电压差输出；电压差的正负输出到电动机驱动芯片，使电动机正转或反转；当电压差为 0 时，电动机停止转动。

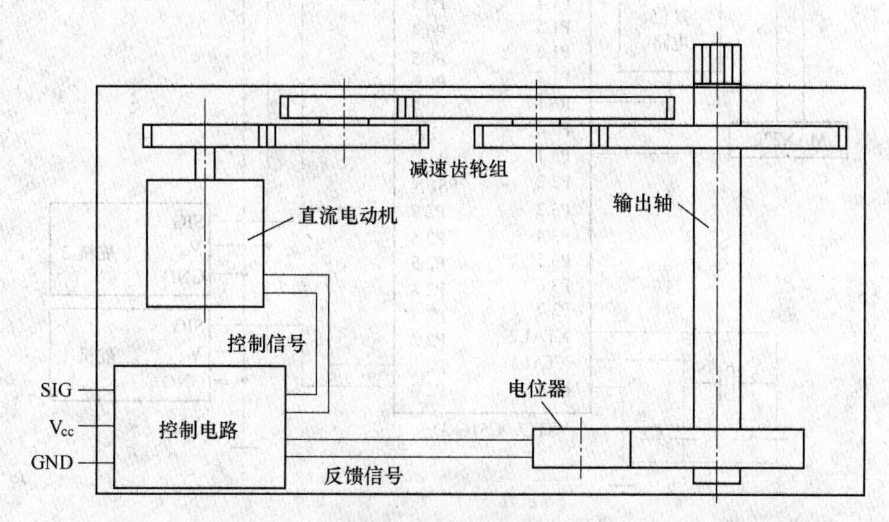

图 4-26 舵机内部组成图

舵机上有三根线，分别为控制信号线 SIG、V_{cc} 和 GND。舵机输出轴的转角由控制线发出的持续的脉冲信号指定。脉冲信号的周期为 20ms。脉冲信号的高电平部分一般在 1~2ms（或 0.5~2.5ms）之间变化，其宽度决定舵机输出轴的相位，即舵机的定位角度。以 180°舵机为例，舵机左满舵时的脉冲宽度最小，为 1ms；右满舵时的脉冲宽度最大，为 2ms；中间位置的脉冲宽度为 1.5ms，如图 4-27 所示。

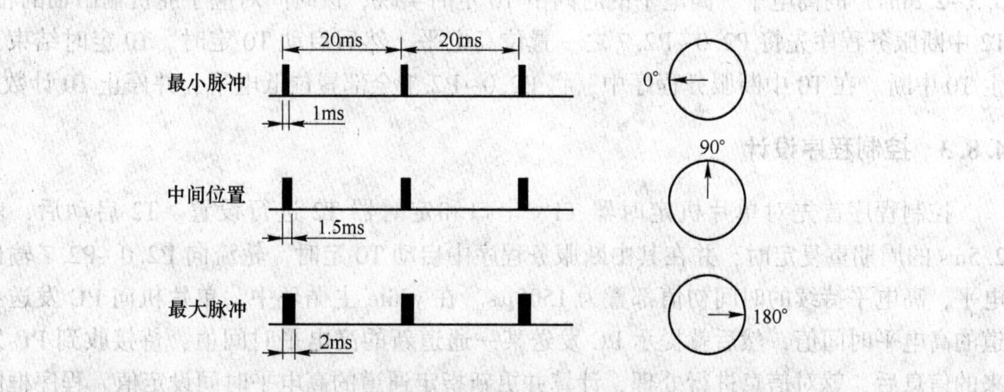

图 4-27 控制脉冲与舵机相位关系

4.8.2 八路舵机控制方法

单片机通过 I/O 引脚向舵机的控制信号端发送连续脉冲信号，就能实现对舵机的控制。由于每只舵机只需要 1 根控制线，所以单片机的一个并口可以实现对 8 路舵机的控制。本节用 P2 口实现对 8 路舵机控制，其电路如图 4-28 所示。

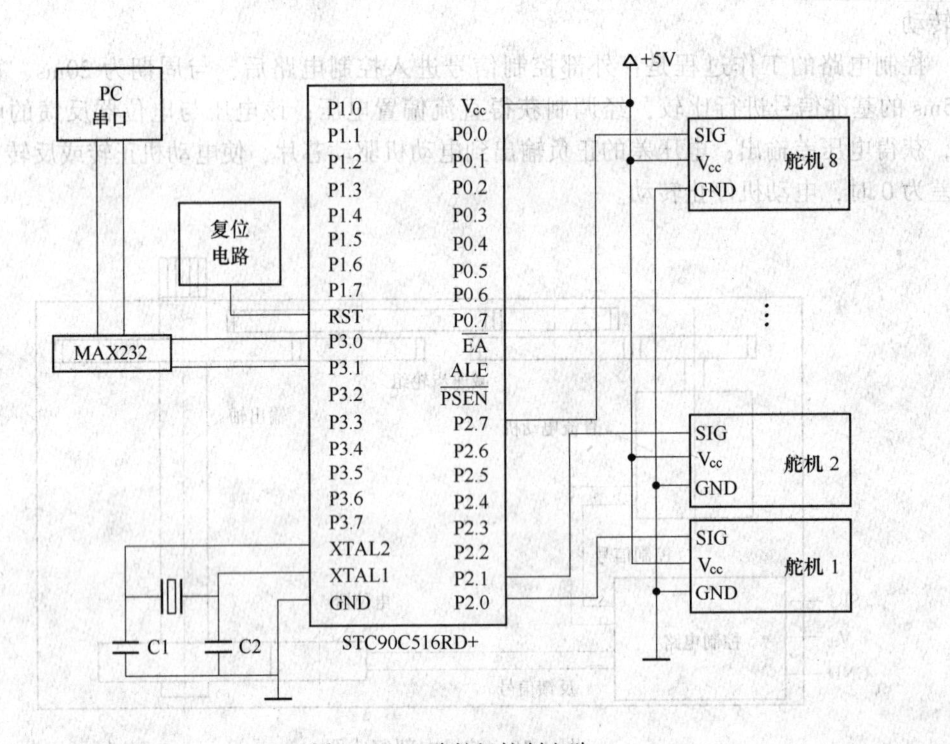

图 4-28 八路舵机控制电路

舵机对控制脉冲信号的 20ms 周期精度要求较高，单片机需要采用定时器定时中断实现，或使用 PWM 输出功能实现。下面介绍前一种方法。

首先使用单片机的 T2 定时器以 2. 5ms 周期定时，则定时 8 次的时间为 20ms，即一个舵机控制脉冲信号周期。在 T2 的 8 次定时中断中，依次向 P2. 0~P2. 7 输出 1~2ms（或 0. 5~2. 5ms）的高电平，高电平的时间由 T0 定时实现，该时间对应于舵机输出轴的相位。T2 中断服务程序先将 P2. 0~P2. 7 之一置位高电平，然后启动 T0 定时。T0 定时结束，产生 T0 中断。在 T0 中断服务程序中，将 P2. 0~P2. 7 全部置位低电平，并停止 T0 计数。

4.8.3 控制程序设计

控制程序首先对单片机定时器 T1、串口和定时器 T2 进行设置。T2 启动后，就以 2. 5ms 的周期重复定时，并在其中断服务程序中启动 T0 定时，轮流向 P2. 0 ~P2. 7 输出高电平，高电平持续的时间初值都置为 1500μs。在 while 主循环中，单片机向 PC 发送各通道的高电平时间值，然后就提示 PC 发送某一通道新的高电平时间值，待接收到 PC 发送来的信息后，就对信息进行处理，计算并更新指定通道的高电平时间设定值。程序框图如图 4-29 所示。

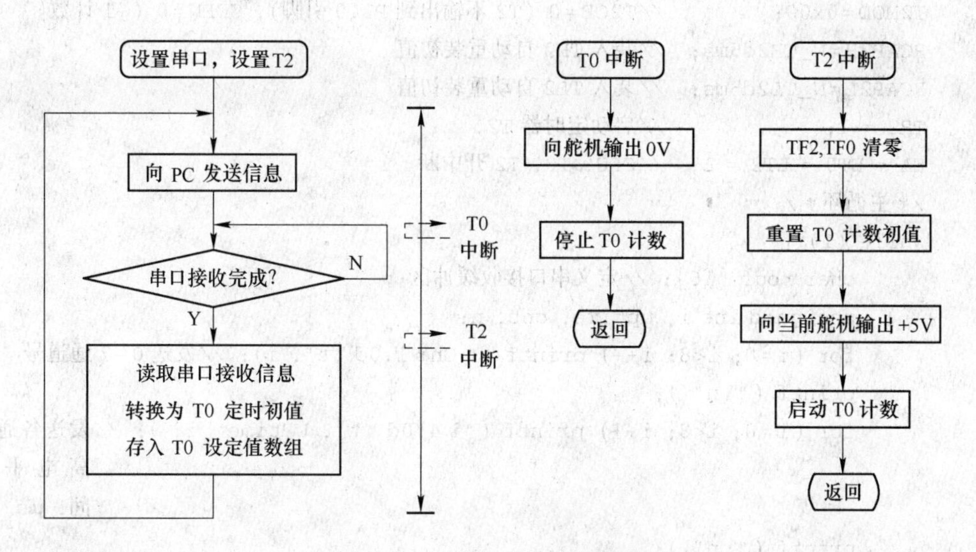

图 4-29　八路舵机控制程序框图

C51 程序如下。

```
#include<atmel\at89x52.h>
#include<stdio.h>
#define FOSC 11059200L
#define N_TH2d5ms (65536-FOSC/12*25/10000) /256            //2.5ms计数初值，高字节
#define N_TL2d5ms (65536-FOSC/12*25/10000)%256             //2.5ms计数初值，低字节
#define N_TH1d5ms (65536-FOSC/12*15/10000) /256            //1.5ms计数初值，高字节
#define N_TL1d5ms (65536-FOSC/12*15/10000)%256             //1.5ms计数初值，低字节
#define ServoPort P2
idata unsigned int UPtime [8] = {
     1500, 1500, 1500, 1500, 1500, 1500, 1500, 1500};//脉冲信号高电平时间，μs
unsigned char THset [8] = {N_TH1d5ms, N_TH1d5ms,       //计数初值，高字节
   N_TH1d5ms, N_TH1d5ms, N_TH1d5ms, N_TH1d5ms, N_TH1d5ms, N_TH1d5ms};
unsigned char TLset [8] = {N_TL1d5ms, N_TL1d5ms,       //计数初值，低字节
   N_TL1d5ms, N_TL1d5ms, N_TL1d5ms, N_TL1d5ms, N_TL1d5ms, N_TL1d5ms};
  unsigned char ch_i = 0;    //舵机输出通道号：0~7
  main ()
   {
   /*设置串口：波特率=19200，数据位=8，无奇偶校验，停止位=1*/
   PCON |=0x80; //波特率加倍
   TMOD =0x21;     //T0方式1，16位定时器；T1方式2，8位自动重装□□■□□□□■
   TH1 = 0xFD;     //9600×2=19200bps，T1定时初值
   TR1=1;          //启动定时器1
   SM0=0, SM1=1;//设定串口方式1：□■
   REN=1;          //允许串口接收
   TI = 1;         //printf采用查询TI的方法控制串口发送，需要预置TI=1
   /*设置T2：2.5ms定时中断*/
```

```
    T2MOD=0x00;           //T2OE=0 (T2 不输出到 P1.0 引脚), CDEN=0 (+1 计数)
    RCAP2H=N_TH2d5ms;     //装入 TH2 自动重装初值
    RCAP2L=N_TL2d5ms;     //装入 TL2 自动重装初值
    TR2 = 1;              //启动定时器 T2
    EA = ET0 = ET2 = 1;   //CPU, T0, T2 开中断
    /* 主循环 */
    while (1) {
        char rbuf [16]; //定义串口接收缓冲区
        unsigned int i, uptime, cnt, n;
        for (i=0; i<8; i++) printf (" Ch% 1.0d \t", i); //发送 0~7 通道号
        printf ("\n" );
        for (i=0; i<8; i++) printf ("% 4.0d \t", UPtime [i] ); //发送各通道
                                                               高电平时
                                                               间, μs
        printf ("\n" );
        printf ("Input Chno, Val#: \n" );          //向 PC 发送提示信息
        for (i=0; i<15;) {                         //最多接收 15 个字符
            while ( RI==0 );                       //等待串口接收完成
            RI = 0;                                //RI 清零
            rbuf [i] = SBUF;                       //从串口读取字符并存入 rbuf
            if (rbuf [i++] =='#') break;           //接收到'#'后跳出 for 循环
        }
        sscanf (rbuf,"% d,% d", &i, &uptime); //从 rbuf 数值, 存入变量 i, up-
                                               time
        if (i<0 || i>7 || uptime<1000 || uptime>2000) continue;
        cnt = FOSC/12 * (float) uptime/1000000.0; //计算计数值
        n=65536 - cnt;                             //计数 16 位计数初值
        THset [i] =n/256;                          //装入 THset、TLset 数组
        TLset [i] =n% 256;
        UPtime [i] =uptime;
    }
}
void t2_isr () interrupt 5 /* T2 中断号=5 */
{
    TF2 = 0; //TF2 清零
    TF0 = 0; //TF0 清零
    TH0=THset [ch_i];
    TL0=TLset [ch_i];
    P2 = 1<<ch_i++; //向 ch_i 通道输出+5V 信号
    TR0 = 1;          //启动 T0 计数
    ch_i &= 0x07;
}
void t0_isr () interrupt 1  /* T0 中断号=1 */
```

```
{
    P2 = 0;    //向舵机输出 0V 信号
    TR0 = 0;     //停止 T0 计数
}
```

4.8.4 程序调试

单片机上电运行后，P2.0~P2.7 各端口输出高电平的时间值都是 1500μs，图 4-30 为采用 Keil uV4 仿真时得到的输出显示。由图可见，P2 口的各位依次出现高电平，对应于 P2 的数值依次为 2^0 ~2^7，8 通道输出的总周期为 20ms。同时，在每 2.5ms 的周期中，高电平时间（1.5ms）与低电平时间（1ms）之比为 2∶1。

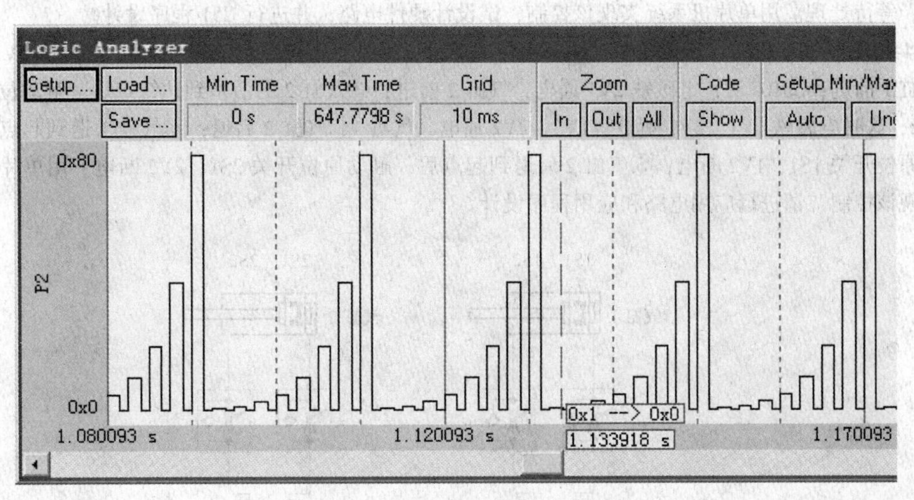

图 4-30　P2 口 20ms 周期输出显示

单片机与 PC 串行通信后，在 PC 的“串口助手”接收界面会显示 PC 从单片机接收的信息，即各通道号和与之对应的高电平时间设定值，见图 4-31。在“串口助手”的“单字符串发送区”输入通道号和新的设定值，以及“#”结束符，点击“发送字符/数据”，可以看到 PC 新的接收信息和舵机的运动情况。

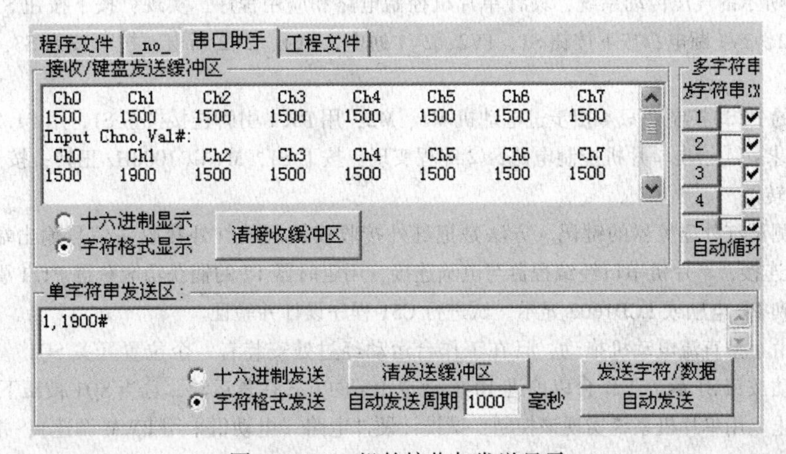

图 4-31　PC 机的接收与发送显示

习　题

4-1 某小车由单相电动机 M 驱动。小车的工作过程是：①按下启动按钮 S1，M 正转，小车前进；②到达终点后，压下终点位置开关 SQ2，M 反转，小车后退；③后退到达原位，压下起点位置开关 SQ1，小车停止。试设计用单片机实现该控制的硬件电路，并进行 C51 程序设计。

4-2 某小车由单相电动机 M 驱动。小车的工作过程是：①按下启动按钮 S1，M 正转，小车前进；②到达终点后，压下终点位置开关 SQ2，小车停留 10s；③此后，M 反转，小车后退；④后退到达原位，压下起点位置开关 SQ1，小车停止；⑤小车在工作过程中，无论何时按下停止按钮 S2，小车都立即停止，等待处理。用单片机系统实现该控制，试设计硬件电路，并进行 C51 程序设计。

4-3 图 4-32 为某气压机的气压传动原理图。机器的工作过程是：①按下启动按钮 S1，电磁铁 1V1 通电，气缸 1 前进；②10s 后，电磁铁 2V1 通电，气缸 2 前进；③气缸 2 的活塞到达终点后，触动位置开关 2S2，这时电磁铁 1V1、2V1 断电，1V2、2V2 通电，气缸 1、气缸 2 后退；④气缸 1 退到起点后，触动原位开关 1S1，1V2 断电；⑤气缸 2 后退到起点后，触动原位开关 2S1，2V2 断电。用单片机系统实现该控制，请进行应用电路和应用程序设计。

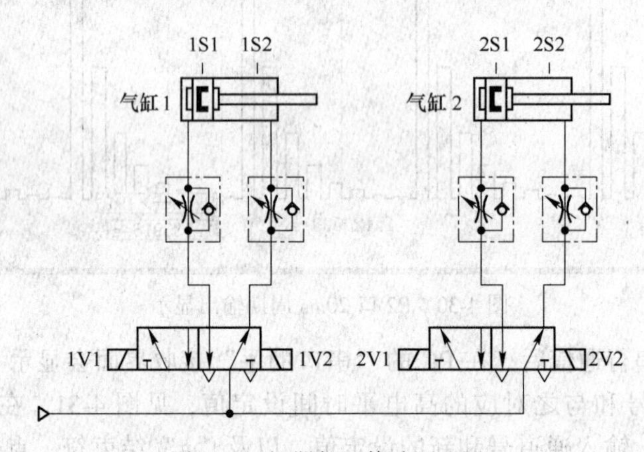

图 4-32　机器气压传动原理图

4-4 对图 4-32 所示的气压传动系统，设计单片机控制电路和应用程序，实现：按下按钮 S1，1V1、2V2 通电，1V2、2V1 断电；按下按钮 S1，1V2、2V1 通电，1V1、2V2 断电；按下按钮 S3，所有电磁铁断电。

4-5 用单片机的 P2 口控制两只 4 相步进电动机 M1、M2，用 P1.1 引脚连接按钮 S1，用 P1.2 引脚连接按钮 S2。要求：①绘出单片机控制电路；②编程实现：按下 S1，M1 以 1000Hz 正转；按下 S2，M2 以 1800Hz 反转。

4-6 用单片机测试红外遥控器的键码。方法是把红外接收模块上的红外接收头信号输出端 IR-OUT 与 P1.1 引脚连接，单片机串口经编程器与电脑连接，用定时器 T2 的捕获功能获得 P1.1 引脚的脉冲宽度并发送到 PC 电脑或 LCD1602 显示。试进行 C51 程序设计并验证。

4-7 某工作台由小型直流电动机拖动，且在工作台运动经过处安装有一个位置开关 SQ1。工作要求是：在按下启动按钮 S1 后，工作台以前进 10s、后退 10s 的方式往复运动，且当 SQ1 被压下 12 次后工作台自动停止。用单片机系统实现该控制，试设计硬件电路（电动机采用 PWM 调速），并进行 C51 程序设计。

4-8 一个 36 线的光电码盘与一台 4 相步进电动机转轴同轴安装，单片机在控制步进电动机运行的同时，又对光电码盘进行脉冲计数。要求：①绘出单片机控制电路；②编程实现：按下启动按钮 S1，步进电动机以 1000Hz 转动；③单片机把每 2s 的转动步数和光电码盘脉冲计数通过串口发送到 PC 电脑。

4-9 单片机通过 ULN2003 芯片驱动一台小型直流电动机，并采用 PWM 方式调速。系统设有 5 只按钮：S1 为运行按钮，S2 为停止按钮，S3 为低速按钮，S4 为中速按钮，S5 为高速按钮。要求：①绘出单片机控制电路；②编写 C51 程序。

4-10 用单片机的 P2.0 端口控制一台舵机，实现：舵机从 45°～135°往复摆动，取摆动周期为 8s。要求：①绘出单片机控制电路；②编写 C51 程序并进行调试。

5 单片机扩展接口

单片机技术是面向应用的技术。现实应用中，当单片机自身资源不能满足需要时，可以采用扩展片外接口的方法解决。本章首先介绍 A/D、D/A 的基本概念及单片机扩展并行 D/A、A/D 转换器件的经典方法，然后介绍目前得到广泛应用的 I^2C 串行总线及其 ADC、DAC、EEPROM 接口器件，另外还介绍了单总线器件及 SPI 串行总线器件。

采用串行总线扩展接口可以使单片机系统的硬件设计简化，电路体积减小，同时，系统的更改和扩充更为简便。但由于片内不具备相应的接口电路，原始 8051 单片机必须通过软件模拟的方法来实现这些串行总线接口的扩展，这就在简化硬件接线的同时加大了软件设计的工作量。本章最后以综合应用的方式，给出了单片机扩展上述串行总线接口器件的应用电路及其 C51 程序代码。

5.1 单片机与模拟量

单片机的 CPU 处理的都是数字量，无法直接识别和处理连续变化的物理信号。一般是先利用传感器把连续变化的物理信号转换成连续的模拟电压或电流，这种代表某种物理量的模拟电压或电流称为模拟量；然后再把模拟量转换成数字量送到 CPU 进行处理，这个过程称为模/数（A/D）转换，实现这个过程的器件称为模/数转换器（A/D 转换器或 ADC）。

反过来，CPU 运算的结果是数字量，不能直接控制需要模拟信号输入的执行部件，这时应先把 CPU 发出的数字量转换成模拟电压或模拟电流，这个过程称为数/模（D/A）转换，实现这个过程的器件称为数/模转换器（D/A 转换器或 DAC）。D/A 转换是 A/D 转换的逆过程，这两个互逆的转换过程经常会出现在一个控制系统中。具有 ADC、DAC 环节的单片机控制系统如图 5-1 所示。

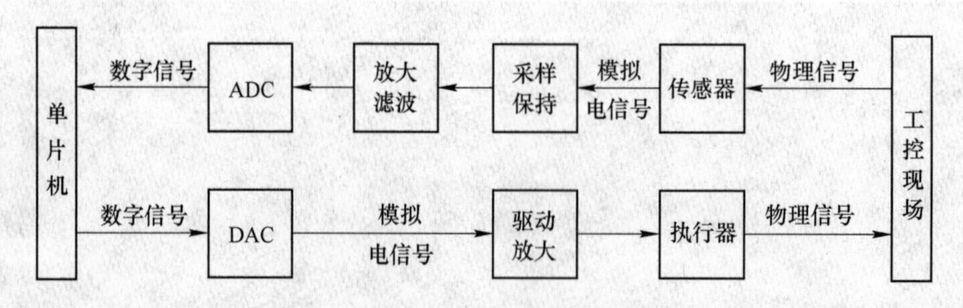

图 5-1　具有 ADC、DAC 环节的单片机控制系统组成框图

传感器能够探测、感受外界的信号，如光强度、温度、湿度、位移、速度、加速度、流量或化学组成等，并将探知的信号转换成电信号输出。传感器输出的电信号可以是模拟量的，也可以是数字量的，后者称为数字传感器。如：光栅数字传感器能够把角位移或线

位移转换成电脉冲信号输出；单总线温度传感器能够将检测到的温度值以串行数据的方式输出。

执行器能够根据输入信号产生机械运动或动作，如电动机的转动、阀门的开闭、灯光的明暗、电热丝的发热等，以对控制对象发生作用。执行器的输入信号可以是模拟量的，也可以是数字量或 PWM 脉冲方式的。前者需要单片机系统具有 D/A 转换环节，后者不需要进行 D/A 转换。

5.2　D/A 转换与 A/D 转换

5.2.1　D/A 转换器的基本原理

D/A 转换方式很多，这里以常用的 T 型电阻网络 D/A 转换器来说明 D/A 原理，如图 5-2 所示。

在图 5-2 中，由于“虚地”，运放 OP 的两个输入端的电位都约为 0，所以无论开关在 0 位或在 1 位，最后两个 2R 电阻都是并联，得 R。R 和电阻 R 串联又为 2R，以此类推，那么到最前端，相当于两个 2R 的电阻并联，因此可得总电流 $I=V_{REF}/R$，$I_7=I/2$，$I_6=I/2\times I/2$，由此追溯到 $I_0=I/256$。如果 $R_{fb}=R$，那么 V_O 只与 V_{REF} 有关，即：

$$V_O=n\times V_{REF}/256$$

式中，n 为 D7～D0 构成的 8 位数据。

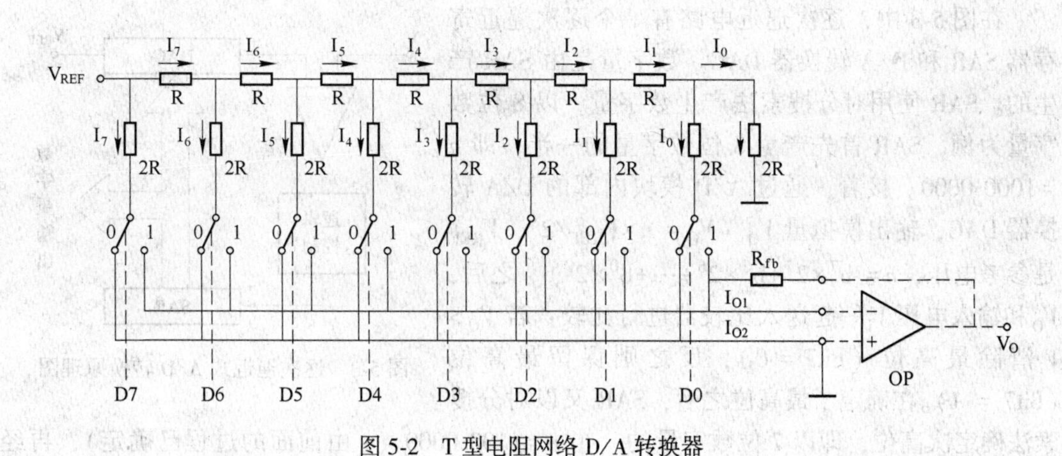

图 5-2　T 型电阻网络 D/A 转换器

5.2.2　D/A 转换器的主要性能指标

（1）分辨率。分辨率是 DAC 模拟输出电压可以被分离的等级数，输入数字量的位数越多，输出电压可分离的等级越多。

通常以输入数字量的二进制位数表示分辨率。对于一个 N 位的 D/A 转换器，它的分辨率为 $1/(2^N-1)$。例如：若参考电压 $V_{REF}=5V$，8 位 DAC 的分辨率为 $5V/255\approx19.6mV$，10 位 DAC 的分辨率为 $5V/1023\approx4.88mV$。

（2）线性度。线性度又称为非线性误差，是实际转换特性曲线与理想直线特性之间的最大偏差，常以相对于满量程的百分数表示。如±1%是指实际输出值与理论值之差在满刻度的±1%以内。

(3) 绝对精度和相对精度。绝对精度简称精度，是指在整个刻度范围内，任一输入数码所对应的模拟量实际输出值与理论值之间的最大误差。绝对精度是由 DAC 的增益误差（当输入数码为全 1 时，实际输出值与理论值之差）、零点误差（当输入数码为全 0 时，DAC 的非 0 输出值）、非线性误差和噪声等引起的。绝对精度（即最大误差）应小于 1LSB。

相对精度与绝对精度表示同一含义，用最大误差相对于满刻度的百分比表示。

要注意转换精度和分辨率是两个不同的概念：转换精度指转换后所得的实际值相对于理想值的接近程度，取决于构成转换器的各个部件的精度和稳定性；分辨率指能够对转换结果发生影响的最小输入量，取决于转换器的位数。

(4) 建立时间。建立时间是指输入的数字量发生满刻度变化时，输出模拟信号达到满刻度值的±1/2LSB 所需的时间，是描述 D/A 转换速率的一个动态指标。

电流输出型 DAC 的建立时间短。电压输出型 DAC 的建立时间主要取决于运算放大器的响应时间。根据建立时间的长短，可以将 DAC 分成超高速（<1μs）、高速（10~1μs）、中速（100~10μs）、低速（≥100μs）几挡。

5.2.3 逐次逼近式 A/D 转换器的原理

A/D 转换实现的方法很多，这里只介绍常用的逐次逼近式 A/D 转换器的工作原理。

在图 5-3 中，逐次逼近电路有一个逐次逼近寄存器 SAR 和 D/A 转换器 DAC。数字量是由 SAR 产生的。SAR 使用对分搜索法产生数字量。以 8 位数字量为例，SAR 首先产生 8 位数字量的一半，即 n =1000 0000。接着，通过 A/D 模块内部的 D/A 转换器 DAC，输出模拟量 V_O（$V_O = n \times V_{REF}/2^8$，$V_{REF}$ 是参考电压，$n = b^7 \times 2^7 + b^6 \times 2^6 + \cdots + b^0 \times 2^0$）。之后，$V_O$ 和输入电压 V_i 一起送入比较器进行比较：若 $V_O > V_i$ 清除最高位（bit7 = 0），反之则保留最高位（bit7 = 1）。在确定了最高位之后，SAR 又以对分搜索法确定次高位，即以 7 位数字量的一半 $n = \gamma$100 0000（γ 由前面的过程已确定），再经 DAC 输出模拟量 V_O，并再次与模拟量 V_i 进行比较。依此类推，直到确定了 bit0 为止，转换结束，从而得到与模拟电压 V_i 对应的 8 位数字量。模拟输入电压 V_i 应该小于等于基准电压 V_{REF}。

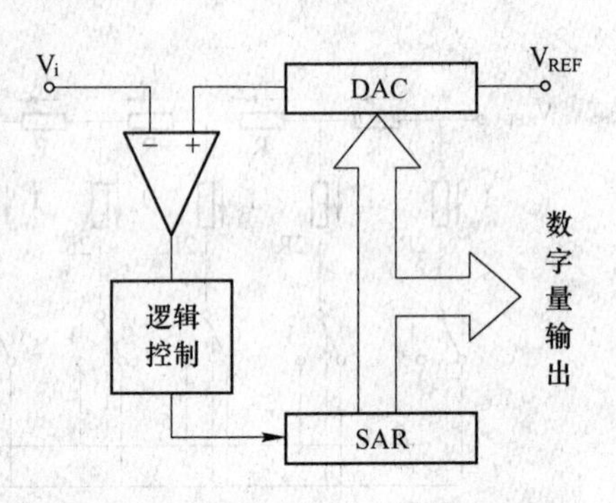

图 5-3 逐次逼近式 A/D 转换原理图

5.2.4 A/D 转换器的主要性能指标

(1) 分辨率。分辨率 = $V_{REF}/(2^N - 1)$，表示输出数字量变化一个相邻数码所需输入模拟电压的变化量。N 为 A/D 转换的位数，N 越大，分辨率越高，习惯上分辨率常以 A/D 转换位数 N 表示。例如：某 ADC 的分辨率为 8 位，满量程输入电压 V_{FS} = 5V，则分辨率是 $5/(2^8 - 1) \approx 0.0196$V。

（2）转换误差。转换误差是指 ADC 经零点和满度校准后，在整个转换范围内的最大误差。一般用最低有效位（LSB）的倍数来表示转换误差，例如转换误差≤±1LSB，就说明在整个输入范围内，输出数字量与理论输出数字量之间的误差小于最低位的一个数字。

（3）偏移误差。指当 ADC 输入信号为零时，输出信号不为零的值，又称零值误差。

（4）线性度。指 ADC 实际转换曲线与理想直线的最大偏差。

（5）转换时间。指 ADC 完成一次 A/D 转换所需时间。转换时间越短，ADC 适应输入信号快速变化的能力越强。

5.3 并行 D/A、A/D 转换器件

5.3.1 8 位 D/A 转换器 DAC0832

5.3.1.1 DAC0832 引脚和逻辑结构

DAC0832 是双列直插封装的 20 引脚的 8 位 D/A 转换芯片。其分辨率为 8 位；电流输出稳定时间为 1μs；可双缓冲、单缓冲或直接数字输入；只需要在满量程下调整其线性度；采用单电源供电，从+5～+15V 均可正常工作，基准电压范围为±10V。

DAC0832 的内部组成如图 5-4 所示，引脚配置如图 5-5 所示。

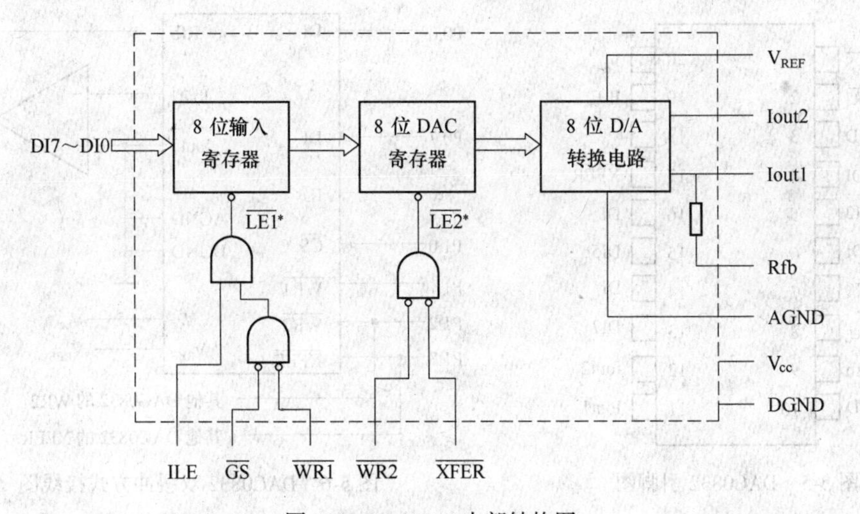

图 5-4 DAC0832 内部结构图

（$\overline{LE}$=0，寄存器输出被锁存；$\overline{LE}$=1，寄存器输出跟随输入）

DAC0832 由 8 位输入寄存器、8 位 DAC 寄存器、8 位 D/A 转换电路以及控制电路组成。DAC0832 采用二级缓冲方式。当 LE1 引脚为 0 时，8 位输入数据 DI0～DI7 被锁存；当 LE1 引脚为 1 时，8 位输入寄存器的输出跟随 DI0～DI7，即直接通过。LE2 引脚的作用与 LE1 相似。数据进入 8 位 DAC 寄存器，经 8 位 D/A 转换电路，就可以输出和数字量成正比的模拟电流。DAC0832 内部没有运算放大器，并且输出的是电流，使用时需外接运算放大器才能得到模拟电压输出。

各引脚功能如下：

DI0～DI7：8 位数字信号输入端，与 CPU 数据总线相连，用于输入 CPU 送来的待转换数字量，DI7 为最高位。

$\overline{\text{CS}}$：片选端，低电平有效。

ILE：数据锁存允许控制端，高电平有效。

$\overline{\text{WR1}}$：第一级输入寄存器写选通控制，低电平有效，当 CS＝0、ILE＝1、WR1＝0 时，数据信号被锁存到第一级 8 位输入寄存器中。

$\overline{\text{XFER}}$：数据传送控制，低电平有效。

$\overline{\text{WR2}}$：DAC 寄存器写选通控制端，低电平有效，当 XFER＝0、WR2＝0 时，输入寄存器的数据传入 8 位 DAC 寄存器中。

Iout1：D/A 转换器电流输出 1 端，输入数字量全 1 时，Iout1 最大，输入数字量全为 0 时，Iout1 最小。

Iout2：电流输出 2 端，Iout1+Iout2＝常数。

Rfb：外部反馈信号输入端，内部已有反馈电阻，根据需要也可外接反馈电阻。

V_{cc}：电源输入端，可在+5～+15V 范围内。

V_{REF}：参考电压（也称基准电压）输入端，电压范围在－10～+10V 之间。

DGND：数字信号接地端。

AGND：模拟信号接地端，最好与参考电压共地。

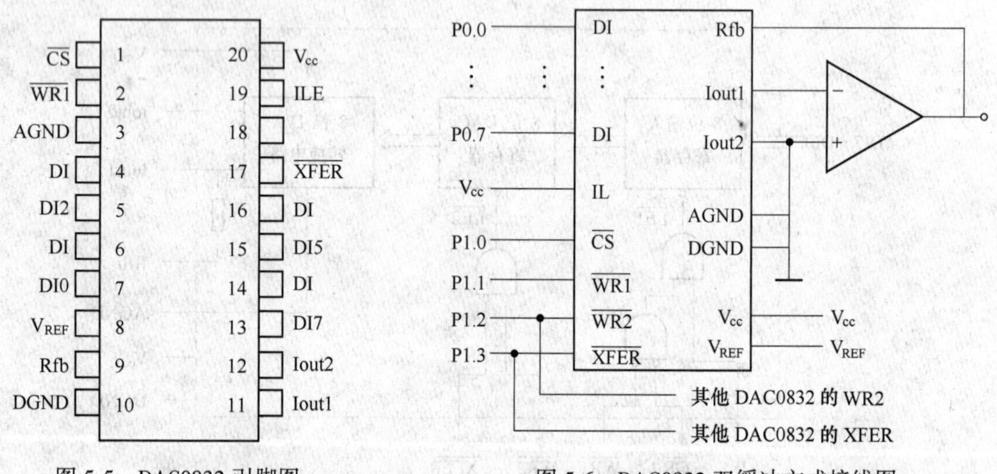

图 5-5 DAC0832 引脚图 图 5-6 DAC0832 双缓冲方式接线图

5.3.1.2 DAC0832 的三种工作方式

DAC0832 有双缓冲、单缓冲和直通三种工作方式，现在分别介绍。

A 双缓冲工作方式

双缓冲工作方式适用于多片 DAC0832 同时开始数模转换的情况，该方式原理如图 5-6 所示。图中，将 DAC0832 的$\overline{\text{CS}}$、$\overline{\text{WR1}}$、$\overline{\text{WR2}}$、$\overline{\text{XFER}}$四个引脚接在单片机不同的 I/O 引脚上，并且把多片 DAC0832 的$\overline{\text{WR2}}$、$\overline{\text{XFER}}$引脚连接在一起。单片机首先向各片 DAC0832 的$\overline{\text{CS}}$、$\overline{\text{WR1}}$引脚输出低电平，将各个数字量输出到各片 DAC0832 的 DI0～DI7，并到达各 DAC0832 的输入寄存器中。然后，单片机向$\overline{\text{WR2}}$、$\overline{\text{XFER}}$引脚输出低电平，于是多片

DAC0832 同时开始数模转换。

B 单缓冲工作方式

单缓冲工作方式是 DAC0832 的输入寄存器和 DAC 寄存器二者中的一个处于直通方式，另一个受控。图 5-7 给出的是 DAC 寄存器处于直通、输入寄存器受单片机控制的情况。

C 直通工作方式

此方式下，DAC0832 的输入寄存器和 DAC 寄存器都处于直通方式，只要单片机有数据输出到 DAC0832 的 DI7～DI0，DAC0832 就开始进行数模转换。这种方式通常适用于单个 DAC0832 工作的情况，其连线如图 5-8 所示。

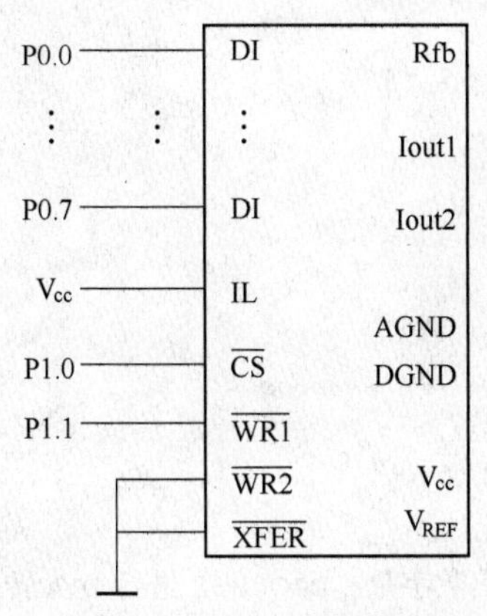

图 5-7 DAC0832 单缓冲方式接线图

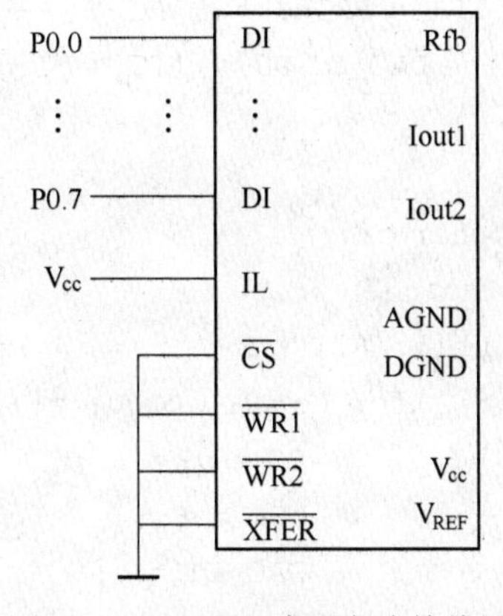

图 5-8 DAC0832 直通方式接线图

5.3.1.3 DAC0832 应用举例

图 5-9 为 MCS-51 控制 DAC0832 单缓冲方式工作的电路图。其中，P0 口用于向 DAC0832

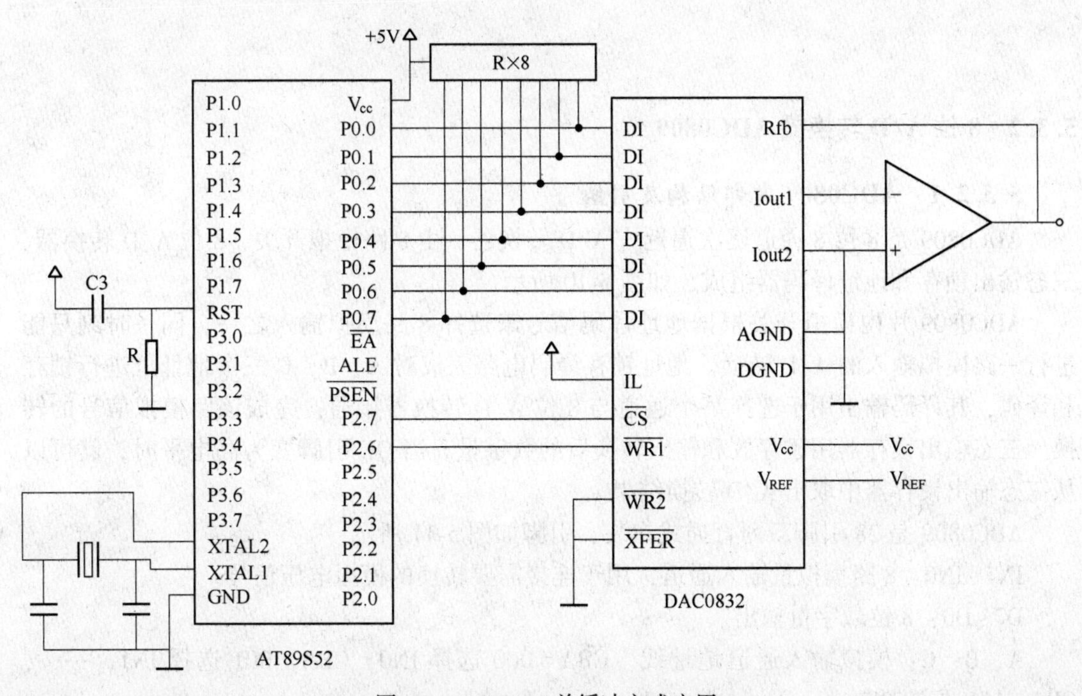

图 5-9 DAC0832 单缓冲方式应用

输出 8 位数字量，因此 P0 需要外接上拉电阻；DAC0832 的$\overline{CS}$、$\overline{WR1}$分别受控于单片机的 P2.7 和 P2.6；$\overline{WR2}$和$\overline{XFER}$接地。MCS-51 复位后，P2.7 即$\overline{CS}$为 1，DAC0832 与单片机脱离。单片机先使$\overline{CS}$为 0，然后向 DI0~DI7 发送 8 位数字量，当单片机又使$\overline{WR1}$为 0 时，DI0~DI7 的数据便直接通过 8 位输入寄存器和 8 位 DAC 寄存器而进入 8 位 D/A 转换电路。转换产生的电流信号经外部运算放大器得到电压输出。

MCS-51 通过 DAC0832 输出锯齿波的 C51 程序：

```
#include<Atmel\at89x52.h>
sbit CS  = P2^7;   //CS------P2.7
sbit WR1 = P2^6;   //WR1------P2.6
#define DAC_DI P0/* [DI0~DI7] ===== [P0.0~P0.7] */
main()
{
    char c;
    int i;
    while (1) {
        for (c=0; c<100; c++) {
            CS = 0;           //DAC0832 片选有效
            WR1 = 1;          //DAC0832 WR1 无效
            DAC_DI = c;       //向 DAC0832 输出数字量，DAC0832 进行 D/A 转换
            WR1 = 0;          //DAC0832 WR1 有效，此时 CS 已有效
            CS = 1;           //DAC0832 片选无效
            for (i=0; i<50; i++);    //延时
        }
    }
}
```

5.3.2 8 位 A/D 转换器 ADC0809

5.3.2.1 ADC0809 内部结构及引脚

ADC0809 是 8 位 8 通道逐次逼近式 A/D 转换器，由 8 路模拟开关、8 位 A/D 转换器、三态输出锁存和地址译码器组成，如图 5-10 所示。

ADC0809 片内模拟开关根据地址译码信号来选择 8 路模拟输入之一，同一时刻只能进行一路模拟输入的 A/D 转换。地址锁存译码电路完成对 A、B、C 三个地址位进行锁存和译码，其译码输出用于选择某个通道与 8 位 A/D 转换器接通，完成该路模拟信号的转换。三态输出锁存器用于存放和输出转换后的数字量。当 OE 引脚变为高电平时，就可以从三态输出锁存器中取出 A/D 转换结果。

ADC0809 是 28 引脚双列直插式封装，引脚如图 5-11 所示。

IN7~IN0：8 路模拟量输入通道，用于连接需要转换的模拟电压信号。

D7~D0：8 位数字量输出。

A、B、C：模拟输入通道地址线。CBA=000 选择 IN0，CBA=001 选择 IN1，……，CBA=111 选择 IN7。

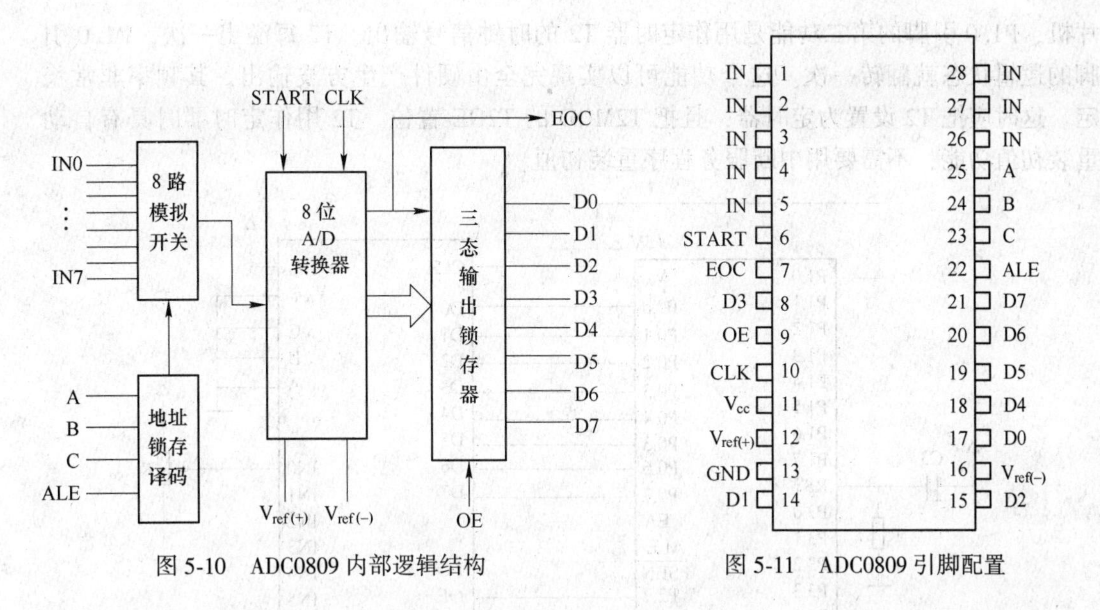

图 5-10 ADC0809 内部逻辑结构　　　　图 5-11 ADC0809 引脚配置

ALE：地址锁存允许，高电平有效。当 ALE 出现由低电平跳变为高电平时，将通道地址锁存，经译码后控制 8 路模拟开关动作。

START：启动 A/D 转换信号。START 上升沿使芯片内部复位，下降沿启动 A/D 转换。

EOC：转换结束信号。START 的上升沿使 EOC 变为低电平，表示 A/D 转换正在进行，A/D 转换结束，EOC 变为高电平，用于向单片机请求中断或查询。

OE：输出允许信号，高电平有效，此时 ADC0809 打开三态输出锁存器，将转换后的数字量送到数据总线。

CLK：时钟信号输入，要求频率范围在 10kHz~1.2MHz。当 CLK 的频率为 500kHz 时，ADC0809 的转换时间为 128μs。

V_{cc}：+5V 电源。

GND：地线。

$V_{ref(+)}$、$V_{ref(-)}$：参考电压输入，用于内部 D/A 转换。一般 $V_{ref(+)}$ 接+5V。

5.3.2.2 ADC0809 应用举例

单片机可以通过查询 EOC 或把 EOC 作为外部中断输入的方法读取 ADC0809 的 A/D 转换值。由于当 CLK 输入频率一定时，ADC0809 的 A/D 转换时间也是一定的，所以还可以用延时的方法读取 A/D 转换值。

图 5-12 为 MCS-51 单片机与 ADC0809 接口电路。单片机的 P0 口设置为输入口，用于读取 ADC0809 输出的 A/D 转换结果。地址线 A、B、C 接地，这时 ADC0809 选择 IN0 通道的模拟信号作为输入。单片机的 P2.6 引脚与 ADC0809 的 START 和 ALE 连接。当 P2.6 输出一个正脉冲后，ADC0809 开始 A/D 转换。经过一定时间间隔，A/D 转换完成。此后，单片机通过 P2.7 向 OE 引脚发出高电平，ADC0809 就将转换结果送到数据线 D0~D7，由单片机通过 P0 口读得。

ADC0809 完成 A/D 转换的时间，取决于 CLK 的输入频率。图 5-12 中，把 CLK 与 AT89S52 的 P1.0 引脚连接，由 P1.0 引脚提供 CLK 的输入频率。对于具有定时器 T2 的单片机，P1.0引脚的第二功能是用作定时器T2的时钟信号输出。T2每溢出一次，P1.0引脚的逻辑状态就翻转一次。这个功能可以实现完全由硬件产生方波输出，其频率非常稳定。这时应把T2设置为定时器，且把T2MOD的T2OE置位。T2用作定时器时具有自动重装初值功能，不需要用中断服务程序重装初值。

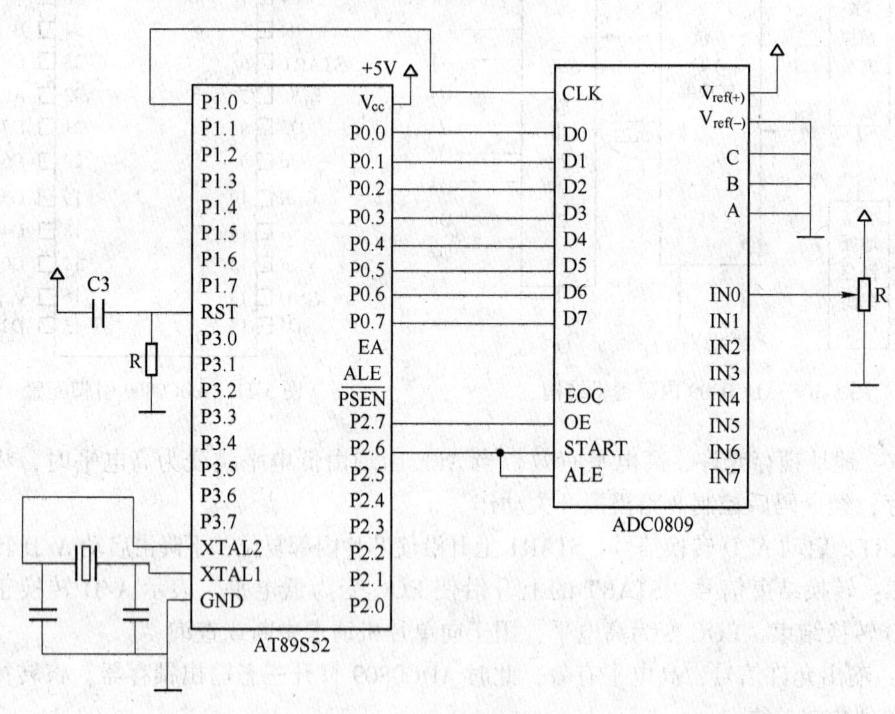

图5-12 单片机与ADC0809接口电路

在下面的C51程序中，单片机在读取ADC0809转换结果后，通过串口发送。

```
#include<Atmel\at89x52.h>
sbit OE = P2^7;
sbitSTART = P2^6;
void main (void)
{
    T2MOD =0x02;                    //T2OE=1: T2 时钟信号输出到 P1.0 引脚
    C_T2=0;                         //T2 用作定时器
    RCAP2H= (65536-10) /256;        //装入 T2 自动重装初值高字节
    RCAP2L= (65536-10)% 256;        //装入 T2 自动重装初值低字节
    TR2 = 1;                        //启动 T2 定时器
    PCON |= 0x80;                   //baudrate×2
    TMOD |= 0x20;                   //T1, 方式 2, 自动重装
    TH1=0xFD;                       //9600×2=19200bps, fosc=11.0592MHz
    TR1=1;
    SM0=0; SM1=1;                   //串口方式 1
    while(1) {
        unsigned int i;
```

```
        unsigned char adc0809out;
        START = 0;                 //向 START 输出脉冲，启动 A/D 转换
        START = 1;
        START = 0;
        for (i=0; i<300; i++);     //延时，等待 ADC 转换结束
        OE = 1;                    //ADC0809 output enable
        adc0809out = P0;           //读取 ADC0809 转换结果
        OE = 0;                    //ADC0809 output disable
        SBUF = adc0809out;         //通过串口发送 ADC0809 转换结果
    }
}
```

5.4 I²C 总线及其单片机模拟

5.4.1 I²C 总线的特点

I²C 总线是 Philips 公司开发的一种双向两线同步串行总线，以实现集成电路之间的有效控制，这种总线也称为 Inter IC 总线。目前，Philips 及其他半导体厂商提供了大量的含有 I²C 总线的外围接口芯片。I²C 总线始终和先进技术保持同步，并保持其向下兼容性，已成为广泛应用的工业标准之一。

I²C 总线的特点如下。

(1) 总线只有两根线，即串行时钟线（SCL）和串行数据线（SDA），主机与各个外围器件仅靠这两条线实现信息交换。与传统的并行总线相比，具有结构简单、可维护性好、易实现系统扩展、易实现模块化标准化设计、可靠性高等优点。

(2) 每个连接到总线上的器件都有一个器件地址，器件地址由器件内部硬件电路和外部地址引脚同时决定，避免了片选线的连接方法，并建立简单的主从关系，每个器件既可以作为发送器，又可以作为接收器。

(3) 同步时钟允许器件以不同的波特率进行通信。

(4) 同步时钟可以作为停止或重新启动串行口发送的握手信号。

(5) 串行的数据传输位速率在标准模式下可达 100kbps，快速模式下可达 400kbps，高速模式下可达 3.4Mbps。

5.4.2 I²C 总线的基本结构

I²C 总线通过上拉电阻接正电源。当总线空闲时，两根线均为高电平。连到总线上的任一器件输出的低电平，都将使总线的信号变低，即各器件的 SDA 及 SCL 都是线“与”关系，见图 5-13。主机与其他器件间的数据传送可以是由主机发送数据到其他器件，这时主机即为发送器。由总线上接收数据的器件则为接收器。

每个连接到 I²C 总线上的器件都有唯一的地址，器件地址码的格式如下：

A6	A5	A4	A3	A2	A1	A0	1/0
固定位（器件标识码）				可编程位（片选位）			$R/\overline{W}$

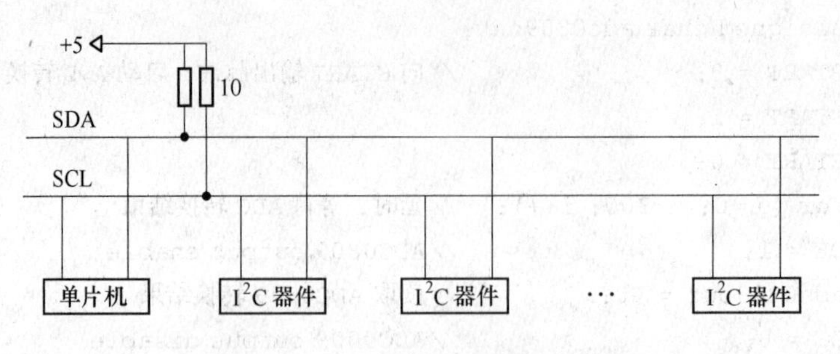

图 5-13 单片机 I²C 总线系统结构图

从机地址由固定位和可编程位组成。固定位由器件出厂时给定，用户不能自行设置，它是器件的标识码。当系统中使用了多个相同器件时，从机地址中的可编程位，可使这些器件具有不同的地址；这些可编程位也规定了 I²C 总线上同类芯片的最大个数。表 5-1 为常见 I²C 器件的标识码。

表 5-1 常见 I²C 器件的标识码

类别	型号	A6～A3	类别	型号	A6～A3
静态 RAM	PCF8570/71	1010	I/O 口	PCF8574	0100
	PCF8570C	1011		PCF8574A	0111
	PCF8582	1010	LED/LCD 驱动控制器	SAA1064	0111
	AT24C02	1010		PCF8576	0111
E²ROM	AT24C04	1010		PCF8578/79	0111
	AT24C08	1010	ADC/DAC	PCF8591	1001
	AT24C16	1010	日历时钟	PCF8583	1010

在多主机系统中，可能同时有几个主机试图启动总线传送数据。为了避免混乱，I²C 总线要通过总线仲裁，以决定由哪一台主机控制总线。在 MCS-51 单片机应用系统的串行总线扩展中，经常遇到的是以单片机为主机，其他接口器件为从机的单主机情况。

单片机应用系统采用 I²C 总线器件的优点是：

（1）功能框图中的功能模块与实际的外围器件对应，可以使系统设计直接由功能框图快速地过渡到系统样机。

（2）外围器件直接"挂在"I²C 总线上，不需设计总线接口；增加和删减系统中的外围器件，不会影响总线和其他器件的工作，便于系统功能的改进和升级。

（3）集成在器件中的寻址和数据传输协议可以使系统完全由软件来定义。

5.4.3 单片机对 I²C 典型信号的模拟

MCS-51 单片机没有 I²C 总线接口电路，只能采用虚拟 I²C 总线方式，并且只能用于主从系统。虚拟 I²C 总线接口利用单片机的 I/O 口线作为数据线 SDA 和时钟线 SCL，通过软件延时实现 I²C 总线传输数据的时序要求。

5.4.3.1 I²C 起始信号的模拟

SCL 线为高电平期间，SDA 线由高电平向低电平的变化表示起始信号 S。

图 5-14 为 I^2C 起始信号 S 的时序及单片机 C51 模拟程序。该时序要求在时钟线 SCL 为高时，数据线 SDA 高电平持续的时间应大于 4.7μs，然后把 SDA 线拉低并至少持续 4μs。

为了保证数据传送的可靠性，标准 I^2C 总线的数据传送有严格的时序要求。对应于这些时序的软件延时要求，单片机可以通过执行空操作指令（C51 通过调用_nop_() 函数）实现。单片机执行一条空操作指令的时间为一个机器周期，对于晶振频率为 11.0592MHz 的单片机，其时间约为 1μs。所以对于 I^2C 总线时序中大于 4.7μs 的要求，在 C51 中调用_nop_() 5 次就能实现，此操作对应于程序中的 Delay_5μs()，见图 5-14。

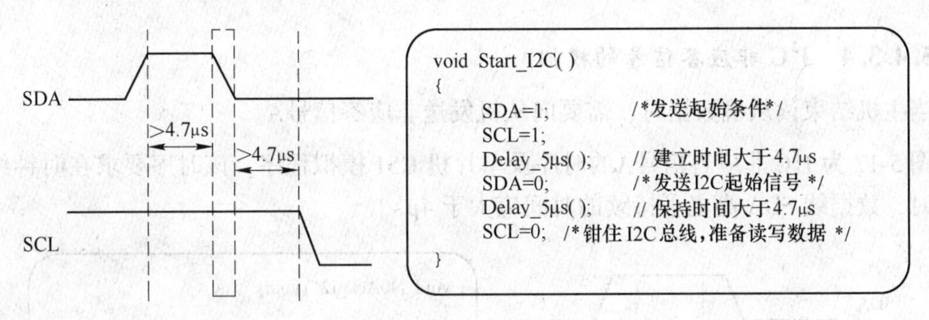

图 5-14　起始信号 S 时序及单片机 C51 模拟程序

5.4.3.2　I^2C 终止信号的模拟

时钟线 SCL 为高电平期间，数据线 SDA 由低电平向高电平的变化表示终止信号 P。

图 5-15 为 I^2C 终止信号 P 的时序及单片机 C51 模拟程序。该时序要求在时钟线 SCL 为高时，数据线 SDA 低电平持续的时间应大于 4μs，然后把 SDA 线拉高并至少持续 4.7μs。

起始和终止信号都是由主机发出的，在起始信号产生后，总线就处于被占用的状态；在终止信号产生后，总线就处于空闲状态。连接到 I^2C 总线上的器件，若具有 I^2C 总线的硬件接口，则很容易检测到起始和终止信号。

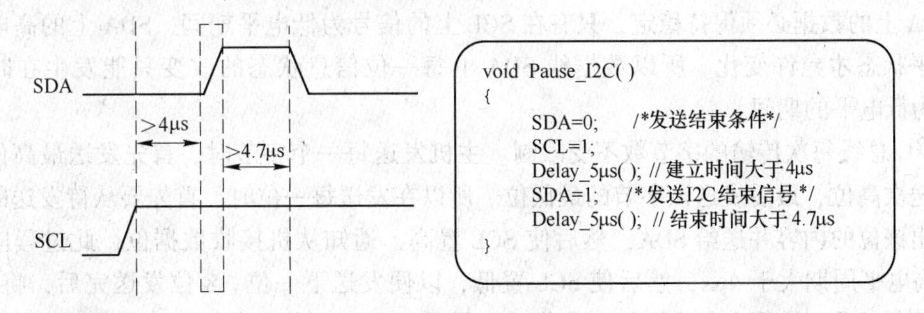

图 5-15　终止信号 P 时序及单片机 C51 模拟程序

5.4.3.3　I^2C 应答信号的模拟

在从机接收到一个字节的信息后，要向主机发送应答信号 A。

图 5-16 为 I^2C 应答信号 A 的时序及单片机 C51 模拟程序。该时序要求在时钟线 SCL 为高时，数据线 SDA 低电平持续的时间应大于 4μs。

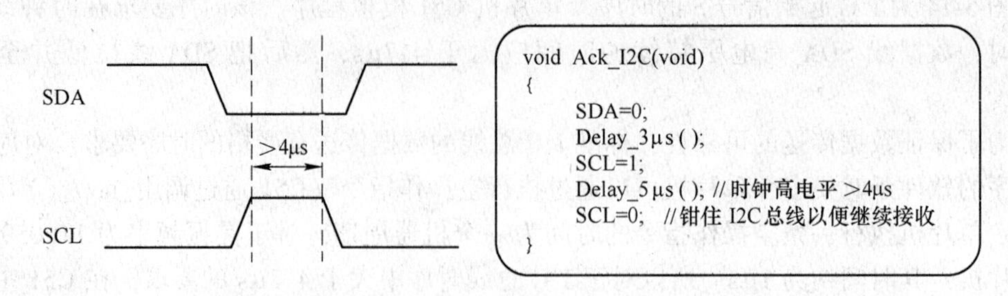

图 5-16 应答信号 A 时序及单片机 C51 模拟程序

5.4.3.4 I²C 非应答信号的模拟

当主机结束读从机数据时，需要向从机发送非应答信号$\overline{A}$。

图 5-17 为 I²C 非应答信号$\overline{A}$的时序及单片机 C51 模拟程序。该时序要求在时钟线 SCL 为高时，数据线 SDA 高电平持续的时间应大于 4μs。

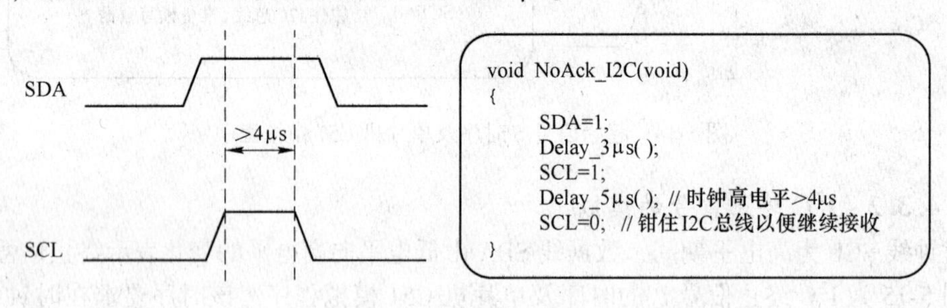

图 5-17 非应答信号$\overline{A}$时序及单片机 C51 模拟程序

5.4.3.5 I²C 主机发送字节过程及模拟

I²C 起始信号和终止信号之间传送的是信息。信息以字节为单位，每个字节必须为 8 位，高位在前，低位在后。I²C 总线进行数据传送时，时钟信号 SCL 为高电平期间，数据线 SDA 上的数据必须保持稳定，只有在 SCL 上的信号为低电平期间，SDA 上的高电平或低电平状态才允许变化。所以数据线 SDA 上每一位信息状态的改变只能发生在时钟线 SCL 为低电平的期间。

I²C 总线每次传输的字节数不受限制。主机发送每一个字节时，首先发送最高位，然后发送次高位，最后发送该字节的最低位。所以在发送每一位时，首先要从待发送的字节中取出该位的内容并送给 SDA，然后使 SCL 置高，通知从机接收数据位，此过程应保证 SCL 高电平周期大于 4μs，然后使 SCL 置低，以便发送下一位。8 位发送完后，将 SDA、SCL 置高，准备接受来自从机的应答位。如果从机暂时不能接收下一个字节数据，那么，可以使时钟线 SCL 保持为低电平，迫使主机处于等待状态；当从机准备就绪后，再释放时钟线 SCL，使数据传输继续进行。图 5-18 为单片机模拟 I²C 总线发送 1 字节的流程及 C51 函数。

5.4.3.6 I²C 主机接收字节过程及模拟

图 5-19 为单片机模拟 I²C 总线接收 1 字节的流程及 C51 函数。

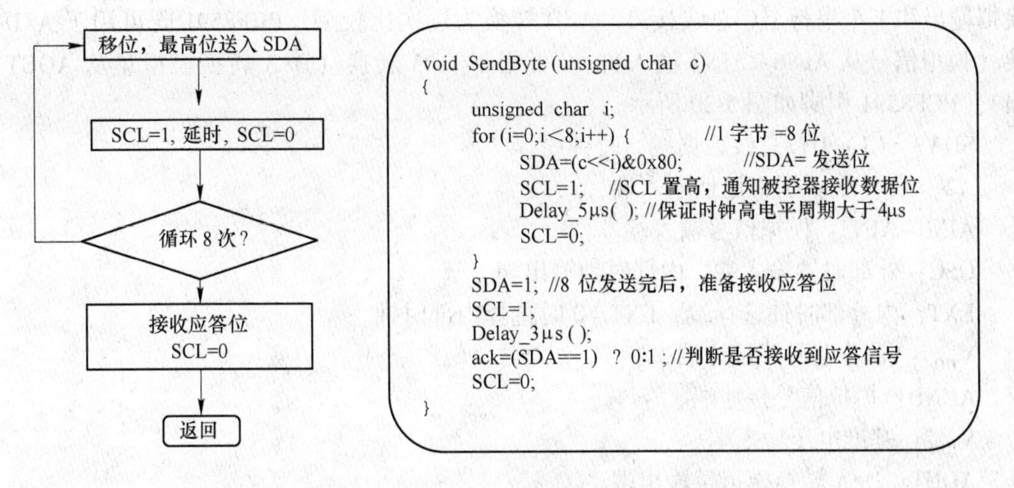

图 5-18　单片机发送 1 字节流程及 C51 函数

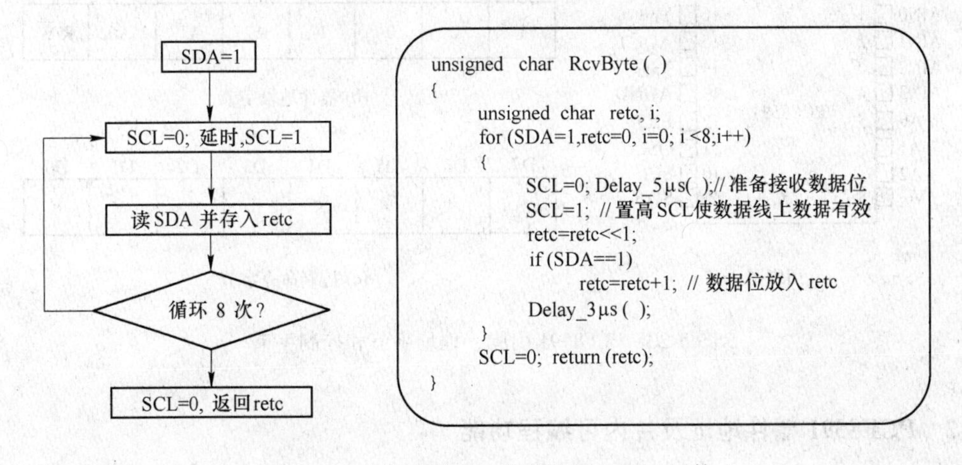

图 5-19　单片机接收 1 字节流程及 C51 函数

I²C 主机接收一个字节时，首先把 SDA 线置为高电平，以便使单片机能够准确地读到来自 SDA 线上的输入信号。对于每一位的接收，都要先把 SCL 线置为低电平一段时间，使从机把该位的内容送给 SDA；然后置高 SCL 线，使数据线 SDA 上的数据有效。主机随后对接收的字节进行一次右移操作，并把 SDA 的值加到字节的最低位，从而使接收的位以由高到低的次序装入。

5.5　I²C 串行 ADC/DAC 芯片 PCF8591

为了满足多种需要，目前国内外各半导体器件生产厂家设计并生产出了多种多样的 I²C 串行 A/D、D/A 芯片。本节介绍 Philips 公司生产的 PCF8591A/D 及 D/A 转换器。

5.5.1　PCF8591 引脚

PCF8591 是具有 I²C 总线接口的 8 位 A/D 及 D/A 转换器，具有 4 个模拟输入、1 个模拟输出和1个串行I^2C总线接口。A/D转换为逐次比较型。PCF8591既可用于A/D转换（模拟信号从AIN0～AIN3输入），又可用于D/A转换（D/A转换模拟量从AOUT输出）。PCF8591引脚如图5-20所示。

SDA、SCL：I^2C总线数据线、时钟线。

A2、A1、A0：引脚地址输入端。

AIN0～AIN3：模拟信号输入端。

OSC：外部时钟输入端，内部时钟输出端。

EXT：内外部时钟选择端，EXT=0时选择内部时钟。

V_{DD}、V_{SS}：电源、接地端。

AGND：模拟信号接地端。

V_{REF}：基准电压输入端。

AOUT：D/A转换模拟量输出端。

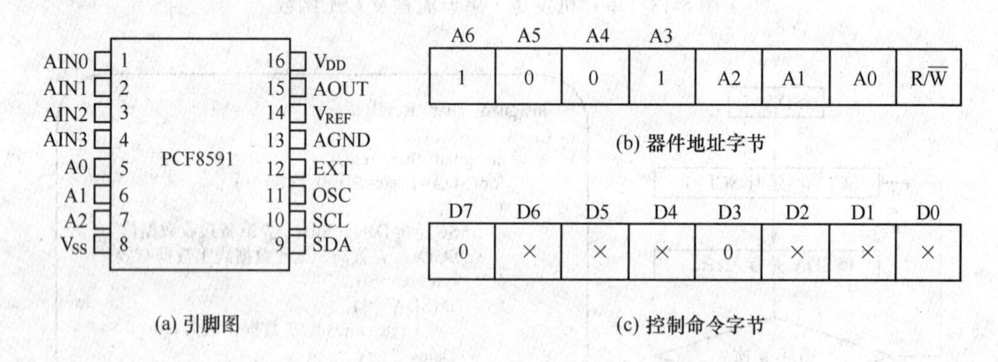

图5-20 PCF8591引脚、地址字节和控制字节

5.5.2 PCF8591器件地址及片内可编程功能

PCF8591采用典型的I^2C总线接口器件寻址方法，即总线地址由器件地址、引脚地址和方向位组成。总线操作时，由器件地址、引脚地址和方向位组成的从地址为主控器发送的第一字节。Philips公司规定A/D器件地址为1001，引脚地址为A2A1A0，其值由用户选择，见图5-20b。因此I^2C系统中最多可接$2^3=8$个PCF8591器件。器件地址的最后一位为方向位$R/\overline{W}$，当主控器对A/D器件进行读操作时为1，进行写操作时为0。若把PCF8591的A2、A1、A0引脚接地，则CPU向PCF8591写D/A转换数字量的地址为SLAW=90H；CPU从PCF8591读A/D转换结果的地址为SLAR=91H。

PCF8591内部有一个控制寄存器，用来存放控制命令字节COM。其格式如图5-20c所示。

D1、D0：A/D通道编号。

00——通道0；

01——通道1；

10——通道2；

11——通道3。

D2：自动增量选择。D2=1 时，A/D 转换将按通道 0~3 依次自动转换。

D3、D7：必须为 0。

D5、D4：模拟量输入方式选择位，见图 5-21。

00 ——输入方式 0（四路单端输入）；

01 ——输入方式 1（三路差分输入）；

10 ——输入方式 2（二路单端一路差分输入）；

11 ——输入方式 3（二路差分输入）。

D6：模拟输出允许。D6=1，模拟量输出有效。

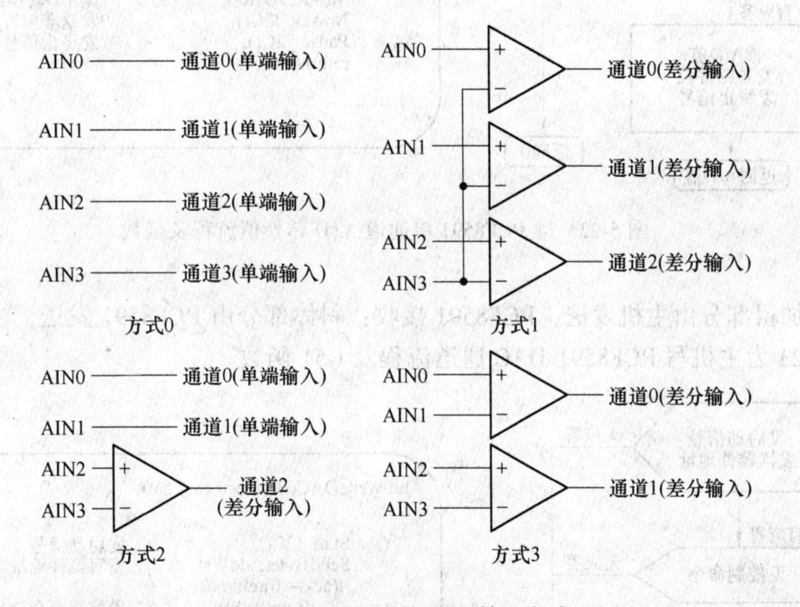

图 5-21　PCF8591 的 ADC 输入方式

5.5.3　主机读 PCF8591 单通道 A/D 转换数据操作

主机读单通道 A/D 转换字节的通信协议为：

S	**SLAW**	*A*	**COM**	*A*	**S**	**SLAR**	*A*	*DATA*	**$\overline{A}$**	**P**

其中加粗部分由主机发送，PCF8591 接收；斜体部分由 PCF8591 发送，主机接收。

首先，主机发出起始信号 S，然后主机向 PCF8591 发送 A/D 转换写地址字节 SLAW。主机在得到 PCF8591 应答后发命令字节 COM，该字节包含有 A/D 转换通道号。在得到 PCF8591 应答后，主机再次发出起始信号 S，并发出读器件地址字节 SLAR。在得到 PCF8591 应答和 A/D 转换结果 DATA 后，主机发送非应答信号$\overline{A}$和终止信号 P。图 5-22 为主机读 PCF8591 单通道 A/D 转换值流程及函数。

5.5.4　主机向 PCF8591 的 DAC 写数据操作

主机向 D/A 转换通道写一字节的通信协议为：

S	**SLAW**	*A*	**COM**	*A*	**DATA**	*A*	**P**

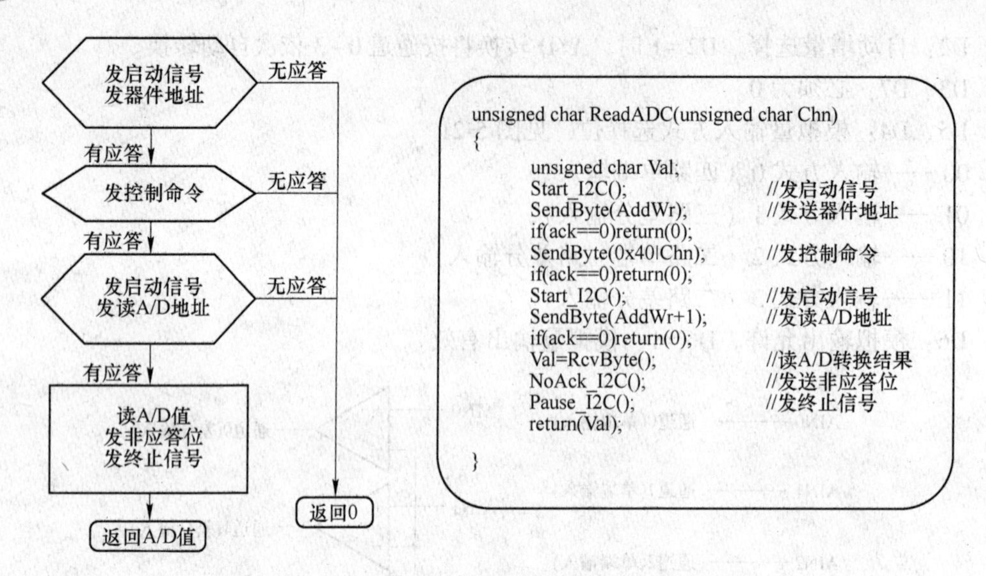

图 5-22 读 PCF8591 单通道 A/D 转换值流程及函数

其中加粗部分由主机发送，PCF8591 接收；斜体部分由 PCF8591 发送，主机接收。图 5-23 为主机写 PCF8591 DAC 通道流程及 C51 函数。

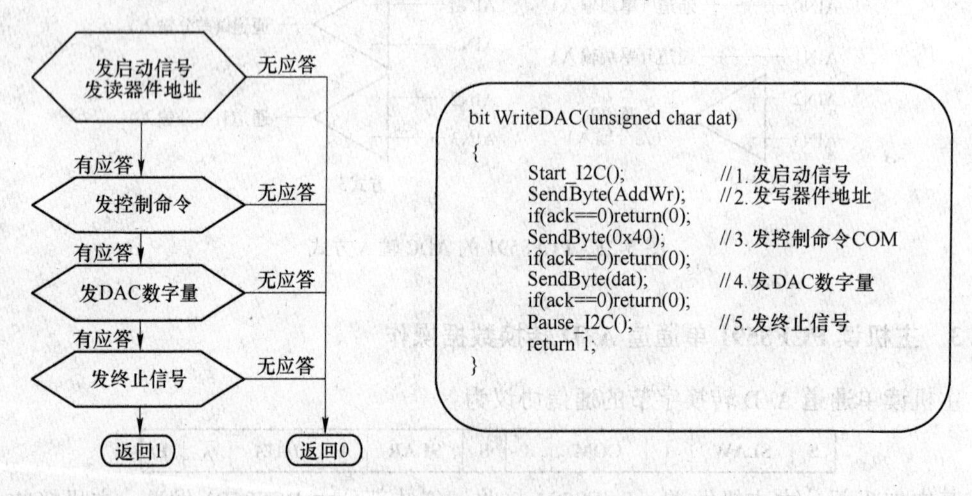

图 5-23 主机写 PCF8591 DAC 通道流程及 C51 函数

首先，主机发出起始信号 S，然后主机向 PCF8591 发送 D/A 转换写寻址字节 SLAW。主机在得到 PCF8591 应答后发命令字节 COM。主机又在得到 PCF8591 应答后发一字节的 DAC 数字量。最后主机在得到 PCF8591 应答后发出终止信号 P。

5.6 I²C 总线 EEPROM 芯片 AT24C02

5.6.1 AT24C02 简介

AT24C02 是 Atmel 公司生产的低功耗 CMOS 串行 EEPROM，内含 256×8 位存储空间，

其工作电压宽（2.5~5.5V）、擦写次数多（大于 10000 次）、写入速度快（小于 10ms）。AT24C02 有一个 16 字节的写寄存器并具有专门的写保护功能。

AT24C02 器件引脚及与单片机接口电路如图 5-24 所示，图中 VSCL、VSDA 为单片机的两个普通 I/O 引脚，用于模拟 I²C 总线。

AT24C02 各引脚功能如下。

SDA、SCL：I²C 总线数据线、时钟线。

A2、A1、A0：引脚地址输入端。

V_{cc}：接+5V 电源。

V_{SS}：接地端。

WP：硬件写保护引脚。如果 WP 管脚连接到 V_{cc}，所有的内容都被写保护（只能读）。当 WP 管脚连接到 V_{SS}或悬空，允许对器件进行正常的读/写操作。

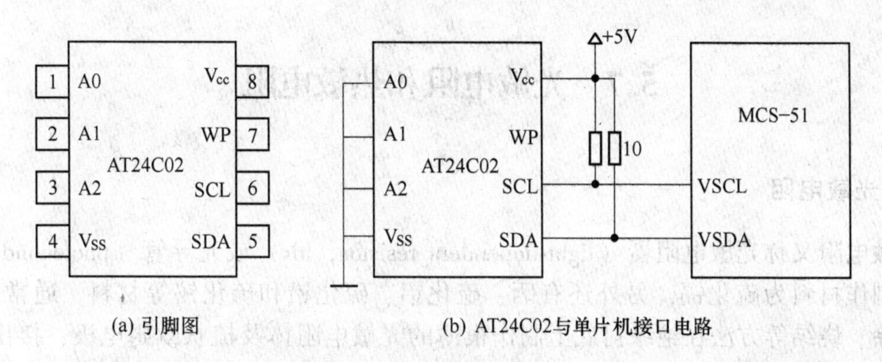

图 5-24 AT24C02 引脚及接口电路

5.6.2 AT24C02 写入过程

AT24C02 芯片地址的固定部分为 1010，A2、A1、A0 引脚接高、低电平后得到确定的 3 位编码。形成的 7 位编码即为该器件的地址码。

单片机进行写操作时，首先发送该器件的 7 位地址码和写方向位“0”（共 8 位，即一个字节），发送完后释放 SDA 线并在 SCL 线上产生第 9 个时钟信号。被选中的存储器器件在确认是自己的地址后，在 SDA 线上产生一个应答信号作为响应，单片机收到应答后就可以传送数据了。

传送数据时，单片机首先发送一个字节的被写入器件的存储区的首地址，收到存储器器件的应答后，单片机就逐个发送各数据字节，但每发送一个字节后都要等待应答。

AT24C02 在接收到每一个数据字节地址后自动加 1，在芯片的“一次装载字节数”（不同芯片字节数不同）限度内，只需输入首地址。装载字节数超过芯片的“一次装载字节数”时，数据地址将“上卷”，前面的数据将被覆盖。

当要写入的数据传送完后，单片机应发出终止信号以结束写入操作。下面是单片机向 AT24C02 写入 n 个字节的数据格式：

S	器件地址	*A*	写入首地址	*A*	**Data 1**	*A*	……	**Data n**	*A*	**P**

5.6.3 AT24C02 读出过程

单片机先发送该器件的 7 位地址码和写方向位“0”，发送完后释放 SDA 线并在 SCL 线上产生第 9 个时钟信号。被选中的存储器器件在确认是自己的地址后，在 SDA 线上产生一个应答信号作为回应。

然后，单片机再发一个字节，内容是要读出的存储区的首地址。单片机收到 AT24C02 应答后，单片机要重复一次起始信号并发出器件地址和读方向位“1”。单片机收到 AT24C02 应答后就可以读出数据字节，每读出一个字节，单片机都要回复应答信号。当最后一个字节数据读完后，单片机应返回以“非应答”（高电平），并发出终止信号以结束读出操作。下面是单片机从 AT24C02 读出 *n* 个字节的数据格式：

S	器件地址	*A*	读出首地址	*A*	S	器件地址+1	*A*	*Data* 1	A	……	*Data n*	$\overline{A}$	P

5.7 光敏电阻和热敏电阻

5.7.1 光敏电阻

光敏电阻又称光敏电阻器（light-dependent resistor，ldr）或光导管（photoconductor），常用的制作材料为硫化镉，另外还有硒、硫化铝、硫化铅和硫化铋等材料。通常采用涂敷、喷涂、烧结等方法在绝缘衬底上制作很薄的光敏电阻体及梳状欧姆电极，接出引线，封装在具有透光镜的密封壳体内，以免受潮影响其灵敏度，即为光敏电阻器。

光敏电阻的制作材料具有在特定波长的光照射下，其阻值迅速减小的特性。这是由于光照产生的载流子都参与导电，在外加电场的作用下作漂移运动，电子奔向电源的正极，空穴奔向电源的负极，从而使光敏电阻器的阻值迅速下降。入射光消失后，由光子激发产生的电子-空穴对将复合，光敏电阻的阻值也就恢复原值。

在光敏电阻两端的金属电极加上电压，其中便有电流通过，受到一定波长的光线照射时，电流就会随光强的增大而变大，从而实现光电转换。光敏电阻没有极性，纯粹是一个电阻器件，使用时既可加直流电压，也可加交流电压。半导体的导电能力取决于半导体导带内载流子数目的多少。光敏电阻的外形和电路中的符号如图 5-25 所示。

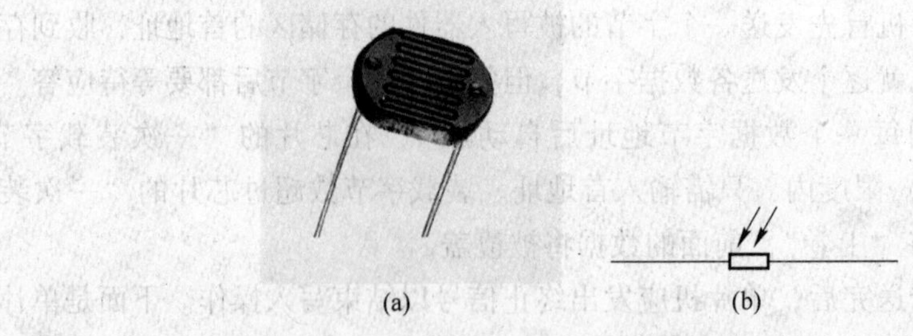

图 5-25　光敏电阻外形（a）和电路中的符号（b）

根据光敏电阻的光谱特性，可分为三种光敏电阻器：

紫外光敏电阻器：对紫外线灵敏，包括硫化镉、硒化镉光敏电阻器等，用于探测紫外线。

红外光敏电阻器：主要有硫化铅、碲化铅、硒化铅、锑化铟等光敏电阻器，广泛用于导弹制导、天文探测、非接触测量、人体病变探测、红外光谱、红外通信等国防、科学研究和工农业生产中。

可见光光敏电阻器：包括硒、硫化镉、硒化镉、碲化镉、砷化镓、硅、锗、硫化锌光敏电阻器等，主要用于各种光电控制系统，如光电自动开关门户，航标灯、路灯和其他照明系统的自动亮灭，自动给水和自动停水装置，机械上的自动保护装置和“位置检测器”，极薄零件的厚度检测器，照相机自动曝光装置，光电计数器，烟雾报警器，光电跟踪系统等方面。

5.7.2 热敏电阻

热敏电阻是敏感元件的一类，按照温度系数不同分为正温度系数热敏电阻（PTC）和负温度系数热敏电阻（NTC）。热敏电阻的典型特点是对温度敏感，不同的温度下表现出不同的电阻值。正温度系数热敏电阻在温度越高时电阻值越大，负温度系数热敏电阻在温度越高时电阻值越低。

热敏电阻由半导体陶瓷材料组成，大多为负温度系数，即阻值随温度增加而降低。温度变化会造成大的阻值改变，因此它是最灵敏的温度传感器。但热敏电阻的线性度极差，并且与生产工艺有很大关系。图 5-26 为各种热敏电阻实物图。

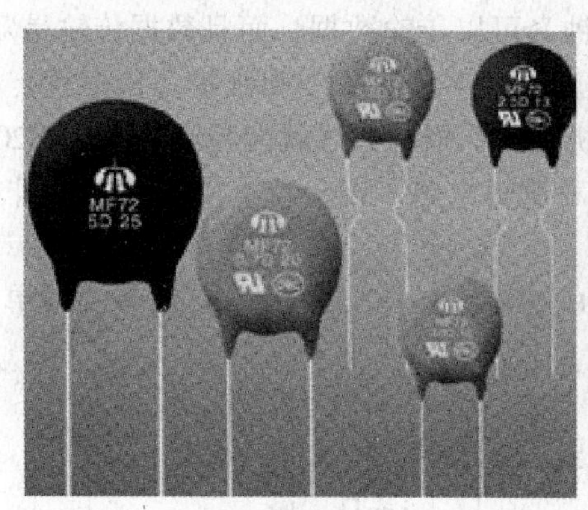

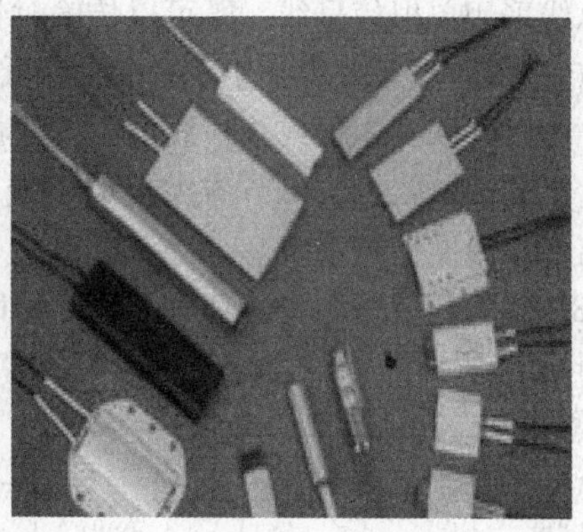

图 5-26 各种热敏电阻

PTC 热敏电阻于 1950 年出现，随后 1954 年出现了以钛酸钡为主要材料的 PTC 热敏电阻。PTC 热敏电阻除用作加热元件外，同时还能起到“开关”的作用，兼有敏感元件、加热器和开关三种功能，称为“热敏开关”。

PTC 元件应用广泛，可用于电器设备的过热保护、无触点继电器、恒温、自动增益控制、电机启动、时间延迟、彩色电视自动消磁、火灾报警和温度补偿等方面。目前 PTC 元件作为发热体在家用电器上也得到广泛应用，如冰箱、彩电和电子驱蚊器等。

NTC 热敏电阻器的发展经历了漫长的阶段。1834 年，科学家首次发现了硫化银有负温度系数的特性。1930 年，科学家发现氧化亚铜-氧化铜也具有负温度系数的性能，并将之成功地运用在航空仪器的温度补偿电路中。随后，由于晶体管技术的不断发展，热敏电阻器的研究取得重大进展。1960年研制出了NTC热敏电阻器。NTC热敏电阻器广泛用于测温、控温、温度补偿等方面。

热敏电阻的主要特点是：

（1）灵敏度较高，其电阻温度系数要比金属大10~100倍以上；

（2）工作温度范围宽，常温器件适用于-55~315℃，高温器件适用温度高于315℃（目前最高可达到2000℃），低温器件适用于-273~55℃；

（3）体积小，能够测量其他温度计无法测量的空隙、腔体及生物体内血管的温度；

（4）使用方便，电阻值可在0.1~100kΩ间任意选择；

（5）易加工成复杂的形状，可大批量生产。

但热敏电阻阻值与温度的非线性严重，元件的一致性差，互换性差；除特殊高温热敏电阻外，绝大多数热敏电阻仅适合0~150℃范围。

5.7.3 DS18B20单总线数字温度传感器

DS18B20是DALLAS公司生产的单总线数字温度传感器，温度测量范围为-55~+125℃，可编程为9位~12位A/D转换精度，测温分辨率可达0.0625℃，被测温度用符号扩展的16位数字量方式串行输出；其工作电源既可在远端引入，也可采用寄生电源方式产生。分辨率设定和用户设定的报警温度存储在EEPROM中，掉电后依然保存。温度以单总线的数字方式传输，大大提高了系统的抗干扰性，适合于恶劣环境的现场温度测量，如：环境控制、设备或过程控制、测温类消费电子产品等。

单总线采用单根信号线，既可以传输时钟又可以传输数据，而且数据传输是双向的。它具有节省I/O口资源、结构简单、成本低廉、便于总线扩展和维护等诸多优点。多个DS18B20可以并联到3根或2根线上，单片机只需一根端口线就能与诸多DS18B20通信，占用单片机的端口较少，可节省大量的引线和逻辑电路。以上特点使DS18B20非常适用于远距离多点温度检测系统。

DS18B20的封装采用TO-92和8-Pin SOIC封装，DS18B20的SOIC封装及与单片机的连接如图5-27所示。

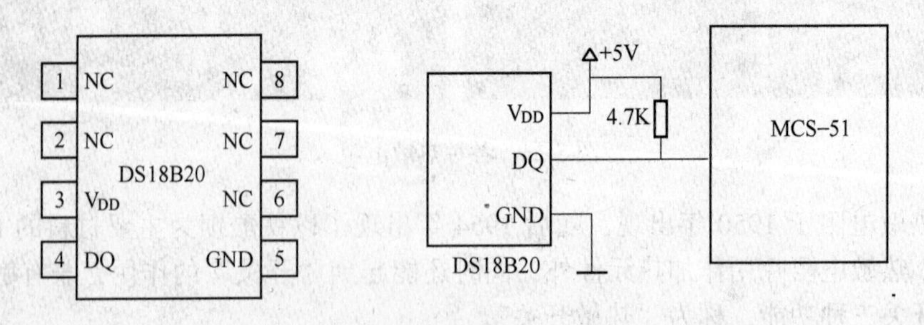

图5-27 DS18B20引脚及与单片机的连接

DS18B20引脚如下。

V_{DD}：外接供电电源输入端（在寄生电源接线方式时接地）。

DQ：数字信号输入/输出端。

NC：空引脚。

GND：电源地。

DS18B20 内部结构如图 5-28 所示，主要包括：寄生电源、温度传感器、64 位光刻 ROM、存放中间数据的高速暂存器 RAM、非易失性温度报警触发器 TH 和 TL、配置寄存器等部分。

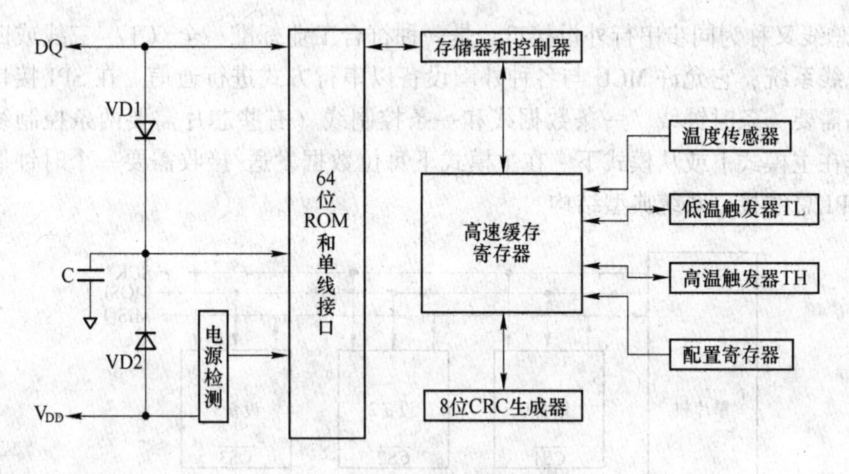

图 5-28　DS18B20 的内部结构

（1）寄生电源。寄生电源由二极管 VD1、VD2、寄生电容 C 和电源检测电路组成，电源检测电路用于判定供电方式。DS18B20 有两种供电方式：3~5.5V 的电源供电方式和寄生电源供电方式（直接从数据线获取电源）。寄生电源供电时，V_{DD}端接地，器件从单总线上获取电源。当 I/O 总线呈低电平时，由电容 C 上的电压继续向器件供电。该寄生电源有两个优点：第一，检测远程温度时无需本地电源；第二，缺少正常电源时也能读 ROM。

（2）64 位只读存储器 ROM。ROM 中的 64 位序列号是出厂前被光刻好的，它可以看作是该 DS18B20 的地址序列码。光刻 ROM 的作用是使每一个 DS18B20 都各不相同，这样就可以实现一根总线上挂接多个 DS18B20 的目的。64 位光刻 ROM 序列号的排列是：开始 8 位（28H）是产品类型标号，接着的 48 位是该 DS18B20 自身的序列号，最后 8 位是前面 56 位的循环冗余校验码（$CRC=X^8+X^5+X^4+1$）。

（3）温度传感器。DS18B20 中的温度传感器完成对温度的测量。测量范围是-55~+125℃，分辨率的默认值是 12 位。DS18B20 温度采集转化后得到 16 位数据，存储在 DS18B20 的两个 8 位 RAM 中，用 16 位符号扩展的二进制补码读数形式提供，其中高字节的高 5 位 S 代表符号位，如果温度值大于或等于零，符号位为 0；温度值小于零，符号位为 1。数值位以 0.0625℃/LSB 形式表达。例如+125℃的数字输出为 07D0H，+25.0625℃的数字输出为 0191H，-25.0625℃的数字输出为 FF6FH，-55℃的数字输出为 FC90H。

（4）内部存储器。DS18B20 的内部存储器包括一个高速暂存 RAM 和一个非易失性的可电擦除的 EEPROM。EEPROM 用于存放高温度和低温度触发器 TH、TL 和配置寄存器的内容。高速暂存存储器由 9 个字节组成。

（5）配置寄存器。暂存器的第五字节是配置寄存器，可以通过相应的写命令配置其内容。

5.8 SPI总线与DS1302时钟芯片

5.8.1 SPI总线简介

SPI总线又称为同步串行外设接口，是一种符合工业标准、全双工、三线或四线通信方式的总线系统，它允许MCU与各种外围设备以串行方式进行通信。在SPI接口中，数据的传输需要一条时钟线、一条数据线和一条控制线（有些芯片需要两条控制线）。SPI可以工作在主模式下或从模式下。在主模式下每位数据发送/接收需要一个时钟周期。图5-29为SPI总线接口系统典型结构。

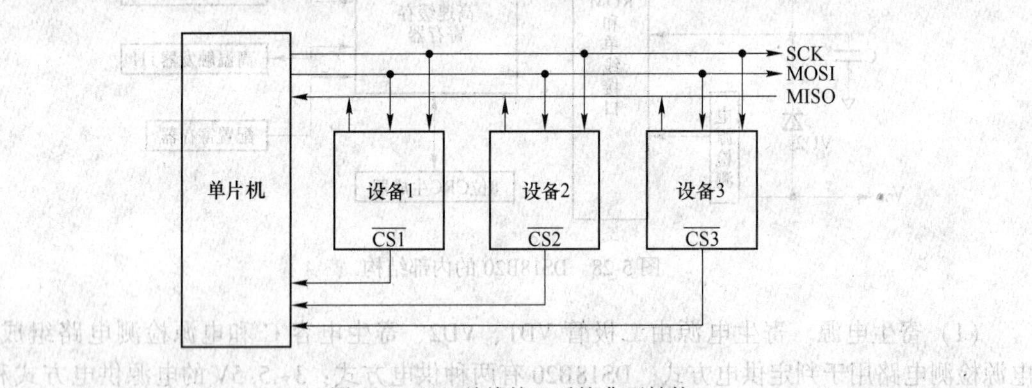

图5-29 SPI总线接口系统典型结构

SPI总线有四线制和三线制两种类型。四线制的SPI包括CS、SCK、MOSI和MISO四条信号线，全双工，可同时收发数据。三线制的SPI包括CS、SCK、DIO三条信号线，半双工，只能分时收发数据。

MOSI：主设备数据输出，从设备数据输入。

MISO：主设备数据输入，从设备数据输出。

SCK：用来为数据通信提供同步时钟信号，由主设备产生。

CS：从设备使能信号，由主设备控制。

SPI总线在一次数据传输过程中，接口上只能有一个主机和一个从机能够通信，并且，主机总是向从机发送一个字节数据，而从机也总是向主机发送一个字节数据。数据是同步进行发送和接收的。其数据的传输格式是高位（MSB）在前，低位（LSB）在后。

SPI没有应答机制确认是否接收到数据。如果只是进行写操作，主机只需忽略收到的字节；反过来，如果主机要读取从机的一个字节，就必须发送一个空字节来引发从机的传输。

大多数的MCS-51单片机没有SPI模块接口，通常使用软件的方法来模拟SPI的总线操作，包括串行时钟、数据输入和输出。

5.8.2 实时时钟芯片DS1302简介

DS1302是美国DALLAS公司推出的一种高性能、低功耗、带RAM的实时时钟电路，它可以对年、月、日、周日、时、分、秒进行计时，具有闰年补偿功能，工作电压为2.5~5.5V。DS1302采用SPI三线接口与CPU进行同步通信，并可采用突发方式一次传送多个字节的时钟信号或RAM数据。DS1302内部有一个31×8的用于临时性存放数据的RAM寄存器。DS1302与单片机的连接如图5-30所示。

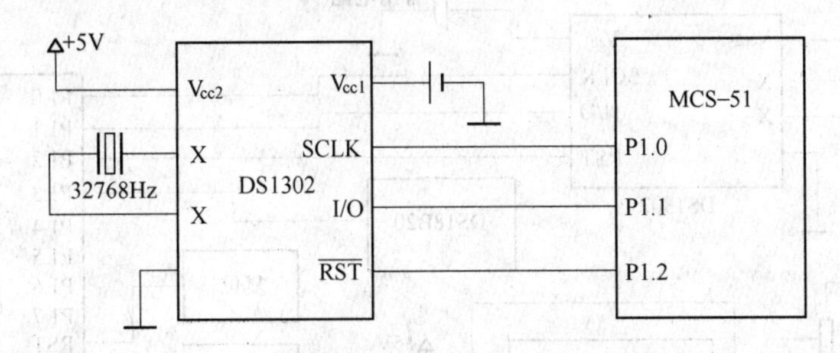

图5-30　DS1302与单片机接口电路

DS1302引脚定义如下：

I/O：数据输入/输出引脚。

SCLK：串行时钟输入引脚。

$\overline{RST}$：复位引脚。

GND：接地引脚。

V_{cc1}、V_{cc2}：备份电源、工作电源引脚。

X1、X2：晶振接入管脚。晶振频率为32.768kHz。

其中V_{cc1}为后备电源，V_{cc2}为主电源。在主电源关闭的情况下，也能保持时钟的连续运行。DS1302由V_{cc1}和V_{cc2}两者中的较大者供电。当V_{cc2}大于V_{cc1}+0.2V时，V_{cc2}给DS1302供电。当V_{cc2}小于V_{cc1}时，DS1302由V_{cc1}供电。X1和X2是振荡源，外接32.768kHz晶振。RST是复位/片选线，通过把RST输入驱动置高电平来启动所有的数据传送。$\overline{RST}$输入有两种功能：首先，$\overline{RST}$接通控制逻辑，允许地址/命令序列送入移位寄存器；其次，$\overline{RST}$提供终止单字节或多字节数据传送的方法。当RST为高电平时，所有的数据传送被初始化，允许对DS1302进行操作。如果在传送过程中RST置为低电平，则会终止此次数据传送，I/O引脚变为高阻态。上电运行时，在V_{cc}>2.0V之前，$\overline{RST}$必须保持低电平。只有在SCLK为低电平时，才能将RST置为高电平。I/O为串行数据输入输出端，SCLK为时钟输入端。

5.9 串行接口器件综合应用

串行接口器件所需的连线少，扩展方便，但程序设计细节多，工作量大。本节用一片MCS-51系列单片机STC90C516RD+把SPI总线的DS1302、单总线的DS18B20、I^{2}C总线的PCF8591和AT20C02连接起来，作为综合应用示例。

5.9.1 串口器件应用电路组成

系统的硬件电路如图 5-31 所示，该电路可在具有相关器件的单片机开发板上搭建。

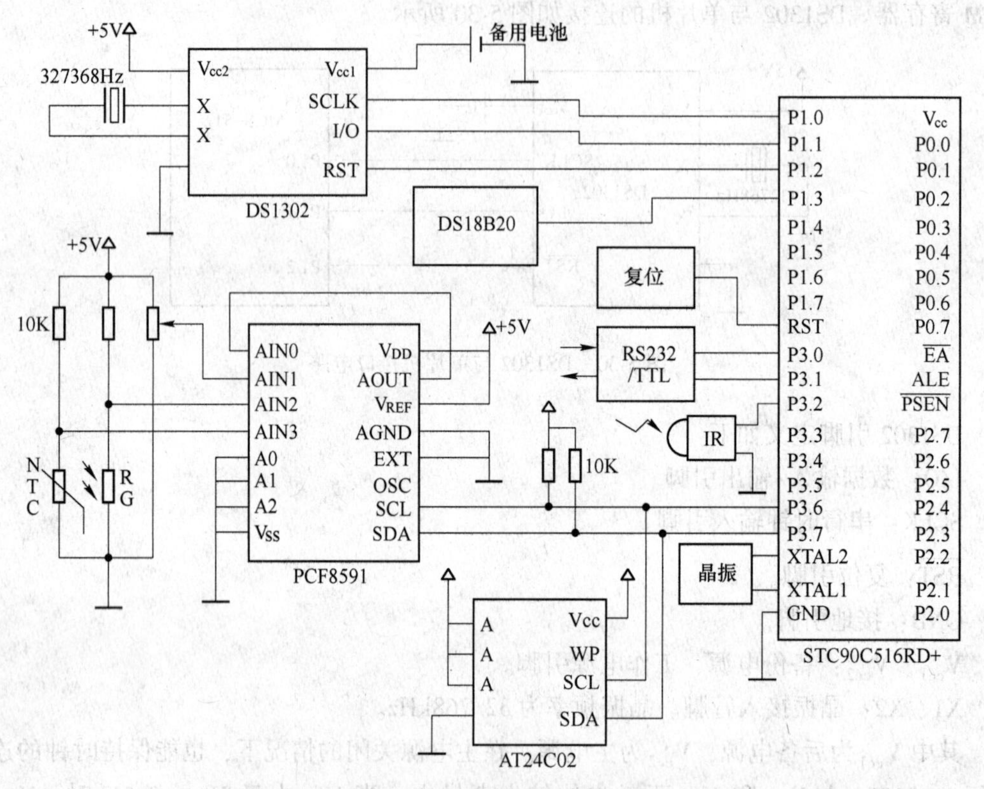

图 5-31 单片机串行接口器件综合应用硬件组成图

系统中，除了上述的串口器件，单片机的 UART 通过 RS232/TTL 电平转换或 USB 转换模块与 PC 电脑的串口连接，实现 RS232 串行通信；单片机的 P3. 2 引脚与红外接收头连接，用于接收红外遥控器发出的按键信息。

PCF8591 的 A/D、D/A 通道分配如下。

AIN0：与 PCF8591 的 AOUT 连接，用于采集 PCF8591 的 D/A 输出。

AIN1：与一只可调电位器连接。

AIN2：与光敏电阻 RG 连接，用于采集光敏电阻输出点的电压值。

AIN3：与 NTC 热敏电阻连接，用于采集热敏电阻输出点的电压值。

该硬件电路的特点是：采用红外遥控器代替矩阵键盘，简化了硬件电路，提高了可靠性；采用单片机与 PC 电脑的串行通信传输信息，省去了单片机的显示电路和键盘输入电路；RS232 串口通信可以使用标准格式化输出函数 printf（）处理信息的输出，简化了程序设计工作；串行接口器件所用的 I/O 线很少，整个系统仅使用了单片机的 9 根 I/O 线，还有很大的扩展能力。

5.9.2 串口器件应用 C51 程序设计

程序设计以应用系统的硬件为根据，由主程序、EX0 和 T0 中断服务程序、各串行接口器件程序组成。其中，EX0 和 T0 中断服务程序分别用于红外遥控器按键信息的接收和计时，PCF8591 的 I^2C 程序前面已经详细介绍，其他器件的程序可以参考相关函数中的注释。这里只对主程序予以介绍。

图 5-32 是主程序流程图。主程序在完成初始化工作后，就进入主循环。在主循环中，首先判断是否接收到红外遥控器的按键，如果接收到，就进行按键处理。为简化编程，主程序仅把第三组红外编码的时间信息合成为按键键值 key。如果没有接收到红外按键，则不改变键值 key。

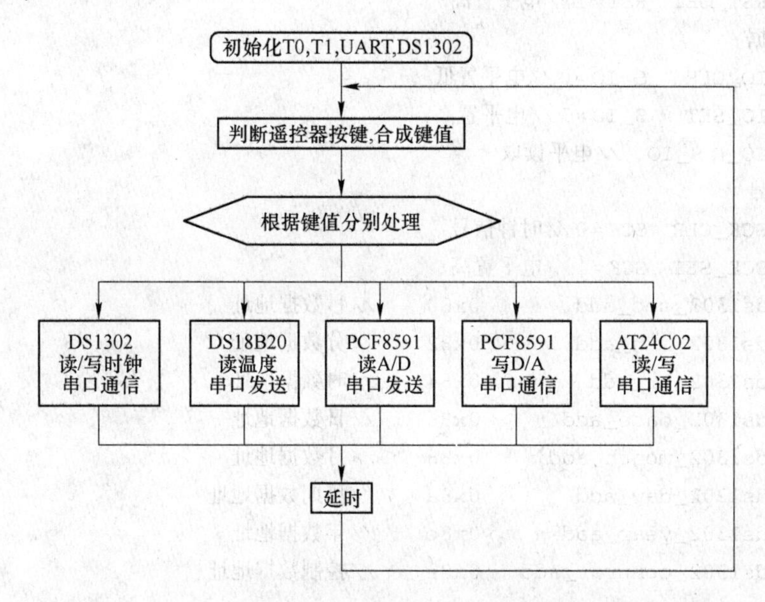

图 5-32 单片机串行接口器件应用主程序流程图

接下来，由 switch 语句根据键值 key 分别进行相应的处理。

例如，当 key 值为 0x15，即按下了遥控器的“+”键，单片机就通过串口向 PC 电脑发送提示信息。操作者在看到 PC“串口助手”软件接收窗口显示的提示信息后，就输入“年月日时分秒星期”数据，点击“发送”按钮。单片机接收到这 7 个字节的数据后，把它们写入 DS1302。由于这种写入操作是一次性操作，所以写入后把键值 key 清零，则下次主循环就不会自动进入“+”键的处理。为了即刻验证写入的时钟数据，这段程序在把 key 清零后并不是使用 break 语句退出 switch，而是直接进入读 DS1302 并发送时钟数据到 PC 电脑（即“EQ”键）的处理过程。而对于“EQ”键，由于没有修改 key 值，所以在按下一次“EQ”键后，其后的循环会自动地进入该键值的处理程序，所以可在电脑上持续观察时钟的改变。

再如，对于 PCF8591 的 AIN0、AIN1、AIN2，由于处理方式相同，程序中采用了在各自的键值处理中赋值对应的通道号，然后统一读 A/D 通道并串口发送的方法。对于 AIN3，采用了读 A/D 通道值，再通过查表得到温度值，最后串口发送的方法。

这些方法，简化了主程序的设计。

此外，虽然串行接口器件的处理程序较长，但整个程序仍然体现了模块化的特点。

C51 源程序：

```
#include<atmel\at89x52.h>
#include<intrins.h>
//////////////////DS1302 functions/////////////////////
sbit SCK=P1^0;
sbit S_IO=P1^1;
sbit RST=P1^2;
#define RST_CLR  RST=0//电平置低
#define RST_SET  RST=1//电平置高
//双向数据
#define IO_CLR   S_IO=0//电平置低
#define IO_SET   S_IO=1//电平置高
#define IO_R S_IO  //电平读取
//时钟信号
#define SCK_CLR  SCK=0//时钟信号
#define SCK_SET  SCK=1//电平置高
#define ds1302_sec_add          0x80    //秒数据地址
#define ds1302_min_add          0x82    //分数据地址
#define ds1302_hr_add           0x84    //时数据地址
#define ds1302_date_add         0x86    //日数据地址
#define ds1302_month_add        0x88    //月数据地址
#define ds1302_day_add          0x8a    //星期数据地址
#define ds1302_year_add         0x8c    //年数据地址
#define ds1302_control_add      0x8e    //控制数据地址
#define ds1302_charger_add      0x90
#define ds1302_clkburst_add     0xbe
unsigned char time_buf[8]; //空年月日时分秒星期
void Ds1302_Write_Byte(unsigned char addr, unsigned char d)
{
   unsigned char i;
   RST_SET;
   //写入目标地址：addr
   addr = addr & 0xFE;        //最低位置零
   for(i = 0; i < 8; i ++) {
      if(addr & 0x01){IO_SET;}
      else{IO_CLR;}
      SCK_SET;
      SCK_CLR;
      addr = addr >> 1;
   }
   //写入数据：d
   for(i = 0; i < 8; i ++) {
      if(d & 0x01){IO_SET;     }
      else{IO_CLR;}
```

```
        SCK_SET;
        SCK_CLR;
        d = d >> 1;
    }
    RST_CLR;                //停止 DS1302 总线
}
unsigned char Ds1302_Read_Byte (unsigned char addr)
{
    unsigned char i;
    unsigned char temp;
    RST_SET;
    //写入目标地址：addr
    addr = addr | 0x01; //最低位置高
    for (i = 0; i < 8; i ++) {
        if (addr & 0x01) IO_SET;
        else         IO_CLR;
        SCK_SET;
        SCK_CLR;
        addr = addr >> 1;
    }
    //输出数据：temp
    for (i = 0; i < 8; i ++) {
        temp = temp >> 1;
        if (IO_R)     temp | = 0x80;
        else     temp &= 0x7F;
        SCK_SET;
        SCK_CLR;
    }
    RST_CLR; //停止 DS1302 总线
    return temp;
}
void Ds1302_Write_Time (void)
{
    Ds1302_Write_Byte (ds1302_control_add, 0x00);             //关闭写保护
    Ds1302_Write_Byte (ds1302_sec_add, 0x80);                 //暂停
    //Ds1302_Write_Byte (ds1302_charger_add, 0xa9);           //涓流充电
    Ds1302_Write_Byte (ds1302_year_add, time_buf [1] );       //年
    Ds1302_Write_Byte (ds1302_month_add, time_buf [2] );      //月
    Ds1302_Write_Byte (ds1302_date_add, time_buf [3] );       //日
    Ds1302_Write_Byte (ds1302_hr_add, time_buf [4] );         //时
    Ds1302_Write_Byte (ds1302_min_add, time_buf [5] );        //分
    Ds1302_Write_Byte (ds1302_sec_add, time_buf [6] );        //秒
    Ds1302_Write_Byte (ds1302_day_add, time_buf [7] );        //星期
```

```
    Ds1302_Write_Byte (ds1302_control_add, 0x80);            //打开写保护
}
void Ds1302_Read_Time (void)
{
    time_buf [1] =Ds1302_Read_Byte (ds1302_year_add);        //年
    time_buf [2] =Ds1302_Read_Byte (ds1302_month_add);       //月
    time_buf [3] =Ds1302_Read_Byte (ds1302_date_add);        //日
    time_buf [4] =Ds1302_Read_Byte (ds1302_hr_add);          //时
    time_buf [5] =Ds1302_Read_Byte (ds1302_min_add);         //分
    time_buf [6] =(Ds1302_Read_Byte (ds1302_sec_add))&0x7F;  //秒
    time_buf [7] =Ds1302_Read_Byte (ds1302_day_add);         //星期
}
void Ds1302_Init (void)
{
    RST_CLR;                //RST 脚置低
    SCK_CLR;                //SCK 脚置低
    Ds1302_Write_Byte (ds1302_sec_add, 0x00);
}
//////////////////////////End of DS1302 function////////////////
////////////////////////////DS18B20 function
sbit DQ=P1^3; //ds18b20 端口
/* μs 延时函数，大致延时 T=tx2+5 μs */
void DelayUs2x (unsigned char t)
{
    while (--t);
}
/* ms 延时函数 */
void DelayMs (unsigned char t)
{
    while (t--)
    {   //大致延时 1ms
        DelayUs2x (245);
        DelayUs2x (245);
    }
}
bit Init_DS18B20 (void)
{
    bit dat=0;
    DQ = 1;                        //DQ 复位
    DelayUs2x (5);                 //稍做延时
    DQ = 0;                        //单片机将 DQ 拉低
    DelayUs2x (250);               //精确延时 大于 480μs 小于 960μs
    DQ = 1;                        //拉高总线
```

```
    DelayUs2x (50);             //15~60μs 后 接收 60~240μs 的存在脉冲
    dat=DQ;                     //如果 x=0 则初始化成功, x=1 则初始化失败
    DelayUs2x (25);             //稍作延时返回
    return dat;
}

/*读取一个字节*/
unsigned char ReadOneChar (void)
{
    unsigned char i=0;
    unsigned char dat = 0;
    for (i=8; i>0; i--) {
        DQ = 0; //给脉冲信号
        dat>>=1;
        DQ = 1; //给脉冲信号
        if (DQ) dat |=0x80;
        DelayUs2x (25);
        }
        return (dat);
}
/*写入一个字节*/
void WriteOneChar (unsigned char dat)
{
    unsigned char i=0;
    for (i=8; i>0; i--) {
        DQ = 0;
        DQ = dat&0x01;
        DelayUs2x (25);
        DQ = 1;
        dat>>=1;
    }
    DelayUs2x (25);
}
/*读取温度*/
unsigned int ReadTemperature (void)
{
    unsigned char a=0;
    unsigned int b=0;
    unsigned int t=0;
    Init_DS18B20 ();
    WriteOneChar (0xCC);    //跳过读序号列号的操作
    WriteOneChar (0x44);    //启动温度转换
    DelayMs (10);
```

```
    Init_DS18B20 ();
    WriteOneChar (0xCC);  //跳过读序号列号的操作
    WriteOneChar (0xBE);   //读取温度寄存器等(共可读9个寄存器)前两个就是温度
    a=ReadOneChar ();       //低位
    b=Re adOneChar ();      //高位
    b<<=8;
    t=a+b;
    return (t);
}
////////////////End of DS18B20 function/////////////
////////////////PCF8591 functions///////////////////
#define  Delay_3μs () {_nop_(); _nop_(); _nop_();}
#define  Delay_5μs () {_nop_(); _nop_(); _nop_(); _nop_(); _nop_();}

bit ack;   //应答标志位
bit PCF8591_adc;       //PCF8591 ADC状态：1==ok, 0==busy
sbit SCL=P3^6;
sbit SDA=P3^7;         //与实际接线一致
#define AddWr 0x90     //写数据地址
#define AddRd 0x91     //读数据地址
//////////////I2C程序//////////////////////
void Start_I2C ()
{
    SDA=1; SCL=1; /*发送起始条件的SDA、SCL*/
    Delay_5μs (); //建立时间大于4.7μs
    SDA=0;          /*发送I2C起始信号*/
    Delay_5μs ();
    SCL=0;          /*钳住I2C总线，准备读写数据*/
}
void Pause_I2C ()
{
    SDA=0; SCL=1; /*发送结束条件的SDA、SCL*/
    Delay_5μs (); //建立时间大于4μs
    SDA=1;          /*发送I2C结束信号*/
    Delay_5μs (); //结束时间大于4.7μs
}
void Ack_I2C (void)
{
    SDA=0; Delay_3μs ();
    SCL=1; Delay_5μs (); //时钟低电平>4μs
    SCL=0;          //钳住I2C总线以便继续接收
}
```

```
void NoAck_I2C (void)
{
    SDA=1; Delay_3μs ();
    SCL=1; Delay_5μs (); //时钟低电平>4μs
    SCL=0;             //钳住 I2C 总线以便继续接收
}
void SendByte (unsigned char c)
{
    unsigned char i;
    for (i=0; i<8; i++) {              //1 字节=8 位
        SDA = (c<<i) &0x80;            //SDA=发送位
        SCL=1;                         //SCL 置高，通知被控器接收数据位
        Delay_5μs ();                  //保证时钟高电平周期大于 4μs
        SCL=0;
    }
    SDA=1; SCL=1;                      //8 位发送完后，准备接收应答位
    Delay_3μs ();
    ack= (SDA==1) ? 0: 1;              //判断是否接收到应答信号
    SCL=0;
}
unsigned char RcvByte ()
{
    unsigned char retc, i;
    SDA=1;                             //置数据线为输入方式
    for (retc=0, i=0; i<8; i++) {
        SCL=0; Delay_5μs ();           //准备接收数据位
        SCL=1;                         //置高 SCL 使数据线上数据有效
        retc=retc<<1;
        if (SDA==1) retc=retc+1; //数据位放入 retc
        Delay_3μs ();
    }
    SCL=0;
    return (retc);
}
unsigned char ReadADC (unsigned char Chn)
{
    unsigned char Val;
    Start_I2C ();                      //启动总线
    SendByte (AddWr);                  //发送器件地址
    if (ack==0) return (PCF8591_adc = 0);
    SendByte (0x40 | Chn);             //发控制命令
    if (ack==0) return (PCF8591_adc = 0);
    Start_I2C ();
```

```
    SendByte (AddWr+1);
    if (ack==0) return (PCF8591_adc = 0);
    Val=RcvByte ();
    NoAck_I2C ();                       //发送非应答位
    Pause_I2C ();                       //结束总线
    PCF8591_adc = 1;
    return (Val);
}
bit WriteDAC (unsigned char dat)
{
    Start_I2C ();                       //1.发启动信号
    SendByte (AddWr);                   //2.发写器件地址
    if (ack==0) return (0);
    SendByte (0x40);                    //3.发控制命令 COM
    if (ack==0) return (0);
    SendByte (dat);                     //4.发 DAC 数字量
    if (ack==0) return (0);
    Pause_I2C ();                       //5.发终止信号
    return 1;
}
////////////////end of PCF8591 functions////////////////////////////
////////////////AT24c02 functions////////////////////////////////////
bit ISendStr (char sla, char suba, char *s)
{
    Start_I2C ();                       //启动总线
    SendByte (sla);                     //发送器件地址
    if (ack==0) return (0);
    SendByte (suba);                    //发送器件子地址
    if (ack==0) return (0);
    do {
        SendByte (*s);                  //发送数据
        DelayMs (10);
        if (ack==0) return (0);
    } while (*s++);
    Pause_I2C ();                       //结束总线
    return (1);
}
bit IRcvStr (char sla, char suba, char *s, char len)
{
    unsigned char i;
    Start_I2C ();                       //启动总线
    SendByte (sla);                     //发送器件地址
    if (ack==0) return (0);
```

```
    SendByte (suba);                  //发送器件子地址
    if (ack==0) return (0);
    Start_I2C ();
    SendByte (sla+1);
    if (ack==0) return (0);
    for (i=0; i<len-1; i++) {
        *s=RcvByte ();                //发送数据
        Ack_I2C ();                   //发送就答位
        s++;
    }
    *s=RcvByte ();
    NoAck_I2C ();                     //发送非应答位
    Pause_I2C ();                     //结束总线
    return (1);
}
sbit IR=P3^2;   //红外接收头输入
unsigned char  irtime; //T0定时间隔数，即280μs的倍数
bit irok;   //红外接收完成标志
xdata unsigned char irdata [33];    //保存红外接收头输出脉冲宽度对应的T0定时间隔数
#include<stdio.h>
void main (void)
{
    /* T0方式3：TL0、TH0初值=0 */
    TMOD |= 0X03; //定时器0工作方式3，TL0定时（T0 int），TH0定时（T1 int）
    TR0 = ET0 =1; //TL0 TH0run
    /* T1 & UART设置 */
    PCON |= 0x80; //baudrate×2
    TMOD |= 0x20; //T1，方式2，自动重装
    TH1 = TL1 = 0xFD; //9600×2=19200bps, fosc=11.0592MHz
    TR1=1;
    SM0=0; SM1=1; REN=1; TI=1; //串口方式1，允许接收，TI置1
    EA = EX0 = IT0 =1;    //开INT0中断·指定INT0（P3.2）引脚下降沿触发
    Ds1302_Init (); /*初始化DS1302*/
    while (1) {//主循环
    unsigned char key, n;
    int i, j;
    /*如果红外接收完成，将第三组红外编码转换为键值key */
    if (irok) {
        irok=0; key=0;
        if (irdata [17] >6) key |=0x01;    if (irdata [18] >6) key |=0x02;
        if (irdata [19] >6) key |=0x04;    if (irdata [20] >6) key |=0x08;
        if (irdata [21] >6) key |=0x10;    if (irdata [22] >6) key |=0x20;
        if (irdata [23] >6) key |=0x40;    if (irdata [24] >6) key |=0x80;
```

```
}
switch (key) { /*根据键值 key 进行控制*/
  code unsigned int   vt_table [] =  //电压温度对照表
    { 4132, 4098, 4063, 4026, 3988, 3949, 3908, 3866, 3823, 3779,
    3733, 3686, 3639, 3590, 3540, 3489, 3437, 3385, 3331, 3277,
    3222, 3166, 3110, 3054, 2997, 2940, 2882, 2824, 2767, 2709,
    2651, 2593, 2536, 2478, 2421, 2365, 2309, 2253, 2198, 2143,
    2089, 2036, 1984, 1932, 1881, 1831, 1782, 1734, 1686, 1640,
    1594, 1550, 1506, 1464, 1422, 1381, 1341, 1303, 1265, 1228,
    1192};
  char StrBuf [16];
    case 0x15: /*key '+' : 将 年月日时分秒星期 写入 DS1302 */
        printf (" Input: Year Month Date Hour Min Sec Week \n" );
        for (n=1; n<=7; n++) {while (! RI); RI=0; time_buf [n] =SBUF;
        }
        Ds1302_Write_Time ();
        key = 0; //对于一次性操作，将 key 设为无效键值
    case 0x09: /*key 'EQ' : 读 DS1302 并发送 时钟值 到 PC 电脑 */
        Ds1302_Read_Time ();

printf("CLOCK:%bx %bx %bx %bx %bx %bx %bx \n", time_buf[1],time_buf [2],
        time_buf[3],time_buf[4],time_buf[5],time_buf[6],time_buf[7]);
        break;
    case 0x07: /*key '-': 读 DS18B20 温度值 并发送到 PC 电脑 */
        EA=0;
        i=ReadTemperature ();
        EA=1;
        printf(" DS18B20:%x = %6.2f°C \n", i, (float) i*0.0625); //send 温度值
        break;
    case 0x16: /*key '0': read PCF8591 通道 0 */
        i = 0; //AIN0<----->Aout
    case 0x0c: /*key '1': read PCF8591 通道 1 */
        if (key==0x0c) i = 1; //AIN1<----->电位器
    case 0x18: /*key '2': read PCF8591 通道 2 */
        if (key==0x18) i = 2;
        n = ReadADC (i); //AIN2<----->光敏电阻
        printf (" PCF8591 AIN%d: digital=%d volt=%6.2fV \n",
            i, (unsigned int) n, (float) n*5/255);
        break;
    case 0x5e: /*key '3': read PCF8591 通道 3 */
        n = ReadADC (3); //AIN3<----->热敏电阻
        for (i=0, j=n*19; i<61; i++) {
            if (j >= vt_table [i] ) break;
```

```
        }
        printf (" PCF8591 AIN3: digital=%d T=%d℃\n", (unsigned int) n, i-
10);
        break;
    case 0x08: /* key '4': 向 PCF8591 的 DAC 通道写数字量 * /
        printf (" Enter PDF8591 DAC data (00~FF): \n" );
        while (! RI);           //等待串口接收
        RI=0;
        n=SBUF;                 //串口字符存入 n
        WriteDAC (n);           //将 n 写入 DAC
        key = 0x16;             //写后置 key 为红外遥控器'0'键值
        break;
    case 0x1c: /* key '5': 读 AT24C02 * /
        for (i=0; i<16; i++) StrBuf [i] ='\0';      //clr string
        IRcvStr (0xae, 4, StrBuf, 16);               //read data from 24c02
        printf ("%s\n", StrBuf);
        key = 0;
        break;
    case 0x5a: /* key '6': 写 AT24C02 * /
        for (i=0; i<16; i++) StrBuf [i] ='\0';
        printf (" Enter characters, end with #\n" );
        for (i=0, n=0; n! ='#' && i <15; i++) {
            while (RI==0); RI=0; n=SBUF; StrBuf [i] =n;
        }
        ISendStr (0xae, 4, StrBuf);         //write data to 24c02
        printf (" write str:%s\n", StrBuf);
        key = 0x1c;
        break;
    default: break; //无效按键
  }
  DelayMs (250); DelayMs (250);
  }
  }
  void t0_isr (void) interrupt 1
  {
     irtime++;  //用于计数 2 个下降沿之间的时间
  }
  void EX0isr (void) interrupt 0 //P3.2<---->IR_OUT-pin
  {
     static unsigned char  i;               //接收红外信号处理
     static bit startflag;                  //是否开始处理标志位
     if (startflag) {
         if (irtime<63&&irtime>=33) i=0; //引导码 TC9012 的头码, 9ms+4.5ms
```

```
        irdata [i] =irtime; //存储每个电平的持续时间，用于以后判断是0还是1
        irtime=0;
        if (++i==33) { irok=1; i=0;}
    }
    else {irtime=0; startflag=1;}
    }
}
```

5.9.3　程序调试

如图5-33所示，打开STC-ISP的“串口助手”，设置串口通信参数：19200，8，NO，1，然后打开串口。当单片机上电运行后，就可以对各串行接口器件进行测试。

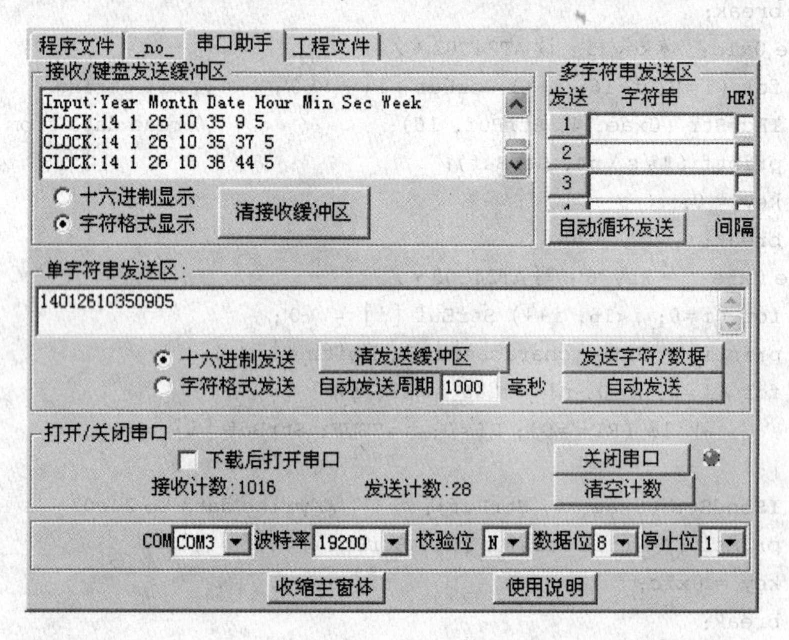

图5-33　串口设定及DS1302测试

5.9.3.1　DS1302测试

按遥控器“+”键，电脑显示“Input：Year Month Date Hour Min Sec Week”。

在单字符发送区输入7字节的时钟数值，如：14012610350905。

点击“发送字符/数据”，电脑显示刚刚设定的时钟数值，见图5-33。

按遥控器“EQ”键，电脑串口窗口不断显示当前时钟数值。

5.9.3.2　DS18B20测试

按红外遥控器“-”键，电脑窗口不断显示DS18B20测得的数字量和温度值，见图5-34。

5.9.3.3　PCF8591测试

按遥控器“0”键，电脑串口窗口不断显示AIN0的数字量和电压值。

按遥控器“1”键，调电位器旋钮，观察电脑串口窗口AIN1的数值变化。

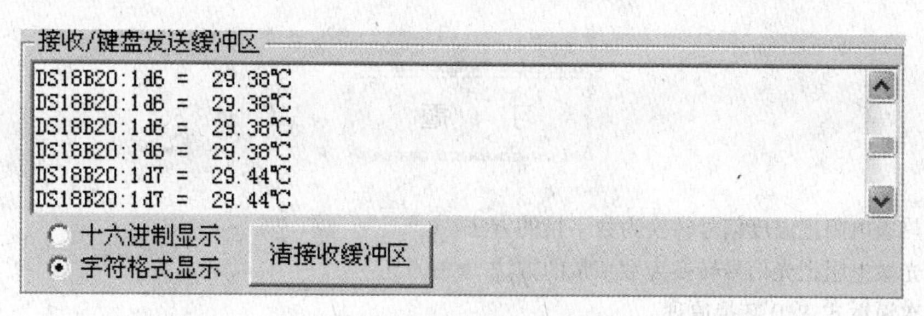

图 5-34 DS18B20 测试

按遥控器“2”键，可对光敏电阻表面遮光或加亮，并通过电脑 AIN2 的数值变化。

按遥控器“3”键，可对热敏电阻加温或降温，并观察温度变化。

按遥控器“4”键，在电脑“单字符串发送区”输入一字节的数字量，点击“发送”，然后观察 AIN0 的数字量和电压值，见图 5-35。

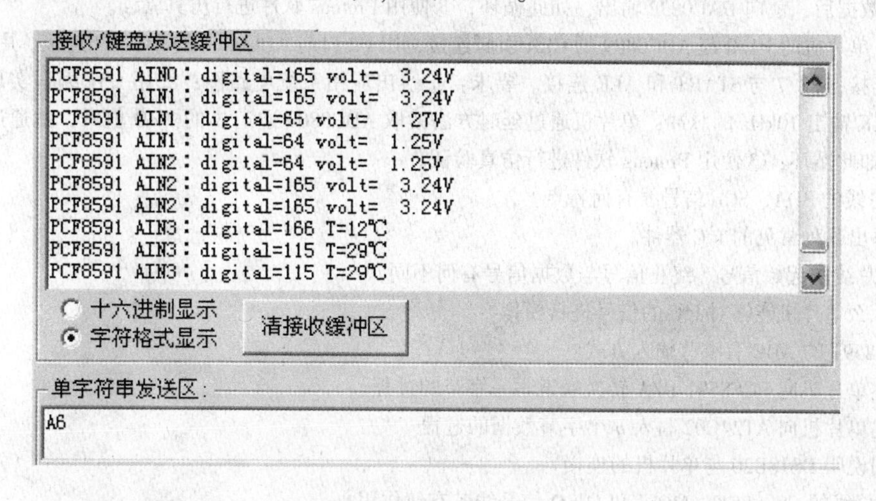

图 5-35 PCF8591 测试

5.9.3.4 AT24C02 测试

按遥控器“5”键，单片机从 AT24C02 读取 16 个字节数值，并以字符串的形式向电脑发送。按遥控器“6”键，在电脑“单字符串发送区”输入以“#”结束的一串字符，点击“发送”，单片机在接收后将字符串写入 AT24C02，并转入键“5”的处理过程，见图 5-36。

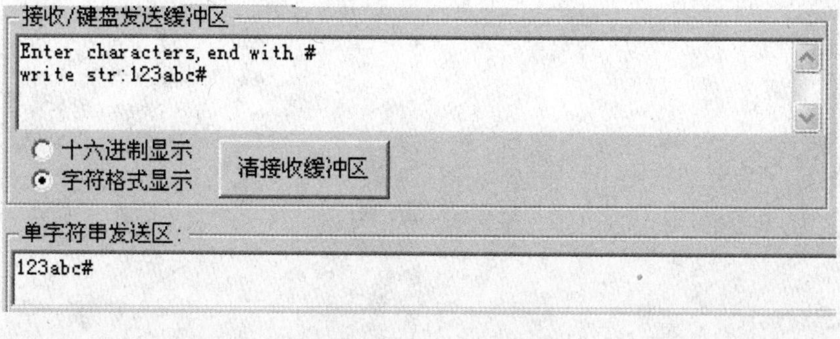

接收/键盘发送缓冲区
Enter characters, end with #
write str:123abc#
十六进制显示
字符格式显示
清接收缓冲区
单字符串发送区:
123abc#

图 5-36 AT24C02 测试

习　　题

5-1 简述用热敏电阻把温度信号转换为数字量的方法。

5-2 简述用光敏电阻把光信号转换为数字量的方法。

5-3 简述逐次逼近式 A/D 转换原理。

5-4 什么是 D/A 转换，D/A 转换有哪些指标？

5-5 DAC0832 的双缓冲、单缓冲、直通三种方式各是什么含义？

5-6 ADC0809 的 START、ALE、EOC、OE、CLK 引脚各起什么作用？

5-7 用单片机的 P2 口与 DAC0832 的 DI0~DI7 连接，P3.6、P3.7 分别与 CS、WR1 连接，使 DAC0832 工作于单缓冲方式。要求：①绘出应用系统电路图；②用 C51 编程实现：单片机通过串口读入一个字节的数据后，就向 DAC0832 输出，如此循环；③使用 Proteus 软件进行仿真验证。

5-8 用 52 单片机的 P1.0 与 ADC0809 的 CLK 引脚连接，用 P2 口与 ADC0809 的 D0~D7 连接，用 P3.6 与 OE 连接、P3.7 与 START 和 ALE 连接。要求：①绘出应用系统电路图；②用 C51 编程实现：P1.0 向 CLK 输出 10kHz 的脉冲；单片机通过延时方法读取 ADC0809 通道 3 的 A/D 值后，就通过串口发送，如此循环；③使用 Proteus 软件进行仿真验证。

5-9 I^2C 总线的 SDA、SCL 信号线有何特点？

5-10 试举出几种常见的 I^2C 器件。

5-11 I^2C 总线的起始信号、终止信号与数据信号有何不同？

5-12 为什么单片机能够对 I^2C 的信号进行模拟？

5-13 PCF8591 的 ADC 有哪些输入方式？

5-14 简述单片机向 PCF8591 D/A 转换通道写一字节的过程。

5-15 简述单片机向 AT24C02 写入 n 个字节数据的过程。

5-16 绘图说明 DS18B20 与单片机的连接。

5-17 SPI 总线的 CS、SCK、MOSI 和 MISO 信号线各有何作用？

5-18 用单片机开发板搭建图 5-31 所示硬件电路，下载程序代码，运行程序并调试。

6 单片机片内增强功能

单片机片内功能的扩展与增强，是单片机发展的重要体现。本章基于 STC12C5A60S2 增强型 51 单片机，讲述其片内扩展的 ADC、串口 2、PCA、EEPROM、SPI、WDT 的功能。针对每一个扩展功能，都在介绍其组成的基础上，设计了硬件电路和控制程序，通过实例验证的方法，达到化繁为简、增进理解、便于实用的目的。

通过本章的内容也可看到，传统 51 单片机的许多片外扩展功能都已经集成于增强型 51 单片机芯片内部。

6.1 STC12C5A60S2 简介

STC12C5A60S2 系列单片机是宏晶科技生产的单时钟/机器周期的单片机，是高速/低功耗/超强抗干扰的增强型 8051 单片机，其主要增强如下：

（1）指令码完全兼容传统 8051，但机器周期为 1 个时钟周期（1T），其运行速度较传统 8051 快 8~12 倍。

（2）工作频率范围：0~35MHz。

（3）用户应用程序空间 8~62KB，有 EEPROM 功能。

（4）片上集成 1280 字节 RAM。

（5）通用 I/O 口可设置成四种模式：准双向口/弱上拉（传统 8051 模式）、推挽/强上拉、仅为输入/高阻、开漏。

（6）ISP（在系统可编程）/IAP（在应用可编程），可通过串口直接下载用户程序。

（7）内部集成看门狗、MAX810 专用复位电路。

（8）片内增加有一个独立波特率发生器，2 路 PCA 模块，8 路 10 位 ADC，串口 S2。

图 6-1 为 STC12C5A60S2 芯片引脚图。

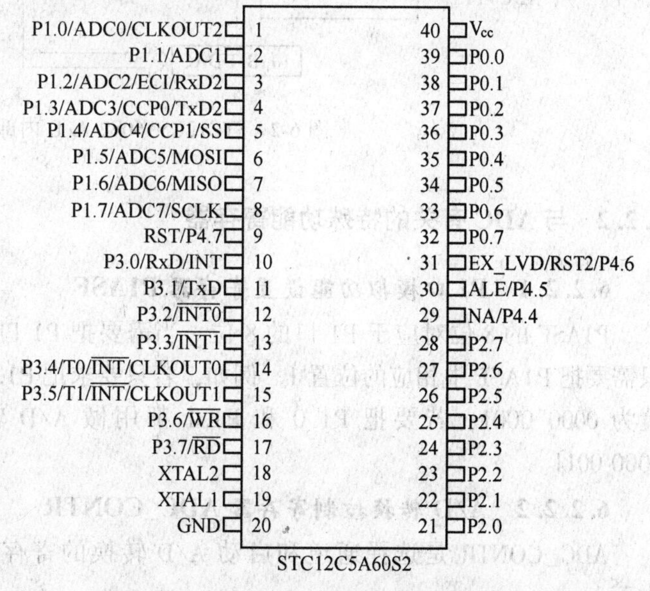

图 6-1 STC12C5A60S2 芯片引脚图

6.2 STC12C5A60S2 单片机的 A/D 转换器

6.2.1 ADC 组成

STC12C5A60S2 单片机片内集成了 8 路高速电压输入型 A/D 转换器，A/D 转换速度可达到 250kHz（25 万次/s）。8 路模拟电压信号通过 P1.0～P1.7 引脚输入。单片机上电复位后 P1 口为弱上拉型 I/O 口，可以通过软件设置将 P1.0～P1.7 的任何一个端口设置为 A/D 输入，不用作 A/D 输入的端口可以继续作为 I/O 端口使用。

STC12C5A60S2 单片机的 ADC 由多路选择开关、比较器、逐次比较寄存器、10 位 DAC、转换结果寄存器（ADC_RES 和 ADC_RESL）以及 A/D 转换控制寄存器（ADC_CONTR）组成，如图 6-2 所示。

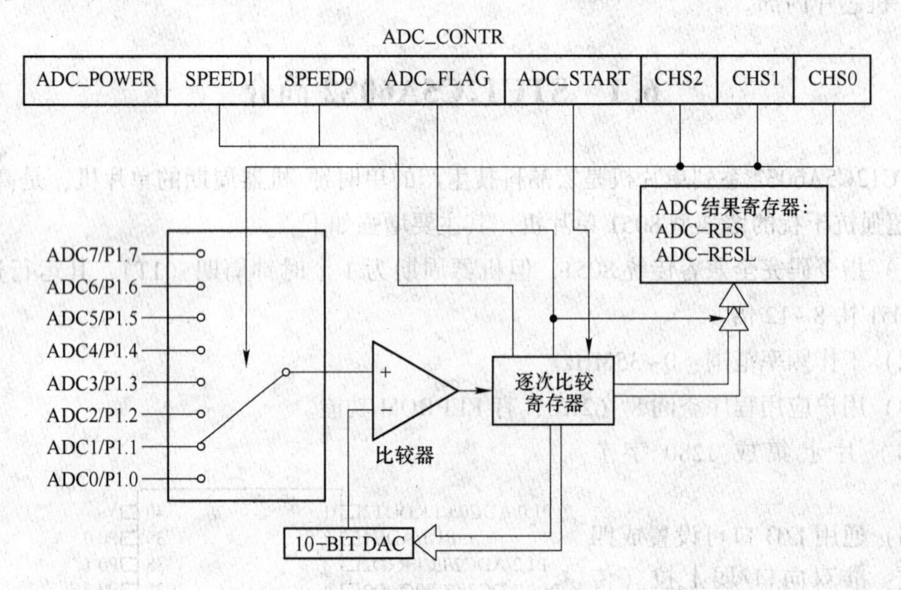

图 6-2 STC12C5A60S2 A/D 内部结构

6.2.2 与 ADC 有关的特殊功能寄存器

6.2.2.1 P1 口模拟功能设置寄存器 P1ASF

P1ASF 的 8 位对应于 P1 口的 8 位。当需要把 P1 口的某位用做 A/D 转换器使用时，只需要把 P1ASF 中相应的位置 1。例如，若只要求把 P1.0 用做 A/D 转换器，应把 P1ASF 置为 0000 0001；若要把 P1.0 和 P1.1 都用做 A/D 转换器，就需要把 P1ASF 置为 0000 0011。

6.2.2.2 A/D 转换控制寄存器 ADC_CONTR

ADC_CONTR 是选择通道和启动 A/D 转换的寄存器，格式见图 6-2，各位的功能如下：

CHS2、CHS1、CHS0：模拟输入通道选择位。000 选择 P1.0 作为 A/D 转换输入通道，

001 选择 P1.1 作为 A/D 转换输入通道，……，111 选择 P1.7 作为 A/D 转换输入通道。

ADC_START：启动 A/D 转换。当置 1 时，启动 A/D 转换，A/D 转换结束该位自动清 0。

ADC_FLAG：A/D 转换结束标志。A/D 转换结束，ADC_FLAG=1，应由软件清 0。

SPEED1、SPEED0：A/D 转换速度选择位。00 选择 540 个时钟周期转换一次，01 选择 360 个时钟周期转换一次，10 选择 180 个时钟周期转换一次，11 选择 90 个时钟周期转换一次。

ADC_POWER：电源控制位。该位为 1 时，接通 A/D 转换器电源，为 0 时，关闭 A/D 转换器电源。

6.2.2.3 A/D 转换结果寄存器 ADC_RES、ADC_RESL

AUXR1 寄存器的 ADRJ 位是 A/D 转换结果寄存器（ADC_RES，ADC_RESL）的数据格式调整控制位。

当 ADRJ=0 时，10 位 A/D 转换结果的高 8 位存放在 ADC_RES 中，低 2 位存放在 ADC_RESL 的低 2 位中。

当 ADRJ=1 时，10 位 A/D 转换结果的高 2 位存放在 ADC_RES 的低 2 位中，低 8 位存放在 ADC_RESL 中。

6.2.2.4 与 A/D 转换中断有关的寄存器

EADC：A/D 转换中断允许位，位于中断允许寄存器 IE 中。EADC=1，允许 A/D 转换中断；EADC=0，禁止 A/D 转换中断。A/D 转换中断号为 5。

PADCH、PADC：A/D 转换中断优先级控制位。PADCH 位于不可位寻址的中断优先级控制寄存器 IPH 中；PADC 位于可位寻址的中断优先级控制寄存器 IP 中。

当 PADCH=0 且 PADC=0 时，A/D 转换中断为最低优先级中断（优先级 0）；

当 PADCH=0 且 PADC=1 时，A/D 转换中断为较低优先级中断（优先级 1）；

当 PADCH=1 且 PADC=0 时，A/D 转换中断为较高优先级中断（优先级 2）；

当 PADCH=1 且 PADC=1 时，A/D 转换中断为最高优先级中断（优先级 3）。

6.2.3 STC12C5A60S2 单片机 ADC 应用举例

【例 6-1】 用 STC12C5A60S2 单片机的 ADC 对可调电阻、光敏电阻、热敏电阻输出的电压信号进行 A/D 转换，并将转换的数字量和电压值通过串口发送。

（1）硬件电路。

在图 6-3 所示的应用电路中，用 P1.0 接可调电阻的电压信号输入，P1.4 接光敏电阻的电压信号输入，P1.5 接热敏电阻的电压信号输入。

（2）程序设计。

应用程序包括 A/D 转换子程序和主程序。A/D 转换子程序的流程是：设置 ADC 控制寄存器 ADC_CONTR，等待转换结束，读取转换结果。主程序的流程是：设置 ADC 通道，设置单片机串口，循环读取各通道 A/D 转换结果并通过串口发送。

C51 程序：

```
#include <reg52.h>
#include <intrins.h>
sfr P1ASF = 0x9d;          //P1 口 A/D 功能设置寄存器
```

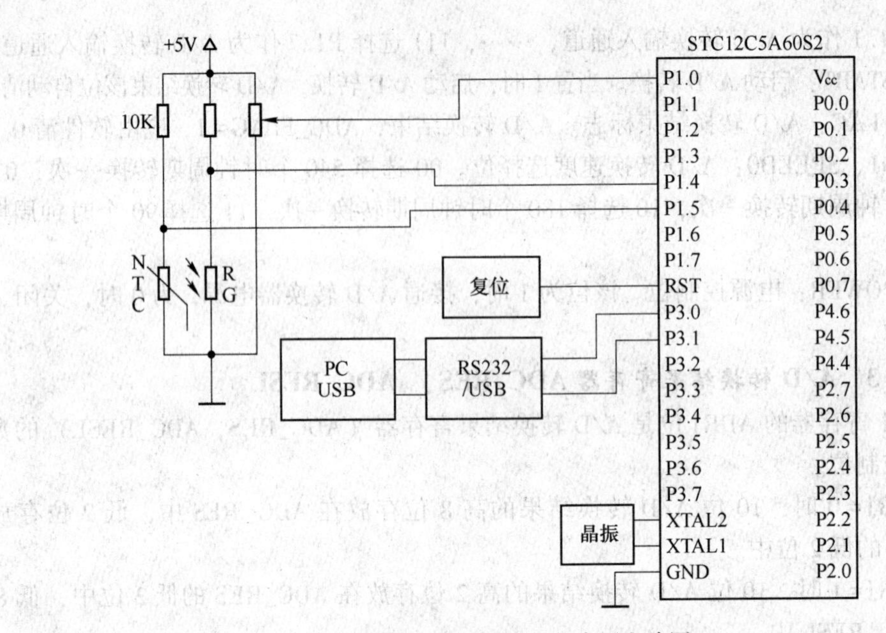

图 6-3 STC12C5A60S2 A/D 应用电路图

```
sfr ADC_CONTR = 0xbc;    //A/D 转换控制寄存器
sfr ADC_RES = 0xbd;      //A/D 转换结果寄存器
sfr ADC_RESL = 0xbe;     //A/D 转换结果寄存器低
/*定义 ADC_CONTR 位数据 */
#define  ADC_POWER     0x80    //ADC 电源控制位:    ■□□□□□□□
#define  ADC_FLAG      0x10    //ADC 完成标志:      □□□■□□□□
#define  ADC_START     0x08    //ADC 开始标志位:    □□□□■□□□
/*ADC 速度设置*/
#define  ADC_SPEEDLL   0x00    //540 clocks:        □□□□□□□□
#define  ADC_SPEEDL    0x20    //360 clocks:        □□■□□□□□
#define  ADC_SPEEDH    0x40    //180 clocks:        □■□□□□□□
#define  ADC_SPEEDHH   0x60    //90 clocks:         □■■□□□□□
unsigned int GetADCResult (char ch)
{
    unsigned int result;
    /*选择 A/D 输入通道,开始 A/D 转换 */
    ADC_CONTR = ADC_POWER | ADC_SPEEDHH | ADC_START | ch;
    /*设置 ADC_CONTR 寄存器后需加 4 个 CPU 时钟周期的延时*/
    _nop_(); _nop_(); _nop_(); _nop_();
    while ( (ADC_CONTR & ADC_FLAG) ==0);    //等待转换结束
    ADC_CONTR &= ~ADC_FLAG;                 //ADC_FLAG 清零
    /*ADRJ=0, ADC_RES 存放 ADC 结果的高 8 位, ADC_RESL 存放低 2 位 */
    result = ADC_RES;
    result <<=2;
    result += (ADC_RESL&0x03);
```

```
    return (result); //返回 10 位 ADC 结果
}
void DelayMs (unsigned int n)    //软件延时 n ms 函数
{
    unsigned int i, j;
    for (i=n; i>0; i--)
        for (j=1368; j>0; j--);
}
#include<stdio.h>
void main ()
{
    /* STC MCU ADC 设置 */
    P1ASF = (1<<0) | (1<<4) | (1<<5);   //设置 P1.0、P1.4、P1.5 AIN 功能
    /* T1 & UART 设置 */
    PCON |= 0x80;      //baudrate×2
    TMOD |= 0x20;     //T1, 方式 2, 自动重装
    TH1 = TL1 = 0xFD; //9600×2=19200bps, fosc=11.0592MHz
    TR1 = 1;
    SM0=0; SM1=1; REN=1; TI=1; //串口方式 1, 允许接收, TI 置 1
    DelayMs (100);
    while (1) {
        unsigned int adc0, adc4, adc5;
        adc0 = GetADCResult (0);   //ADC0<----->电位器
        printf ("ADC0 D=%d U=%6.2fV\t", adc0, (float) adc0*5/1024);
        adc4 = GetADCResult (4);   //ADC4<----->光敏电阻
        printf ("ADC4 D=%d U=%6.2fV\t", adc4, (float) adc4*5/1024);
        adc5 = GetADCResult (5);   //ADC5<----->热敏电阻
        printf ("ADC5 D=%d U=%6.2fV\n", adc5, (float) adc5*5/1024);
        DelayMs (1000);
    }
}
```

（3）程序验证。

将编译生成的 HEX 文件下载到单片机运行。打开“串口助手”后，会在“接收/键盘发送缓冲区”窗口显示 A/D 转换结果，见图 6-4。可以结合调节可调电阻旋钮、遮挡光敏电阻光线进行观察。

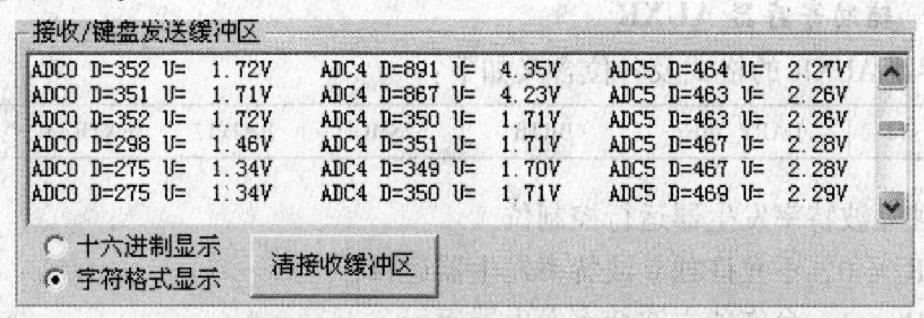

图 6-4 A/D 转换结果显示

6.3 STC12C5A60S2 的串口 2

STC12C5A60S2 单片机有两个采用 UART 工作方式的全双工串口：串口 1 和串口 2。串口 1 与传统 8051 单片机的串口完全兼容。串口 2 的结构、工作原理与串口 1 类似。

6.3.1 串口 2 的相关寄存器

6.3.1.1 串口 2 控制寄存器 S2CON

S2CON 用于确定串口 2 的工作方式和某些控制功能，格式如下：

S2SM0	S2SM1	S2SM2	S2REN	S2TB8	S2RB8	S2TI	S2RI

S2SM0、S2SM1：指定串口 2 的工作方式，有以下方式。

0 0 ——方式 0：同步移位串行方式，波特率是 SYSclk/12；

0 1 ——方式 1：8 位 UART，波特率 = （ $2^{S2SMOD}/32$ ）×（BRT 的溢出率）；

1 0 ——方式 2：9 位 UART（ $2^{S2SMOD}/64$）×SYSclk（系统工作时钟频率）；

1 1 ——方式 3：9 位 UART，波特率可变（$2^{S2SMOD}/32$ ）×（BRT 的溢出率）。

当 BRTx12 = 0 时，独立波特率发生器 BRT 的溢出率 = SYSclk/12/（ 256 - BRT ）；

当 BRTx12 = 1 时，BRT 的溢出率 = SYSclk/（ 256 - BRT ）。

S2SM2：允许方式 2 或方式 3 多机通信控制位。

S2REN：允许/禁止串口 2 接收控制位。

S2TB8：要发送的第 9 位数据。

S2RB8：接收到的第 9 位数据。

S2TI：发送中断请求中断标志位。

S2RI：接收中断请求中断标志位。

6.3.1.2 串口 2 的数据缓冲寄存器 S2BUF

STC12C5A60S2 单片机的串口 2 数据缓冲寄存器（S2BUF）的地址是 9BH，实际是两个缓冲器，写 S2BUF 的操作完成待发送数据的加载，读 SBUF 的操作可获得已接收到的数据。

6.3.1.3 独立波特率发生器寄存器 BRT

独立波特率发生器寄存器 BRT（地址为 9CH，复位值为 00H）用于保存重装时间常数。串口 2 只能使用 BRT 作为波特率发生器，串口 1 可以选择定时器 T1 或独立波特率发生器 BRT 作为波特率发生器。

6.3.1.4 辅助寄存器 AUXR

辅助寄存器 AUXR 的格式及各位含义如下：

T0x12	T1x12	UART_M0x6	BRTR	S2SMOD	BRTx12	EXTRAM	S1BRS

BRTR：独立波特率发生器运行控制位。

BRTR = 0，不允许独立波特率发生器运行；

BRTR = 1，允许独立波特率发生器运行。

S2SMOD：UART2 的波特率加倍控制位。

S2SMOD = 0，UART2 的波特率不加倍；

S2SMOD = 1，UART2 的波特率加倍。

BRTx12：独立波特率发生器计数控制位。

BRTx12 = 0，独立波特率发生器每 12 个系统时钟计数一次；

BRTx12 = 1，独立波特率发生器每 1 个系统时钟计数一次。

6.3.1.5 与串口 2 中断相关的寄存器

串口 2 的中断号为 8。串口 2 中断允许位 ES2 位于中断允许寄存器 IE2 中的 D0 位：

ES2 = 1，允许串口 2 中断；

ES2 = 0，禁止串口 2 中断。

串行口 2 中断优先级控制位 PS2 位和 PS2H 位分别位于中断优先级控制寄存器 IP2 和 IP2H 中：

当 PS2H = 0 且 PS2 = 0 时，串口 2 中断为最低优先级中断（优先级 0）；

当 PS2H = 0 且 PS2 = 1 时，串口 2 中断为较低优先级中断（优先级 1）；

当 PS2H = 1 且 PS2 = 0 时，串口 2 中断为较高优先级中断（优先级 2）；

当 PS2H = 1 且 PS2 = 1 时，串口 2 中断为最高优先级中断（优先级 3）。

6.3.1.6 辅助寄存器 AUXR1

通过设置 AUXR1 中的 S2_P4（D4）位，可以将串口 2 在 P1 和 P4 口之间任意切换。

6.3.2 串口 2 应用举例

【例 6-2】 首先用串口 2 发送字符 A，然后接收一个字符，再把该字符发送出去，如此循环。设串口 2 通信波特率为 115200bps，8 数据位，无奇偶校验位，1 停止位。

解：将串口 2 的 RxD2/P1.2、TxD2/P1.3 引脚与串口 1 的 RxD/P3.0、TxD/P3.1 连接，再将串口 1 与 STC 自动编程器连接，见图 6-5，则下载程序时，PC 与串口 1 通信；运行程序时，PC 与串口 2 通信。

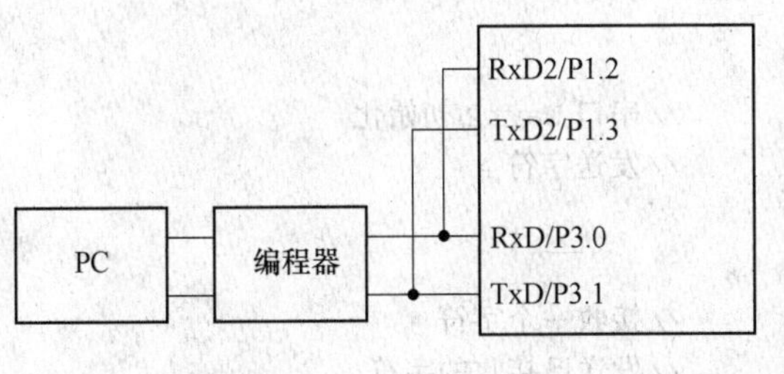

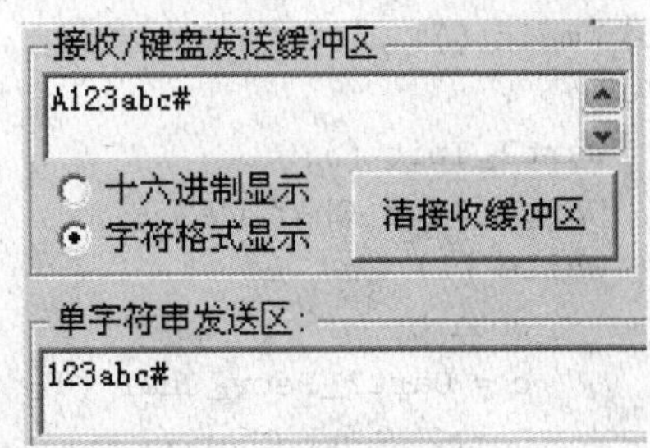

图 6-5 串口 2 连线及程序验证

与串口 1 的 RI 和 TI 不同，串口 2 的 S2RI 和 S2TI 不可以位访问，所以必须对它们所在的寄存器 S2CON 进行字节访问。

程序验证时，要把"串口助手"中的波特率设置为 115200。打开串口后，在"单字符缓冲区"输入若干字符，点击"发送字符/数据"后，观察"接收/键盘发送缓冲区"窗口。

C51 程序：

```
#include <reg52.h>
sfr AUXR = 0x8e;          //定义定时器 12 分频配置寄存器
sfr BRT = 0x9c;           //定义独立波特率发生器
sfr S2CON = 0x9a;         //定义 UART2 控制寄存器
sfr S2BUF = 0x9b;         //定义 UART2 接收/发送缓冲寄存器
#define BRTRUN 0x10       //独立波特率 BRT 运行，       AUXR：□□□■□□□□
#define BRTx12 0x04       //BRT 时钟频率×12，即 1T 模式，  AUXR：□□□□□■□□
#define S2TI 0x02         //S2TI，S2CON：□□□□□□■□
#define S2RI 0x01         //S2RI，S2CON：□□□□□□□■
void Uart2_Init ()        //串口 Uart2 初始化，波特率=115200bps
{
    S2CON = 0x50; //01010000 8 位可变波特率，无奇偶校验位，允许接收
    BRT = 253;     //BRT = 256 - 11059200 /115200 /32 = 253
    AUXR |= (BRTRUN | BRTx12);        //BRT 运行于 1T 模式
}
void Uart2_Send_Char (char c)         //串口 Uart2 发送一个字符
{
    S2BUF = c;
    while ((S2CON & S2TI) == 0);      //等待发送完毕
    S2CON &= ~S2TI;                   //清 TI 标志位
}
char Uart2_Recv_Char ()   //串口 Uart2 接收一个字符
{
    while ((S2CON & S2RI) == 0);      //等待接收完毕
    S2CON &= ~S2RI;                   //清 RI 标志位
    return S2BUF;
}
void main ()
{
    Uart2_Init ();                    //串口 Uart2 初始化
    Uart2_Send_Char ('A');            //发送字符 A
    while (1) {
        char c;
        c = Uart2_Recv_Char ();       //接收一个字符
        Uart2_Send_Char (c);          //发送已接收的字符
    }
}
```

6.4 可编程计数器阵列模块 PCA/PWM

STC12C5A60S2 单片机集成了两路可编程计数器阵列（PCA）模块，可用于软件定时器、外部脉冲的捕捉、高速输出以及脉宽调制（PWM）输出。

6.4.1 PCA 模块的结构

PCA 模块含有一个 16 位 PCA 计数器，有两个 16 位的捕获/比较模块与之相连，见图 6-6。

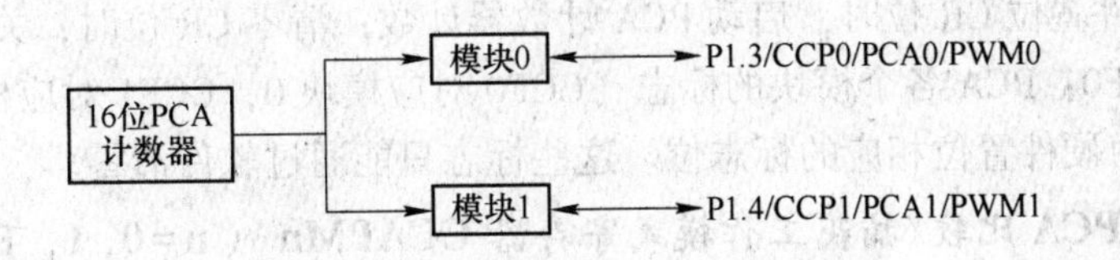

图 6-6 可编程计数器阵列 PCA 模块

模块 0 连接到 P1.3/CCP0，模块 1 连接到 P1.4/CCP1。每个模块可在 4 种模式之一编程工作：上升/下降沿捕获、软件定时器、高速输出、可调制脉冲输出。

图 6-7 为 16 位 PCA 计数器的结构。

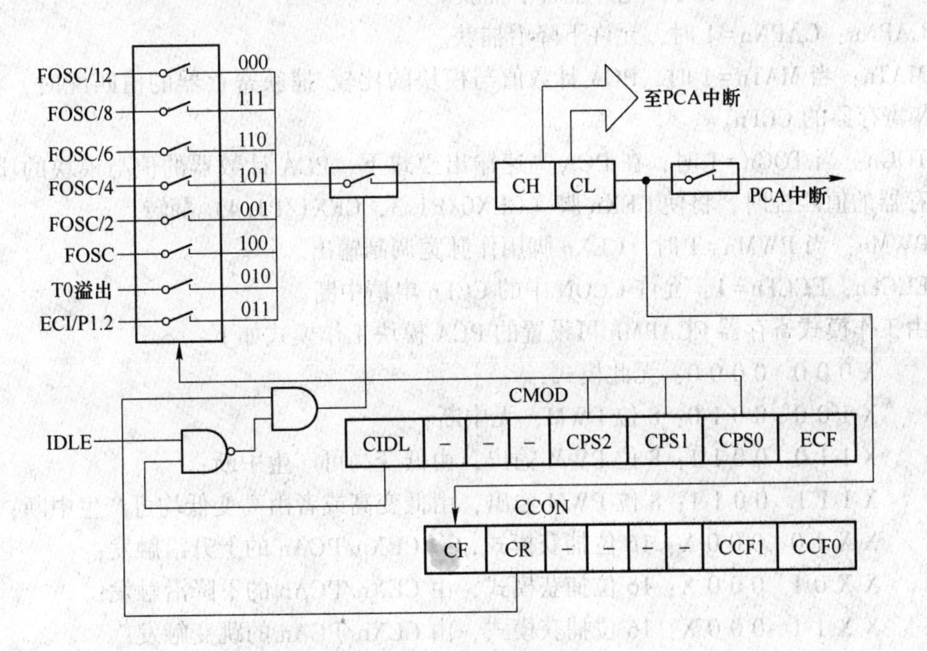

图 6-7 PCA 计数器的结构

6.4.2 PCA/PWM 模块的特殊功能寄存器

6.4.2.1 PCA 工作模式寄存器 CMOD

CMOD 的位格式见图 6-7。

CIDL：CIDL=0 时，空闲模式下 PCA 计数器继续计数；CIDL=1 时，空闲模式下 PCA 计数器停止计数。

CPS2、CPS1、CPS0：用于选择 PCA 计数脉冲源，见图 6-7。

ECF：ECF=1 时，允许寄存器 CCON 中 CF 位请求中断；ECF=0 时，禁止寄存器 CCON 中 CF 位请求中断。

6.4.2.2 PCA 控制寄存器 CCON

CCON 的位格式见图 6-7。

CF：当 PCA 计数器溢出时，CF 由硬件置位。CF 也可软件置位，但只能通过软件清零。

CR：当软件置位 CR 位时，启动 PCA 计数器计数；清零 CR 位时，关闭 PCA 计数器。

CCF1、CCF0：PCA 各个模块的标志（CCF0 对应模块 0，CCF1 对应模块 1）。当发生匹配或比较时由硬件置位相应的标志位。这些标志只能通过软件清零。

6.4.2.3 PCA 比较/捕获工作模式寄存器 CCAPMn （n=0，1，下同）。

CCAPMn 的位格式如下：

–	ECOMn	CAPPn	CAPNn	MATn	TOGn	PWMn	ECCFn

ECOMn：ECOMn=1 时，允许比较器功能。

CAPPn：CAPPn=1 时，允许上升沿捕获。

CAPNn：CAPNn=1 时，允许下降沿捕获。

MATn：当 MATn=1 时，PCA 计数值与模块的比较/捕获寄存器的值匹配时，将置位 CCON 寄存器的 CCFn。

TOGn：当 TOGn=1 时，在 PCA 高速输出模式下，PCA 计数器的值与模块的比较/捕获寄存器的值匹配时，将使 CEXn 脚（CEX0/P1.3，CEX1/P1.4）翻转。

PWMn：当 PWMn=1 时，CEXn 脚用作脉宽调制输出。

ECCFn：ECCFn=1，允许 CCON 中的 CCFn 申请中断。

由工作模式寄存器 CCAPMn 可设置的 PCA 模块工作模式如下：

X000 0000：无此模式；

X100 0010：8 位 PWM，无中断；

X110 0011：8 位 PWM 输出，由低变高可产生中断；

X111 0011：8 位 PWM 输出，由低变高或者由高变低均可产生中断；

XX10 000X：16 位捕获模式，由 CEXn/PCAn 的上升沿触发；

XX01 000X：16 位捕获模式，由 CEXn/PCAn 的下降沿触发；

XX11 000X：16 位捕获模式，由 CEXn/PCAn 的跳变触发；

X100 100X：16 位软件定时器；

X100 110X：16 位高速输出。

6.4.2.4 PCA/PWM 模块寄存器 PCA_PWMn

PCA_PWMn 的位格式如下：

–	–	–	–	–	–	EPCnH	EPCnL

EPCnH：在 PWM 模式下，与 CCAPnH 组成 9 位数。

EPCnL：在 PWM 模式下，与 CCAPnL 组成 9 位数。

6.4.2.5 PCA 的 16 计数器 CH、 CL

低 8 位 CL 和高 8 位 CH 用于保存 PCA 的装载值。

6.4.2.6 PCA 捕捉/比较寄存器 CCAPnL、CCAPnH

CCAPnL（低位字节）和 CCAPnH（高位字节）用于保存各个模块的捕捉计数值。

6.4.3 PCA/PWM 模块的工作模式

6.4.3.1 捕获模式

PCA 工作于捕获模式的结构如图 6-8 所示。这时，PCA 对模块外部的 CCPn 输入（CCP0/P1.3，CCP1/P1.4）的跳变进行采样。当采样到有效跳变时，PCA 硬件就将 PCA 计数器阵列寄存器（CH 和 CL）的值装载到模块的捕获寄存器（CCAPnL 和 CCAPnH）中，同时硬件自动将中断请求标志位 CCFn 置 1。若对应的中断使能位 ECCFn = 1，EA = 1，则产生 PCA 中断。

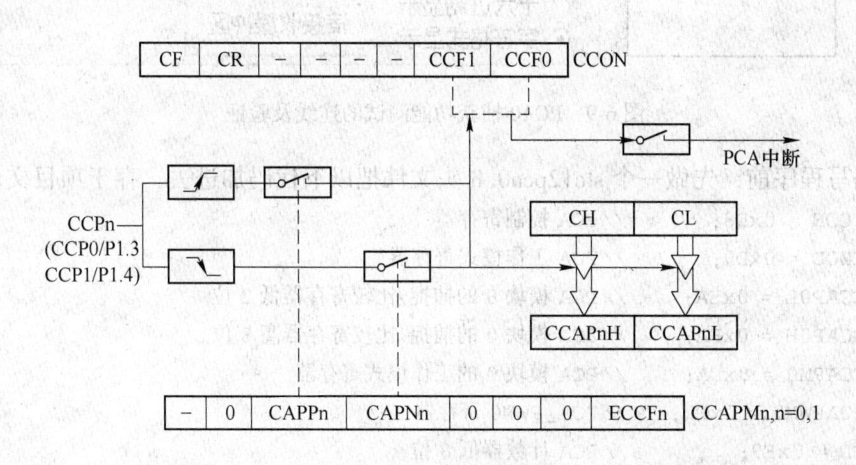

图 6-8 PCA 捕获模式

【例 6-3】 用 PCA 的捕获功能测量 P1.0 引脚输出的脉冲波形。

解：所谓捕获功能，简单地说就是把 PCA 的当前计数值暂存起来。PCA 的当前计数值存储在 CH、CL 中，把它们暂存在哪里呢？对于 PCA 的模块 0 来说，就是暂存在 CCAP0H、CCAP0L 中。什么时候暂存呢？就是当 CCP0/P1.3 引脚发生状态改变（上升沿或下降沿）的时候暂存。为了能够及时取出和处理暂存的值，在 PCA 硬件上还具有触发 CPU 中断的能力。

在使用 PCA 的捕获功能时，首先要对 PCA 计数器进行设置。本例中把 PCA 计数器的模式寄存器 CMOD 初始化为 00H，即：CIDL = 0（空闲模式下 PCA 计数器继续计数）；CPS2、CPS1、CPS0 = 000（PCA 计数器对 fosc/12 进行计数）；ECF = 0（禁止寄存器 CCON 中 CF 位请求中断，就是当 PCA 计数器产生计数溢出时也不请求 CPU 中断）。在设置完 CMOD 后，可根据需要对 PCA 控制寄存器的 CR 置位或复位，以启动或禁止 PCA 计数。

本例要求测量 P1.0 引脚的输出波形，但 PCA 模块 0 只能捕获 P1.3 引脚的输入，所以要把 P1.0 引脚与 P1.3 引脚连接起来。测量 P1.0 的波形，就要求对其上升沿和下降沿都进行捕获，反映在 PCA 模块 0 的比较/捕获工作模式寄存器 CCAPM0 中，就是把 CAPP0、CAPN0 都置为 1。

由图 6-8 可知，当发生捕获时，PCA 硬件自动将 CCF0 置 1，因此程序通过查询 CCF0 便可判定是否发生捕获。若预先把 CCAPM0 中的 ECCF0 置 1，则发生捕获时将产生 PCA 中断请求。

图 6-9 为实际运行结果，注意串口的波特率为 19200。由图可见，P1. 0 引脚低电平的计数值为高电平计数值的 2 倍，这是因为 P1. 0 引脚低电平期间调用了两次 for 延时语句。

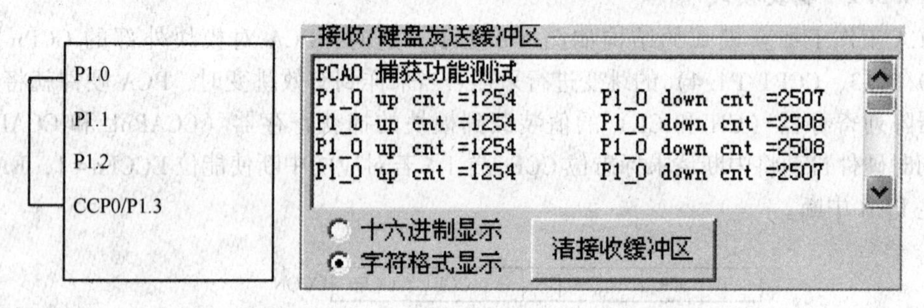

图 6-9　PCA0 捕获功能测试的连线及验证

在编写程序前，先做一个 stc12pca0. h 头文件把以下代码加进去，存于项目文件夹。

```
sfr CCON = 0xD8;          //PCA 控制寄存器
sfr CMOD = 0xD9;          //PCA 工作模式寄存器
sfr CCAP0L = 0xEA;        //PCA 模块 0 的捕捉/比较寄存器低 8 位
sfr CCAP0H = 0xFA;        //PCA 模块 0 的捕捉/比较寄存器高 8 位
sfr CCAPM0 = 0xDA;        //PCA 模块 0 的工作模式寄存器
sfr PCAPWM0 = 0xF2;       //PCA_PWM0 寄存器
sfr CL = 0xE9;            //PCA 计数器低 8 位
sfr CH = 0xF9;            //PCA 计数器高 8 位
sbit CR = CCON^6;         //PCA 计数器运行控制位
sbit CF = CCON^7;         //PCA 计数器溢出标志
sbit CCF0 = CCON^0;       //PCA 模块 0 中断标志
```

测试 PCA0 捕获功能的 C51 程序：

```
#include <reg52.h>
#include"stc12pca0.h"
sbit P1_0 = P1^0;          //P1.0------P1.3/CCP0
unsigned int pcacnt;
#include<stdio.h>
void main () {
    /* T1 & UART 设置 */
    PCON |= 0x80;          //baudrate×2
    TMOD |= 0x20;          //T1，方式 2，自动重装
    TH1 = TL1 = 0xFD;      //9600×2=19200bps, fosc=11.0592MHz
    TR1 = 1;
    SM0=0; SM1=1; REN=1; TI=1; //串口方式 1，允许接收，TI 置 1
    /* PCA 设置 */
    CMOD = 0x00;         //□□□□□□□□，PCA 对 fosc/12 计数，禁止 PCA 计数溢出中断
```

```
    CCON = 0x00;      //CF = 0（清 PCA 溢出标志），CR = 0（禁止 PCA 计数）
    CCAPM0 = 0x31;    //□□■■□□□■，PCA 模块 0：跳变触发，允许捕获中断
    EA = 1;           //允许 CPU 中断
    printf ("PCA0 捕获功能测试\n");
    while (1) {
        volatile unsigned int n;   //使用 volatile 类型以禁止编译时对 n 优化
        unsigned int upcnt, downcnt;
        /*以下通过 P1.3/CCP0 引脚下降沿中断测 for 循环语句的 PCA 计数值*/
        CR = 1;                    //启动 PCA 计数
        for (n=0; n<1000; n++);//延时
        P1_0 = 0;                  //产生下降沿
        while (CCF0 == 0);         //等待 PCA 中断完成
        CCF0 = 0;                  //CCF0 由软件清零
        CR = 0;                    //禁止 PCA 计数
        CH = CL = 0;               //PCA 计数器清零
        upcnt = pcacnt;
        /*以下通过 P1.3/CCP0 引脚上升沿中断测 for 循环语句的 PCA 计数值*/
        CR = 1;                    //启动 PCA 计数
        for (n=0; n<1000; n++);//延时
        for (n=0; n<1000; n++);//延时
        P1_0 = 1;                  //产生上升沿
        while (CCF0 == 0);         //等待 PCA 中断完成
        CCF0 = 0;                  //CCF0 由软件清零
        CR = 0;                    //禁止 PCA 计数
        CH = CL = 0;               //PCA 计数器清零
        downcnt = pcacnt;
        printf ("P1_0 up cnt =%d\t", upcnt);
        printf ("P1_0 down cnt =%d\n", downcnt);
        for (n=0; n<65535; n++); //延时
    }
}
/*PCA 中断服务程序*/
void PCA_Isr () interrupt 7
{
    pcacnt = CCAP0H*256 + CCAP0L; //取 16 位计数值
}
```

6.4.3.2　16 位软件定时器模式

通过对 CCAPMn 寄存器的 ECOMn（D6）位和 MATn（D3）位置 1，其他位清 0，可使 PCA 模块用作软件定时器，也称为 16 位比较器模式，如图 6-10 所示。

MATn 称为匹配位，“匹配”的含义是当前值与目标值相等。这里的当前值就是 PCA 计数器 CH、CL 中存储的值，目标值则是预存于比较/捕捉寄存器 CCAPnH、CCAPnL 的值。为了判断二者是否匹配，就需要用一个 16 位比较器时时对它们进行比较。如果二者

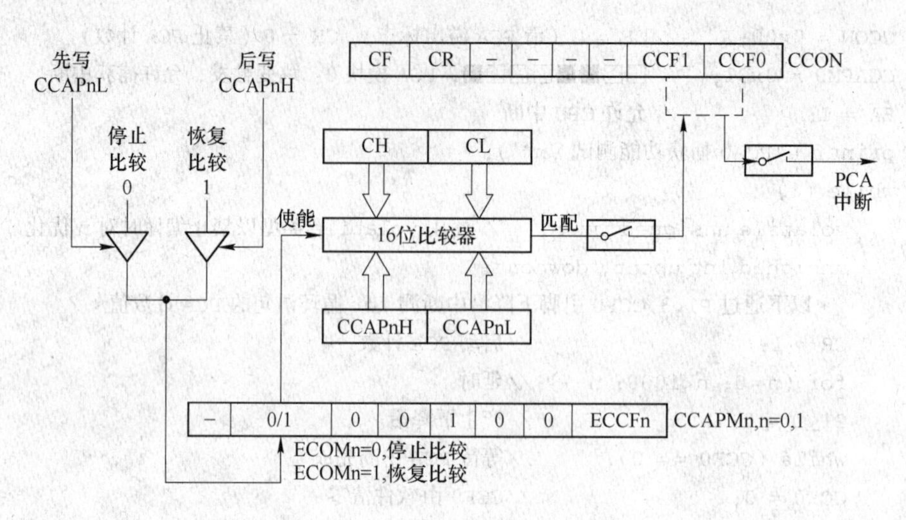

图 6-10　PCA 模块的软件定时器模式

相等，即为匹配，则硬件自动将中断请求标志位 CCFn 置 1；否则，即为不匹配，硬件不对 CCFn 操作，见图 6-10。

ECOMn 是 16 位比较器使能位。当 ECOMn = 1 时，比较器进行比较；当 ECOMn = 0 时，比较器停止比较。通常应在目标值装入 CCAPnH、CCAPnL 之后再置 ECOMn 为 1。

PCA 计数器对计数脉冲源进行加 1 计数，每来一个计数脉冲，（CH，CL）的内容便自动加 1。当（CH，CL）增加到等于（CCAPnH，CCAPnL），即二者匹配时，CCFn = 1，产生中断请求，这时 PCA 计数器仍然继续加 1 计数。所以如果 CPU 在中断服务程序中什么都不做，则（CH，CL）在经过 $2^{16} = 65536$ 次加 1 后还会与（CCAPnH，CCAPnL）匹配。但如果每次 PCA 模块中断后，在中断服务程序中给（CCAPnH，CCAPnL）增加一个相同的数值，那么下次中断来临的间隔时间 T 也是相同的，从而实现了周期定时功能。所以这是一种需要软件（即中断服务程序）配合的定时器。

【例 6-4】 用对 P1. 2 引脚脉冲信号的计数验证 PCA 软件定时器功能。

解：当 PCA 计数脉冲源为固定频率的脉冲信号时，用 PCA 的软件定时器模式能够实现周期定时功能。例如，设系统时钟频率为 fosc，若预置寄存器 CMOD 中的 CPS2、CPS1、CPS0 为 000，由图 6-7，其选择的计数脉冲源频率为 fosc/12。若使 PCA 定时时间 T，则 PCA 的计数值其实就是 PCA 对计数脉冲源频率的分频数，它等于时钟源频率除以 PCA 定时频率，其值为：(fosc/12) / (1/T)。

首先预置 CPS2、CPS1、CPS0 为 011，由图 6-7，PCA 将对来自 P1. 2 引脚的脉冲信号计数。把 P1. 0 引脚与 P1. 2 引脚连接，则单片机向 P1. 0 输出的脉冲就是 P1. 2 的输入脉冲。为进行测试，取 PCA 的计数值为 5，且每当 PCA 中断，就向串口发送字符'P'。另外，为了验证 P1. 0 的输出，又把 P1. 0 引脚与 P3. 2 引脚连接，则当 P1. 0 输出负跳变时将产生 INT0 中断，在 INT0 中断服务程序中，向串口发送字符'1'表示 P1. 0 已经输出负跳变。

单片机接线及程序运行结果如图 6-11 所示。由图可见，INT0 每中断 5 次，PCA 中断一次。

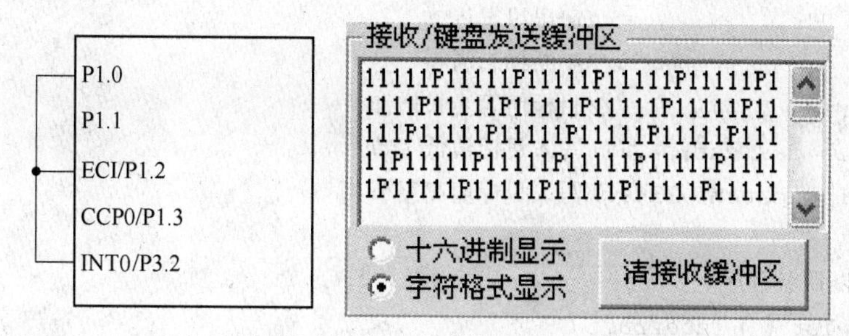

图 6-11　测试 PCA 比较功能的接线及程序运行结果

C51 程序：

```
#include <reg52.h>
#include"stc12pca0.h"     /* 见 PCA 捕获方式程序 */
sbit P1_0 = P1^0;          //P1.2/ECI------P1.0------P3.2/INT0
unsigned int destcnt = 5;//目标计数值
void main () {
    /* T1 & UART 设置 */
    PCON |= 0x80;          //baudrate×2
    TMOD |= 0x20;          //T1，方式 2，自动重装
    TH1 = TL1 = 0xFD;      //9600×2=19200bps，fosc=11.0592MHz
    TR1 = 1;
    SM0=0; SM1=1;          //串口方式 1
    /* INT0 设置 */
    IT0 = 1;               //INT0 下降沿请求中断
    EX0 = 1;               //开 INT0 中断
    /* PCA 设置 */
    CMOD = 0x06;           //□□□□□■■□，PCA 对 P1.2 计数，禁止 PCA 计数溢出中断
    CCON = 0x00;           //CF = 0 (清 PCA 溢出标志)，CR = 0 (禁止 PCA 计数)
    CCAP0L = destcnt;      //写入目标值低字节
    CCAP0H = destcnt/256;  //写入目标值高字节
    CH = CL = 0;           //PCA 计数器清零
    CCAPM0 = 0x49;         //□■□□■□□■，PCA 模块 0：比较+匹配+允许中断
    CR = 1;                //PCA 运行
    EA = 1;                //允许 CPU 中断
    while (1) {
        unsigned int n;
        for (n=0; n<1000; n++);   //延时
        P1_0 = ~P1_0;             //P1.0 翻转
    }
}
/* PCA 中断服务程序 */
void PCA_Isr () interrupt 7
{
```

```
    SBUF = 'P';                //向串口发送'P'
    CCF0 = 0;                  //中断标志清零
    destcnt += 5;              //目标值等步长增加
    CCAP0L = destcnt;          //写入目标值低字节
    CCAP0H = destcnt /256;     //写入目标值高字节
}
/* INT0 中断服务程序 * /
void INT0_isr ( ) interrupt 0
{
    SBUF = '1'; //向串口发送'1'
}
```

6.4.3.3　高速输出模式

通过对 CCAPMn 寄存器的 ECOMn（D6）位、MATn（D3）位和 TOGn 位（D2）置 1，其他位清 0，可使 PCA 模块工作于高速输出模式，如图 6-12 所示。

这种模式与 PCA 软件定时器模式的差别，就是当（CH，CL）与（CCAPnH，CCAPnL）匹配时，由于 TOGn 位置 1，又增加了使 CCPn（CCP0/P1.3、CCP1/P1.4）引脚输出翻转的功能。当 PCA 选择了高频率的计数脉冲源，且计数步长较小时，CCPn 引脚将得到高频率的脉冲输出。

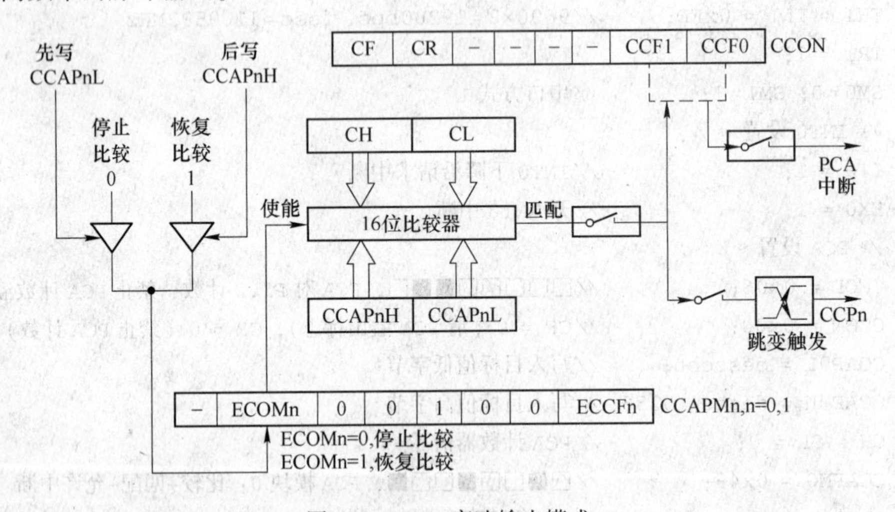

图 6-12　PCA 高速输出模式

【例 6-5】　通过检测 CCP0/P1.3 引脚的输出脉冲，测试 PCA 的高速输出功能。

解：首先把 P1.0 引脚连接到 P1.2/ECI 引脚和 P3.2/INT0 引脚，使 P1.0 引脚发出的脉冲既用于 PCA 计数，也用于触发 INT0 中断。当 INT0 中断时，就读取 CCP0/P1.3 的输出并向串口发送。CCP0/P1.3 引脚则与 P3.3/INT1 引脚连接，所以当 CCP0/P1.3 引脚出现下降沿时，就会触发 INT1 中断。每当 INT1 中断，就向串口发送字符'L'，表示 PCA 开始输出低电平。CCP0/P1.3 引脚还与 P3.7 引脚连接，用于 INT0 中断时读取其输出状态。

图 6-13 为单片机接线及程序实际运行结果。由图可见，在单片机上电后，PCA 计数了 5 个脉冲后发生匹配，使 CCP0/P1.3 引脚翻转为低电平（P1.3 引脚初始为高电平），

产生 INT1 中断。此后，每经过 10 个计数脉冲，CCP0/P1.3 引脚出现低电平一次。图中还显示了每经过 5 个计数脉冲，CCP0/P1.3 引脚翻转一次。

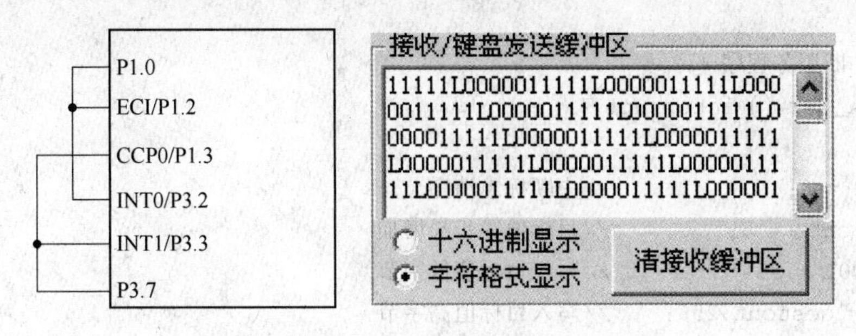

图 6-13 测试 PCA 高速输出的接线及运行结果

C51 程序：

```
#include <reg52.h>
#include"stc12pca0.h"      /* 见 PCA 捕获方式程序 */
sbit P1_0 = P1^0;          //P1.0------P1.2/ECI------P3.2/INT0
sbit P3_7 = P3^7;          //P3.7------P1.3/CCP0------P3.3/INT1
unsigned int destcnt = 5;//目标计数值
void main () {
    /* T1 & UART 设置 */
    PCON |= 0x80;          //baudrate×2
    TMOD |= 0x20;          //T1, 方式 2, 自动重装
    TH1 = TL1 = 0xFD;      //9600×2=19200bps, fosc=11.0592MHz
    TR1 = 1;
    SM0=0; SM1=1;          //串口方式 1
    /* INT0 设置 */
    IT0 = 1;               //INT0 下降沿请求中断
    EX0 = 1;               //开 INT0 中断
    /* INT1 设置 */
    IT1 = 1;               //INT1 下降沿请求中断
    EX1 = 1;               //开 INT1 中断
    /* PCA 设置 */
    CMOD = 0x06;           //□□□□□■■□, PCA 对 P1.2 计数, 禁止 PCA 计数溢出中断
    CCON = 0x00;           //CF = 0 (清 PCA 溢出标志), CR = 0 (禁止 PCA 计数)
    CCAP0L = destcnt;      //写入目标值低字节
    CCAP0H = destcnt/256;//写入目标值高字节
    CH = CL = 0;           //PCA 计数器清零
    CCAPM0 = 0x4D;         //□■□□■■□■, PCA 模块 0: 比较+匹配+翻转+允许中断
    CR = 1;                //PCA 运行
    EA = 1;                //允许 CPU 中断
    while (1) {
        unsigned int n;
        for (n=0; n<1000; n++);     //延时
```

```
        P1_0 = ~P1_0;        //P1.0 翻转
    }
}
/* PCA 中断服务程序 */
void PCA_Isr () interrupt 7
{
    CCF0 = 0;              //中断标志清零
    destcnt += 5;          //目标值等步长增加
    CCAP0L = destcnt;      //写入目标值低字节
CCAP0H = destcnt/256;      //写入目标值高字节
}
/* INT0 中断服务程序 */
void INT0_isr ( ) interrupt 0
{
    SBUF = P3_7 ? '1': '0';  //向串口发送 P3.7------CCP0/P1.3 状态
}
/* INT1 中断服务程序 */
void INT1_isr ( ) interrupt 2
{
    SBUF = 'L';              //向串口发送'L'
}
```

6.4.3.4 脉宽调节模式

当 CCAPMn 寄存器的 PWMn 位（D1）置 1、ECOMn 位（D6）置 1 时，PCA 模块用于 PWM 输出，见图 6-14。

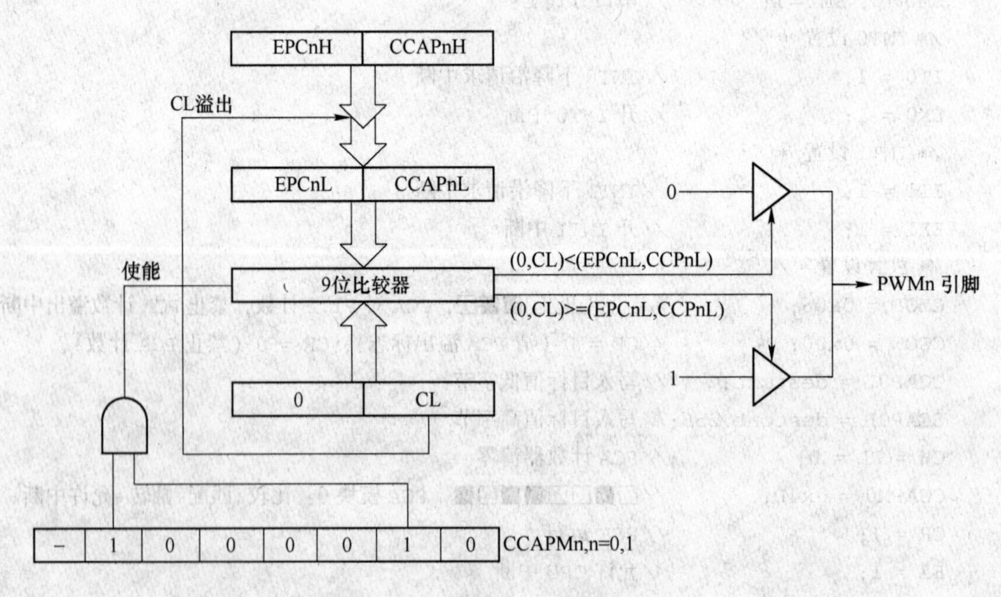

图 6-14 PCA 的 PWM 输出模式

在 PWM 输出模式下，由 EPCnL 与 CCAPnL 组合构成一个 9 位比较/捕捉寄存器，

EPCnH 与 CCAPnH 组合构成一个 9 位备份寄存器。当寄存器 CL 的值小于（EPCnL，CCAPnL）的值时，PWM 输出为低电平；当寄存器 CL 的值等于或大于（EPCnL，CCAPnL）时，PWM 输出为高电平。当 CL 的值由 FF 变为 00 溢出时，就将（EPCnH，CCAPnH）的内容装载到（EPCnL，CCAPnL）中，这样就可以实现无干扰地更新 PCA 计数值。

由于 PWM 是 8 位的，且 CL 从 00H 到 FFH 循环计数，所以，PWMn 引脚输出脉冲的频率等于 PCA 计数脉冲源频率/256。

当 EPCnL = 0 及 CCAPnL = 00H 时，PWM 固定输出高电平。

当 EPCnL = 1 及 CCAPnL = 0FFH 时，PWM 固定输出低电平。

用 PWM 可以很方便地实现低速 D/A 转换功能。使用 PWM 输出模式做 D/A 转换器与直接采用标准 D/A 转换器件相比，前者的成本更低，但由于其输出的模拟信号变化较慢，只能用来控制低速对象。

【例 6-6】 以 P1.0 引脚输出的脉冲作为 PCA 计数脉冲源，测试 PCA 的 PWM 功能。

解： PCA/PWM 模式的核心也是比较。以 PCA0 来说，如果预置 EPC0H、EPC0L 为 0，那么其实就是 CL 与 CCAP0L 相比较。但这种比较并不是要在二者匹配时产生 PCA 中断，而是根据二者的大小决定 PWM0 引脚（即 CCP0/P1.3）的输出：当 CL 小于 CCAP0L 时，PWM0 输出低电平；当 CL 不小于 CCAP0L 时，PWM0 输出高电平。

本例仍然以 ECI/P1.2 引脚的信号作为 PCA 的计数脉冲源。CPU 使 P1.0 引脚产生周期脉冲，P1.2 引脚与 P1.0 引脚连接而得到脉冲输入。P1.0 引脚又与 P3.2/INT0 引脚连接，以触发 INT0 中断。PWM 的输出引脚 CCP0/P1.3 与 P3.7 引脚连接。在 INT0 中断服务程序中，读取 P3.7 的输入状态并通过串口发送到 PC 电脑。此外，还可把 P1.3 与一只 LED 连接。

图 6-15 为本例实际运行结果。本例取 PWM 比较值为 32，由图可见，一个 PWM 周期包括 256 个计数脉冲，其中前 32 个计数脉冲对应于 CL 值为 0~31，即 CL 小于比较值，这时 PWM 输出低电平 0；后 224 个计数脉冲对应于 CL 值为 32~255，即 CL 不小于比较值，这时 PWM 输出高电平 1。如果再把 P1.3 引脚与一只 LED 连接，可见 LED 闪烁。

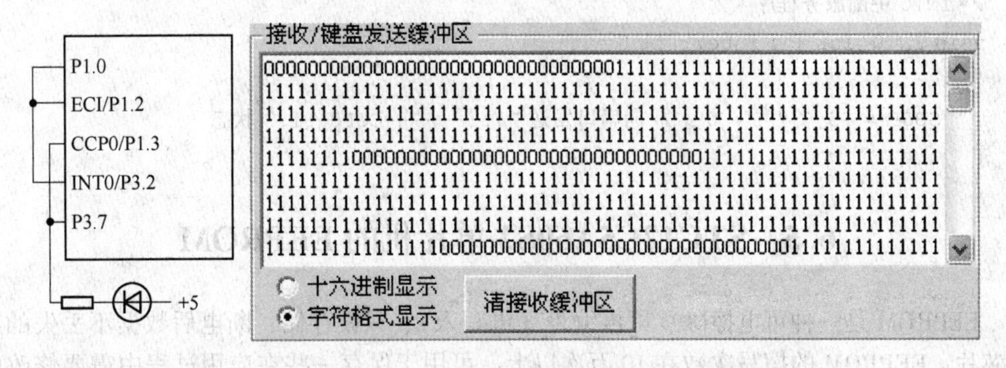

图 6-15 PCA/PWM 功能测试的接线及运行结果

C51 程序：

```
#include <reg52.h>
#include" stc12pca0.h"   /* 见 PCA 捕获方式程序 * /
```

```
sbit P1_0 = P1^0;         //P1.0------P1.2/ECI------P3.2/INT0
sbit P3_7 = P3^7;         //P3.7------P1.3/CCP0-----LED---390Ω---+5V
void main () {
    /* T1 & UART 设置 */
    PCON |= 0x80;          //baudrate×2
    TMOD |= 0x20;          //T1，方式 2，自动重装
    TH1 = TL1 = 0xFD;      //9600×2=19200bps, fosc=11.0592MHz
    TR1 = 1;
    SM0=0; SM1=1;          //串口方式 1
    /* INT0 设置 */
    IT0 = 1;               //INT0 下降沿请求中断
    EX0 = 1;               //开 INT0 中断
    /* PCA 设置 */
    CMOD = 0x06;           //□□□□□■■□，PCA 对 P1.2 计数，禁止 PCA 计数溢出中断
    CCON = 0x00;           //CF = 0（清 PCA 溢出标志），CR = 0（禁止 PCA 计数）
    CCAP0L = 32;           //PWM 比较值初值
    CCAP0H = 32;           //PWM 比较值备份
    PCAPWM0 = 0x00;        //□□□□□□■■，EPC0H、EPC0L 清零
    CH = CL = 0;           //PCA 计数器清零
    CCAPM0 = 0x42;         //□■□□□□■□，PCA 模块 0：比较+PWM
    CR = 1;                //启动 PCA 计数
    EA = 1;                //允许 CPU 中断
    while (1) {
        unsigned int n;
        for (n=0; n<1000; n++);   //延时
        P1_0 = ~P1_0;      //P1.0 翻转
    }
}
/* INT0 中断服务程序 */
void INT0_isr ( ) interrupt 0
{
    SBUF = P3_7 ? '1': '0'; //向串口发送 P3.7------CCP0/P1.3 状态
}
```

6.5 STC12C5A60S2 单片机的 EEPROM

EEPROM 是一种可电擦除、可再编程（电写入）、只读存储、断电后数据不丢失的存储芯片。EEPROM 的擦写次数在 10 万次以上，可用于保存一些在应用过程中需要修改的数据。STC12C5A60S2 系列单片机内部集成的 EEPROM，是采用 ISP/IAP 技术读写内部数据 FLASH 来实现的。不同型号芯片的 EEPROM 空间也有所不同，例如，STC12C5A60S2 内部集成有 1K 的 EEPROM，STC12C5A32S2 内部集成有 28K 的 EEPROM。内部 EEPROM 的配置节省了外部的 EEPROM 器件，而且数据读写的速度比外部的 EEPROM 快得多。

STC12C5A60S2 系列单片机片内 EEPROM 分为若干个扇区，起始扇区首地址为 0000H，每个扇区包含 512 字节。

6.5.1 ISP/IAP 的特殊功能寄存器

6.5.1.1 ISP/IAP Flash 数据寄存器 IAP_DATA

IAP_DATA 寄存器是对数据 Flash 进行 ISP/IAP 操作时的数据寄存器。ISP/IAP 从 Flash 读出的数据放在该寄存器中，向 Flash 写入的数据也需放在该寄存器中。

6.5.1.2 ISP/IAP 地址寄存器 IAP_ADDRH 和 IAP_ADDRL

IAP_ADDRH 是 ISP/IAP 操作时的地址寄存器高 8 位；

IAP_ADDRL 是 ISP/IAP 操作时的地址寄存器低 8 位。

6.5.1.3 ISP/IAP 命令寄存器 IAP_CMD

IAP_CMD 的格式如下：

–	–	–	–	–	–	MS1	MS0

MS1、MS0=00：待机模式，无 ISP 读写操作；

MS1、MS0=01：EEPROM 字节读；

MS1、MS0=10：EEPROM 字节编程；

MS1、MS0=11：EEPROM 扇区擦除。

6.5.1.4 ISP/IAP 操作时的命令触发寄存器 IAP_TRIG

在 IAPEN（IAP_CONTR.7）= 1 时，对 IAP_TRIG 先写入 5AH，再写入 A5H，ISP/IAP 命令才会生效。

6.5.1.5 ISP/IAP 控制寄存器 IAP_CONTR

IAP_CONTR 的格式如下：

ISPEN	SWBS	SWRST	CMD_FAIL	–	WT2	WT1	WT0

ISPEN：ISP/IAP 功能允许位。

　　ISPEN=0：禁止 ISP/IAP 编程改变 Flash；

　　ISPEN=1：允许 ISP/IAP 编程改变 Flash。

SWBS：软件选择从用户主程序区启动，还是从 ISP 程序区启动。

　　SWBS =0：从用户主程序区启动；

　　SWBS =1：从 ISP 程序区启动。

SWRST：是否产生软件复位控制位。

　　SWRST= 0：不操作；

　　SWRST=1：产生软件系统复位，硬件自动清零。

CMD_FAIL：ISP/IAP 命令是否触发成功标志。

如果发送了 ISP/IAP 命令，并对 ISP_TRIG 发送 5AH/A5H 触发失败，则为 1，需由软件清零。

WT2、WT1 和 WT0：用于设置等待时间。30MHz 以下设为 000，24MHz 以下 001，20MHz

以下 010，12MHz 以下 011，6MHz 以下 100，3MHz 以下 101，2MHz 以下 110，1MHz 以下 111。

6.5.2 EEPROM 应用举例

【例 6-7】 测试 STC12C5A60S2 的 EEPROM 功能。方法是：①单片机通过串口接收字符串；②把该字符串写入 EEPROM；③单片机从 EEPROM 读取字符串；④单片机把字符串通过串口发送。

解：STC12C5A60S2 对数据 Flash 存储器有三个基本操作，分别是字节读、字节编程和扇区擦除。进行字节编程时，只能将 1 改为 0，或 1 保持为 1，0 保持为 0。如果该字节是 11111111B，则可将其中的 1 编程为 0；如果该字节中有的位为 0，要将其改为 1，则需先将整个扇区擦除，因为只有“扇区擦除”才可以将 0 变为 1。

字节读、字节编程和扇区擦除操作都是通过对 ISP/IAP 相关寄存器进行设置来完成的。程序设计的方法是先编写出实现这三种操作的子程序，再实现对字符串的处理。

图 6-16 为该例的实际运行情况。具体操作过程是：程序下载后，设置串口参数（19200，N，8，1），打开串口；单片机重新上电，这时屏幕显示“输入字符串并发送……”；在“单字符串发送区”任意输入一些字符，点击“发送字符/数据”按钮；随后屏幕会显示经 EEPROM 编程后又读出的信息，可比较其与之前发送的信息是否一致，见图 6-16。

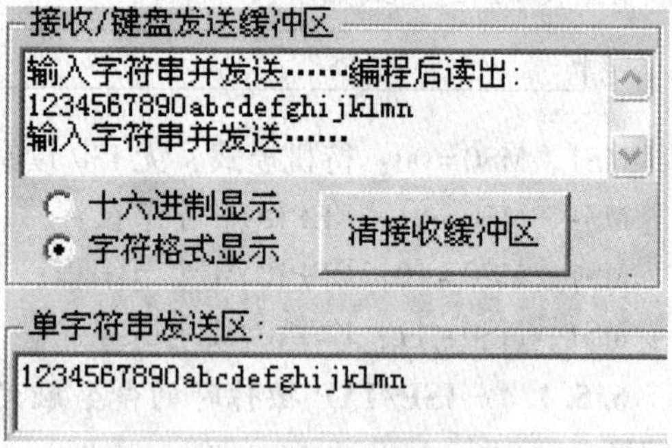

图 6-16　EEPROM 功能测试

该例在单片机串口接收编程上，采用了超时处理，即当串口接收下一个字符时，若多次（如程序中为 1000 次）查询 RI 都是 0，便认为发送结束，退出串口接收。

C51 程序：

```
#include <reg52.h>
#include <stdio.h>
sfr IAP_DATA  = 0xC2;                    //ISP/IAP Flash 数据寄存器
sfr IAP_ADDRH = 0xC3;                  //ISP/IAP Flash 地址寄存器高 8 位
sfr IAP_ADDRL = 0xC4;                  //ISP/IAP Flash 地址寄存器低 8 位
sfr IAP_CMD = 0xC5;                      //ISP/IAP Flash 命令寄存器
sfr IAP_TRIG = 0xC6;                     //ISP/IAP Flash 命令触发寄存器
sfr IAP_CONTR = 0xC7;                  //ISP/IAP Flash 控制寄存器
#define ISP_IAP_BYTE_READ      1         //ISP/IAP Flash 字节读命令
#define ISP_IAP_BYTE_PROGRAM  2         //ISP/IAP Flash 字节编程命令
#define ISP_IAP_SECTOR_ERASE  3         //ISP/IAP Flash 扇区擦除命令
#define WAIT_TIME      3                 //等待时钟数：×××××□■■ (Fosc<12MHz)
#define ISPEN          0x80              //  使能 ISP：■×××××××
xdata char strbuf [512];                 //STC12C5A60S2 片内集成有 1K 的 xdata RAM
void IAP_SECTOR_ERASE (unsigned int addr)  //扇区擦除函数，每扇区 512 字节
```

```
{  /*第一扇区地址：0000H~01FFH；第二扇区地址：0200H~03FFH；……*/
   IAP_ADDRH = (addr >> 8);            //IAP Flash 地址寄存器高 8 位
   IAP_ADDRL = addr;                   //地址寄存器低 8 位
   IAP_CONTR = WAIT_TIME;              //装入 WT2、WT1、WT0
   IAP_CONTR |= ISPEN;                 //使能 ISP/IAP
   IAP_CMD = ISP_IAP_SECTOR_ERASE;     //置 IAP 命令寄存器写擦除命令
   IAP_TRIG = 0x5a;                    //先送 5AH，再送 A5H 到 IAP 触发寄存器
   IAP_TRIG = 0xa5;                    //送完 A5H 后，IAP 命令立即被触发启动
   //CPU 等待 IAP 动作完成后，才会继续执行程序
}
void IAP_BYTE_PROGRAM (unsigned int addr, char c) //字节编程函数
{
   IAP_DATA = c;                       //IAP Flash 数据寄存器装入一字节数据
   IAP_ADDRH = (addr >> 8);            //IAP Flash 地址寄存器高 8 位
   IAP_ADDRL = addr;                   //地址寄存器低 8 位
   IAP_CONTR = WAIT_TIME;              //装入 WT2、WT1、WT0
   IAP_CONTR |= ISPEN;                 //使能 ISP/IAP
   IAP_CMD = ISP_IAP_BYTE_PROGRAM;     //置 IAP 命令寄存器写字节编程命令
   IAP_TRIG = 0x5a;                    //先送 5AH，再送 A5H 到 IAP 触发寄存器
   IAP_TRIG = 0xa5;                    //送完 A5H 后，IAP 命令立即被触发启动
   //CPU 等待 IAP 动作完成后，才会继续执行程序.
}
char IAP_BYTE_READ (unsigned int addr) //字节读函数
{
   IAP_ADDRH = (addr >> 8);            //IAP Flash 地址寄存器高 8 位
   IAP_ADDRL = addr;                   //地址寄存器低 8 位
   IAP_CONTR = WAIT_TIME;              //装入 WT2、WT1、WT0
   IAP_CONTR |= ISPEN;                 //使能 ISP/IAP
   IAP_CMD = ISP_IAP_BYTE_READ;        //置 IAP 命令寄存器字节读命令
   IAP_TRIG = 0x5a;                    //先送 5AH，再送 A5H 到 ISP/IAP 触发寄存器
   IAP_TRIG = 0xa5;                    //送完 A5H 后，ISP/IAP 命令立即被触发启动
   return IAP_DATA;                    //返回读出的字节值
   /*数据读出到 IAP_DATA 寄存器后，CPU 继续执行*/
}
/*字符串编程函数*/
void IAP_STR_PROGRAM (unsigned int addr, char *buf, int size)
{
   int i;
   for (i=0; i<size; i++)
        IAP_BYTE_PROGRAM (addr++, buf [i] ); //每次 1 字节编程
}
/*读字符串函数*/
void IAP_STR_READ (unsigned int addr, char *buf, int size)
```

```
{
    int i;
    for (i=0; i<size; i++)
        buf [i] = IAP_BYTE_READ (addr++); //每次1字节读
}
void main ()
{
    /*T1 & UART设置*/
    PCON |= 0x80; //baudrate×2
    TMOD |= 0x20; //T1, 方式2, 自动重装
    TH1 = TL1 = 0xFD; //9600×2=19200bps, fosc=11.0592MHz
    TR1 = 1;
    SM0=0; SM1=1; REN=1; TI=1; //串口方式1, 允许接收, TI置1
    while (1) {
        int strlen, i;
        printf (" 输入字符串并发送……" );
        /*接收第一个字符*/
        while (RI==0);
        RI=0;
        strbuf [0] = SBUF;
        /*接收后续字符*/
        for (strlen = 1, i=0; i<1000; i++) {
            if (RI==0) continue;            //接收没有完成, 继续循环
            RI = 0;                         //接收完成, RI清零
            i = 0;                          //超时次数清零
            strbuf [strlen++] = SBUF;       //存入接收字符
        }
        IAP_SECTOR_ERASE (0);               //擦除第1个扇区
        IAP_STR_PROGRAM (0, strbuf, strlen); //在地址0开始编程
        for (i=0; i<512; i++) {             //strbuf清零
            strbuf [i] = '\0';
        }
        IAP_STR_READ (0, strbuf, strlen);   //从地址0处读取字符串放入buf
        printf ("编程后读出: \n% *s \n", strlen, strbuf);
    }
}
```

6.6 STC12C5A60S2单片机的SPI接口

STC12C5A60S2单片机集成了SPI接口，它是一个全双工高速同步通信接口，既可以和其他微处理器通信，也可以与具有SPI兼容接口的器件，如存储器、A/D转换器、D/A转换器、LED或LCD驱动器等进行同步通信。SPI接口有两种操作模式：主模式和从模

式。在主模式中支持高达 3Mbit/s 的速率；从模式时速度无法太快，速度在 fosc/8 以内。

6.6.1 SPI 接口的结构

SPI 的核心是一个 8 位移位寄存器和一个 8 位数据寄存器，数据可以同时发送和接收。在 SPI 数据的传输过程中，发送和接收的数据都存储在数据寄存器 SPDAT 中。

STC12C5A60S2 单片机 SPI 的结构框图如图 6-17 所示。与 SPI 相关的特殊功能寄存器有 SPI 控制寄存器 SPCTL、SPI 状态寄存器 SPSTAT 和 SPI 数据寄存器 SPDAT，它们的用法参见本节的 C51 程序。

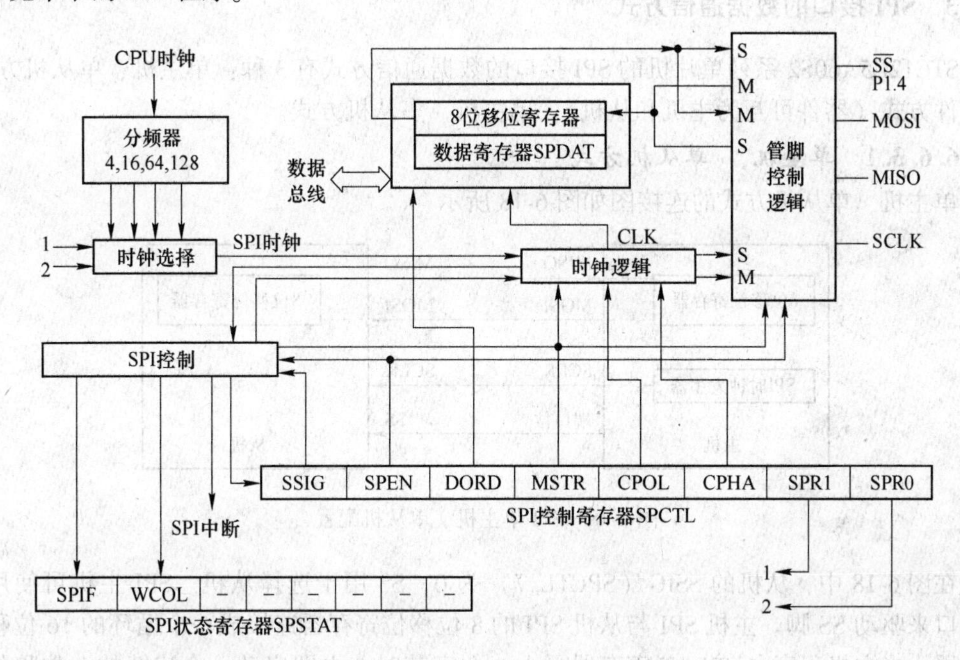

图 6-17 SPI 结构框图

6.6.2 SPI 接口信号

SPI 接口由 MISO（与 P1.6 共用）、MOSI（与 P1.5 共用）、SCLK（与 P1.7）和 SS（与 P1.4 共用）4 根信号线构成。

MOSI（Master Out Slave In，主出从入）：是主器件的输出和从器件的输入，用于主器件到从器件的串行数据传输。根据 SPI 规范，多个从机共享一根 MOSI 信号线。在时钟边界的前半周期，主机将数据放在 MOSI 信号线上，从机在该边界处获取该数据。

MISO（Master In Slave Out，主入从出）：是从器件的输出和主器件的输入，用于实现从器件到主器件的数据传输。SPI 规范中，一个主机可连接多个从机，因此，主机的 MISO 信号线会连接到多个从机上，或者说，多个从机共享一根 MISO 信号线。当主机与一个从机通信时，其他从机应将其 MISO 引脚驱动置为高阻状态。

SCLK（SPI Clock，串行时钟信号）：主器件的输出和从器件的输入，用于同步主器件和从器件之间在 MOSI 和 MISO 线上的串行数据传输。当主器件启动一次数据传输时，自动产生 8 个 SCLK 时钟周期信号给从机。在 SCLK 的每个跳变处（上升沿或下降沿）移出一位数据。所以，一次数据传输可以传输一个字节的数据。

SS（Slave Select，从机选择信号）：是一个输入信号。主器件用它来选择处于从模式的 SPI 模块。主模式和从模式下，SS 的使用方法不同。在主模式下，SPI 接口只能有一个主机，不存在主机选择问题。在该模式下 SS 不是必须的。每一个从机的 SS 接主机的 I/O 口，由主机控制电平高低，以便主机选择从机。在从模式下，不论发送还是接收，SS 信号必须有效。因此在一次数据传输开始之前必须将 SS 拉为低电平。SPI 主机可以使用 I/O 口选择一个 SPI 器件作为当前的从机。

6.6.3 SPI 接口的数据通信方式

STC12C5A60S2 系列单片机的 SPI 接口的数据通信方式有 3 种：单主机、单从机方式，双器件方式（器件可互为主机和从机），单主机、多从机方式。

6.6.3.1 单主机、单从机方式

单主机、单从机方式的连接图如图 6-18 所示。

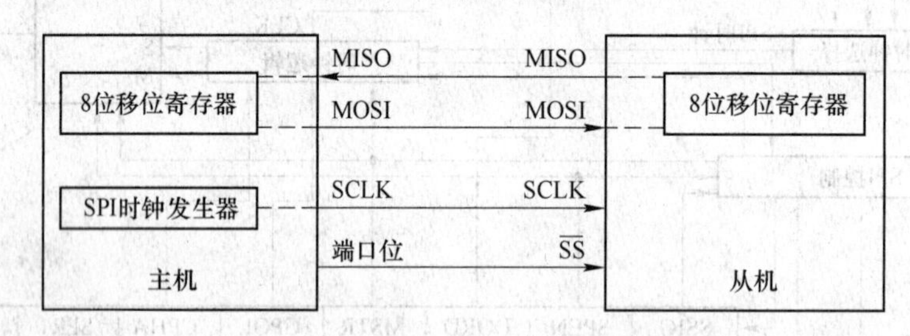

图 6-18 SPI 单主机、单从机配置

在图 6-18 中，从机的 SSIG（SPCTL.7）为 0，SS 用于选择从机。SPI 主机可使用任何端口来驱动 SS 脚。主机 SPI 与从机 SPI 的 8 位移位寄存器连接成一个循环的 16 位移位寄存器。当主机程序向 SPDAT 寄存器写入一个字节时，立即启动一个连续的 8 位移位通信过程：主机的 SCLK 引脚向从机的 SCLK 引脚发出一串脉冲，在这串脉冲的驱动下，主机 SPI 的 8 位移位寄存器中的数据移动到了从机 SPI 的 8 位移位寄存器中。与此同时，从机 SPI 的 8 位移位寄存器中的数据移动到了主机 SPI 的 8 位移位寄存器中。由此，主机既可向从机发送数据，又可读从机中的数据。

6.6.3.2 双器件方式

双器件方式的连接图如图 6-19 所示。

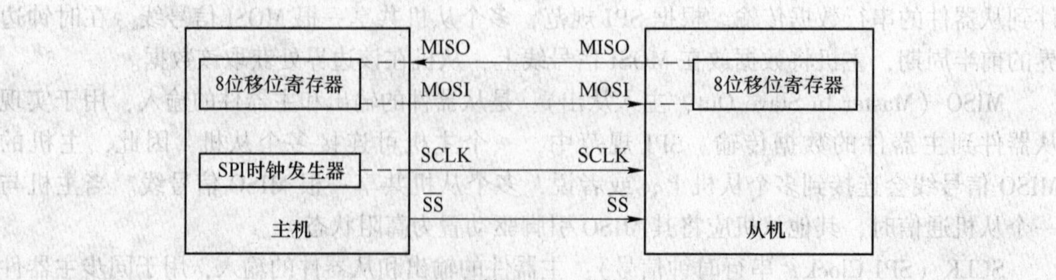

图 6-19 SPI 双器件配置（器件可互为主从）

图 6-19 为两个器件互为主从的情况。当没有发生 SPI 操作时，两个器件都可配置

为主机（MSTR=1），将 SSIG 清零并将 P1.4/SS 配置为准双向模式。当其中一个器件启动传输时，它可将 P1.4/SS 配置为输出并驱动为低电平，这样就强制另一个器件变为从机。

双方初始化时将自己设置成忽略 SS 脚的 SPI 从模式。当一方要主动发送数据时，先检测 SS 脚的电平，如果 SS 脚是高电平，就将自己设置成忽略 SS 脚的主模式。通信双方平时将 SPI 设置成没有被选中的从模式。在该模式下，MISO、MOSI、SCLK 均为输入，当多个 MCU 的 SPI 接口以此模式并联时不会发生总线冲突。这种特性在互为主从、一主多从等应用中很有用。

6.6.3.3 单主机、多从机方式

图 6-20 为 SPI 单主机、多从机配置图。图中，从机的 SSIG（SPCTL.7）为 0，从机通过对应的 SS 信号被选中。SPI 主机可使用任何端口（包括 P1.4/SS ）来驱动 SS 脚。

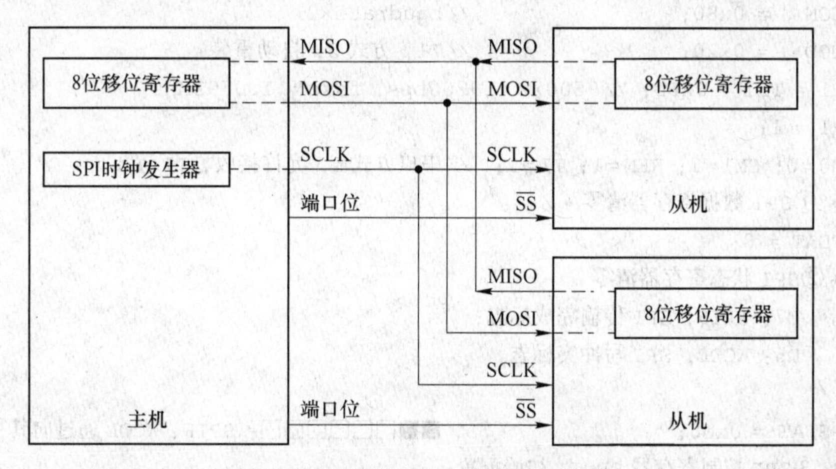

图 6-20 SPI 单主机、多从机配置图

6.6.4 SPI 功能测试

【例 6-8】 对 STC12C5A60S2 单片机 SPI 器件的单主机、单从机方式进行测试。

解：该例需要两块单片机。首先按照图 6-18 进行接线。主机的端口位仍然取 P1.4/SS 引脚，但在单主机、单从机方式该引脚作为通用 I/O 口使用。测试程序运行时，主机通过串口向 PC 机发送提示信息，当主机接收到 PC 机发来的一个字符后，就把该字符通过 SPI 传输给从机。一个字符传输完成，主机产生 SPI 中断。此后，主机显示串口输入的字符和 SPI 数据寄存器 SPDAT 的内容。图 6-21 为实际测试情况。

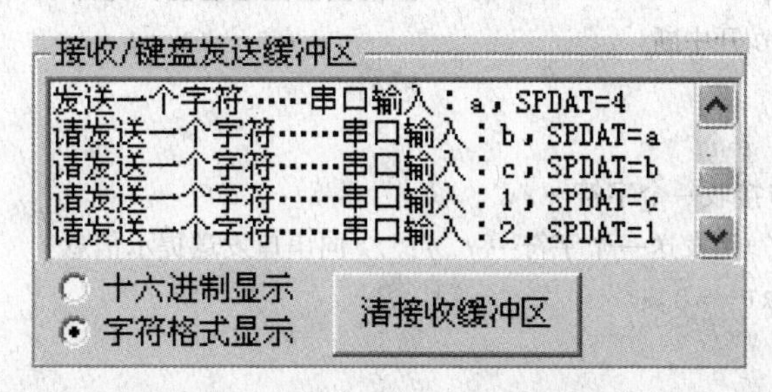

图 6-21 SPI 单主机、单从机方式测试

下面是主机和从机的C51程序：

```
/* 单片机的 SPI 为主器件 */
#include<reg52.h>
#include<stdio.h>
sfr SPSTAT = 0xcd;                    //SPI 状态寄存器
sfr SPCTL = 0xce;                     //SPI 控制寄存器
sfr SPDAT = 0xcf;                     //SPI 数据寄存器
sbit SLAVE_SS = P1^4;                 //主器件 I/O 引脚 P1.4------从器件 SS 引脚 P1.4
sfr IE2 = 0xAF;                       //中断允许寄存器 2
void main ()
{
    /* T1 & UART 设置 */
    PCON |= 0x80;                     //baudrate×2
    TMOD |= 0x20;                     //T1，方式 2，自动重装
    TH1 = TL1 = 0xFD; //9600×2=19200bps, fosc=11.0592MHz
    TR1 = 1;
    SM0=0; SM1=1; REN=1; TI=1;        //串口方式 1，允许接收，TI 置 1
    /* ①SPI 数据寄存器清零 */
    SPDAT = 0;
    /* ②SPI 状态寄存器清零
        D7: SPIF, SPI 传输完成标志;
        D6: WCOL, SPI 写冲突标志。
    */
    SPSTAT = 0xC0;                    //■■□□□□□□: SPIF、WCOL 通过向其写入 1 清零
    /* ③SPI 控制寄存器 SPCTL 初始配置:
        D7: SSIG=1, 由 MSTR（位 4）确定器件为主机还是从机;
        D6: SPEN=1, SPI 使能;
        D5: DORD=1, 数据字的 LSB（最低位）最先发送;
        D4: MSTR=1, 选择主模式;
        D3: CPOL=1, SPICLK 空闲时为高电平;
        D2: CPHA=1, 数据在 SPICLK 的前时钟沿驱动，并在后时钟沿采样;
        D1、D0: SPR1、SPR0=11: SPI 时钟频率=CPU 时钟频率/128。
    */
    SPCTL = 0xFF;                     //■■■■■■■■
    IE2 |= 0x02;                      //□□□□□□■□: 允许 SPI 中断
    EA = 1; //CPU 开中断
    while (1) {
        char c;
        /* 从串口接收一个字符 */
        printf ("请发送一个字符…" ); //向串口发送提示信息
        while (RI==0);
        RI=0;
        c = SBUF;
```

```
        /*1. 主机通过将从器件的 SS 脚驱动为低电平实现与之通信:
             写入主机 SPDAT 寄存器的数据从 MOSI 脚移出发送到从机的 MOSI 脚;
             同时从机 SPDAT 寄存器的数据从 MISO 脚移出发送到主机的 MISO 脚。
        */
        SLAVE_SS = 0;
        /*2. 主机对 SPDAT 的写操作将启动 SPI 时钟发生器和数据的传输;
             在数据写入 SPDAT 之后的半个到一个 SPI 位时间后, 数据将出现在 MOSI 脚。
        */
        SPDAT = c;
        while (SLAVE_SS == 0);   //等待从器件 SS 为高电平 (SLAVE_SS = 1)
        printf ("串口输入:%c, SPDAT=%c\n", c, SPDAT);   //向串口发送信息
    }
}
/*主器件 SPI 中断服务程序
传输完一个字节后, SPI 时钟发生器停止, 传输完成标志 (SPIF) 置位并产生一个中断
*/
void spi_isr ( ) interrupt 9
{
    SPSTAT = 0xC0;                  //■■□□□□□□: SPIF、WCOL 通过向其写入 1 清零
    SLAVE_SS = 1;                   //一个字节接收后, 从器件 SS 为高电平
}
/*从器件 (另一个 STC12C5A60S2 的 SPI) 测试程序*/
#include<reg52.h>
sfr SPSTAT = 0xcd;                  //SPI 状态寄存器
sfr SPCTL = 0xce;                   //SPI 控制寄存器
sfr SPDAT = 0xcf;                   //SPI 数据寄存器
sbit SLAVE_SS = P1^4;    //主器件 I/O 引脚 P1.4------从器件 SS 引脚 P1.4
sfr IE2 = 0xAF;          //中断允许寄存器 2
void main ()
{
    SPDAT = 0;                      //从器件的 SPDAT 清零
    SPSTAT = 0xC0;                  //■■□□□□□□: SPIF、WCOL 通过向其写入 1 清零
    SPCTL = 0xEF;                   //■■■□■■■■: 从器件模式, 其他同主器件
    IE2 |= 0x02;                    //□□□□□□■□: 允许 SPI 中断
    EA = 1;
    while (1) {
    }
}
/*从器件 SPI 中断服务程序*/
void spi_isr ( ) interrupt 9
{
    SPSTAT = 0xC0;                  //■■□□□□□□: SPIF、WCOL 通过向其写入 1 清零
    SPDAT = SPDAT;                  //发送 SPDAT 中的数据到主器件
}
```

6.7 STC12C5A60S2单片机的复位、电源和时钟

6.7.1 STC12C5A60S2的复位方式

STC12C5A60S2单片机有5种复位方式：上电复位、外部RST引脚复位、外部低电压检测复位、看门狗复位、软件寄存器复位。

6.7.1.1 上电复位

STC12C5A60S2单片机内部集成有MAX810专用复位电路。晶振频率在12MHz以下时，可以不用外部复位电路，而由片内复位电路复位。

6.7.1.2 外部RST引脚复位

外部RST引脚复位就是从外部向RST引脚施加一定宽度的复位脉冲，从而实现单片机的复位。外接上电复位、外接看门狗定时器复位以及手动复位电路都属于这一类。

6.7.1.3 外部低电压检测复位

当外部供电电压过低时，无法保证单片机正常工作，此时，可以利用单片机的外部低电压检测复位功能。当检测电路检测到外部供电电压低于门槛电压时，将单片机复位，从而保证系统正常工作。外部低电压检测的典型电路连接如图6-22所示。

6.7.1.4 看门狗复位

在由单片机构成的应用系统中，由于单片机常常受到外界电磁场的干扰，造成程序跑飞并陷入死循环，从而导致整个系统陷入停滞状态，甚至会发生不可预测的后果，所以便产生了一种专门用于监测单片机程序运行状态的芯片，俗称“看门狗”。

看门狗（Watch Dog Timer，WDT）是一个定时器电路，一般有一个输入，称为“喂狗”，一个输出到单片机的复位端。单片机程序正常运行时，每隔一定时间输出一个信号到喂狗端，给WDT清零。如果程序跑飞，超过规定的时间不喂狗，WDT将发生定时超时，并输出一个复位信号到单片机，使单片机复位。图6-23为一种MCS-51单片机看门狗电路。

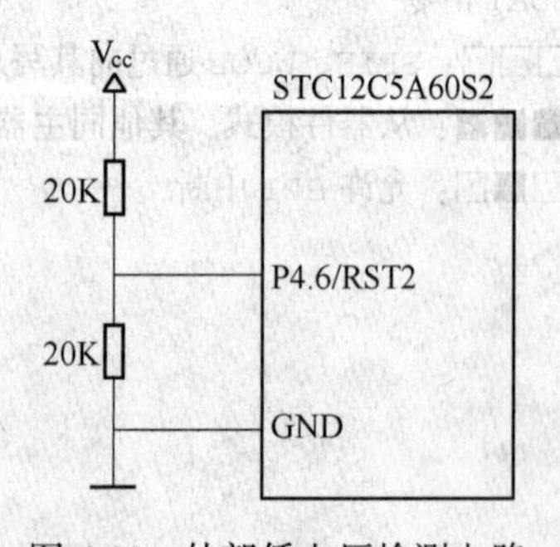

图6-22 外部低电压检测电路

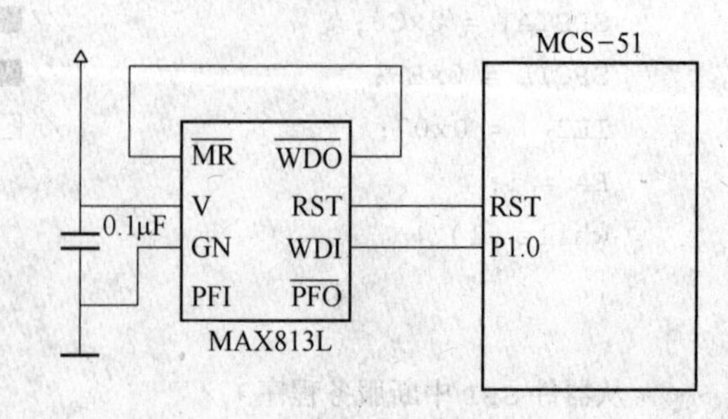

图6-23 MCS-51单片机看门狗电路

STC12C5A60S2单片机内部集成有看门狗定时器，使单片机系统可靠性设计变得更加方便、简洁。看门狗功能是通过设置和使用WDT控制寄存器WDT_CONTR来实现的。

WDT控制寄存器WDT_CONTR的格式如下：

WDT_FLAG	-	EN_WDT	CLR_WDT	IDLE_WDT	PS2	PS1	PS0

WDT_FLAG：看门狗溢出标志位，溢出时，该位由硬件置 1，可用软件将其清 0。

EN_WDT：看门狗允许位，当设置为 1 时，启动看门狗。

CLR_WDT：看门狗清 0 位，当设为 1 时，看门狗将重新计数。硬件将自动清 0 此位。

IDLE_WDT：看门狗空闲模式位，当设置为 1 时，WDT 在空闲模式计数；设置为 0 时，WDT 在空闲模式时不计数。

PS2、PS1、PS0：WDT 预分频系数控制位。

WDT 预分频系数 = 2×2^N，N = PS2×4+PS1×2+PS0

WDT 溢出时间的计算方法：

WDT 的溢出时间 = （12 × 预分频系数 × 32768）/ 时钟频率

例如，若 PS2、PS1、PS0 都置为 1，则 WDT 预分频系数是 256，若单片机晶振频率为 11.0592MHz，可计算出 WDT 的溢出时间等于 9.1s。

当启用 WDT 后，用户程序必须周期性地复位 WDT，以证明程序正常运行。如果用户程序在一段时间之后不能复位 WDT，WDT 就会溢出，将强制 CPU 自动复位，从而确保程序不会进入死循环。复位 WDT 的方法是重写 WDT 控制寄存器的内容。

【例 6-9】 STC12C5A60S2 单片机看门狗复位功能测试。

解：该例使用定时器 T0 进行定时，并且每秒通过串口发送 1 个字符。如果从不进行“喂狗”操作，则在 9s 后 WDT 溢出，使单片机复位，PC 机串口会接收到字符串“STC reset!”。

PC 机向单片机串口发送任意一个字符，会使单片机产生串口接收中断。在串口中断服务程序中，通过使 WDT 复位完成“喂狗”操作。

程序的实际运行如图 6-24 所示。图中的前三行是没有进行“喂狗”操作的情况，后 2 行是在 WDT 溢出之前，通过向单片机发送任意字符进行“喂狗”的情况。

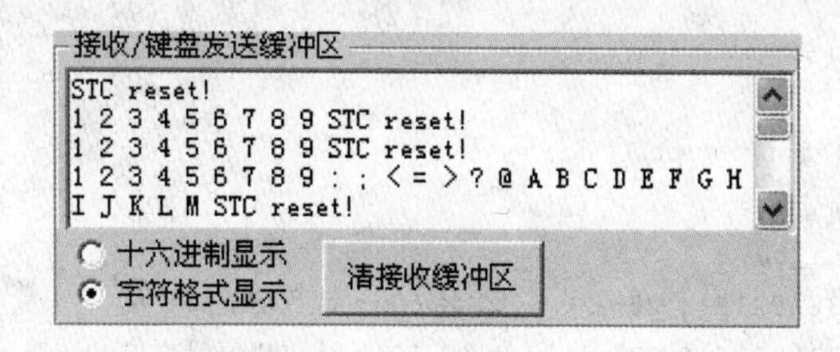

图 6-24 看门狗复位功能测试

下面是 C51 程序：

```
#include<reg52.h>
#include<stdio.h>
sfr WDT_CONTR = 0xC1;
bit sec_flag = 0;
void main ()
{
```

```
    char c;
    /* T1 & UART 设置 * /
    PCON |= 0x80;                       //baudrate×2
    TMOD |= 0x20;                       //T1，方式 2，自动重装
    TH1 = TL1 = 0xFD;                   //9600×2=19200bps, fosc=11.0592MHz
    TR1 = 1;
    SM0=0; SM1=1; REN=1; TI=1;          //串口方式 1，允许接收，TI 置 1
    ES = 1;                             //开 UART 中断
    /* T0 设置 * /
    TMOD |= 0x01;                       //T0 方式 1
    TR0 = 1;                            //启动 T0
    ET0 = 1;                            //开 T0 中断
    EA = 1;                             //开 CPU 中断
    c = '1';
    printf ("STC reset! \n% ");         //向串口发送提示信息
    /* 设置 WDT:
        WDT_FLAG=0,
        EN_WDT=1, CLR_WDT=1, IDLE_WDT=1,
        PS2=PS1=PS0=1, 预分频系数是 256
    * /
    WDT_CONTR = 0x3F;                   //□□■■■■■■
    while (1) {
        if (sec_flag) {
            sec_flag = 0;
            printf ("%c", c++);
            if (c>'z') c='1';
        }
    }
}
void t0_isr () interrupt 1
 {
    static int n_t0;
    TH0 = (65536-9216) /256;            //装 10ms 计数初值高 8 位
    TL0 = (65536-9216)% 256;            //装 10ms 计数初值低 8 位
    if (++n_t0 == 100) {                //1 秒时间到
        n_t0 = 0;
        sec_flag = 1;
    }
}
void uart_isr () interrupt 4
{
    if (RI) {
        RI = 0;
```

```
        WDT_CONTR = 0x3F; //WDT复位
    }
}
```

6.7.1.5 软件寄存器复位

单片机在运行过程中，有时会根据特殊需求，需要实现单片机的软复位。传统的8051单片机由于硬件上未支持此功能，用户必须用软件模拟，实现起来较麻烦。STC12C5A60S2单片机利用ISP/IAP控制寄存器IAP_CONTR实现了此功能。

SWBS位用于选择从用户应用程序区启动（0），还是从ISP程序区启动（1）。SWRST是软件复位控制位，该位等于0时不产生复位操作，等于1时产生软件系统复位，复位后硬件自动清零。

6.7.2 STC12C5A60S2的电源检测

STC12C5A60S2单片机在P4.6口设置了外部低压检测功能，可以用查询方式或中断方式检查外部电压是否偏低。5V单片机内部检测门槛电压是1.32V（±5%的误差），3V单片机内部检测门槛电压是1.30V（±3%的误差）。上电复位后，外部低压检测标志位是1，要由软件清零，清零后，再读一次该位是否为零，如为零，才代表P4.6口的外部电压高于检测门槛电压。

中断控制允许位是EA和ELVD，ELVD是低压检测中断允许位。

中断优先级控制位是PLVDH和PLVD，具有00、01、10和11四级中断优先级。

中断请求标志位是LVDF，要由软件清零。

如果要求在掉电模式下外部低压检测中断继续工作，可将CPU从掉电模式唤醒，则应将特殊功能寄存器WAKE_CLKO中的相应控制位LVD_WAKE置1。

6.7.3 STC12C5A60S2的省电方式

当电源电压为5V时，STC12C5A60S2的正常工作电流为4~20mA。为了降低系统功耗，该单片机可以运行在两种省电工作方式下：空闲方式和掉电方式。空闲方式下，STC12C5A60S2的工作电流为3mA；掉电模式下，其工作电流小于0.1μA。

电源控制寄存器PCON的格式如下：

SMOD	SMOD0	LVDF	POF	GF1	GF0	PD	IDL

LVDF：低电压中断请求标志位。当低电压检测中断允许，并且发生了低电压检测中断时，该位置1。在低电压检测中断服务程序中，要用软件将其清零。对于5V单片机，$V_{cc}<3.7V$时，LVDF=1，$V_{cc}>3.7V$时，LVDF的值不变；3V单片机，$V_{cc}<2.4$时，LVDF=1，$V_{cc}>2.4V$时，LVDF的值不变。

POF：上电复位标志位，单片机掉电后，上电复位标志位为1，可由软件清0。

PD：将其置1时，单片机将进入掉电模式。进入掉电模式后，外部时钟停振，CPU、定时器、串行口全部停止工作，只有外部中断继续工作。进入掉电模式的单片机可由外部中断的低电平触发或下降沿触发中断模式唤醒。

IDL：将其置1时，单片机将进入空闲模式。空闲模式时，除CPU不工作外，其余模块仍继续工作，可由任何一个中断唤醒。

习　题

6-1 与传统 8051 比较，STC12C5A60S2 单片机有哪些增强？

6-2 STC12C5A60S2 单片机片内 ADC 有何特点？

6-3 编写程序，用 STC12C5A60S2 单片机的 ADC0 通道对热敏电阻的电压值采样，并把采样值的高 8 位通过 P0 口输出（设采样频率为 1Hz）。

6-4 用 STC12C5A60S2 单片机的串口 2 与 PC 机连接。编写程序，当串口 2 接收到字符'0'～'7'之一时，就对相应的 ADC 通道（ADC0～ADC7）进行采样，并把采样值的高 8 位通过串口 2 口输出。设串口 2 的通信参数为：19200bps，无奇偶校验，8 数据位，1 停止位。

6-5 STC12C5A60S2 单片机的 PCA 模块有哪些工作模式，各是什么含义？

6-6 编写程序，用 PCA 实现对 P1.3 引脚输入信号的高电平时间进行捕获，并把捕获数值通过串口发送。

6-7 编写程序，用 PCA 实现 10ms 的周期定时操作。

6-8 编写程序，用 PCA 实现 10kHz 高速脉冲输出。

6-9 编写程序，用 PCA 的 PWM 功能使 P1.3 引脚输出频率为 4kHz、占空比为 1/4 的脉冲。

6-10 编写程序，将字符串" abcdefgABCDEFG" 写入 STC12C5A60S2 的 EEPROM，然后再将其读出。如果两者一致，向串口发送" ok!"，否则发送" Error!"。设写入的起始地址为 0200H。（提示：字符串比较可用 strcmp 函数，头文件为 string.h）

6-11 试对使用片外 EEPROM 芯片（如 AT2402）与使用片内 EEPROM 两种方案进行比较。

6-12 SPI 的单主多从方式应如何接线？

6-13 STC12C5A60S2 有哪些复位方式？

6-14 编写程序，使 STC12C5A60S2 每 10ms 进行一次“喂狗”操作（设 fosc = 11.0592MHz）。

单片机网络通信与组态监控

计算机网络正在广泛地应用于工业控制领域，以单片机为核心的控制装置，如 PLC、HMI、智能仪表等，普遍具备联网能力。本章以 RS-485 串行接口标准、Modbus 网络通信协议和快控通用组态软件为基础，通过单片机开发板、电动执行器、混合型气动机械手三个实例，结合单片机硬件电路、应用程序设计、上位机组态监控设计三方面的内容，学习单片机网络通信。

7.1 网络通信基础

对于单片机、计算机等数字设备，它们之间所交换的信息都是由“0”和“1”所表示的数字信号。数据信息就是指具有一定的编码、格式和位长的数字信号。所谓数据通信，是指将数据信息通过传输线路从一台机器传送到另一台机器。这里的机器可以是单片机、计算机或者是具有数据通信功能的其他数字设备。通信网络就是把分布在不同地点的多个设备在物理上互联，按照网络协议相互联网通信，并以共享硬件、软件和数据资源为目标的系统。

7.1.1 计算机网络的分类

7.1.1.1 按网络的跨度划分

（1）局域网（Local Area Network，LAN）。一般指规模相对较小的网络，即计算机硬件设备不大，通信线路不长（不超过几十千米），采用单一的传输介质，覆盖范围限于单位内部或建筑物内，通常由一个单位自行组网并专用。

（2）区域网（Metropolitan Area Network，MAN）。其规模较局域网要大一些，通常覆盖一个区域或城市，常用于弥补局域网和广域网之间的空白。

（3）广域网（Wide Area Network，WAN）。指跨度非常大的网络，它不但可以把多个局域网或区域网连接起来，也可以把世界各地的局域网连接起来，它的传输装置和媒体通常由电信部门提供。广域网还有两个特殊的分类：企业网（指跨地区或跨国的特大型企业或集团组织的网络）、全球网（横跨全球的计算机网络，如 Internet）。

在计算机控制系统中一般采用局域网或局域网的互连。

7.1.1.2 按网络的拓扑结构划分

网络的拓扑连接是指网络中各节点之间的连接方式。常用的网络拓扑结构有 3 种：星型、总线型和环型，如图 7-1 所示。

（1）星型结构。图 7-1a 是星型结构示意图。中心部位为集线器或交换机，网络中的各工作站都连接在集线器或交换机上。集线器或交换机管理通信，两个工作站之间进行数据传输时，都需要通过集线器或交换机进行。星型结构具有可靠性高、连接方便、故障诊断和排除容易等优点，但是其对集线器或交换机的依赖较强，而且连接电缆也较长。

（2）总线型结构。图 7-1b 是总线型结构示意图。总线型结构中所有的工作站都连接在同一根总线上，任意一个工作站发送的信息都可以通过总线传到其他的工作站。总线型结构具有结构简单、扩充方便、布线容易、传输速度快等优点，但是因所有工作站通过一根总线相连，因此，当总线上任一点发生故障时即可导致整个网络的瘫痪。

（3）环型结构。图 7-1c 是环型结构示意图。环型结构中的每个工作站都连接在一个封闭的环路中，其中任一工作站发送信息时，都可以依次传送到所有的工作站。环型结构路径选择控制方式简单，能够保持信号强度不变，但是其网络可靠性较差且不易管理，新增站点也较为困难。

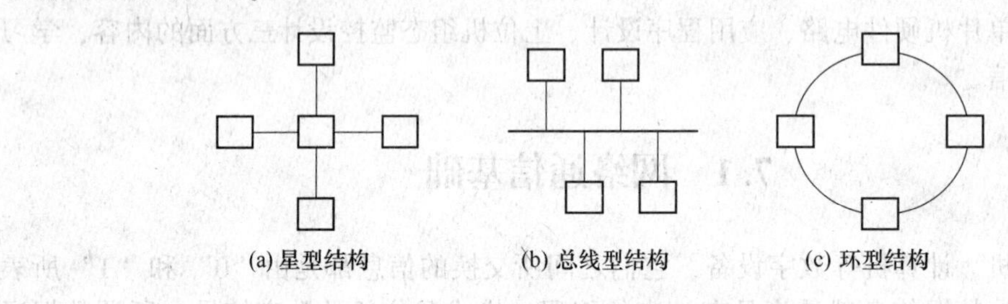

图 7-1 网络拓扑结构

7.1.2 工业测控网络

工业测控网络一般是指以控制生产设备和生产过程为特征的计算机网络系统，它体现了测控系统向网络化、集成化、分布化、节点智能化的发展趋势。

工业测控网络以具有通信能力的传感器、执行器、智能仪表等仪器设备为网络节点，并将其连接成开放式、数字化、实现多节点通信、执行测量控制任务的网络系统。测控网络的节点大都是具有计算与通信能力的测量控制设备，它们可能具有嵌入式 CPU，但功能比较单一，其计算和存储能力远不及普通 PC，也可以不配置键盘、显示等人机接口。例如，具有通信能力的下列仪器设备都可以成为测控网络的节点成员：限位开关、感应开关等各类开关，条形码阅读器，光电传感器，温度、压力、流量等各种传感器、变送器，各种电动、气动、液动执行器，变频器，PLC，HMI，智能测控仪器仪表，测量机，机器人。

把这些分散的节点连接成图 7-2 所示的网络，使它们之间可以互相沟通信息，共同完成生产控制任务，这就是测控网络。

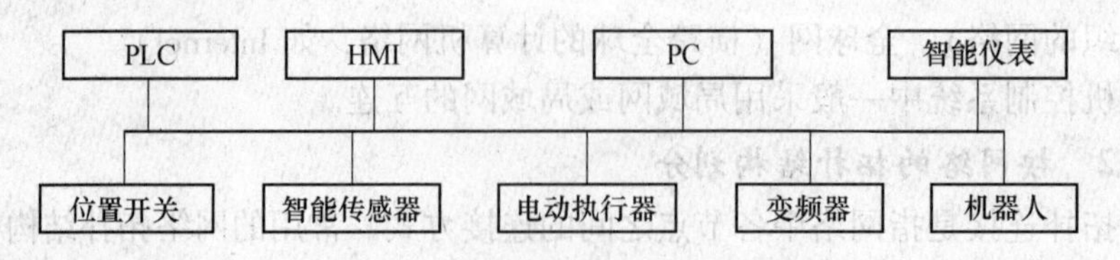

图 7-2 工业测控网络的节点组成

工业测控网络将现场运行的各种数据、参数、状态、故障等信息传送到远离现场的控制室，又将各种控制、维护、组态命令等送往位于现场的节点设备中，起着提供现场级控制设备之间数据联系与沟通的作用。同时，测控网络还要在与操作终端、上层管理网络的数据连接和信息共享中发挥作用。近年来，随着网络技术的发展，已经开始对现场设备提出了参数的网络化浏览和远程监控的要求。

7.1.3 串行通信接口标准

MCS−51 主要采用串行异步通信。目前典型的串行通信标准是 RS-232 和 RS-485，它们定义了电压、阻抗等物理规范，但不对软件协议给予定义。

7.1.3.1 RS-232

RS-232 是美国电子工业协会（EIA）于 1962 年制定的接口标准，RS-232C 是 1969 年经过修订后的第三个版本，它的全称是“使用二进制进行交换的数据终端设备（DTE）和数据通信设备（DCE）之间的接口标准”。该标准对电气特性、逻辑电平和各种信号线的功能都做出了规定。

RS-232 接口标准是计算机中最常用的串行通信接口标准，它的数据线采用的是负逻辑，其中逻辑“1” =−5~−15V，逻辑“0” =+5~+15V，噪声容限为 2V。这种用正负电压范围表示逻辑状态的规定与 TTL 以高低电平表示逻辑状态的规定不同，因此当 RS-232 接口与诸如单片机 UART 那样的 TTL 接口器件连接时，必须进行 RS-232/TTL 转换。现在常用的转换芯片是 MAX232。

RS-232 是为点对点通信而设计的，适合本地设备之间的通信，它可使用 9 针或 25 针的 D 型连接器。RS-232C 接口各引脚的功能见表 7-1。

表 7-1 RS-232C 接口各引脚的功能

引脚编号	信号名	描述	I/O
1	DCD	载波检测	In
2	RXD	接收数据	In
3	TXD	发送数据	Out
4	DTR	数据终端就绪	Out
5	SG	信号地	
6	DSR	数据设备就绪	In
7	RTS	请求发送	Out
8	CTS	清除发送	In
9	RI	振铃指示	In

7.1.3.2 RS-485

RS-422 由 RS-232 发展而来。为改进 RS-232 抗干扰能力差、通信距离短、速率低的缺点，RS-422 定义了一种平衡通信接口，将通信速率提高到 10Mbit/s，传输距离延长到约 1220m（速率低于 100kbit/s 时），并允许在一条平衡总线上连接最多 10 台接收器。为扩展应用范围，EIA 又于 1983 年在 RS-422 基础上制定了 RS-485 标准，增加了多点、双向通信能力，即允许多台发送器连接到同一条总线上。同时，增加了发送器的驱动能力和冲突保护特性。

RS-485 的数据信号采用差分传输方式，也称为平衡传输，它使用一对双绞线，将其中一根定义为 A，另一根定义为 B。RS-485 的电气特性为：逻辑“0”以两线间的电压差为+(2~6)V 表示；逻辑“1”以两线间的电压差为-(2~6)V 表示。接口信号电平比 RS-232 降低了，就不易损坏接口电路的芯片，且该电平与 TTL 电平兼容，可方便与 TTL 电路连接。RS-485 在传输信号前，先将信号分解成正、负两条线路，到达接收端后，再将信号相减还原成原来的信号。如果将原始信号标注为（DT），被分解后的信号分别标注为（D+）和（D-），则原始信号和分解信号在发送端发送出去时的运算关系为（DT）=（D+）-（D-）。同样，接收端在接收到信号后，也按该运算关系将信号还原成原来的样子。如果信号线路受到干扰，这时在两条传输线上的信号会分别成为（D+）+Noise 和（D-）+Noise。接收端接收到信号后，将其合成，合成方程式为（DT）=［（D+）+Noise］-［(D-）+Noise］=（D+）-（D-），此方程式与前述运算关系式的结果一致，所以可以有效防止噪声干扰。

RS-485 接口的最大传输距离为 1200m（速率 20kbit/s），数据最高传输速率为 2Mbps（距离 12m）。另外，RS-232 接口在总线上只允许连接 1 个收发器，即单站能力，而 RS-485 接口在总线上允许连接多个收发器，即具有多站能力，所以利用单一的 RS-485 接口就可方便地建立起设备网络。由 RS-485 接口组成的半双工网络，一般只需两根连线，即用一对双绞线将各个接口的“A”、“B”端连接起来。这种接线方式属于总线型拓扑结构。在 RS-485 通信网络中一般采用的是主从通信方式，即一个主机带多个从机。RS-485 的一个发送驱动器最多可连接 32 个负载设备，负载设备可以是被动发送器、接收器和收发器。其电路结构是在平衡连接的电缆上挂接发送器、接收器或组合收发器，且在电缆两端各挂接一个终端电阻用于消除两线间的干扰。在小于 300m 的短距离传输时，可不挂接终端电阻。

RS-485 和 RS-232 一样都是基于串口的通信标准，数据收发的操作是一致的，所以使用的是同样的底层驱动程序。但是它们在实际应用中的通信模式却有着很大的区别，RS-232 接口为全双工数据通信模式，而 RS-485 接口为半双工数据通信模式，数据的收发不能同时进行，为了保证数据收发的不冲突，硬件上是通过方向切换来实现的，相应也要求软件上必须将收发的过程严格地分开。

常用的 RS-485 接口芯片为 MAX485。图 7-3 为 MCS-51 单片机通过 MAX485 构成的 RS-485 接口电路。图中，用单片机的 P3.7 口控制 MAX485 的数据发送和接收。数据发送时，置 P3.7 为高电平，则使能端 DE=1 打开发送器 D 的缓冲门，发自单片机 TXD 端的数据信息经 DI 端分别从 D 的同相端与反相端传到 RS-485 总线上。接收数据时，把 P3.7

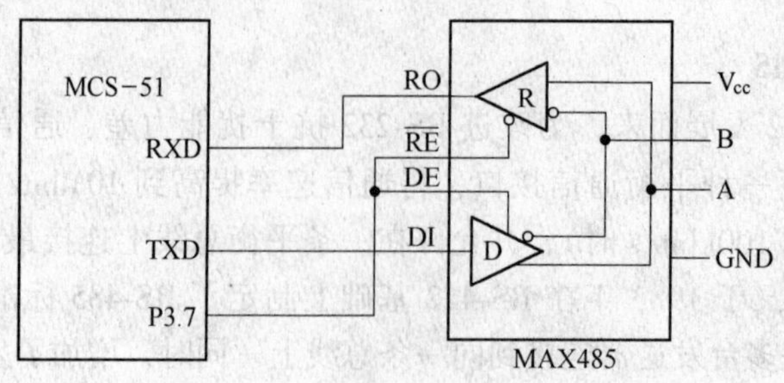

图 7-3　MCS-51 的 RS-485 接口电路

置于低电平，此时使能端 DE=0 打开接收器 R 的缓冲门，来自于 RS-485 总线上的数据信息分别经 R 的同相端与反相端从 RO 端传出进入单片机 RXD 端。

图 7-4 为以 PC 机作主机，多个单片机为从机，工作于主从方式的 RS-485 总线网络的结构图。利用 PC 机配置的 RS-232C 串行端口 COM1，外配一个 RS-232C/RS-485 转换器，可将 RS-232C 信号转换为 RS-485 信号。每个从机通过 MAX485 芯片构建 RS-485 通信接口，就可挂接在 RS-485 总线网络上，总线端点处并接的两个 120Ω 电阻用于消除两线间的干扰。

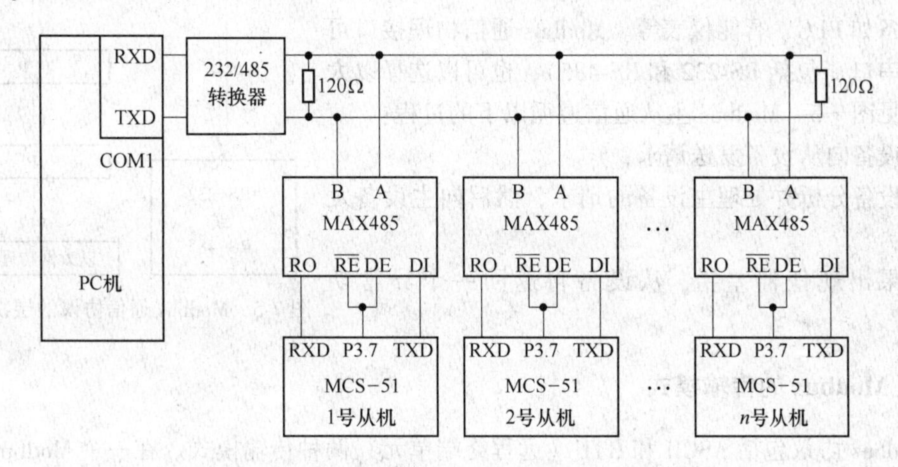

图 7-4 PC 机与多个单片机系统构成的 RS-485 通信网络

RS-485 因其接口简单，组网方便，传输距离远等特点而得到广泛应用。由于大量的工业设备均提供 RS-485 接口，因而时至今日，RS-485 标准仍在工业应用中具有重要的地位。

7.2 Modbus 通信协议

7.2.1 Modbus 协议概述

RS-485 通信网络在硬件方面实现了多个设备间的互联，但要实现网络通信，还要使网络中的各个设备在软件方面遵守共同的协议。所谓通信协议是指通信双方的一种约定。约定包括对数据格式、同步方式、传送速度、传送步骤、检纠错方式以及控制字符定义等问题做出统一规定，通信双方必须共同遵守。在目前的工业通信领域中，设备供应商们都推出了自己的专用协议，但是为了兼容，几乎所有的设备都支持 Modbus 通信协议。

Modbus 是由 Modicon（现为施耐德电气公司的一个品牌）在 1979 年发布的，是全球第一个真正用于工业现场的总线协议。通过此协议，控制器相互之间、控制器经由网络（例如以太网）和其他设备之间可以通信。Modbus 已经成为一个通用工业标准。有了它，不同厂商生产的控制设备可以连成工业网络，进行集中监控。

Modbus 具有以下几个特点：

（1）标准、开放，用户可以免费、放心地使用 Modbus 协议，不需要交纳许可证费，也不会侵犯知识产权。

（2）Modbus 支持多种电气接口，如 RS-232、RS-485 等，还可以在各种介质上传送，如双绞线、光纤、无线等。

（3）Modbus 的帧格式简单、紧凑，通俗易懂，用户使用容易，厂商开发简单。

Modbus 协议使用的是主从通信技术，即由主设备主动查询和操作从设备。一般将主控设备方所使用的协议称为 Modbus Master，从设备方使用的协议称为 Modbus Slave。典型的主设备包括工控机和工业控制器等，典型的从设备如 PLC、智能仪表等。Modbus 通信物理接口可以选用串口（包括 RS-232 和 RS-485），也可以选择以太网口，见图 7-5。Modbus 主从通信遵循以下的过程：

主设备向从设备发送请求；

从设备分析并处理主设备的请求，然后向主设备发送结果；

如果出现任何差错，从设备将返回一个异常功能码。

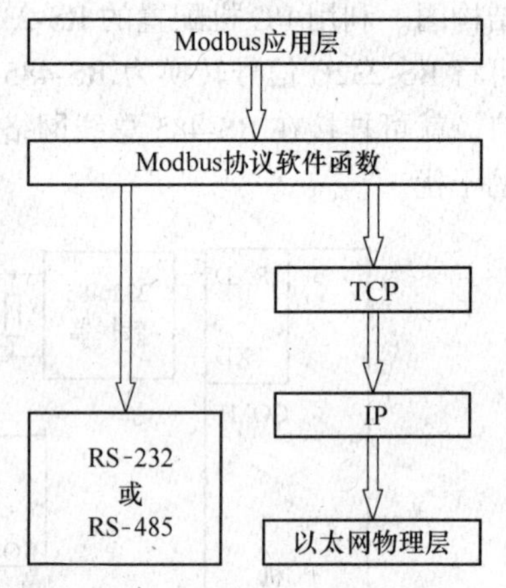

图 7-5　Modbus 通信协议的层次结构

7.2.2　Modbus 的传输模式

Modbus 协议包括 ASCII 和 RTU（远程终端单元）两种传输模式。在一个 Modbus 网络中，所有设备都必须选择相同的传输模式和串口参数，不允许两种模式混用。Modbus 的 ASCII、RTU 协议规定了消息、数据的结构，命令和应答的方式，数据通信采用主从方式（Master/Slave），主机端发出数据请求消息，从机端接收到正确消息后就可以发送数据到主机端以回应请求；主机端也可以直接发送消息修改从机端的数据，实现双向读写。

7.2.2.1　ASCII 模式

当控制器以 ASCII 模式在 Modbus 总线上进行通信时，一个信息中的每 8 位（1 字节）被分作两个 ASCII 字符进行传输。例如，要传输 5FH 这个 8 位二进制数，就需要顺序传输'5'和'F'6 这两个 ASCII 字符。

ASCII 模式的信息帧格式如下：

:	地址	功能码	数据数量	数据 1	…	数据 n	LRC 高字节	LRC 低字节	回车	换行

7.2.2.2　RTU 模式

控制器以 RTU 模式在 Modbus 总线上进行通信时，一个信息中的每 8 位（1 字节）按原数进行传输。例如，要传输 5FH 这个 8 位二进制数，就直接传输一个数据为 5FH 的字节。在相同波特率下，该模式传输数据的密度高于 ASCII 模式。

RTU 模式的信息帧格式如下：

地址	功能码	数据数量	数据 1	…	数据 n	CRC 高字节	CRC 低字节

ASCII 模式的主要优点是字符发送的时间间隔可达到 1s 而不产生错误，RTU 模式速度较快，传输效率高。所以一般来说，如果所需要传输的数据量较小，可以考虑使用 ASCII 协议，如果所需传输的数据量比较大，最好能使用 RTU 协议。表 7-2 列出了上述两种模式的主要特点。

表 7-2 Modbus 协议的 ASCII 模式和 RTU 模式

项目	ASCII 模式	RTU 模式
信息模式	ASCII（美国标准信息交换代码）模式	RTU（远程终端单元）模式
代码系统	采用由 ASCII 字符 0~9，A~F 表示的 16 进制数，即信息中的每个字节都是 ASCII 字符 0~9、A~F 之一	采用 2 位 16 进制数表示一个 8 位二进制数，即信息中的每个字节都由两位 16 进制数组成
字节帧格式	每个字节由 1 个起始位、7 个数据位、0 或 1 个奇偶校验位、1 或 2 个停止位组成	每个字节由 1 个起始位、8 个数据位、0 或 1 个奇偶校验位、1 或 2 个停止位组成
校验方式	LRC（纵向冗长校验）	CRC-16（循环冗长校验，16 位）
模式比较	有开始标记（:） 有结束标记（CR、LF） 校验方式：LRC 传输效率：低 程序处理：直观，简单	无开始标记 无结束标记 校验方式：CRC 传输效率：高 程序处理：不直观，稍复杂

7.2.3 Modbus 的功能码

功能码用于标明一个 Modbus 信息帧的用途，如功能码 01 为读取线圈状态，02 为读取输入状态等。当主设备向从设备发送信息时，功能码将告诉从设备需要执行哪些行为。例如，去读取输入的开关状态、读一组寄存器的数据内容等。当从设备响应时，使用功能码用于指示是正常响应（无误）还是有某种错误发生（称作异议回应）。正常应答时，主机发送的功能码等于从机应答的功能码。表 7-3 为 Modbus 的常用功能码。

表 7-3 Modbus 常用功能码

功能码	名 称	作 用	对于 PLC 或单片机
01	读取线圈状态（Read Coil Status）	取得一组逻辑线圈的当前状态（ON/OFF）	读取开关量输出通道的状态（以位为单位，可以是内部的位变量）
02	读取输入状态（Read Input Status）	取得一组开关输入的当前状态（ON/OFF）	读取开关量输入通道的状态（以位为单位，可以是内部的位变量）
03	读取保持寄存器（Read Holding Register）	在一个或多个保持寄存器中取得当前的二进制值	读取内部寄存器的数值（如内部定时器、计数器、寄存器，16 位为单位）

续表 7-3

功能码	名　称	作　用	对于 PLC 或单片机
04	读取输入寄存器（Read Input Register）	在一个或多个输入寄存器中取得当前的二进制值	读取内部输入寄存器的数值（可以特指 A/D 输入，16 位为单位）
05	强置单线圈（Write Single Coil）	强置一个逻辑线圈的通断状态	写单个开关量输出通道的状态（以位为单位，可以是内部的位变量）
06	预置单寄存器（Write Single Register）	把具体二进制值装入一个保持寄存器	写单个内部寄存器的数值（16 位为单位）
15	强置多线圈（Write Multiple Coil）	强置一串连续逻辑线圈的通断	写多个开关量输出通道的状态（以位为单位，可以是内部的位变量）
16	预置多寄存器（Write Multiple Register）	把具体的二进制值装入一串连续的保持寄存器	写多个内部寄存器的数值（16 位为单位）

7.2.3.1 功能码 01、02

功能码 01 的作用是读取线圈状态。在数字量输出（Digital Output，DO）中，一个 DO 接点就能够控制一个线圈的通电和断电，所以读取线圈状态就是读取数字量输出点的状态，是 1 bit 的信息。例如，对于 S7-200 PLC，Q0.0 就是一个 DO 接点。对于单片机，若预置 P0.0 口用于 DO，则 P0.0 就是一个 DO 接点，读取线圈状态就是读取 P0.0 端口的状态。

按 Modbus 协议，功能码 01 是读取输出点的状态，但在 PLC、单片机方面可以对它有扩展性的解释。例如，在单片机程序设计时，可以把该功能码处理为读取一般意义的位，并不限于 DO。

功能码 02 的作用是读取输入状态，也就是读取一个数字量输入（Digital Input，DI）接点的状态。例如，对于单片机，若预置 P1.0 口用于 DI，则 P1.0 就是一个 DI 接点，读取输入状态就是读取 P1.0 端口的状态。同功能码 01 一样，功能码 02 在具体实现时，也可以扩展为读取一般意义的位，并不限于 DI。

RTU 模式下，主机发送功能码 01、02 命令的帧格式如下：

地址	功能码	读取线圈起始地址高字节	读取线圈起始地址低字节	读取线圈个数高字节	读取线圈个数低字节	CRC 校验
1 字节	01 或 02	1 字节	1 字节	1 字节	1 字节	2 字节

从机应答主机命令的帧格式如下：

地址	功能码	返回数据字节个数	返回数据字节 1	返回数据字节 2	……	返回数据字节 n	CRC 校验
1 字节	01 或 02	1 字节	1 字节	1 字节	……	1 字节	2 字节

下面对主机发送命令信息和从机应答信息进行实例解析。

主机发送：03 01 00 00 00 08 3C CC

命令解析：Modbus 协议 RTU 模式的信息都以 16 进制数表示。03 为从机地址；01 为功能码 01；00 00 为线圈的起始地址；00 08 为要读取的线圈数，共读取 8 个线圈；3C 为 CRC 校验低字节，CC 为 CRC 校验高字节。

从机应答：03 01 01 00 50 30

命令解析：03 为从机地址；第一个 01 为功能码 01；第二个 01 为返回数据字节个数；00 为数据字节 1，其最低位是起始地址线圈的状态；50 为 CRC 校验低字节，30 为 CRC 校验高字节。

7.2.3.2 功能码 03、04

功能码 03 的作用是读取保持寄存器的值。保持寄存器，就是其值不被外部输入信号改变的寄存器。例如，保存模拟量输出接点（Analog Output，AO）的数字量（即 D/A 转换的数字量）的寄存器，就是保持寄存器。功能码 03 也可以被扩展为读取控制器内部多种 16 位寄存器的值。

功能码 04 的作用是读取输入寄存器的值。输入寄存器，就是保存外部输入信号数字量的寄存器。例如，保存模拟量输入接点（Analog Iutput，AI）的数字量（即 A/D 转换的数字量）的寄存器，就是输入寄存器。功能码 04 也可以被扩展为读取控制器内部多种 16 位寄存器的值。

RTU 模式下，主机发送功能码 03、04 命令的帧格式如下：

地址	功能码	读取寄存器起始地址高字节	读取寄存器起始地址低字节	读取寄存器个数高字节	读取寄存器个数低字节	CRC 校验
1 字节	03 或 04	1 字节	1 字节	1 字节	1 字节	2 字节

从机应答主机命令的帧格式如下：

地址	功能码	返回数据字节个数	返回第一个寄存器数据高字节	返回第一个寄存器数据低字节	……	CRC 校验
1 字节	03 或 04	1 字节	1 字节	1 字节	……	2 字节

下面对主机发送命令信息和从机应答信息进行实例解析。

主机发送：01 03 00 00 00 08 44 0C

命令解析：01 为从机地址；03 为功能码 03；00 00 为寄存器的起始地址；00 08 为要读取的寄存器数，共读取 8 个寄存器；44 为 CRC 校验低字节，0C 为 CRC 校验高字节。

从机应答：01 03 10 BD AB 15 A5 8C D4 3E B8 8B CF 86 E1 5E 8F 67 83 26 1B

命令解析：01 为从机地址；03 为功能码 03；10 为返回数据字节个数，共 16 个（16 进制的 10 等于 16）；BD AB……67 83 为读得的各寄存器的数值，其中 BDAB 为第一个寄存器的值；26 为 CRC 校验低字节，1B 为 CRC 校验高字节。

7.2.3.3 功能码 05、15

功能码 05 的作用是强置单线圈，也就是置某一 DO 接点为 ON 或 OFF。例如，若预置单片机的 P2.0 为一个 DO，则单片机在接收到主机强置该 DO 为 ON 的命令后，应执行使 P2.0 输出 ON 的程序代码。功能码 05 也可以扩展到强置控制器中其他有输出功能的位。

功能码 05 主机发送和从机接收的信息帧格式相同：

地址	功能码	写入线圈起始地址高字节	写入线圈起始地址低字节	写入值高字节	写入值低字节	CRC 校验
1 字节	05	1 字节	1 字节	1 字节	1 字节	2 字节

写入值为 FF00 时为 ON，写入值为 0000 时为 OFF。

功能码 15 的作用是强置多个线圈。

RTU 模式下，主机发送功能码 15 命令的帧格式如下：

地址	功能码	写入线圈起始地址高字节	写入线圈起始地址低字节	写入线圈个数高字节	写入线圈个数低字节	写入值字节数	写入值字节 1	……	CRC 校验
1 字节	0F	1 字节	1 字节	1 字节	1 字节	1 字节	1 字节	……	2 字节

从机应答主机命令的帧格式如下：

地址	功能码	写入线圈起始地址高字节	写入线圈起始地址低字节	已写入线圈个数高字节	已写入线圈个数低字节	CRC 校验
1 字节	0F	1 字节	1 字节	1 字节	1 字节	2 字节

下面对主机发送命令信息和从机应答信息进行实例解析。

主机发送：01 05 00 00 FF 00 8C 3A

从机应答：01 05 00 00 FF 00 8C 3A

命令解析：01 为从机地址；05 为功能码；00 00 为写入线圈起始地址；FF00 为写入值，即 ON；8C 为 CRC 校验低字节，3A 为 CRC 校验高字节。

7.2.3.4　功能码 06、16

功能码 06 的作用是预置单寄存器，也就是向一个保持寄存器写入数值。寄存器为 16 位，数值范围是 0000～FFFF。

功能码 06 主机发送和从机接收的信息帧格式相同：

地址	功能码	写入寄存器地址高字节	写入寄存器地址低字节	写入值高字节	写入值低字节	CRC 校验
1 字节	06	1 字节	1 字节	1 字节	1 字节	2 字节

功能码 16 的作用是预置多寄存器。

RTU 模式下，主机发送功能码 16 命令的帧格式如下：

地址	功能码	写入寄存器起始地址高字节	写入寄存器起始地址低字节	写入寄存器个数高字节	写入寄存器个数低字节	写入值字节数	写入值 1 低字节	……	CRC 校验
1 字节	10	1 字节	1 字节	1 字节	1 字节	1 字节	1 字节	……	2 字节

从机应答主机命令的帧格式如下：

地址	功能码	写入寄存器起始地址高字节	写入寄存器起始地址低字节	已写入寄存器个数高字节	已写入寄存器个数低字节	CRC 校验
1 字节	10	1 字节	1 字节	1 字节	1 字节	2 字节

下面对主机发送命令信息和从机应答信息进行实例解析。

主机发送：01 06 00 00 00 7D 49 EB

从机应答：01 06 00 00 00 7D 49 EB

命令解析：01 为从机地址；06 为功能码；00 00 为写入寄存器起始地址；007D 为写入值，即十进制 125；49 为 CRC 校验低字节，EB 为 CRC 校验高字节。

主机发送：01 10 00 05 00 02 04 52 2B 44 9A E0 4B

从机应答：01 10 00 05 00 02 51 C9

命令解析：01 为从机地址；10 为功能码 16；0005 为写入寄存器起始地址；0002 为写入寄存器个数；04 为写入值字节数；522B、449A 为写入值；E0 为 CRC 校验低字节，4B 为 CRC 校验高字节。从机应答中，0002 为已写入寄存器个数。

7.3 组态软件简介

7.3.1 概述

组态软件是一种面向工业自动化的通用数据采集和监控软件，即 SCADA（Supervisory Control And Data Acquisition）软件，亦称人机界面或 HMI/MMI（Human Machine Interface/Man Machine Interface）软件，在国内通常称为“组态软件”。

简单地讲，组态就是用应用软件中提供的工具、方法完成工程中某一具体任务的过程。在组态概念出现之前，要实现某一任务，都是通过编写程序（如使用 BASIC、C、FORTRAN 等）来实现的。编写程序不但工作量大、周期长，而且容易犯错误，不能保证工期。组态软件的出现，解决了这个问题。对于过去需要几个月的工作，通过组态几天就可以完成。

作为通用的监控软件，所有的组态软件都能提供对工业自动化系统进行监视、控制、管理和集成等一系列的功能，同时也为用户实现这些功能的组态过程提供了丰富和易于使用的手段和工具。利用组态软件可以完成的常见功能有：

（1）读写不同类型的 PLC、仪表、智能模块和板卡，采集工业现场的各种信号，对工业现场进行监视和控制。

（2）以图形和动画等直观形象的方式呈现工业现场信息。

（3）将控制系统中的紧急工况（如报警等）及时通知给相关人员，使之及时掌控自动化系统的运行状况。

（4）对工业现场数据进行逻辑运算和数值计算等处理，并将结果返回给控制系统。

（5）对从控制系统得到的以及自身产生的数据进行记录存储。

（6）将工程运行的状况、实时数据、历史数据、警告和外部数据库中的数据以及统计运算结果制作成报表，供运行和管理人员参考。

（7）提供多种手段让用户编写自己需要的特定功能，并与组态软件集成为一个整体运行。大部分组态软件提供通过C脚本、VBS脚本或C#等来完成此功能。

（8）为其他软件提供数据，也可以接收数据，从而将不同的系统关联和整合在一起。

组态软件的商业化产品很多，国际方面，如西门子公司的WinCC，Wonderware公司的InTouch，GE-Fanuc公司的Ifix，意大利PROGEA公司的Movicon，俄罗斯AdAstrA Research Group公司的TRACE MODE；国内方面，如北京世纪长秋科技有限公司的世纪星组态软件，北京三维力控公司的ForceControl，北京亚控公司的KingView，北京昆仑通态公司的MCGS，上海宝信软件公司的iCentroView，紫金桥软件公司的Realinfo。

商品化的组态软件价格不菲，且入门耗时。本章以一款简单易用的免费组态软件——快控通用组态软件为例，介绍其与单片机构成的SCADA系统。

7.3.2　快控通用组态软件简介

7.3.2.1　软件特点

快控通用组态软件是上海捷通模拟通讯实验室（www. uScada. com）针对中小自动化企业设计的免费组态监控软件。它基于uScada组态软件开发平台，并结合了多个项目的应用经验，二次开发而成。快控通用组态软件包括了常用的组态软件功能，如画面组态，动画效果，通信组态，设备组态，变量组态，实时报警，控制，实时曲线、棒图，历史曲线、历史事件查询、脚本控制，网络等功能，可以满足一般的小型自动化监控系统的要求。快控通用组态软件的特点是使用简单、稳定、效率高。

7.3.2.2　快控通用组态软件系统架构

快控通用组态软件支持客户端/服务器架构，多台安装了快控通用组态软件的PC可以通过以太网组成一个监控网络，其中连接设备的快控通用组态软件设置为服务器，其他的快控通用组态软件机器设置为客户端，见图7-6。通过这种方式，可以实现多个用户同时对系统进行监控。

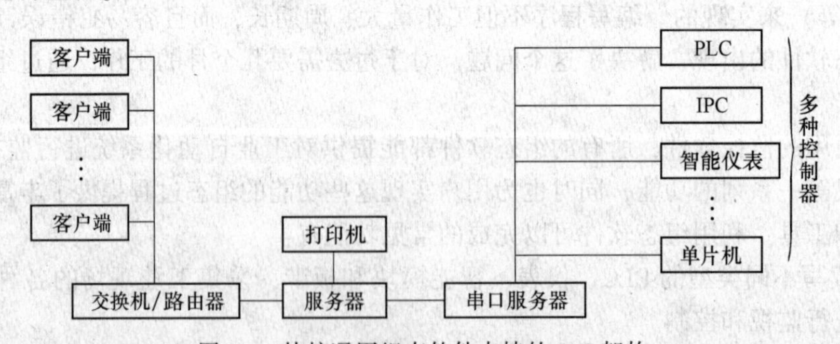

图7-6　快控通用组态软件支持的C/S架构

快控通用组态软件的软件系统采用三层架构，操作层、业务层和设备层，见图7-7。操作层主要是负责提供用户操作界面；业务层主要是系统内部的处理层；设备层负责与监控设备之间的通信。

7.3.2.3　快控通用组态软件典型使用流程

快控通用组态软件的使用分为两个部分：工程组态模式和运行模式。其中工程组态是

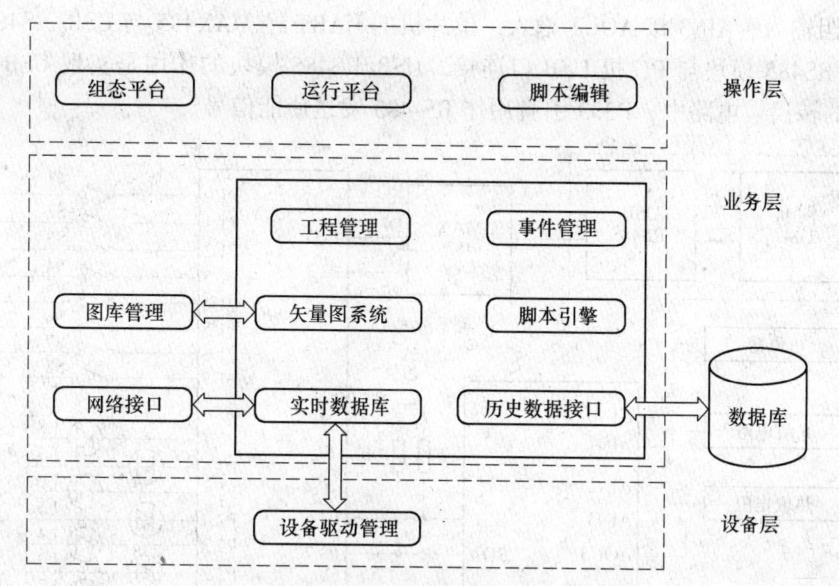

图7-7 快控通用组态软件系统的三层架构

指工程的配置和组态，其操作是在“组态工具”软件（Maker.exe）上完成的，主要的操作步骤如下：

（1）建立工程；

（2）添加配置用户；

（3）添加设备并配置通信通道及设备参数；

（4）配置变量；

（5）添加编辑画面；

（6）工程参数配置；

（7）事件配置（可选）；

（8）任务配置（可选）；

（9）脚本配置（可选）。

运行模式将组态后的工程投入运行，是在“运行平台”软件（Viewer.exe）上进行的。

7.4 用组态软件监控单片机I/O接点

本节首先利用单片机开发板搭建一个具有DI、DO、AI、AO四种类型I/O接点的单片机电路并编写C51程序，然后使用快控通用组态软件对其进行工程组态。

7.4.1 单片机电路

图7-8是由STC90C516RD+、PCF8591、MAX485等元件组成的单片机应用电路。该电路有8通道DI（P1.0~P1.7）、8通道DO（P2.0~P2.7）、4路AI（PCF8591的AIN0~AIN3）和1路DO（PCF8591的AOUT）。其中，P1口连接8只按钮S1~S8输入；P2口连接8只LED L1~L8输出；PCF8591的AIN0接电位器输入，AIN1接光敏电阻输入，AIN2

接热敏电阻输入，AIN3 接 AOUT 输入；单片机的 UART 经 MAX485 与 USB/RS485 模块连接，USB/RS485 模块与 PC 机 USB 口连接。USB/RS485 模块的作用是实现 USB 口与 RS-485 串口的转换。电路中，P3.3 引脚用作 RS-485 发送使能信号。

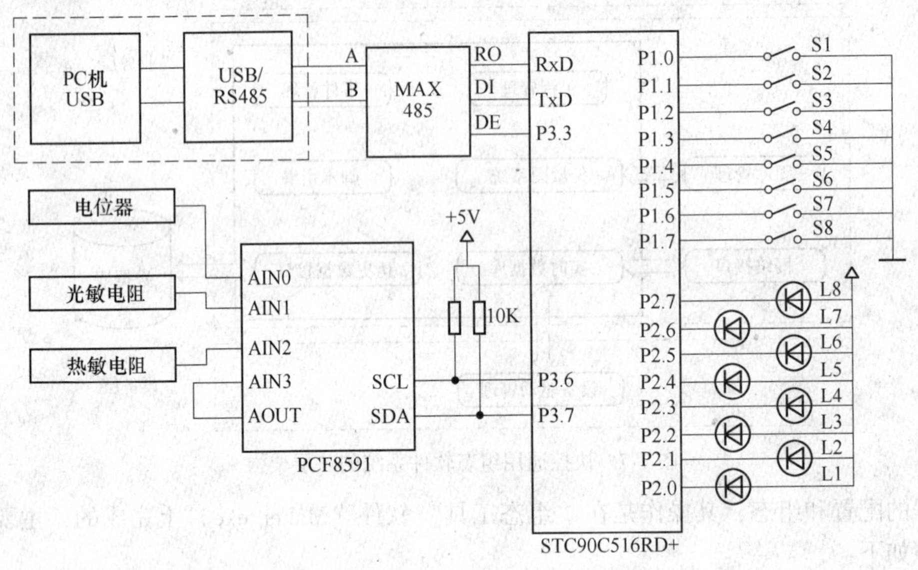

图 7-8 用于组态软件监控的单片机电路

7.4.2 单片机程序设计

本例中，单片机的任务是按照 Modbus RTU 协议通过串口接收主机命令，然后执行命令并返回应答信息。单片机作为从机，随时接收主机的命令，所以其串口工作于中断接收方式。一个 Modbus 信息帧是由多个字节组成的，串口把接收的字节顺序存储于缓冲区 RcvBuf 中。从串口接收到第一个字符开始，经过一段足够的时间（用定时器 T0 定时），串口将完成一个完整信息帧的接收。这时主程序调用 ModbusSlave 函数对接收的信息进行处理。本例的 ModbusSlave 函数是从机对主机 Modbus RTU 协议命令信息帧的处理函数，能够对功能码 01、02、03、04、05、06、15、16 进行分析处理。ModbusSlave 函数从 RcvBuf 中读取主机命令，根据命令要求访问本机的 I/O 映像区，并生成从机应答信息。从机应答信息存储于缓冲区 SendBuf 中，由串口以中断方式发送。从机的 Modbus 信息流动如图 7-9 所示。

从机对主机命令的应答是即时的。例如，当从机接收到主机读取多个输入寄存器的命令后，并不是采取依次启动各通道的 A/D 转换、待读取各 A/D 转换值后再应答主机的方式，而是采用 I/O 映像的方式，即 ModbusSlave 函数直接从 I/O 映像区取值以应答主机。

针对 DI、DO、AI、AO 四种类型的 I/O 接点，应用程序中设立了 DIMap、DOMap、AIMap、AOMap 四个 I/O 映像区，它们由 Modbus 初始化函数 ModbusInit 完成分配。为便于程序处理，每个数字量 I/O 接点的映像占用 1 字节空间，每个模拟量 I/O 接点的映像占用 2 字节空间。另外，I/O 映像区的空间通常大于实际 I/O 接点的数量，以扩展其他功能。STC90C516RD+片内集成有 1KB 的 xdata 区 RAM，I/O 映像区、串口接收发送缓冲区都配置于此，不需要扩展外部 RAM 芯片。

I/O 映像区的建立，一方面满足了从机即时应答主机的需要，另一方面主程序也必须周期性地扫描各个映像区以刷新输入输出内容，具体见下面的程序。图 7-10 为单片机主程序流程框图。

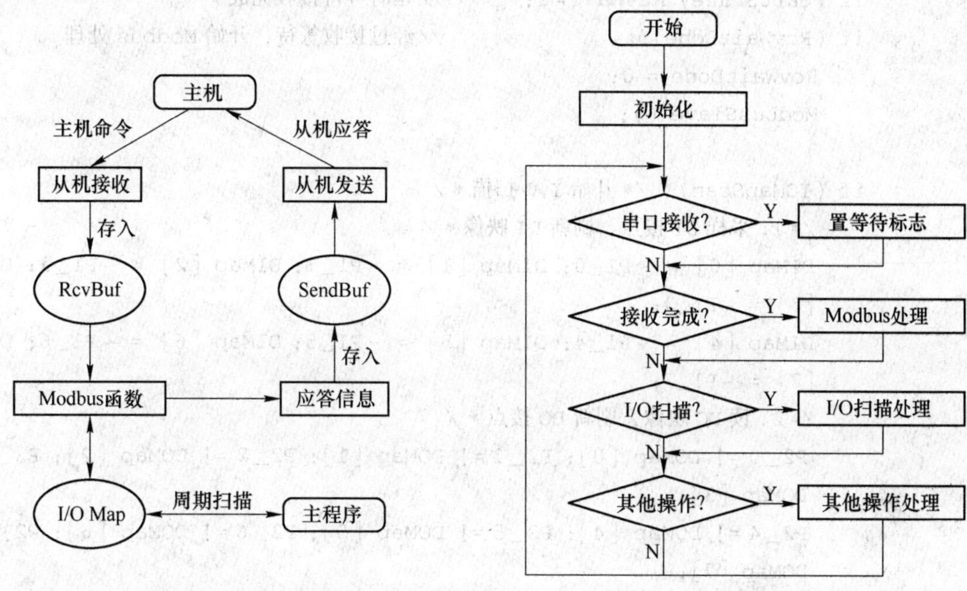

图 7-9　从机 Modbus 信息流动图　　　　图 7-10　从机主程序流程框图

下面是主程序及串口中断程序：

```
////////////////////////  主程序  ///////////////////////////////////
#include<atmel\at89x52.h>
#include<intrins.h>
#include " Mcs51Uart.h"
/* 外部函数声明 */
extern void ModbusSlave (void);          /* Modbus 处理函数，在库文件中给出 */
extern void ModbusInit (                 /* Modbus 初始化函数 */
   unsigned char xdata *DOMapaddr, unsigned char xdata *DIMapaddr,
   unsigned int xdata *HdDtRegAddr, unsigned int xdata *InDtRegAddr );
unsigned char xdata DIMap [16];          /* 分配 16 个 DI 映像 */
unsigned char xdata DOMap [16];          /* 分配 16 个 DO 映像 */
unsigned int xdata AIMap [ 8];           /* 分配 8 个 AI 映像 */
unsigned int xdata AOMap [ 8];           /* 分配 8 个 AO 映像 */
/* 变量定义 */
bit RcvWait, RcvWaitDone, IOMapScan;
/* 本地函数声明 */
void SysInit (void);                     //系统初始化函数
extern unsigned char ReadADC (unsigned char Chl);       //读 PCF8591 4 个 A/D 通道
extern bit WriteDAC (unsigned char dat);                //向 PCF8591 写 D/A 数字量
void main (void)
{
```

```
    int i, j;
    SysInit ();
    while (1) {
        if (UartState) RcvWait=1;           //延时等待接收完成
        if (RcvWaitDone) {                  //经过接收等待，开始 Modbus 处理
            RcvWaitDone = 0;
            ModbusSlave ();
        }
        if (IOMapScan) {/*开始 I/O 扫描*/
          /*1. 采样 DI 接点，刷新 DI 映像*/
          DIMap [0] = ~P1_0; DIMap [1] = ~P1_1; DIMap [2] = ~P1_2; DIMap
          [3] = ~P1_3;
          DIMap [4] = ~P1_4; DIMap [5] = ~P1_5; DIMap [6] = ~P1_6; DIMap
          [7] = ~P1_7;
          /*2. 读 DO 映像，刷新 DO 接点*/
          P2_0 =! DOMap [0]; P2_1 =! DOMap [1]; P2_2 =! DOMap [2]; P2_3 =!
          DOMap [3];
          P2_4 =! DOMap [4]; P2_5 =! DOMap [5]; P2_6 =! DOMap [6]; P2_7 =!
          DOMap [7];
          /*3. 采样 AI 接点，刷新 AI 映像*/
          for (i=0; i<4; i++) {              //读 PCF8591 4 个 A/D 通道
              for (j=0; j<5; j++) ReadADC (i); //读多次，ReadADC 函数见第 5 章
              AIMap [i] = ReadADC (i);          //取最后一次结果
          }
          /*4. 读 AO 映像，刷新 AO 接点*/
          WriteDAC (AOMap [0] );        //向 PCF8591 写 D/A 数字量，函数见第 5 章
          IOMapScan = 0;
        }
        //如果有其他操作，写相关语句
    }
}
void SysInit (void)
{
    int i;
    for (i=0; i<16; i++) {DIMap [i] =0; DOMap [i] =0;} //DIMap, DOMap 清零
    for (i=0; i<8; i++) {AIMap [i] =0; AOMap [i] =0;} //AIMap, AOMap 清零
    PCON |= 0x80;            //baudrate×2
    TMOD |= 0x20;            //T1，初值自动重装
    TH1 = 0xFD;              //9600 ×2 = 19200bps
    SM0=0, SM1=1;            //UART mode 1: 8-bit, 1-stopbit, no parity,
    REN = ES = TR1 = 1;      //运行串口接收，开串口中断，T1 开始计数
    RS485_Send = 0;          //将 485 置于接收状态
    ModbusInit (DOMap, DIMap, AOMap, AIMap);   //Modbus 初始化
```

```
    TMOD |= 0x01;          //T0, 工作方式1
    EA = ET0 = TR0 = 1;    //开启T0定时器, 开T0、CPU中断
}
void Time0ISR (void) interrupt 1
{
    static unsigned char ModbusWait, ScanTick;
    TH0 = (65535-9216) /256;   //10ms定时初值
    TL0 = (65535-9216)%256;
    if (RcvWait) {
        if (++ModbusWait==5) {
            ModbusWait = 0;
            RcvWait = 0;
            RcvWaitDone = 1;
        }
    }
    if (++ScanTick==10) {
        ScanTick = 0;
        IOMapScan = 1;
    }
}
///////////////////File: Mcs51Uart.h ///////////////////////////
#ifndef  _MCS51UART_H    //避免递归包含
#define  _MCSUART51_H
#define RS485_Send P3_3//P3.3---MAX485.DE
#define FOSC 11059200        //系统时钟
#define RCVBUF  40           //接受数据缓冲区大小
#define SENDBUF 40           //发送数据缓冲区大小
#ifdef  _MCS51UART_C         //避免重复定义
static unsigned int  SendLen  = 0;          //发送数据长度
static unsigned char *pSendBuf;             //发送数据指针
unsigned char xdata RcvBuf [RCVBUF];        //接收数据缓冲区
unsigned char xdata SendBuf [SENDBUF];      //发送数据缓冲区
volatile unsigned char RcvCount  = 0;              //接收计数
volatile unsigned char SendCount = 0;              //发送计数
bit UartState = 0;                                 //接收状态
#else                                              //变量、函数声明
extern bit UartState;                                        //接收状态
extern volatile unsigned char RcvCount;                      //接收计数
extern volatile unsigned char xdata RcvBuf [RCVBUF];         //接收数据缓冲区
extern volatile unsigned char xdata SendBuf [SENDBUF];  //发送缓冲区
extern void UartSend (unsigned char *p, unsigned char n);
extern void xUartSend (unsigned char xdata *p, unsigned char n);
/*****清空发送数据缓冲区或接收数据缓冲区**********************/
```

```
extern void UartClearBuffer (void);
#endif
#endif
//////////////////////////File: Mcs51Uart.c ////////////////////////////
//////////////////////////串口中断接收发送 ////////////////////////////
#define_MCS51UART_C
#include<atmel\at89x52.h>
#include " Mcs51Uart.h"
//串口中断服务程序
void UartISR (void)   interrupt 4   using 3
{
    if (RI) {RI=0;                          //串口接收中断
        RcvBuf [RcvCount] = SBUF;           //接收数据
        RcvCount++;                         //接收计数递增
        UartState = 1;                      //接收状态=1
    }
    if (TI) {TI=0;                          //串口发送中断
        if (SendCount <= SendLen) {         //未发送完毕，继续发送
            SBUF = pSendBuf [SendCount];    //发送数据
            SendCount ++;                   //发送计数+1
        } else {
            SendCount = 0;                  //发送完成，发送计数清零
            RS485_Send = 0;                 //发送完将 485 置于接收状态
        }
    }
}
//串口发送 xdata 区的 n 个字符
void xUartSend (unsigned char xdata *p, unsigned char n)
{
    RS485_Send = 1;                         //将 485 置于发送状态
    while (SendCount);                      //等待上次发送完成
    SendLen   = n-1;                        //发送数据长度调整
    pSendBuf   = p;                         //发送数据指针赋值
    SendCount ++;                           //发送计数+1
    SBUF   = pSendBuf [0];                  //开始发送
}
//串口发送 n 个字符
void UartSend (unsigned char *p, unsigned char n)
{
    RS485_Send = 1;                         //将 485 置于发送状态
    while (SendCount);                      //等待上次发送完成
    SendLen   = n-1;                        //发送数据长度调整，因本次已发送 1 字符
    pSendBuf   = p;                         //发送数据指针赋值
```

```
    SendCount ++;                          //发送计数增加
    SBUF   = pSendBuf [0];                 //开始发送，其后由中断发送完成
}
//清空接收数据缓冲区
void UartClearBuffer (void)
{
    unsigned chari;
    i = RCVBUF;                            /* 缓冲区长度 * /
    while (SendCount);                     //等待上次发送完成
    do {
        i --;                              //从高地址向低地址清零
        RcvBuf [i] = 0;
    } while (i);
    RcvCount   = 0;                        //接收计数清零
    UartState = 0;                         /* 接收状态复位 * /
}
```

7.4.3 工程组态

7.4.3.1 新建工程

启动快控组态软件工程管理器，点击“新建”图标，弹出新建工程对话框，输入工程名称和需要保存的目录，点确定即可完成工程的建立，如图7-11所示。

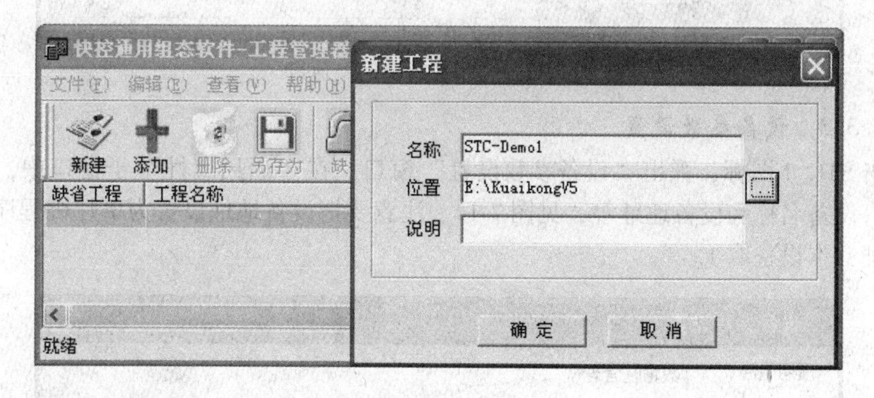

图7-11 新建工程操作

7.4.3.2 配置串口并添加设备

在工程管理器中把STC-Demo1设置为“缺省”，点击“开发”图标，在弹出的“用户认证”窗口点击“确定”，进入组态开发平台Maker。在Maker界面左侧管理树“通用串口”点右键，选择“新建串口”。在系统弹出的“通讯口［普通串口］参数设置”窗口设置参数，如图7-12所示。其中，串口号应选择单片机与PC连接的实际串口号。

在屏幕左侧管理树“普通串口”上点右键，选“添加设备”，在弹出的“添加新设备”窗口选择“通用协议”为“Modbus_RTU”，填写设备名称等，见图7-13。点击“确定”后，会在“普通串口”下出现STC_1的设备图标。

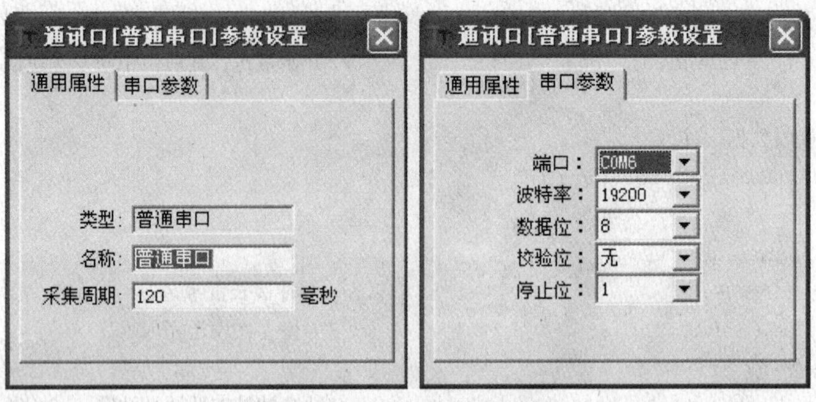

图 7-12　串口参数设置

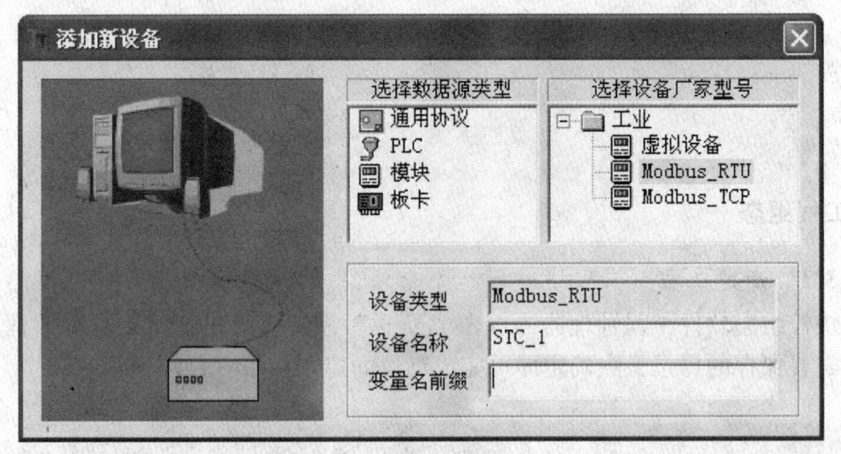

图 7-13　“添加新设备”窗口

7.4.3.3　设备参数设置

双击 STC_1 图标，弹出“设备参数设置”窗口。在“通用属性”子窗口中，可见设备类型、设备名称和设备地址等，见图 7-14。注意要把设备地址设置为单片机程序设定的本机地址，本设备取 1。

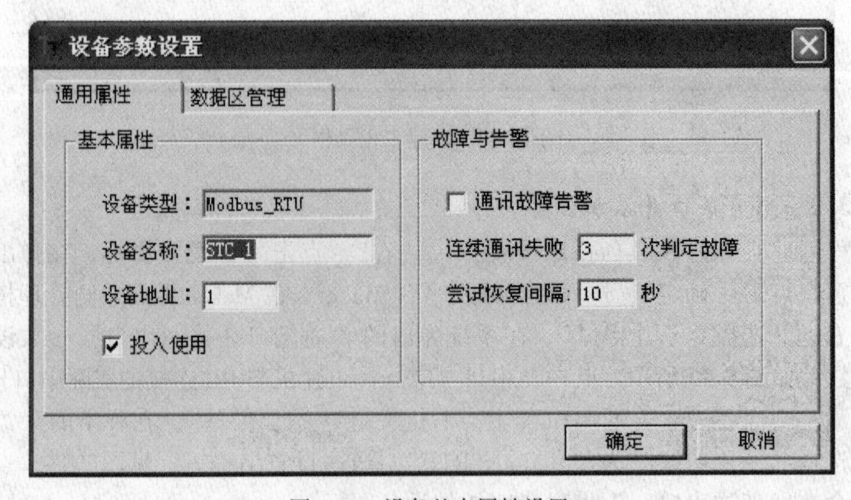

图 7-14　设备基本属性设置

在“数据区管理”子窗口，可为从设备设置数据区。数据区是组态软件中用于存储从设备 I/O 数据的一个内存区域，一般与从设备的 I/O 映像区对应。uScada 支持离散量输入、线圈、输入寄存器、保持寄存器 4 种存储类型，它们分别与单片机程序设置的 DIMap、DOMap、AIMap、AOMap 对应。

离散量输入（Discrete Inputs），即 DI。每个 DI 需要一个位存储，8 个 DI 占 1 字节。

线圈（Coil），即 DO。每个 DO 需要一个位存储，8 个 DO 占 1 字节。

输入寄存器（Input Registers），与 AI 对应，每个输入寄存器占用 2 字节。

保持寄存器（Holding Registers），与 AO 对应，每个保持寄存器占 2 字节。

对“STC_1”设备数据区的具体设置见图 7-15。

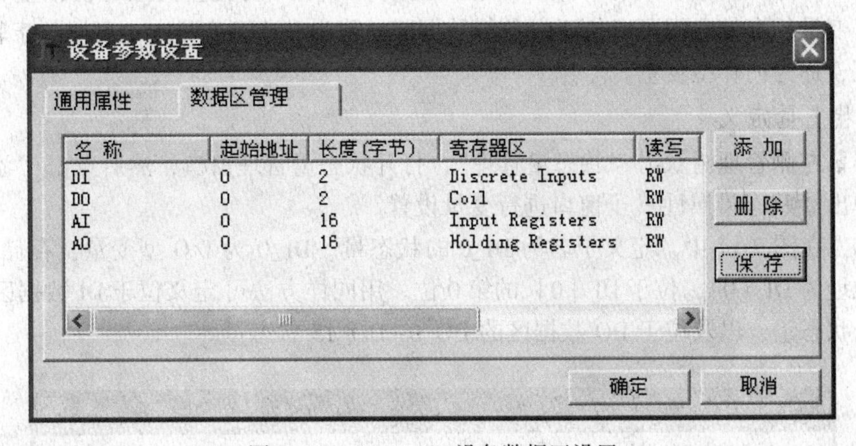

图 7-15　“STC_1”设备数据区设置

下面说明从设备 I/O 映像区与它的 uScada 设备数据区的对应关系。

在图 7-8 的电路中，单片机 P1 口连接 8 个开关输入 S1~S8，在单片机程序中，又把它们的周期存入 DIMap［0］~DAMap［7］，并且 DIMap 在 Modbus 初始化时被用作 ModbusInit 函数的 DIMapaddr 参数，所以，在 ModbusSlave 函数处理时，就把 DIMap 与“STC_1”设备的 Discrete Inputs 数据区对应起来，即 DIMap［0］~DIMap［7］对应于数据区中 DI［0］的第 0 位~第 7 位，见图 7-16。

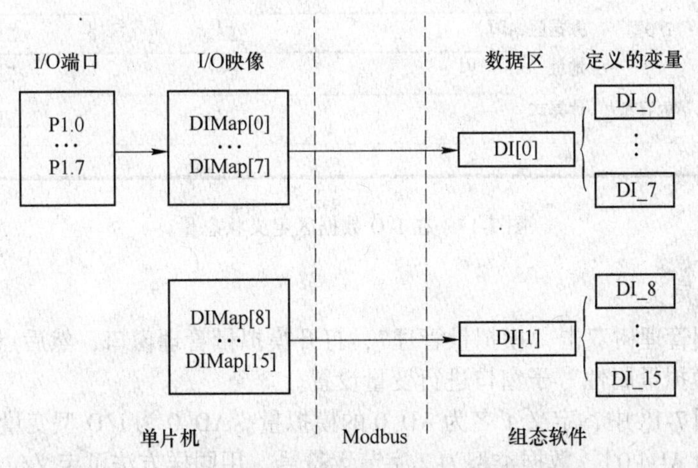

图 7-16　单片机 DI 接点与 uScada 变量的对应关系

同样，由于DOMap、AIMap、AOMap在Modbus初始化时被分别用作ModbusInit函数的DOMapaddr、InDtRegAddr和HdDtRegAddr参数，所以，在ModbusSlave函数处理时，就把DOMap、AIMap、AOMap分别与“STC_1”设备的Coil、Input Registers、Holding Registers数据区对应起来。如：DOMap［0］~DOMap［7］对应于数据区中DO［0］的第0位~第7位，AIMap［0］对应于数据区中的AI［0］、AI［1］，AOMap［0］对应于数据区中的AO［0］、AO［1］。

7.4.3.4 定义变量

上位机对设备的监控需要在组态软件中定义相关变量。同C语言中的变量类似，组态软件中的变量也需要有名称、类型和存储空间。uScada的变量类型有模拟量和状态量两大类。变量的存储空间可以位于设备的数据区，称为I/O型变量，也可以位于软件内部的存储区，称为内存型变量。

A 状态量定义

在屏幕左侧管理树双击“状态量管理”，打开状态量管理窗口，然后点击“添加”按钮，在弹出“状态量属性”子窗口进行变量设置。

例如，在图7-17中，定义了名为DI_0的状态量。DI_0为I/O型变量，存储于DI数据区，地址为DI［0］，位于DI［0］的第0位。用同样方法可定义位于DI数据区的DI_1~DI_15状态量，以及位于DO数据区的DO_0~DO_15状态量。

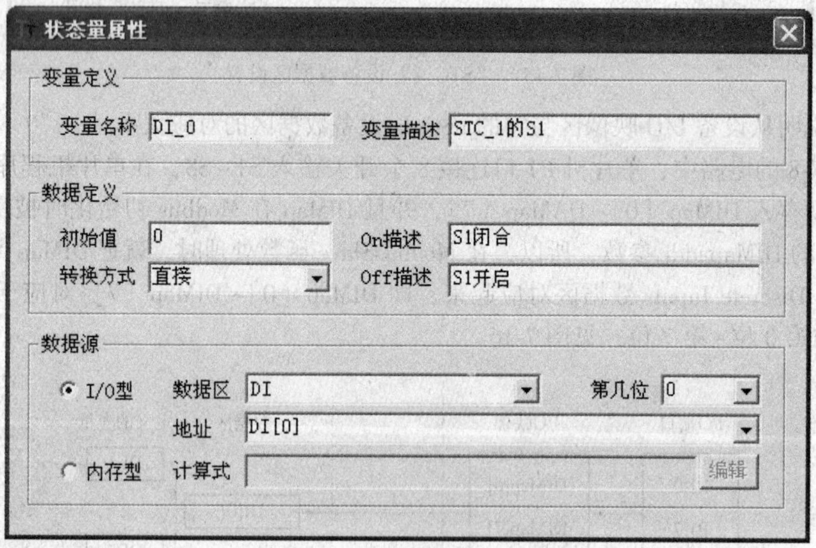

图7-17 在I/O数据区定义状态量

B 模拟量定义

在屏幕左侧管理树双击“模拟量管理”，打开模拟量管理窗口，然后点击“添加”按钮，在弹出“模拟量属性”子窗口进行变量设置。

例如，在图7-18中，定义了名为AD_0的模拟量。AD_0为I/O型变量，存储于AI数据区，首地址为AI［0］，数据类型为2字节无符号。用同样方法可定义位于AI数据区的AD_1~AD_4模拟量，以及位于AO数据区的AO_0、AO_1模拟量。

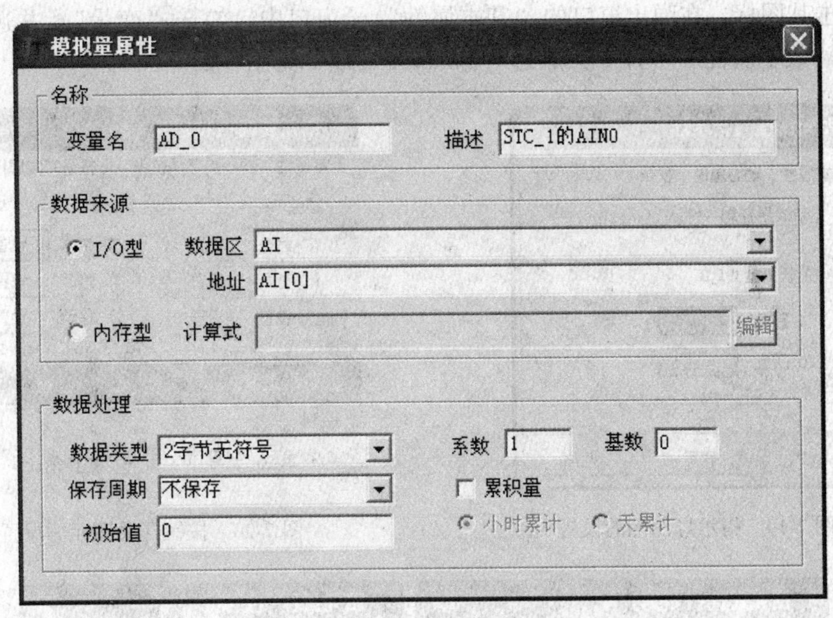

图7-18　在I/O数据区定义模拟量

7.4.3.5　画面组态

组态软件最常用的功能就是通过变量与图元的结合进行画面组态。在uScada的Maker界面左侧管理树“画面”点右键，添加“画面1”。添加后双击“画面1”图标进入“画面1”组态工作界面，就可以进行对变量的画面组态操作。

A　状态量画面组态

DI型状态量的特点是上位机只能读取其状态，不能对其进行设定或改变。这里用矩形指示灯图元与DI型状态量DI0~DI_9组态，其中DI0~DI7与单片机电路中S1~S8开关输入对应，DI_8和DI_9没有物理开关对应，但也可以组态。以图7-23最左边的矩形指示灯为例，组态时先在屏幕上布置好指示灯图标，双击该图标，在弹出窗口的“关联变量”栏选择“DI_0”后，点击“确定”，见图7-19。该矩形指示灯上面的文字“S1”为文字图元。在屏幕上布置好文字图元后，双击图标，在弹出窗口的“文本”栏填入“S1”即可。

对于DO型状态量，上位机既能读取其状态，也能对其进行设定或改变。这里用圆形指示灯图元显示DO型状态量DO_0~DO_9，其中DO_0~DO_7与单片机电路中L1~L8指示灯对应，再用按钮开关图元实现对DO型状态量的设定。以DO_0为例，在屏幕上布置好圆形指示灯图元、按钮开关图元、文字图元并填好文本“L1”，见图7-23。圆形指示灯图元的组态操作与矩形指示灯图元相同，“关联变量”栏选择“DO_0”。对于按钮开关图元，需要在弹出窗口的“动作属性”子窗口勾选“按下”，并点击“设置”按钮，在弹出的“动作定义”窗口对鼠标动作进行设置，见图7-20。

B　模拟量画面组态

AI型模拟量的特点是上位机只能读取其值，不能对其进行设定或改变。有多种图元可以与模拟量进行组态，这里使用数字框图元。以AIN0为例，在屏幕上布置好数字框图元后，双击其图标，在弹出窗口的“基本属性”子窗口中，勾选“变量”，并选择 AD_0 变量；在“数字属性”卡片中，点选“#######”项，见图 7-21。

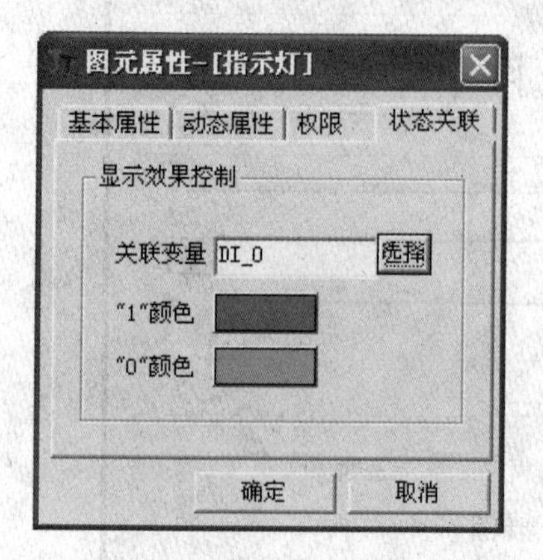

图 7-19 指示灯图元的设置

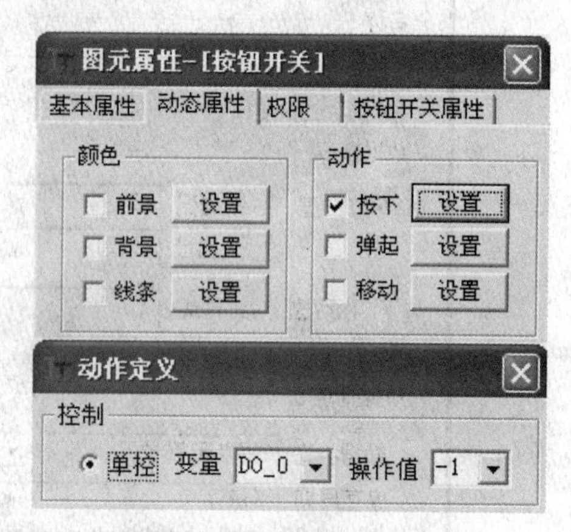

图 7-20 按钮开关图元的设置

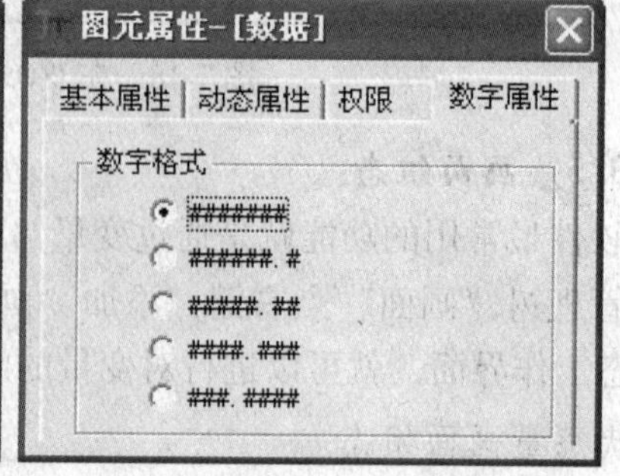

图 7-21 数字框图元的设置

为了实现对 AO 型模拟量的赋值，需要把它们与具有数值输入功能的图元组态。在图 7-22 中，把 DA_0 同阀门图元组态。在屏幕上布置好阀门图元后，双击，勾选“动态属性”子窗口中的“移动”并点击右侧的“设置”，然后在“动作定义”窗口进行设置，见图 7-22。滑动条图元也能实现变量赋值操作，设置方法与阀门图元相同。

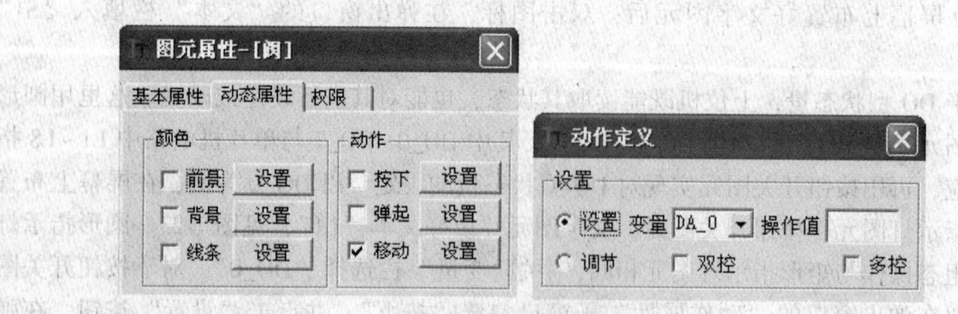

图 7-22 阀门图元的设置

7.4.3.6 运行监控

运行监控就是把当前组态的工程投入运行，使上位机通过组态软件监控从机。在 uScada 组态软件工具栏点击“运行监控”按钮，登陆后便进入运行界面。通过“打开画面”

按钮打开画面 1，如果单片机已与主机连接并且正在运行，屏幕将显示画面 1 的动态状况，见图 7-23。

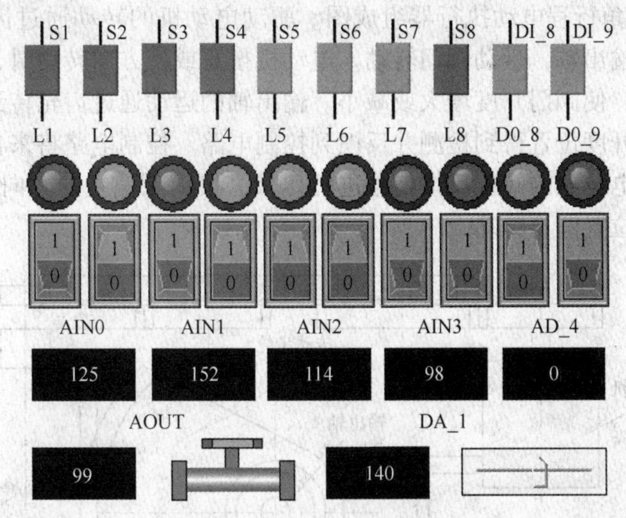

图 7-23　画面 1 的运行显示

这时通过开/闭单片机电路板上的 S1～S8 开关，可以观察到画面 1 相应矩形指示灯的 ON/OFF。通过鼠标点击画面 1 的 8 只按钮开关，可见对应圆形指示灯以及单片机电路板 L1～L8 指示灯的 ON/OFF。当调节单片机电路板 AIN0～AIN2 的输入时，画面 1 相应数字框中的数值随之改变。选择阀门图元，用鼠标先右键再左键，在弹出的窗口中输入数值，确定后可以看到 AOUT 和 AIN3 数值的改变。对滑动条图元也可以采用鼠标先右键再左键操作设置数值。在屏幕上通过鼠标右键，选择“通道数据监视”，能够对选定的通道进行 Modbus 通信监视，见图 7-24。

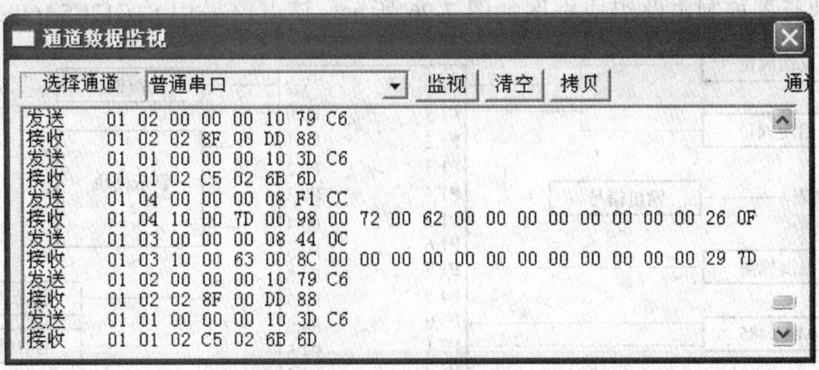

图 7-24　Modbus 通信数据监视

7.5　电动执行器单片机控制及组态监控

7.5.1　电动执行器简介

在工业控制系统中，电动执行器是电动单元组合仪表中一个很重要的执行单元。它由控制电路和执行机构两部分组成，可接收来自调节器的电控信号，将其线性地转换成机械转角或直线位移，用来操纵风门、挡板、阀门等调节机构，以实现自动控制。

图 7-25 为一种角行程电动执行器组成图。驱动电动机的转动通过齿轮传动到蜗杆和蜗轮。蜗轮轴作为输出轴，带动阀门转动。电动机按正或反方向转动时，输出轴按逆时针或顺时针方向转动，使阀门开度增大或减小。输出轴的运动通过齿轮传到带有间隙补偿功能的电位器，阀门开度位置得到检测并反馈到控制电路。控制电路将来自上位机或调节器的输入信号与来自电位器的阀位反馈信号进行比较，按消除偏差的方向控制电动机转动，在输入信号的设定位置停止转动。

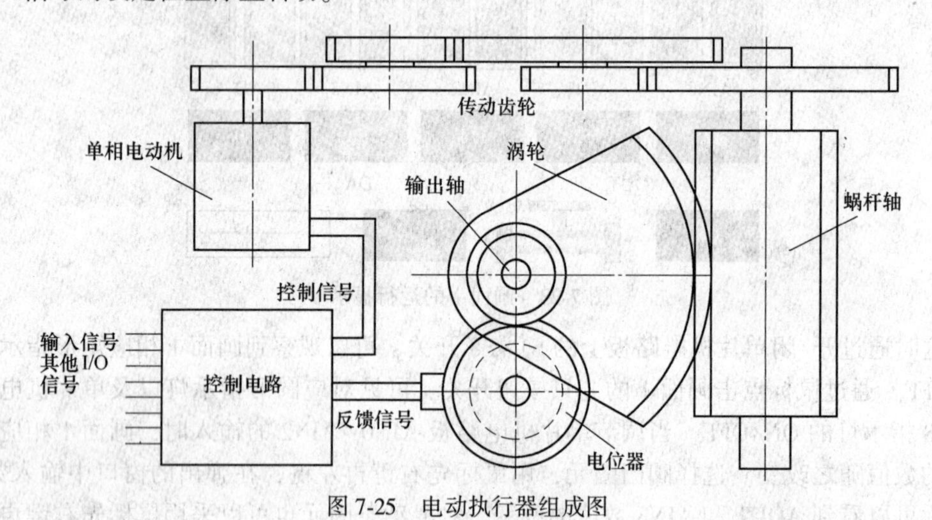

图 7-25　电动执行器组成图

7.5.2　单片机控制电路

电动执行器控制电路组成框图如图 7-26 所示。该电路采用 STC12C5A60S2 单片机，

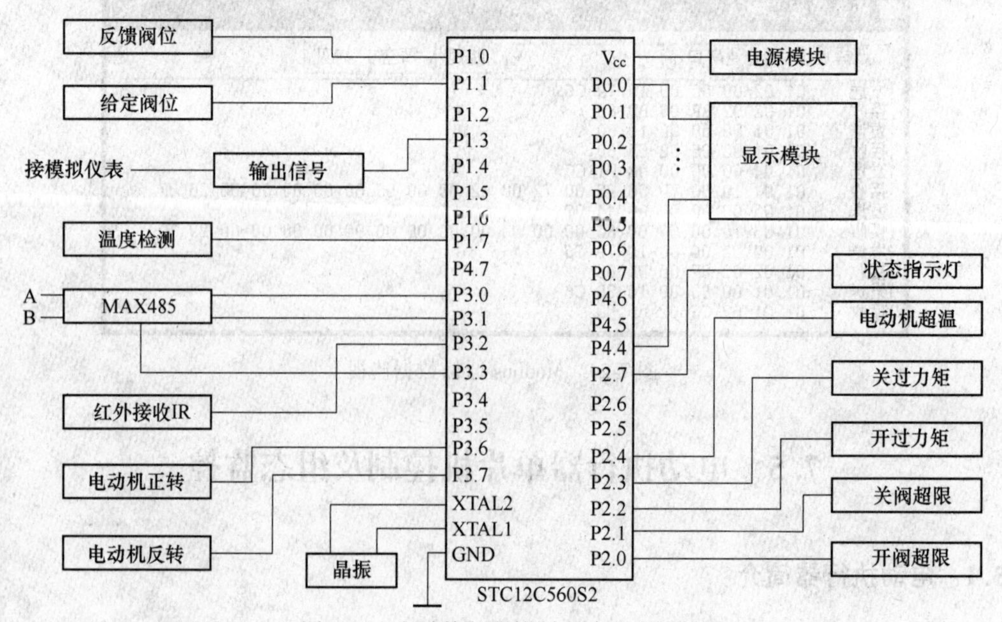

图 7-26　电动执行器控制电路组成框图

使用 RS-485 串口与上位机实现 Modbus 网络通信。单片机的 ADC0/P1.0 接受来自电位器的阀位反馈信号，ADC1/P1.1 接受来自调节器的阀位给定信号（DC4~20mA 或 1~5V）；ADC7/P1.7 接受来自热敏电阻测温元件输出的电压信号，以获得执行器内部的工作温度；PWM0/P1.3 引脚用于输出阀位信号，以作为模拟显示仪表的输入。P3.0、P3.1、P3.3 用于与 MAX485 连接，实现 UART/RS485 转换；P3.2/INT0 引脚连接一个红外接收头，单片机由此接受红外遥控器输入以实现对执行器的参数设定和调整操作；P3.6、P3.7 用于控制电动机的正反转。P0 口及 STC 单片机扩展的 P4 口引脚用于连接显示模块，显示模块只是在对执行器进行现场调整时才用到。P2 口用于连接状态指示灯以及执行器的若干机械开关信号，如阀位超限开关、力矩超限开关、电机热保护开关。

7.5.3 单片机程序设计

电动执行器的控制程序包括很多环节，这里只介绍 Modbus 通信和电动机转动控制。

在图 7-26 中，可供上位机监控的 DI 接点有 P2.0~P2.4，AI 接点有 P1.0、P1.1、P1.7，DO 接点有 P3.6、P3.7，上位机还要利用一个 AO 接点以存储设定阀位值。据此可设定控制程序 I/O 映像区的大小。

单片机根据给定阀位和反馈阀位控制电动机转动。当给定阀位大于反馈阀位时，电动机正转加大阀位开度；当给定阀位小于反馈阀位时，电动机反转减小阀位开度；当二者之差为零时，控制电动机停止转动。电动执行器有手动和自动两种工作方式。在手动方式下，给定阀位信号通过红外遥控器手动设定，与外接输入信号无关。在自动方式下，来自于调节器的给定阀位信号输入到 ADC1/P1.1。通常调节器并不要求与单片机进行串行通信。上位机与单片机的 Modbus 通信主要是监控执行器的状态，但如果需要，也可以向单片机发送给定阀位信号。本节的程序按照单片机从 Modbus 主机接收阀位给定信号的方式进行电动机转动控制。

下面是单片机程序：

```
#include<atmel\at89x52.h>
#include<intrins.h>
#include " Mcs51Uart.h"
/*外部函数声明*/
extern void ModbusSlave (void); /*Modbus 处理函数，在库文件中给出*/
extern void ModbusInit (
    unsigned char xdata *DOMapaddr, unsigned char xdata *DIMapaddr,
    unsigned int xdata *HdDtRegAddr, unsigned int xdata *InDtRegAddr
); /*Modbus 初始化函数*/
extern void STC12_ADC_init ();
extern unsigned int GetADCResult (char ch);
extern void STC12_PWM0_init ();
extern void STC12_PWM0_DAC (unsigned char n);
unsigned char  xdata DIMap [8]; /*分配 8 个 DI 映像*/
unsigned char  xdata DOMap [8]; /*分配 8 个 DO 映像*/
unsigned int   xdata AIMap [4]; /*分配 4 个 AI 映像*/
```

```
unsigned int  xdata AOMap [4]; /*分配4个AO映像*/
/*变量定义 */
bit RcvWait, RcvWaitDone, IOMapScan;
void SysInit (void);                //系统初始化函数
char MotorState = 0;
unsigned int SetPos, ChkPos, ScanNum;
#include<math.h>
void main (void)
{
    SysInit ();
    while (1) {
        if (UartState) RcvWait=1;          //延时等待接收完成
        if (RcvWaitDone) {                 //经过接收等待，开始Modbus处理
            RcvWaitDone = 0;
              ModbusSlave ();
    }
    if (IOMapScan) {                 /*开始I/O扫描*/
        DIMap [0] = ~P2_0;         *超开限位*/DIMap [1] = ~P2_1; /*超关限位*/
        DIMap [2] = ~P2_2;         /*开超力矩*/DIMap [3] = ~P2_3; /*关超力矩*/
        DIMap [4] = ~P2_4;         /*电机超温开关*/
        DOMap [0] = (MotorState== 1)?1: 0; /*电动机正转*/
        DOMap [1] = (MotorState==-1)?1: 0; /*电动机反转*/
        AIMap [0] = GetADCResult (0);      //读ADC0通道，10位ADC，电位器反馈阀位
        AIMap [1] = GetADCResult (1);      //读MCU ADC1通道，调节器给定阀位
        AIMap [2] = GetADCResult (7);      //读MCU ADC7通道，执行器工作温度
        SetPos = AOMap [0];                //取Modbus主机设定阀位
        ChkPos = AIMap [0];                //取电位器反馈位置
        STC12_PWM0_DAC (0xFF - AIMap [0] /4);     //执行器输出阀位信号DAC
        IOMapScan = 0;
        ScanNum++;
    }
    if (ScanNum==5) {
        SetPos = AOMap [0];            //取Modbus主机设定阀位
        ChkPos = AIMap [0];            //取电位器反馈位置
        ScanNum = 0;
        /*带死区的通/断控制*/
        if (abs (SetPos-ChkPos) <10) {MotorState = 0; P3_6 = 1; P3_7 = 1;}
        else if (SetPos > ChkPos) {MotorState = 1; P3_6 = 0; P3_7 = 1;}
        else {MotorState =-1; P3_6 = 1; P3_7 = 0;}
    }
  }
}
sfr AUXR = 0x8e;          //辅助寄存器
```

```
sfr BRT = 0x9c;              //独立波特率发生器寄存器
#define BRTRUN 0x10          //独立波特率 BRT 运行，          AUXR：□□□■□□□□
#define BRTx12 0x04          //BRT 时钟频率×12，即 1T 模式，   AUXR：□□□□□■□□
#define BRTS10x01            //选择 BRT 为 UART1 的波特率发生器，定时器 T1 得到释放
void Uart1_BRT_Init ()  //Uart1 初始化，波特率=19200bps，使用 BRT
{
    BRT = 238;               //BRT = 256 -11059200 /19200 /32 = 256 -18 = 238
    AUXR |= (BRTRUN | BRTx12 | BRTS1); //BRT 运行，1T 模式，for UART1
    SM0=0, SM1=1;            //串口方式 1：8 位可变波特率，无奇偶校验位，允许接收
    ES = REN = 1;            //允许接收，开串口中断
}
void SysInit (void)
{
    int i;
    for (i=0; i<8; i++) {DIMap [i] =0; DOMap [i] =0;}  //DIMap，DOMap 清零
    for (i=0; i<4; i++) {AIMap [i] =0; AOMap [i] =0;}  //AIMap，AOMap 清零
    STC12_ ADC_ init ();
    STC12_ PWM0_ init ();
    Uart1_ BRT_ Init ();
    RS485_ Send = 0;             //将 485 置于接收状态
    ModbusInit (DOMap, DIMap, AOMap, AIMap); //Modbus 初始化
    TMOD |= 0x01;                //T0，工作方式 1
    EA = ET0 = TR0 = 1;          //开启 T0 定时器，开 T0、CPU 中断
}
void Time0ISR (void) interrupt 1/* 本函数同上节 * /
```

7.5.4 上位机组态

首先进入 7.4 节所做的“STC-Demo1”工程，在“普通串口”下添加一个名为“STC_2”的 Modbus_RTU 设备，设备地址取为 2，参见图 7-13。随后设置设备的数据区，方法同“STC_1”，见图 7-27。然后，定义状态量和模拟量，见图 7-28 和图 7-29。模拟量中，V_Pos_Deg、V_Set_Deg、Wendu_C 为内存型变量，变量的计算式列于“数据地址”栏中。最后，添加一个画面，名为“电动执行器画面”，在屏幕上组态该画面，见图 7-30。

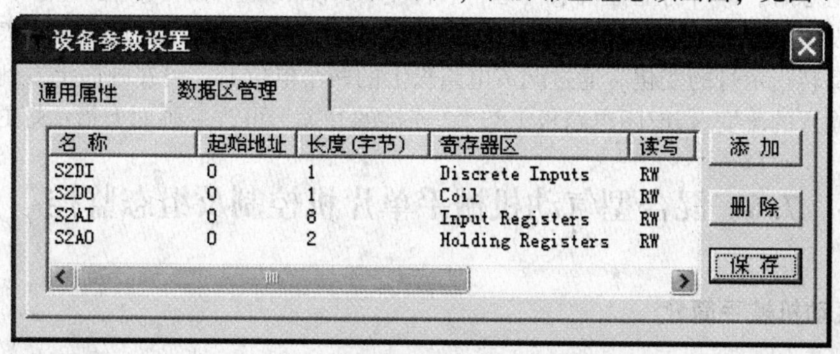

名 称	起始地址	长度(字节)	寄存器区	读写
S2DI	0	1	Discrete Inputs	RW
S2DO	0	1	Coil	RW
S2AI	0	8	Input Registers	RW
S2AO	0	2	Holding Registers	RW

图 7-27 STC_2 数据区设置

变量名称	描述	初始值	On描述	Off描述	数据地址	第几位
SQ1	开阀超限	0	On	Off	S2DI[0]	0
SQ2	关阀超限	0	On	Off	S2DI[0]	1
SQ3	开过力矩	0	On	Off	S2DI[0]	2
SQ4	关过力矩	0	On	Off	S2DI[0]	3
SQ5	电机超温	0	On	Off	S2DI[0]	4
KM1	电机正转	0	On	Off	S2DO[0]	0
KM2	电机反转	0	On	Off	S2DO[0]	1

图 7-28 STC_2 状态量定义

变量名称	变量描述	数据地址	数据类型	初始值
V_Pos	阀位反馈0--1023	S2AI[0]	2字节无符号	0.00
V_Pos_Deg	阀位反馈0--90°	V_Pos/1023*90	4字节浮点	0.00
V_Set	主机给定阀位	S2AO[0]	2字节无符号	0.00
Wendu	执行器内温度	S2AI[4]	2字节无符号	0.00
V_Set_Deg	阀位设定0--90°	V_Set/1023*90	4字节浮点	0.00
Wendu_C	℃	Wendu/1023*150	4字节浮点	0.00
V_Con_Set	调节器设定阀位	S2AI[2]	2字节无符号	0.00

图 7-29 STC_2 模拟量定义

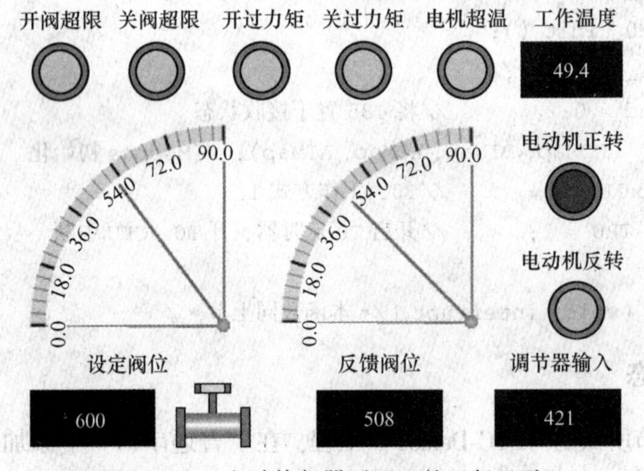

图 7-30 “电动执行器画面”的运行显示

7.5.5 运行监控

画面组态后，即可与上位机联机运行。图 7-30 为联机运行时的画面显示。表盘图元用于显示设定阀位和反馈阀位。在通过阀门图元设定一个给定阀位值后，可见表盘指针和电动机正反转指示灯的变化。通过调节电路板上的两个电位器，可在画面上看到反馈阀位和调节器输入的改变。开/闭电路板上与 P2 连接的开关，可改变画面上指示灯的状态。

7.6 混合型气动机械手单片机控制及组态监控

7.6.1 气动机械手简介

混合型气动机械手由步进电动机驱动的回转台、俯仰气缸、伸缩气缸和真空吸盘组成，其结构如图 7-31 所示，气压传动原理如图 7-32 所示。该机械手采用单片机控制，并通过 Modbus 网络通信实现上位机监控。

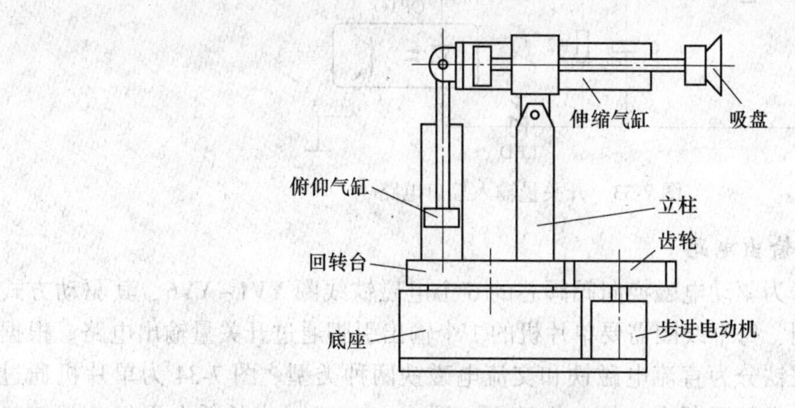

图 7-31　气动机械手结构示意图

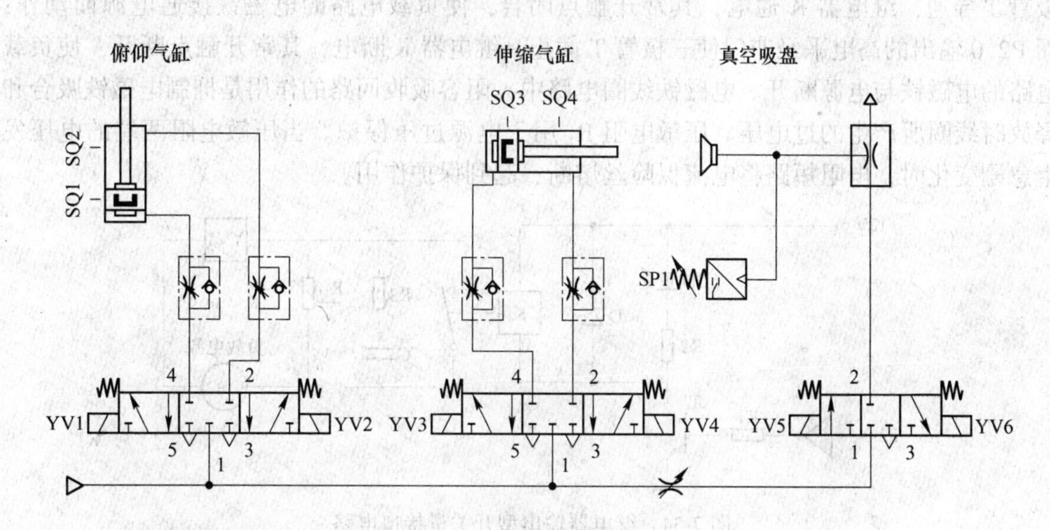

图 7-32　机械手气压传动原理图

7.6.2　单片机控制电路

7.6.2.1　开关量输入电路

机械手的输入信号包括：启动按钮 SB1，停止按钮 SB2，行程开关 SQ1～SQ4，压力传感器 SP1 触点输出，这些信号必须通过输入电路转换成单片机能够接收和处理的信号。

工业控制的现场开关，一般使用直流 24V 电源。图 7-33 所示为启动按钮 SB1 的输入接口电路。图中，R1 是限流与分压电阻，R2 与 C 构成滤波电路，滤波后的输入信号经光耦合器 OPTO 送入单片机 I/O 引脚 P1.0。当输入端的按钮 SB1 接通时，光耦合器导通，直流输入信号被转换成单片机能处理的 5V 标准信号电平，即 TTL 电平，同时 LED 输入指示灯亮，表示信号接通。滤波电路用以消除输入触头的抖动，光电耦合电路可防止现场的强电干扰进入单片机。由于输入电信号与单片机引脚之间采用光信号耦合，所以两者在电气上完全隔离，使输入接口具有抗干扰能力。

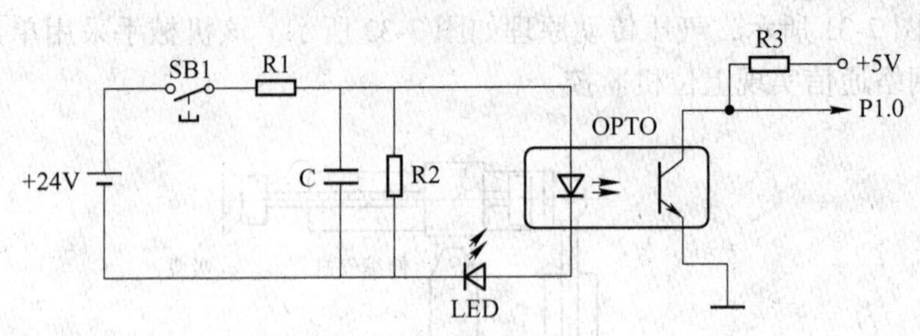

图 7-33 开关量输入接口电路

7.6.2.2 开关量输出电路

机械手的输出信号为驱动电磁换向阀阀芯的 6 个电磁铁线圈 YV1~YV6，其驱动方式与驱动继电器线圈相同，每个线圈需要单片机的 1 个输出引脚通过开关量输出电路。根据驱动电源的不同，电磁铁分为直流电磁铁和交流电磁铁两种类型。图 7-34 为单片机通过继电器输出控制交流电磁铁通断电的接口电路图。图中，P2. 0 输出的低电平经非门使三极管 T 导通，继电器 K 通电，其常开触点闭合，使负载电路的电磁铁接通电源而动作；而 P2. 0 输出的高电平经非门使三极管 T 截止，继电器 K 断电，其常开触点断开，使负载电路的电磁铁与电源断开。电磁铁线圈电路中，阻容吸收回路的作用是抑制电磁铁吸合和释放时线圈所产生的过电压。压敏电阻 R_U 用于电源过压保护。当压敏电阻两端的电压发生急剧变化时，电阻短路将电流保险丝熔断，起到保护作用。

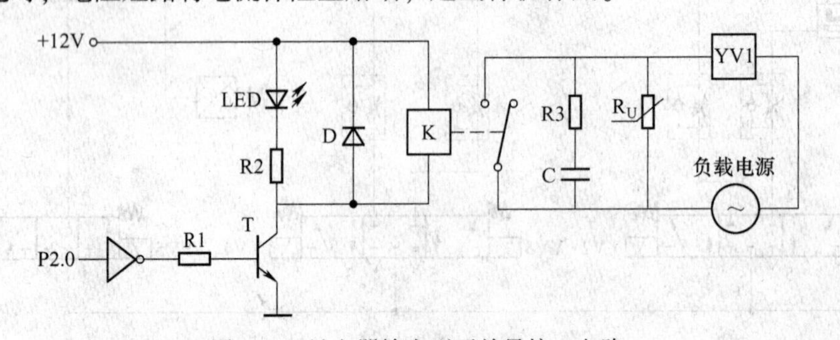

图 7-34 继电器输出型开关量接口电路

7.6.2.3 步进电动机驱动器

机械手回转台由一台步进电动机拖动。该步进电动机采用步进电动机驱动器驱动。图 7-35 为步进电动机驱动器的接线图。图中，单片机 I/O 引脚与驱动器的控制信号采用共阳接法：驱动器内部三路光耦 LED 的阳极接在一起（图中 COM 端），与+5V 电源连接。P0. 0 接 CP，P0. 1 接 DIR，P0. 2 接 FREE。CP 是步进脉冲信号输入端，下降沿有效，每脉冲使步进电动机转动一步。DIR 是方向电平信号输入端，高低电平控制电动机正/反转。FREE 是脱机信号，当此输入控制端为低时，电动机励磁电流被关断，电动机处于脱机自由状态。

由于驱动器内部光耦 OPTO 是电流驱动的，所以 CP、DIR、FREE 信号要有足够的驱动能力，以给内部光耦 OPTO 提供 8~15mA 的驱动电流。STC12C5A60S2 单片机 I/O 口上电复位后为准双向口/弱上拉方式，即传统 8051 的 I/O 方式，但驱动能力增强。此方式下，每个 I/O 口灌电流可达 20mA（整个芯片最大不得超过 120mA），因此采用灌电流方式能够满足 OPTO 的驱动要求。

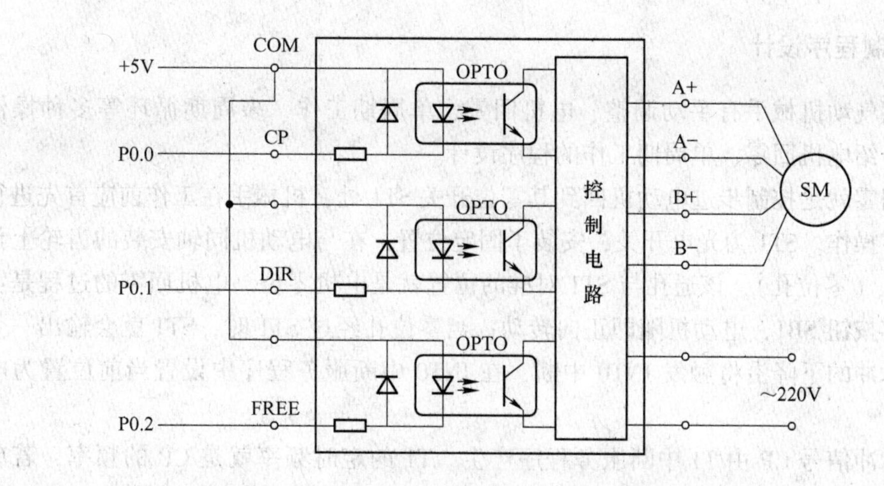

图 7-35　步进电动机驱动器端子及接线图

7.6.2.4　总体电路

图 7-36 为混合型气动机械手单片机控制电路组成框图。图中，P1 口连接开关量输入信号，其中：SQ1、SQ2 为俯仰气缸原位、终点位置开关；SQ3、SQ4 为伸缩气缸原位、终点位置开关；SP1 为压力开关，当与真空发生器连接的真空吸盘吸住工件时，SP1 动作；ST1 为步进电动机零位开关；SB1、SB2 为电动机回零按钮和机器单周期工作按钮。P2.0~P2.5 用于开关量输出，以控制气压传动原理图中的电磁铁 YV1~YV6。P0.0、P0.1、P0.2 用于为驱动器提供 CP、DIR、FREE 信号。MAX485 用于实现单片机的 UART/RS485 转换，以便与上位机通信。

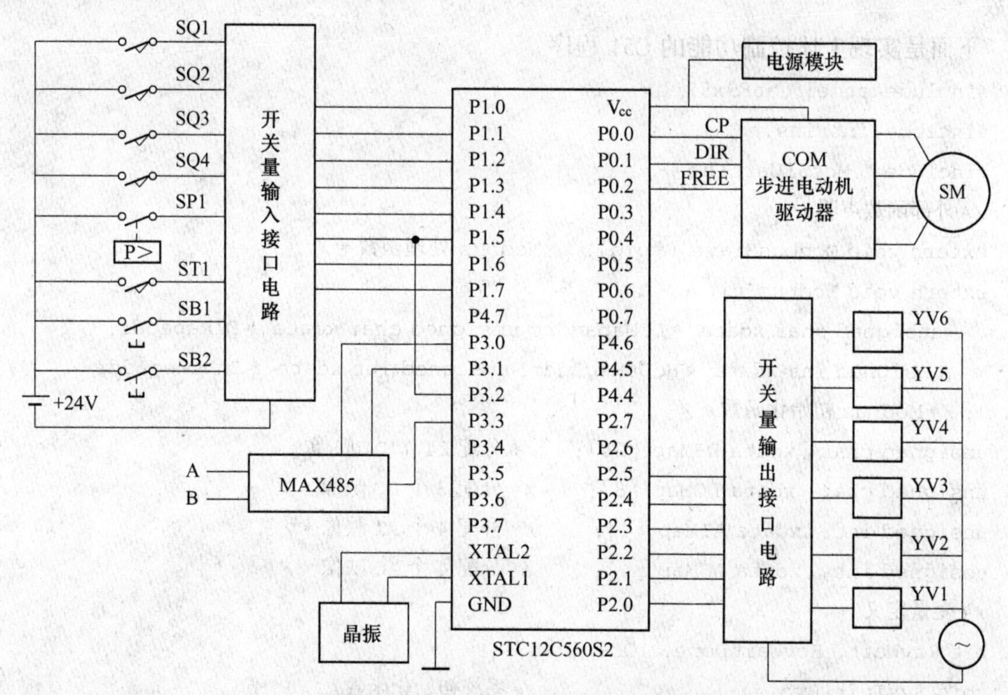

图 7-36　气动机械手单片机控制电路框图

7.6.3　控制程序设计

混合型气动机械手有手动调整、电机回零、单周期工作、多周期循环等多种操作方式，在此介绍电机回零、单周期工作的程序设计。

电机回零就是控制步进电动机回到其零位开关ST1处，机械手在工作前应首先进行一次电机回零操作。ST1为光电开关，安装于固定位置，在与电动机同轴安装的齿轮上预先打一个通孔（零位孔），该通孔与ST1对准的位置就是电机零位。电机回零的过程是：按下电机回零按钮SB1，电动机随即正向转动；当零位孔经过ST1时，ST1就会输出一个负脉冲；该脉冲的下降沿将触发INT0中断，在INT0中断服务程序中设置当前位置为电机零位。

步进脉冲信号CP由T1中断服务程序产生。T1的定时频率就是CP的频率，若单片机晶振为11.0592MHz，则T1的最低定时频率为15Hz。T1中断服务程序首先比较电动机的当前位置和设定位置，若二者不相等，拉低CP信号，并调整当前位置，再次与设定位置比较，若二者相等，就停止T1计数。在拉高CP信号前，应保证CP脉冲宽度要大于步进电动机驱动器要求的CP最小宽度（为2.5μs）。

单周期工作，就是在按下SB2后，机器按电动机正转→立柱下降、手臂伸出并吸住工件→上升到位、手臂缩回→电动机反转并释放工件的动作步骤工作一次，其实现方法详见源程序。

为实现上位机组态监控，在单片机的xdata区定义了DI、DO、AI、AO的映像区。由此，上位机能够监视单片机输入输出接点的状态，单片机也能够读取上位机设定的若干参数。

下面是实现上述控制功能的C51程序。

```
#include<atmel\at89x52.h>
#include<intrins.h>
#include " Mcs51Uart.h"
/*外部函数声明*/
extern void ModbusSlave (void); /*Modbus 处理函数*/
extern void ModbusInit (
    unsigned char xdata *DOMapaddr, unsigned char xdata *DIMapaddr,
    unsigned int xdata *HdDtRegAddr, unsigned int xdata *InDtRegAddr
); /*Modbus 初始化函数*/
unsigned char  xdata DIMap [24];     /*分配 24 个 DI 映像*/
unsigned char  xdata DOMap [8];      /*分配 8 个 DO 映像*/
unsigned int   xdata AIMap [4];      /*分配 4 个 AI 映像*/
unsigned int   xdata AOMap [4];      /*分配 4 个 AO 映像*/
/*变量定义 */
bit RcvWait, RcvWaitDone, IOMapScan;
void SysInit (void);                 //系统初始化函数
unsigned int ActStep, ScanNum;
```

```
    sbit CP=P0^0; sbit DIR=P0^1; sbit FREE=P0^2;
    sbit SQ1=P1^0; sbit SQ2=P1^1; sbit SQ3=P1^2; sbit SQ4=P1^3;
    sbit SP1=P1^4; sbit ST1=P1^5; sbit SB1=P1^6; sbit SB2=P1^7;
    sbit YV1=P2^0; sbit YV2=P2^1; sbit YV3=P2^2; sbit YV4=P2^3; sbit YV5=P2^4;
sbit YV6=P2^5;
    #define MAXCPNUM 1800               /*每转最大脉冲数*/
    unsigned int T1pset;                //T1 计数初值
    int CurPos;                         //CP 脉冲数，对应步进电动机 SM 角度
    int DestPos;                        //CP 目标位置
    bit to_Org                          /*电动机正在回零*/, to_Org_Ok/*电动机回零完成*/;
    bit DIR_M_Set, FREE_M_Set;          //通过 Modbus 主机设定的 DIR、FREE
    void main (void)
    {    unsigned int SMfreq, SMdestpos;
         SysInit ();
         while (1) {
             /*Modbus 操作*/
             if (UartState) RcvWait=1;        //延时等待接收完成
             if (RcvWaitDone) {               //经过接收等待，开始 Modbus 处理
                 RcvWaitDone = 0;
                 ModbusSlave ();
             }
             /*I/O 扫描操作*/
             if (IOMapScan) {/*开始 I/O 扫描，对低电平有效信号，加取反运算~*/
               DIMap[0]=~SQ1; DIMap[1]=~SQ2;DIMap[2]=~SQ3; DIMap[3]=~SQ4;
               DIMap[4]=~SP1; DIMap[5]=~ST1;DIMap[6]=~SB1; DIMap[7]=~SB2;
               DIMap[8]=~YV1; DIMap[9]=~YV2;DIMap[10]=~YV3; DIMap[11]=~YV4;
               DIMap[12]=~YV5; DIMap[13]=~YV6;DIMap[14]=~DIR; DIMap[15]=~FREE;
               DIMap[16]=to_Org;DIMap[17]=to_Org_Ok;
               //DIR_M_Set = DOMap [0]; /*读取主机设定的电动机正反转*/
               //FREE_M_Set = DOMap [1]; /*读取主机设定的电动机脱机有效*/
               AIMap [0] =CurPos; AIMap [1] =DestPos; AIMap [2] =ActStep;
               IOMapScan = 0;
             }
             /*回零位操作*/
             if (SB1==0 && ActStep==0 && to_Org == 0) {
                 DestPos = MAXCPNUM;                 //目标脉冲数量最大值
                 T1pset = 65536 -FOSC/12/100;        //计算 T1 计数初值
                 DIR = 0;                            //电动机正向转动
                 TR1 = 1; EX0 = 1;                   //T1 开始计数，允许 INT0 请求中断
                 to_Org = 1;                         //电机回零正在进行……
                 to_Org_Ok = 0;                      //电机回零未完成
```

```
}
/* 机器单周期工作操作 * /
switch (ActStep) {
    case 0:
    if (SB2 = =0 && to_ Org = = 0) { //按下 SB2 且电动机非回零操作
        ActStep = 1;                //转第一步：电动机旋转+θ
        SMfreq = AOMap [0];         //读取上位机设定的电动机运行频率
        if (SMfreq<20) SMfreq= 20; if (SMfreq>5000) SMfreq=5000;
        SMdestpos = AOMap [1];      //读取上位机设定的电动机目标位置
        if (SMdestpos>=MAXCPNUM) SMdestpos=MAXCPNUM-1;
        DIR = 0;                    //正向
        DestPos = SMdestpos;
        T1pset = 65536 -FOSC/12/SMfreq; //T1 计数初值
        TR1 = 1;
    }
    break;
case 1: //第一步：电动机旋转+θ
    if (CurPos = = DestPos) {     //电动机旋转到位
        ActStep = 2;              //转第二步：立柱下降 & 手臂伸出
        YV1 = 0; YV2 = 1; YV3 = 0; YV4 = 1;
    }
    break;
case 2:                           //第二步：立柱下降 & 手臂伸出
    if (SQ2 = =0 && SQ4 = =0) {   //立柱下降到位 & 手臂伸出到位
        YV5 = 0; YV6 = 1;         //吸盘工作
    }
    if (SP1 = =0) {               //吸住工件，转第三步
        ActStep = 3;
        YV1 = 1; YV2 = 0; YV3 = 1; YV4 = 0;      //立柱上升 & 手臂缩回
    }
    break;
case 3: //第三步：立柱上升 & 手臂缩回
    if ( SQ1 = =0 && SQ3 = =0) {  //立柱上升到位 & 手臂缩回到位
        ActStep = 4;              //转第四步：电动机旋转-θ
        DIR = 1;                  //反向
        DestPos = 0;
        //T1pset = 65536 -11059200L/12/100;      //T1 计数初值
        TR1 = 1;
    }
    break;
case 4: //第四步：电动机旋转-θ
```

```
            if (CurPos == DestPos) {      //电动机旋转到位
                YV5 = 1; YV6 = 0;         //放下工件
            }
            if (SP1==1) {                 //工件已放下
                ActStep = 0;              //结束
                P2 = 0xFF;
            }
            break;
        default: break;
    }
  }
}
sfr AUXR = 0x8e;          //辅助寄存器
sfr BRT = 0x9c;           //独立波特率发生器寄存器
#define BRTRUN 0x10       //独立波特率 BRT 运行,       AUXR: □□□■□□□□
#define BRTx12 0x04       //BRT 时钟频率×12, 1T 模式,  AUXR: □□□□□■□□
#define BRTS10x01         /* 选择 BRT 为 UART1 的波特率发生器, 定时器 T1 得到释放 */
void Uart1_BRT_Init () //Uart1 初始化, 波特率=19200bps, 使用 BRT
{
    BRT = 238;            //BRT = 256 -11059200 /19200 /32 = 256 -18 = 238
    AUXR |= (BRTRUN | BRTx12 | BRTS1); //BRT 运行, 1T 模式, for UART1
    SM0=0, SM1=1;         //串口方式 1: 8 位可变波特率, 无奇偶校验位, 允许接收
    ES = REN = 1;         //允许接收, 开串口中断
}
void SysInit (void)
{
    int i;
    for (i=0; i<24; i++) DIMap [i] =0; for (i=0; i<8; i++) DOMap [i] =0; //
    DI, DO 清零
    for (i=0; i< 4; i++) {AIMap [i] =0; AOMap [i] =0;} //AI, AO 清零
    Uart1_BRT_Init ();
    RS485_Send = 0;              //将 485 置于接收状态
    ModbusInit (DOMap, DIMap, AOMap, AIMap); //Modbus 初始化
    TMOD |= 0x11;                //T0, 工作方式 1; T1, 工作方式 1
    EA = ET1 = ET0 = TR0 = 1; //开启 T0 定时器, 开 T0、T1、CPU 中断
}
void Time0ISR (void) interrupt 1
{
    static unsigned char ModbusWait, ScanTick;
    TH0  = (65535-9216)/256;//10ms 定时初值
    TL0  = (65535-9216)%256;
```

```
        if (RcvWait) {
            if (++ModbusWait==5) {
                ModbusWait = 0;
                RcvWait = 0;
                RcvWaitDone = 1;
            }
        }
        if (++ScanTick==10) {
            ScanTick = 0;
            IOMapScan = 1;
        }
    }
    void Time1ISR (void) interrupt 3/*定时器T1中断，产生步进电动机脉冲CP*/
    {
        if (CurPos != DestPos) {          //当前位置!=设定位置
            CP = 0;                       //P0.0——CP，CP下降沿有效
            TH1  = T1pset/256;            //重装T1定时初值
            TL1  = T1pset%256;            //T1cnt=fosc/fcp=11059200L/fcp
            if (DIR==0) if (++CurPos==MAXCPNUM) CurPos=0; //P0.1——DIR：=0，
正向
            if (DIR==1) if (--CurPos==-1) CurPos=MAXCPNUM-1; //DIR=1，反向
        }
        if (CurPos == DestPos) TR1 = 0; //达到设定位置，T1停止计数
            _nop_ (); _nop_ (); _nop_ (); _nop_ (); //延时，保证CP低电平时间
>2.5μs
            _nop_ (); _nop_ (); _nop_ (); _nop_ (); _nop_ (); _nop_ ();
        CP = 1;                           //拉高CP，完成一个脉冲输出
    }
    void Int0ISR (void) interrupt 0/*Int0中断，设置步进电动机零位*/
    {
        TR1 = 0;                          //停止T1计数
        EX0 = 0;                          //禁止INT0请求中断
        CurPos = 0;                       //步进电动机零位时，置CurPos=0
        to_Org = 0;                       //手动回零结束
        to_Org_Ok = 1;                    //手动回零完成
    }
```

7.6.4 上位机组态

首先进入7.4节所做的“STC-Demo1”工程，在“普通串口”下添加一个名为“STC_3”的Modbus_RTU设备，设备地址取为3。随后设置设备的数据区，见图7-37。然后，定义状态量和模拟量，见图7-38和图7-39。最后，添加一个画面，名为“混合机械手画面”，

在屏幕上组态该画面，见图7-40。该画面中，使用了多棒图图元显示步进电动机的设定位置（左棒图）和实际位置（右棒图），又使用了两个阀门图元以设定电动机的目标位置和运行频率，数字量输入接点的状态用矩形指示灯图元显示，数字量输出接点的状态用圆形指示灯图元显示，“动作步”右侧的数字框图元用来表示机器在单周期工作时的动作序号。

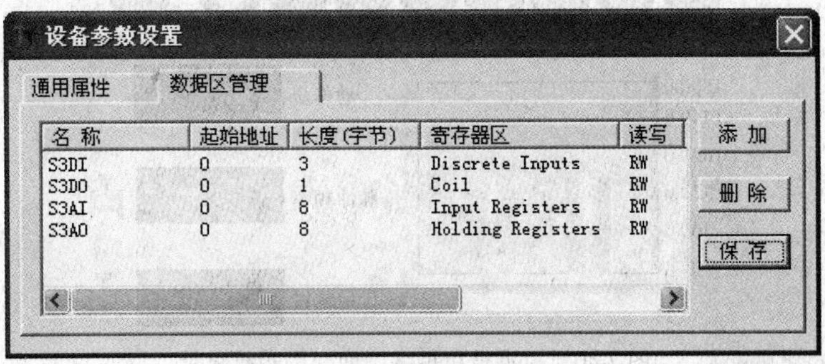

设备参数设置

通用属性　数据区管理

名 称	起始地址	长度(字节)	寄存器区	读写
S3DI	0	3	Discrete Inputs	RW
S3DO	0	1	Coil	RW
S3AI	0	8	Input Registers	RW
S3AO	0	8	Holding Registers	RW

添 加　删 除　保 存

图 7-37　STC_3 数据区设置

变量名称	描述	初始值	On描述	Off描述	数据地址	第几位
S3SQ1	俯仰气缸原位	0	On	Off	S3DI[0]	0
S3SQ2	俯仰气缸终点	0	On	Off	S3DI[0]	1
S3SQ3	伸缩气缸原位	0	On	Off	S3DI[0]	2
S3SQ4	伸缩气缸终点	0	On	Off	S3DI[0]	3
S3SP1	吸盘压力开关	0	On	Off	S3DI[0]	4
S3ST1	步进电机原位	0	On	Off	S3DI[0]	5
S3SB1	步进电机回零按钮	0	On	Off	S3DI[0]	6
S3SB2	单周期运行按钮	0	On	Off	S3DI[0]	7
S3YV1	YV1	0	On	Off	S3DI[1]	0
S3YV2	YV2	0	On	Off	S3DI[1]	1
S3YV3	YV3	0	On	Off	S3DI[1]	2
S3YV4	YV4	0	On	Off	S3DI[1]	3
S3YV5	YV5	0	On	Off	S3DI[1]	4
S3YV6	YV6	0	On	Off	S3DI[1]	5
S3DIR	DIR	0	On	Off	S3DI[1]	6
S3FREE	FREE	0	On	Off	S3DI[1]	7
S3TOORG	电机回零点操作	0	On	Off	S3DI[2]	0
S3TOORGOK	电机回零完成	0	On	Off	S3DI[2]	1

图 7-38　STC_3 状态量定义

变量名称	变量描述	数据地址	数据类型	初始值
CurP	电机当前脉冲数	S3AI[0]	2字节无符号	0.00
DestP	电机目标脉冲数	S3AI[2]	2字节无符号	0.00
ActStep	机器当前动作步	S3AI[4]	2字节无符号	0.00
SetFreq	设定脉冲频率	S3AO[0]	2字节无符号	0.00
SetPos	设定位置	S3AO[2]	2字节无符号	0.00

图 7-39　STC_3 模拟量定义

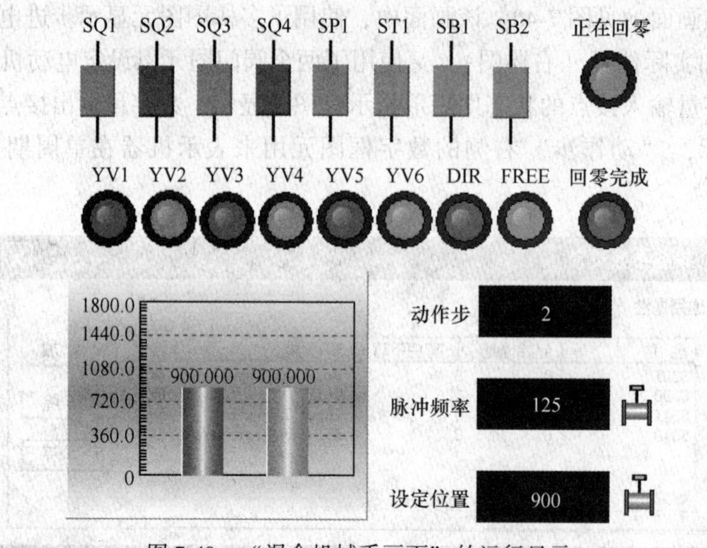

图 7-40 “混合机械手画面”的运行显示

7.6.5 运行监控

画面组态后，即可与上位机联机运行。图 7-40 为联机运行时的画面显示。

首先，按下控制电路板上的 SB1，这时会在多棒图图元上看到步进电动机的设定位置为最大值，步进电动机的当前位置在不断增加，当 ST1 被触动后，步进电动机的当前位置为零值，且不再变化。此时，画面上的“回零完成”指示灯状态改变，表示回零操作完成。

此后，按下 SB2 按钮，系统就进入单周期工作过程。在第一步，可以从画面上看到步进电动机当前位置增加，到位后 YV1、YV3 指示灯为 ON。第二步，当 SQ2、SQ4 被触动后，YV5 指示灯为 ON，吸盘开始吸住工件（图 7-40 为此时的状态），吸住工件后，SP1 指示灯为 ON，YV2、YV4 通电。第三步，YV2、YV4 工作到 SQ1、SQ3 动作，设置步进电动机反转。第四步，步进电动机反转到位，放下工件，使所有电磁铁断电，单周期工作结束。

7.7 PC 机与三台单片机联机

图 7-41 为 PC 机与三台 STC 单片机组成的 SCADA 系统。图中，FTDI 模块驱动单片机 STC-1、STC-2、STC-3。PC 机通过运行快控组态软件与这三台单片机进行联机通信，实现对它们的监控。组态软件的画面设计以及软件运行时的操作如前三节所述。图 7-42 为主机与三个从机通信的实时数据监视情况。

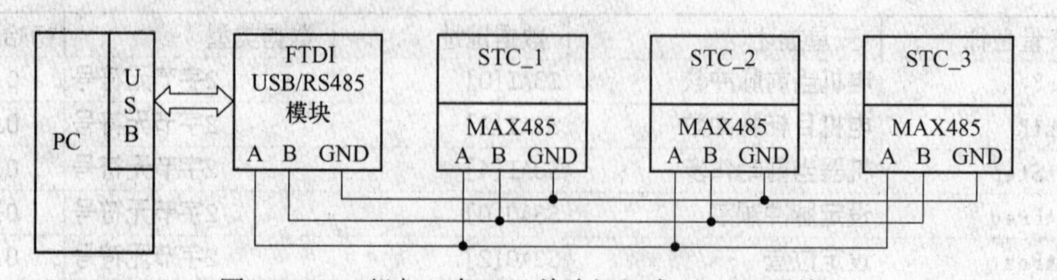

图 7-41 PC 机与三台 STC 单片机组成 SCADA 系统

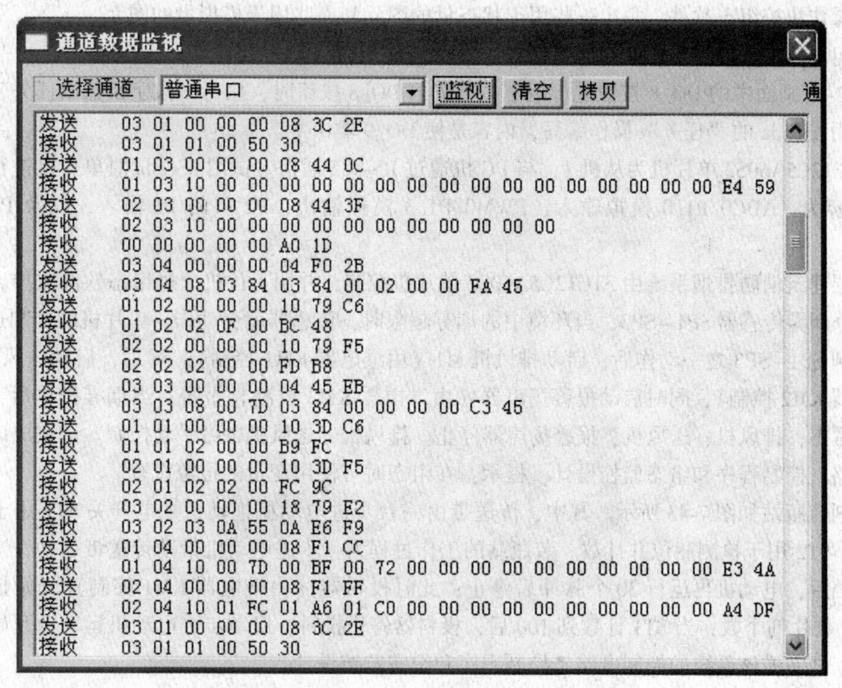

图 7-42　主机与三个从机通信的数据监视

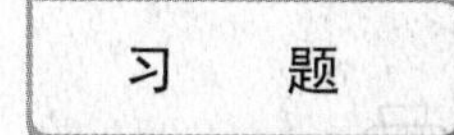

习　题

7-1 试比较 RS-232C、RS-485 通信标准的特点。

7-2 MCS-51 单片机的 UART 如何实现 RS-485 通信？

7-3 Modbus 协议有哪些特点？

7-4 简述 Modbus 协议的通信过程。

7-5 Modbus 的常用功能码有哪些？

7-6 试解释下列 Modbus 功能码：

主机发送：02 01 00 00 00 10 3D F5

从机接收：02 01 02 02 00 FC 9C

主机发送：03 03 00 00 00 04 45 EB

从机接收：03 03 08 00 7D03 84 00 00 00 00 C3 45

主机发送：01 04 00 00 00 04 F1 C9

从机应答：01 04 08 03 E8 19 17 C7 B7 3F 9B A7 15

主机发送：01 05 00 04 00 00 8C 0B

主机发送：01 06 00 00 00 9F C9 A2

7-7 简述组态软件的常用功能。

7-8 试举出一些知名的组态软件。

7-9 简述快控通用组态软件中设备数据区的作用。

7-10 绘图说明怎样把 Coil 数据区与单片机 P2 口的 8 个输出接点对应起来。

7-11 说明怎样把 ADC0/P1.0 的模拟输入与 Input Registers 数据区联系起来。

7-12 通过操作快控组态软件，举出一些用于状态量的图元和一些用于模拟量的图元。

7-13 快控组态软件的内存型变量有何用途?

7-14 对图 7-23 画面中的 DO_8 按钮进行组态，当按下 DO_8 按钮时，执行“数字量输出任务”提示：此任务用 uScada 的“任务”操作编写，内容是使 DO_9 输出 1。

7-15 设 STC12C5A60S2 单片机为从机 1，与 PC 机通过 RS-485 通信。试用 uScada 对单片机进行监控，监控内容为：ADC0/P1.0 模拟输入，PWM0/P1.3 模拟输出，P2 口的 DI 输入，以及 P0 口的 DO 输出。

7-16 某高层建筑消防排烟系统由 STC12C5A60S2 单片机控制，并用上位机通过组态软件监控。该系统设有 3 个烟雾传感器 SP1~SP3，当环境中的烟雾超限时，传感器就会动作。单片机的控制过程为：当检测到 SP1~SP3 之一动作后，启动排风机 M1（由继电器 KM1 控制）；5s 后，启动送风机 M2（由继电器 KM2 控制），同时启动报警扬声器（由继电器 KM3 控制）报警；当烟雾排尽后，SP1~SP3 恢复常态，排风机、送风机、报警扬声器停止。排风机、送风机也可手动控制。试完成该系统的控制电路、控制程序和组态监控设计。提示：在组态时可使用变量的报警设置。

7-17 某片剂装瓶站如图 7-43 所示。其中，传送带由一台步进电动机拖动；光电开关 ST1 用于计数片剂数量，ST2 用于检测瓶位并计数。装瓶站的工作过程为：步进电动机带动传送带运动，当 ST2 被瓶子遮挡后，电动机再运行 30 个脉冲后停止；此时投料器（由继电器 KM1 控制）开始投料，并由 ST1 计数片剂个数；当 ST1 计数到 100 后，投料器停止投料，启动步进电动机运动，开始下一装瓶工作。试完成该系统的控制电路、控制程序和组态监控设计。

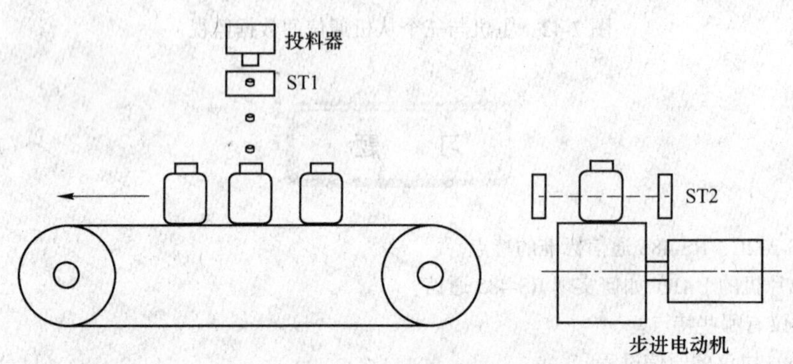

图 7-43 片剂装瓶站简图

7-18 某专用钻孔机用 STC12C5A60S2 单片机控制，顺序完成对工件 3 个孔的钻孔加工，见图 7-44。其中，工作台的旋转由一台步进电动机拖动，步进电动机需 3000 个驱动脉冲使工作台转一周，工作台设有零位开关 ST1；继电器 KM1、KM2、KM3 分别控制钻头的旋转、下降和上升；位置开关 SQ1、SQ2 分别为钻头原位和终点开关。

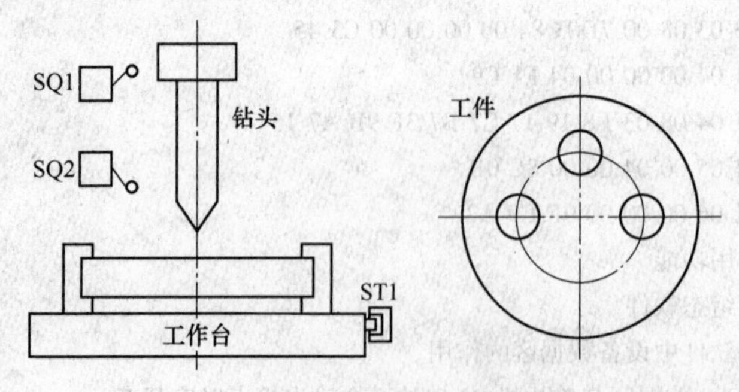

图 7-44 专用钻孔机简图

设在加工前已调整钻头对准最右边的孔。一个孔的加工过程为：钻头旋转→钻头下降，触动 SQ2→钻头上升，触动 SQ1→工作台旋转到下一孔位。

试完成该系统的控制电路、控制程序和组态监控设计。

7-19 用 STC12C5A60S2 单片机对水箱水位控制，并用上位机通过组态软件监控。该系统用一台水泵从水源抽水，通过进水管道为水箱供水，水箱则为用户提供水源。水泵由一台单相电动机拖动，在水箱底部安装有压力传感器，经信号调理后输入到单片机 ADC7/P1.7 通道。此外，在水箱底部和顶部位置还设有水位下限和上限位置开关 ST1、ST2。

控制要求为：当 ADC7 值小于 200 时，开启水泵，为水箱供水；当 ADC7 值大于 800 时，关闭水泵，停止供水；当 ST1 或 ST2 动作时，发出报警指示。

试完成该系统的控制电路、控制程序和组态监控设计。

8 单片机实时多任务系统

当前，单片机的内部资源和运行速度较传统 51 单片机已经有了大幅提升，因此就能够应用于更为复杂的系统。在单片机芯片内部已经集成有多种硬件资源情况下，针对复杂应用的程序设计就成为主要问题。前面各章中使用的编程方式，可以统一概括为主程序加中断服务程序的方式。在这种方式中，主程序为前台程序，中断服务程序为后台程序。这种前后台编程方式简单直观，但对于复杂的应用，采用这种方式将增大程序设计难度，甚至无法完成。所以，在由单片机组成的嵌入式系统中，常常采用实时操作系统（Real Time Operation System，RTOS）。本章通过学习 Keil 公司为 51 内核单片机开发的 RTX51 Tiny 多任务系统，达到初识 RTOS 的目的。同时，通过单片机热处理炉炉温控制实例，领略 PID 控制应用和 RTX51 Tiny 多任务程序设计方法。

8.1 单任务与多任务系统

8.1.1 单任务系统

单任务程序设计是单片机程序设计的基本方式，也称为前后台编程方式。在这种方式下，主程序按固定的顺序调用各个功能模块，并利用若干个硬件中断来完成特定的操作。图 8-1 为一个单任务工业测控程序流程图。由于图中各模块执行频率不一致，程序设计时要用很多条件判断和分枝转移语句进行控制，增加了程序的复杂性。其可读性和可维护性很差，调试不便，且系统扩充难度大。

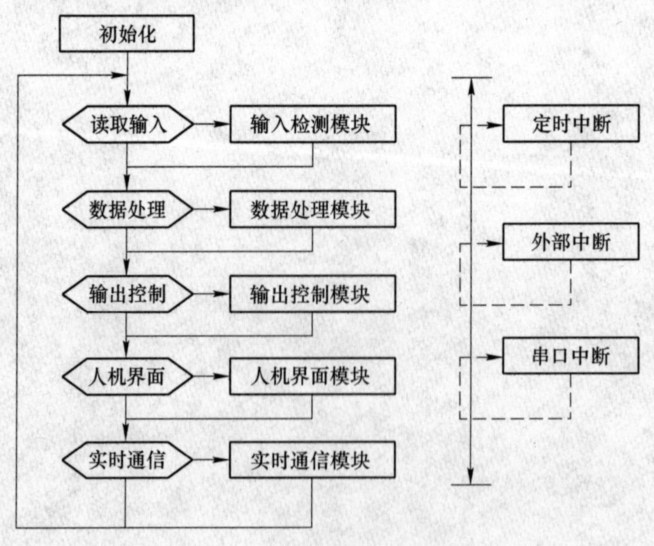

图 8-1　工业测控单任务流程框图

8.1.2　多任务系统

多任务系统是在多任务内核的支持下，将软件划分为多个独立的任务。一个任务，也称做一个线程，是一个程序，该程序可以认为 CPU 完全只属于该程序自己。多任务运行的实现，实际上是靠 CPU 在许多任务之间转换和调度。CPU 只有一个，轮番服务于一系列任务中的某一个。多任务运行很像前/后台系统，只是后台任务有多个。多任务运行使 CPU 的利用率达到最高，并使应用程序模块化。在实时应用中，多任务化的最大特点是，开发人员可以将很复杂的应用程序层次化。

实时操作系统（RTOS）是指当外界事件发生时，系统能够以足够快的速度予以响应和处理，其处理的结果又能在规定的时间内来产生控制作用，并控制所有实时任务协调一致的操作系统。

图 8-2 是与图 8-1 对应的多任务软件系统组成框图。其特点为：在 RTOS 内核调度下，各任务的执行顺序可在系统运行过程中动态地改变；一个任务可以与一个或多个中断相关联；各子任务在自己的时间片内运行，通过合理设计时间片大小和各任务的优先级，可以满足系统内各种复杂的时序要求。

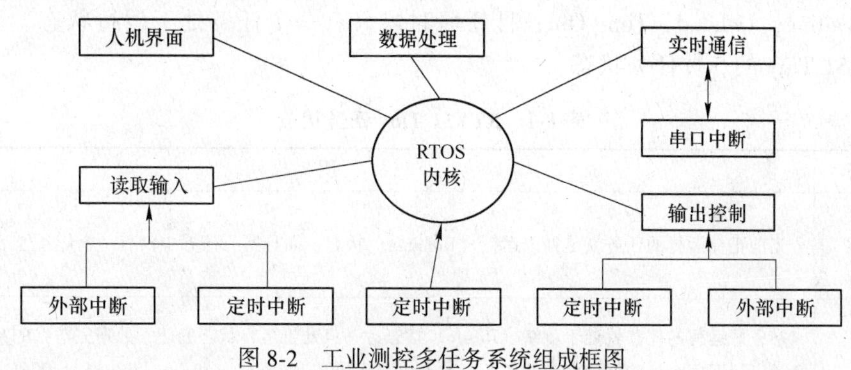

图 8-2　工业测控多任务系统组成框图

8.2　RTX51 Tiny 多任务操作系统

RTX51 是一种应用于 MCS-51 系列单片机的小型多任务实时操作系统。RTX51 有两个模式：RTX51 Full 和 RTX51 Tiny。RTX51 Tiny 是 RTX51 的一个子集，集成在 Keil C51 编译器中，它可以在单个 CPU 上最多管理 16 个任务，具有运行速度快、对硬件要求不高、使用方便灵活等优点。

8.2.1　RTX51 Tiny 的时钟和任务

RTX51 Tiny 使用 MCS-51 定时器 0（方式 1）产生一个周期性的中断，该中断就作为 RTX51 Tiny 的时钟，RTX51 Tiny 库函数所指定的超时和时间间隔参数都是利用 RTX51 Tiny 时钟来测量的。RTX51 Tiny 默认的时钟中断是 10000 个机器周期，因此对于一个运行在 12MHz 时钟的 8051 而言，内核的时钟频率就是 100Hz，即周期为 10ms，时钟频率算式为：12MHz/12/10000。

在实时多任务应用中，通常包含有一个或多个任务，RTX51 Tiny 最多支持 16 个任务。RTX51 Tiny 的任务以 C51 函数的形式定义。任务函数没有返回值和入口参数，并使用关键字 _task_ 进行声明，形式如下：

```
void func (void) _task_task_id
```

其中，func 是任务函数的名称，task_id 是任务标识号 ID，范围是 0~15。

例如，下段程序定义了一个名为 abc 的任务，该任务的 ID 号为 1。这个任务循环读取 P1 口状态并输出到 P0 口。

```
void abc (void) _task_1
{
    while (1) {
      P0 = P1; /* 读取 P1 口状态并输出到 P0 口 */
    }
}
```

任务函数的特点是：任务函数采用无限循环结构，即任务运行时永远不会返回；每个任务都有一个唯一的任务标识号 ID；系统从 0 号任务开始运行。

RTX51 Tiny 在运行时，一个任务在某一时刻只能处于下列状态之一：Running，Ready，Waiting，Deleted，Time-Out；且任何时候只有一个任务处于运行状态。表 8-1 列出来 RTX51 Tiny 的 5 种任务状态。

表 8-1　RTX51 Tiny 任务状态

任务状态	说　明
Running（运行）	当前正在运行的任务就是处于运行（Running）状态，而且所有任务中仅有一个任务处于运行状态
Ready（就绪）	准备好运行的任务就处于就绪（Ready）状态，一旦处于运行状态的任务处理完毕，RTX51 Tiny 将开始运行下一个处于就绪状态的任务。如果使用函数 os_set_ready 和 isr_set_ready，那么一个任务会立即变成就绪状态
Waiting（等待）	任务正在等待一个事件，那么就处于等待（Waitting）状态，一旦事件发生，任务就会切换到就绪状态。内核函数 os_wait 就是用来将一个任务从等待（Waitting）状态切换到就绪（Ready）状态
Deleted（删除）	任务绝不会再启动或者已经被删除，那么就处于删除（Deleted）状态。内核函数 os_delete_task 将一个已经启动（通过 os_create_task）的任务切换到删除状态
Time-Out（超时）	一个连续运行的任务，被时间轮转内核调度中断后就处于超时（Time-Out）状态。对内核而言，这个任务相当于处在就绪（Ready）状态

8.2.2　事件

在实时操作系统里，事件被用来控制程序中任务的行为。一个任务可以等待一个事件，同时也可以给其他任务设置一个事件标志。内核函数 os_wait 允许一个任务去等待一个或者多个事件，表 8-2 列出了 RTX51 Tiny 的事件类型。

表 8-2 RTX51 Tiny 事件类型

事件类型	关联标志	说　明
Timeout（超时）	K_TMO	超时事件就是一个简单的数，代表有多少个内核时钟滴答数。当一个任务在等待超时事件，那么其他的任务将继续运行。一旦需要等待的内核时钟滴答数已经耗尽，那么这个等待的任务则继续运行
Interval（时间间隔）	K_IVL	该事件每隔一个指定的周期，就会产生一次信号，产生的信号是可以累计的。这样就使得没有被及时响应的信号，通过信号次数的叠加，在以后信号处理时，重新得以响应，从而保证了信号不会被丢失
Signal（信号）	K_SIG	是任务之间相互通信的一个简单形式，一个任务可以等待另外一个任务给它发信号（通过内核函数 os_send_signal 和 isr_send_signal）

内核函数 os_wait 除了可以等待单一的 K_TMO、K_IVL、K_SIG 事件，还可以等待以下的组合事件：

K_SIG | K_TMO：内核函数 os_wait 延迟当前任务的执行，一直到收到信号或者设定的超时时间已经耗尽；

K_SIG | K_IVL：内核函数 os_wait 延迟当前任务的执行，一直到收到信号或者设定的间隔时间已经耗尽。

8.2.3 时间轮转任务切换

任务切换的作用就是将 CPU 分配给一个任务。RTX51 Tiny 的任务切换通过以下的规则来决定哪一个任务获得运行权。如果有以下条件发生，那么当前的任务被中断：

(1) 当前任务调用了 os_switch_task，另外一个任务准备运行；

(2) 当前任务调用了 os_wait，而要求的事件还没有发生；

(3) 当前任务已经运行了太长的时间，超过了时间轮转所定义的时间片的值。

如果有以下条件发生，另一个任务开始运行：

(1) 没有其他任务在运行；

(2) 任务从就绪（Ready）状态或者超时（Time-Out）状态启动运行。

RTX51 Tiny 可以配置成使用时间轮转的多任务系统。时间轮转允许准并行地执行几个任务，这些任务并不是连续运行的，而是运行一个时间片（CPU 的运行时间被分成时间片，RTX51 Tiny 分配时间片给每一个任务）。因为时间片很短，通常只有几个毫秒，那么这些任务看起来像是在同时运行。任务在分配给它们的时间片里一直运行（除非任务的时间片被放弃），然后 RTX51 Tiny 切换到下一个处于就绪状态的任务去运行。时间片参数可以通过配置文件 CONF_TNY. A51 进行设置。

RTX51 Tiny 的配置参数（Conf_tny. a51 文件中）中有 INT_CLOCK 和 TIMESHARING 两个参数。这两个参数决定了每个任务使用时间片的大小：INT_CLOCK 是时钟中断使用的周期数，也就是基本时间片；TIMESHARING 是每个任务一次使用的时间片数目。两者决定了一个任务一次使用的最大时间片。例如，设单片机为晶振频率 12MHz，INT_CLOCK 被设置为 10000，则 RTX51 Tiny 的时钟等于 10ms，那么当把 TIMESHARING 设置为 1 时，一个任务使用的最大时间片是 10ms；当把 TIMESHARING 设置为 2 时，一个任务使用的最大时间片是 20ms。当把 TIMESHARING 设置为 0 时，系统就不会进行自动任务切换了，这时需要用 os_switch_task 函数进行任务切换。

下面的例子是一个简单的 RTX51 Tiny 程序，采用了时间轮转的多任务机制。程序中的第一个任务名为 a0，ID=0，其工作是循环读取 P1 口状态并输出到 P0 口。RTX51 Tiny 从 ID=0 的任务即 a0 开始运行。在 a0 任务中还创建了另一个命名为 a1 的任务。任务 a1 的 ID=1，其工作是循环读取 P1 口状态并输出到 P2 口。在 a0 执行完自己的时间片之后，RTX51 Tiny 切换到 a1 运行。在 a1 运行完自己的时间片之后，RTX51 Tiny 又切换回 a0 运行。

```
#include <rtx51tny.h>
#include <atmel \ at89x52.h>
void a0 (void)_task_0
{
os_create_task (1);           /* 启动 ID=1 的任务，即 a1 任务 */
   while (1) {                /* 无限循环 */
      P0 = P1;                /* 读取 P1 口状态并输出到 P0 口 */
   }
}
void a1 (void)_task_1
{
   while (1) {                /* 无限循环 */
      P2 = P1;                /* 读取 P1 口状态并输出到 P2 口 */
   }
}
```

与用等待来耗尽时间片相比，更好方式是使用内核函数 os_wait 和 os_switch_task，让 RTX51 Tiny 可以切换到另一个任务。内核函数 os_wait 的作用就是挂起当前任务（将该任务的状态更改为等待状态），一直等到特定的事件发生，再将该任务的状态更改为就绪状态。在这期间，其他的任务将会被运行。例如，在下面的程序中，当任务 a0 执行一次读取 P1 口状态并输出到 P0 口的操作后，通过调用 os_wait（K_TMO，5，0）等待 5 个系统时钟（50ms）。此时 RTX51 Tiny 将进行任务切换，使任务 a1 运行。当 a1 执行一次读取 P1 口状态并输出到 P2 口的操作后，通过调用 os_switch_task（）进行任务切换。如果 a1、a2 都处于等待状态，即当没有任何任务处于就绪状态去运行的时候，RTX51 Tiny 就会执行一个 Idle 任务，其实就是一个无限循环，以等待就绪任务的出现。

```
#include <rtx51tny.h>
#include <atmel \ at89x52.h>
void a0 (void)_task_0
{
os_create_task (1);             /* 启动 ID=1 的任务，即 a1 任务 */
while (1) {                     /* 无限循环 */
P0 = P1;                        /* 读取 P1 口状态并输出到 P0 口 */
os_wait (K_TMO, 5, 0);          /* 等待 5 个系统时钟（50ms），此时进行任务切换 */
}
```

```
}
void a1 (void)_task_1
{
while (1) {                           /* 无限循环 */
P2 = P1;                              /* 读取 P1 口状态并输出到 P2 口 */
os_switch_task ();                    /* 暂停本任务，进行任务切换 */
}
}
```

8.2.4 协作式任务切换

协作式任务切换就是只有当正在运行的任务主动放弃对 CPU 的占用时，才能执行任务切换。在此方式下，RTX51 Tiny 内核不能中断一个任务的运行，除非该任务自己调用了任务切换过程。因此，正在运行的任务中的函数或程序段不会被其他任务打断。

如果把 Conf_tny. a51 文件中的 TIMESHARING 设置为 0，就禁止了时间片轮转的多任务切换方式，那么程序中的各个任务就工作在协作式任务切换方式下。这种方式要求每一个任务都要在特定的地方调用内核函数 os_wait 或 os_switch_task，从而使 RTX51 Tiny 内核可以完成任务切换。os_wait 与 os_switch_task 的不同之处是，os_wait 让任务等待一个事件，而 os_switch_task 则立即切换到已经处于就绪状态的任务。

下面的例子中，每个任务都有 os_wait 或 os_switch_task 函数的调用，因此当把 TIMESHARING 设置为 0 后，RTX51 Tiny 就工作于协作式任务切换方式。

```
#include <rtx51tny.h>
#include <atmel\at89x52.h>
void a0 (void) _task_0
{
os_create_task (1);                    /* 启动 ID=1 的任务，即 a1 任务 */
os_create_task (2);                    /* 启动 ID=2 的任务，即 a2 任务 */
os_create_task (3);                    /* 启动 ID=3 的任务，即 a3 任务 */
while (1) {                            /* 无限循环 */
    P0 = P1;                           /* 读取 P1 口状态并输出到 P0 口 */
    os_wait (K_TMO, 5, 0);             /* 等待 5 个系统时钟 (50ms)，此时进行任务切换 */
}
}
void a1 (void)_task_1
{
   while (1) {                         /* 无限循环 */
      P2 = P1;                         /* 读取 P1 口状态并输出到 P2 口 */
      os_switch_task ();               /* 暂停本任务，进行任务切换 */
   }
}
void a2 (void)_task_2
{
   while (1) {                         /* 无限循环 */
```

```
        if (P1_7 == 0) os_send_signal (3);    /* 如果 P1_7 等于 0，向 ID=3 的任务
                                                 发信号 */
        os_wait (K_TMO, 10, 0);  /* 等待 10 ticks，进行任务切换 */
    }
}
void a3 (void) _task_3
{
    while (1) {                       /* 无限循环 */
        P3_7 = 0;                     /* 向 P3_7 输出 0 */
        os_wait (K_SIG, 0, 0);        /* 等待信号，进行任务切换 */
    }
}
```

8.3 RTX51 Tiny 系统函数

表 8-3 列出了 RTX51 Tiny 所有的系统函数。

表 8-3 RTX51 Tiny 系统函数

系统函数名称	功能说明	入口参数	返回值
os_create_task	启动一个任务	任务号 ID（0~15）	0：成功； -1：没有任务被启动
os_delete_task	删除一个任务	任务号 ID	0：成功； -1：任务不存在或未启动
os_switch_task	执行任务切换	无	无
os_running_task_id	返回当前运行任务的 ID	无	当前运行任务的 ID
os_set_ready	指定一个任务就绪	任务号 ID	无
os_send_signal	给一个任务发送信号	任务号 ID	0：成功； -1：任务不存在
os_clear_signal	清除一个任务的信号标志	任务号 ID	0：成功； -1：任务不存在
os_reset_interval	重置时间间隔	内核时钟数（0~255）	无
isr_set_ready	在中断服务程序中指定一个任务就绪	任务号 ID	无
isr_send_signal	在中断服务程序中给一个任务发送信号	任务号 ID	0：成功； -1：任务不存在
os_wait	暂停当前任务并等待一个或者几个事件	事件类型，内核时钟数，0	触发任务重新开始运行的事件类型
os_wait1	暂停当前任务并等待 K_SIG 事件	K_SIG	同 os_wait
os_wait2	同 os_wait	事件类型，内核时钟数	同 os_wait

8.4 RTX51 Tiny 性能与设置

8.4.1 运行环境

RTX51 Tiny 使用标准的 C51 编写程序，可以运行于所有的 51 系列单片机中。其中，仅有少数内容与标准 C 语言有差异，例如为了实现任务标识而使用的 _task_关键字。

RTX51 Tiny 程序设计需要包含实时运行头文件和必要的库文件，并且要用 BL51 连接/定位器来实现连接。

在 Keil 中，在目标选项的 Target 标签中的 operating system 中选择 RTX-51 Tiny，如图 8-3 所示，且在头文件中需要加上#include<rtx51tny. h>。

在 RTX51 Tiny 环境下生成代码，需要用到下列工具：

C51 编译器；

BL51 连接/定位器；

A51 宏汇编器。

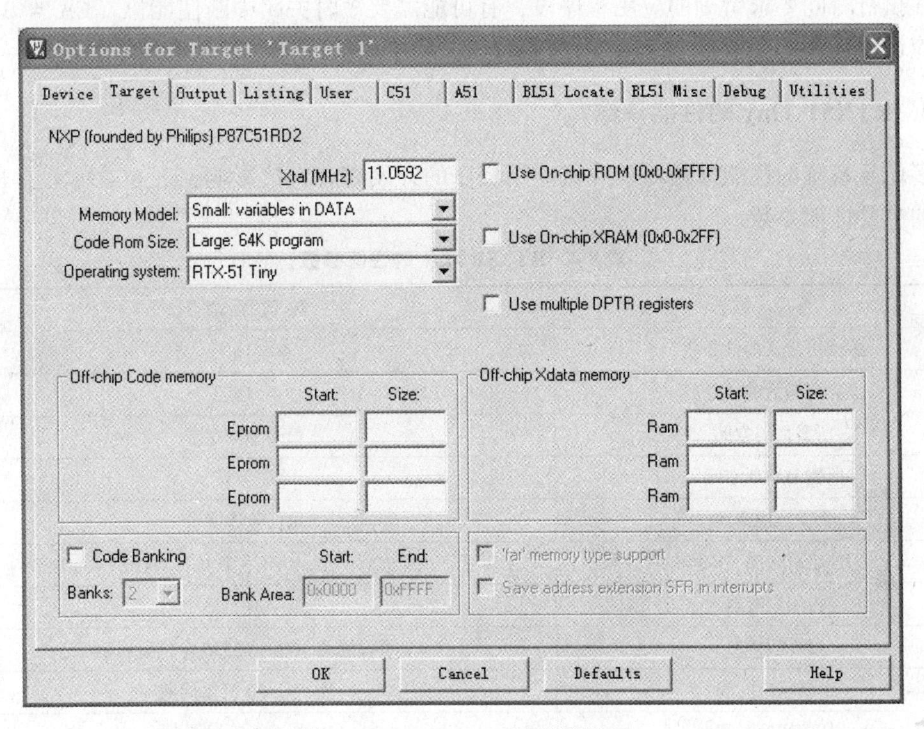

图 8-3 RTX-51 Tiny 的设置界面

8.4.2 RTX51 Tiny 的存储模式和中断

RTX51 Tiny 可以运行在 8051 的单芯片嵌入式系统上，且不需要任何外部数据存储器，但也不排斥应用程序访问外部数据存储器。RTX51 Tiny 可以使用 C51 所支持的所有存储模式，所使用的存储模式只影响应用对象的存储位置。RTX51 Tiny 的系统变量和应用程序的堆栈区总是存储在 8051 的片内 RAM 中（即 DATA 和 IDATA）。典型的 RTX51 Tiny 应用程序一般运行于 SMALL 存储模式下。此外，库文件 RTX51TNY. LIB 必须存放在环境变量 C51LIB 所指定的路径下。

RTX51 Tiny 使用了定时器 0、定时器 0 和中断寄存器组 1。SFR 中的全局中断允许位或定时器 0 中断屏蔽位都可能使 RTX51 Tiny 停止运行。因此，除非有特殊的应用目的，应该使定时器 0 的中断始终开启，以保证 RTX51 Tiny 的正常运行。如果应用程序中使用了定时器 0，将会导致 RTX51 Tiny 内核工作不正常，但可以把定时器 0 中断服务程序附加到 RTX51 Tiny 的定时器 0 中断服务程序之后。

RTX51 Tiny 和中断服务程序工作在并行模式下，中断服务程序通过发送信号（通过调用内核函数 isr_send_signal）和设置就绪标志（通过调用内核函数 isr_set_ready）的方式与 RTX51 Tiny 的任务进行通信。RTX51 Tiny 没有中断服务程序的管理能力，所以在 RTX51 Tiny 应用程序中需要管理中断服务程序的使能和运行。

RTX51 Tiny 假定 CPU 中断使能控制位总是处于允许的状态（EA = 1），RTX51 Tiny 库函数根据需要来改变系统中断的使能控制，目的是为了保护内核的结构不被中断所破坏；不过 RTX51 Tiny 的控制方式比较简单，并没有对 EA 的状态进行保存或者恢复。

在执行时间要求苛刻的应用程序段，有可能需要短时关闭中断使能位（EA = 0），此时不应调用任何一个 RTX51 Tiny 内核函数。关闭中断使能位的时间应该尽量短。

8.4.3 RTX51 Tiny 的性能参数

多任务系统的性能参数对单片机应用程序的开发有着直接影响，表 8-4 列出了 RTX51 Tiny 的主要性能参数。

表 8-4 RTX51 Tiny 的性能参数

参　数	数 值 及 范 围
最大可定义的任务数	16
最大可激活的任务数	16
所需代码空间	最多 900 字节
所需 DATD 空间	7 字节
所需堆栈空间	每任务 3 字节
所需 XDATA 空间	0 字节
占用定时器	T0
系统时钟	可设置为 1000~65535 个机器周期
中断响应时间	不大于 20 机器周期
任务切换时间	100~700 机器周期

8.4.4 头文件及配置文件

编写 RTX51 Tiny 程序需要包含 RTX51TNY. H 文件。在程序中，需要用关键字 _task_来声明一个函数为一个任务。RTX51 Tiny 不需要 main 函数。在进行连接处理时，系统启动任务 0 作为开始执行的代码。

编程时，可以更改配置文件 CONF_TNY. A51 中的以下几个参数：

系统定时器中断所用的寄存器组；

系统定时器的时间间隔；

Round-Robin 的超时（time-out）值；

内部数据存储器的大小；

RTX51 Tiny 启动后的自由堆栈大小。

以下是 CONF_TNY. A51 文件的部分内容：

```
；定义定时器中断用的寄存器组
    INT_REGBANK     EQU 1；       默认为寄存器 1 组
；************************************************************
；定义 8051 定时器 0 溢出所需的机器周期数
    INT_CLOCK   EQU  10000；默认周期数为 10000
；定义 Round-Robin 的 Timeout 所需的定时器溢出数
    TIMESHARING EQU 5   ；默认为 5 次
；注意：时间片轮换（Round-Robin）任务切换可用 TIMESHARING 为 0 来屏蔽，即：
；  TIMESHARING EQU 0 ；设置协作式任务切换（Cooperative Task Switching）
；************************************************************
；RTX51 堆栈空间
；定义最大的堆栈 RAM 地址
   RAMTOP  EQU 0FFH；默认地址是 255
；定义最小的堆栈自由空间
   FREE_STACK  EQU 20；默认为 20 字节堆栈自由空间；
；发生堆栈用尽时的执行代码
    STACK_ERROR MACRO
    CLR EA；关闭所有中断
    SJMP $    ；如堆栈空间耗尽，进入死循环
    ENDM
```

8.5　单片机炉温控制系统电路设计

温度控制在电子、冶金、机械等工业领域应用非常广泛，特别是随着计算机技术的发展，对温度控制的要求也越来越趋向于智能化、自适应、参数自整控制等方向发展。本节介绍基于单片机炉温控制系统的电路设计。

8.5.1　系统组成

电阻炉炉温控制系统的组成如图 8-4 所示。系统以单片机为核心，包括上位机通信、数码管显示、按键输入、温度采集处理和加热器控制等部分。其中温度采集通过 K 型热电偶和热电偶数字转换器芯片 MAX6675 实现。MAX6675 将热电偶输出的毫伏级弱电压信号直接转换成数字信号送给单片机。单片机将测量温度与设定温度进行比较，对其差值进行 PID 运算得出控制量；再根据控制量计算出 PWM 占空比，通过 I/O 端口输出 PWM 波驱动固态继电器的导通和关闭，控制加热器的导通时间，实现对炉温的自动控制。单片机

通过串口与上位机通信，向上位机发送炉温检测数据，接收上位机的温度给定值和控制参数。

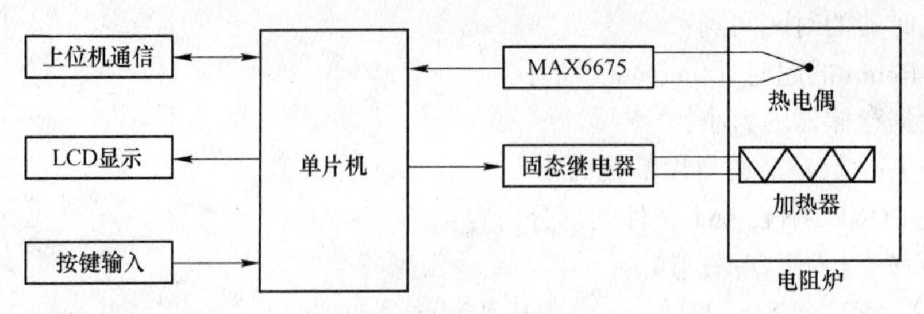

图 8-4　温控电路组成框图

8.5.2　K 型热电偶与 MAX6675 芯片

热电偶传感器是利用转换元件的参数随温度变化的特性，将温度和与温度有关的参数的变化转换为电量变化输出的装置。由两种不同的导体或半导体组成的闭合回路就构成了热电偶，热电偶两端为两个热电极，温度高的接点为热端、测量端或自由端；温度低的接点为冷端、参考端或自由端。测量时，将工作端置于被测温度场中，自由端恒定在某一温度。热电偶是基于热电效应工作的，热电效应产生的热电动势由接触电势和温差电势两部分组成。

根据热电偶测温原理，热电偶的输出热电动势不仅与测量端的温度有关，而且与冷端的温度也有关。在以往的应用中，有很多冷端补偿方法，如冷端冰点法、修正系数法、补偿导线法、电桥补偿法等，这些方法调试都比较麻烦。而 MAXIM 公司生产的 MAX6675 对其内部元器件的参数进行了激光校正，从而对热电偶的非线性进行了内部修正。同时，MAX6675 内部集成的冷端补偿电路、非线性校正电路和断线检测电路都给 K 型热电偶的使用带来了方便。MAX6675 的特点有：（1）内部集成有冷端补偿电路；（2）带有简单的 3 位串行接口；（3）可将温度信号转换成 12 位数字量，温度分辨率可达 0.25℃；（4）内含热电偶断线检测电路。

MAX6675 的内部结构及引脚如图 8-5 所示，各引脚功能如下。

T_-、T_+：热电偶负极、正极。

SCK：串行时钟输入。

CS：片选信号。

SO：串行数据输出。

Vcc、GND：电源端、接地端。

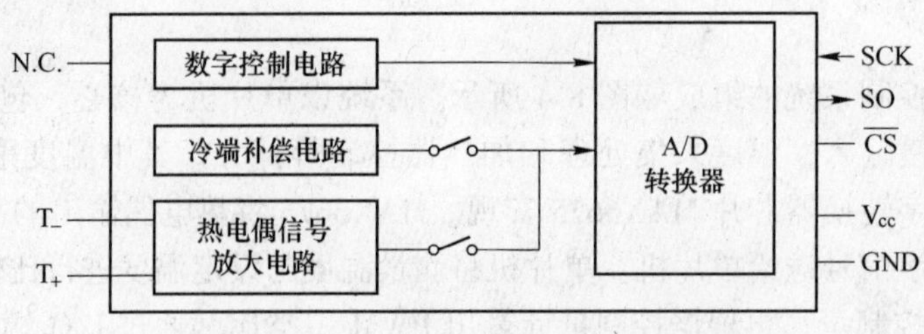

图 8-5　MAX6675 内部结构及引脚

MAX6675 可与微处理器通过 3 线串口进行通信，其工作时序如图 8-6 所示。

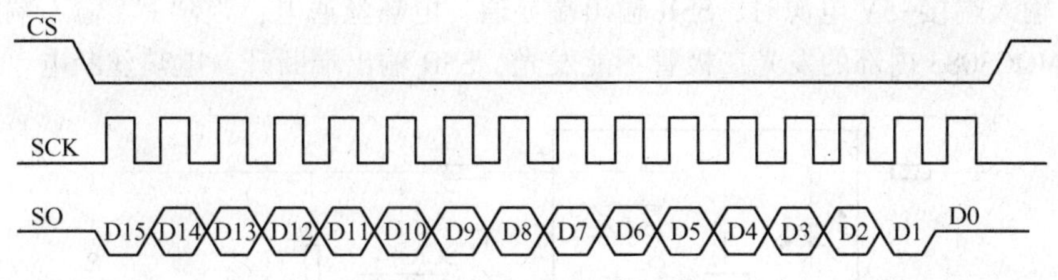

图 8-6 MAX6675 的时序

MAX6675 的输出数据为 16 位，其中 D15 始终无用，D14～D3 对应于热电偶模拟输入电压的数字转换量，D2 用于检测热电偶是否断线（D2 为 1 表明热电偶断开），D1 为 MAX6675 的标志位，D0 为三态。由 D14～D3 组成的 12 位数据，其最小值为 0，最大值为 4095。由于 MAX6675 内部经过了激光修正，因此，其转换结果与对应温度值具有较好的线性关系。温度值与数字量的对应关系为：

$$温度值=1023.75\times 转换后的数字量/4095$$

MAX6675 的数据输出为 3 位串行接口，因此只需占用微处理器的 3 个 I/O 口，其与单片机的连接见图 8-9。图中，串行时钟信号 SCK 由 P1.1 引脚提供；片选信号 CS 由 P1.2 提供；转换数据由 P1.0 读取；热电偶的模拟信号由 T_+和 T_-端输入，其中 T_-需接地。使用时，单片机用软件模拟串口的读取过程，MAX6675 的转换结果将在 SCK 的控制下顺序输出。

8.5.3 固态继电器 SSR

固体继电器（Solid State Relay，SSR）是利用现代微电子技术与电力电子技术相结合而发展起来的一种新型无触点电子开关器件。它可以实现用微弱的控制信导（几毫安到几十毫安）控制 0.1A 直至几百安培电流负载，进行无触点接通或分断。固体继电器是四端器件，有两个输入端和两个输出端。输入端接控制信号，输出端与负载、电源串联。SSR 实际是一个受控的电力电子开关，图 8-7 为用一只 SSR 控制加热器的接线图。

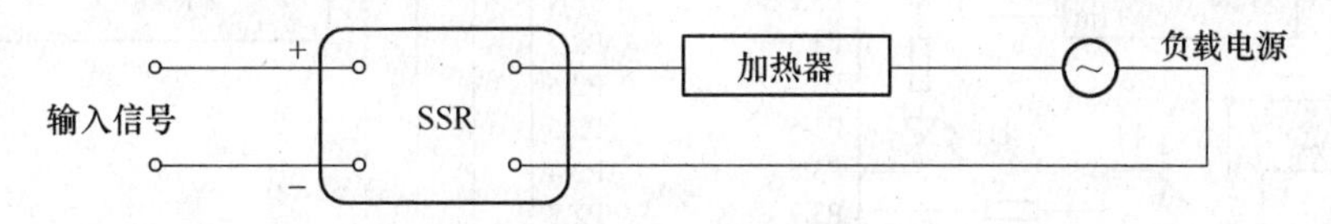

图 8-7 SSR 控制加热器的接线图

与通常的电磁继电器相比较，固体继电器的特点是：由分立元件、半导体微电子电路芯片和电力电子器件组装而成，无机械触点，使用寿命长；输入电路与输出电路之间光电隔离；以阻燃型环氧树脂为原料进行封装，具有良好的耐压、防腐、防潮、抗震动性能。

图 8-8 为一种固态继电器的内部电路图。该电路采用光电耦合器驱动双向可控硅。光电耦合器为 MOTOROLA 公司生产的用于触发可控硅的 MOC3083。MOC3083 具有过零检测功能，可用直流低电压、小电流来控制高电压、大电流，触发电路简单可靠，抗干扰能力强。MOC3083 由输入、输出两部分组成。输入部分是一个砷化镓红外发光二极管，该二极管在 5mA 正向电流作用下，发出足够的红外光来触发输出部分。输出部分为带有一个过零检测器的光控双向可控硅，被触发导通后发出控制信号触发主电路的 SCR，该 SCR

可开关大功率负载。图 8-8 中，电热丝为交流负载。当 SSR（虚框部分）“-”输入端接地，“+”输入端接+5V 电源时，SSR 输出端导通，电热丝通电；当“+”输入端断开+5V 电源时，MOC3083 内部的发光二极管不能发光，SSR 输出端断开，电热丝断电。

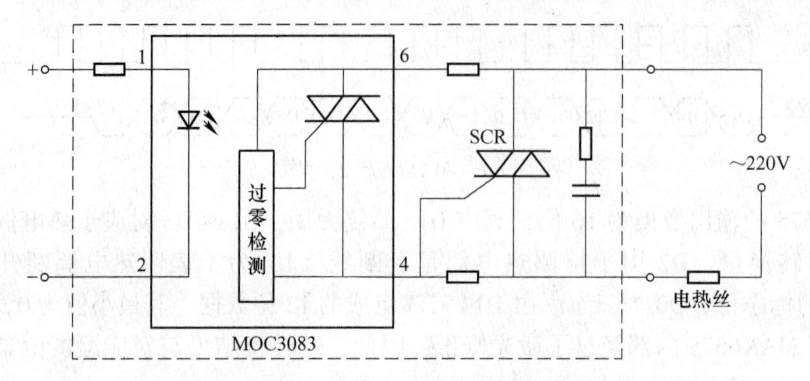

图 8-8　固态继电器的内部电路

8.5.4　温度控制系统电路原理图

温度控制系统电路如图 8-9 所示。

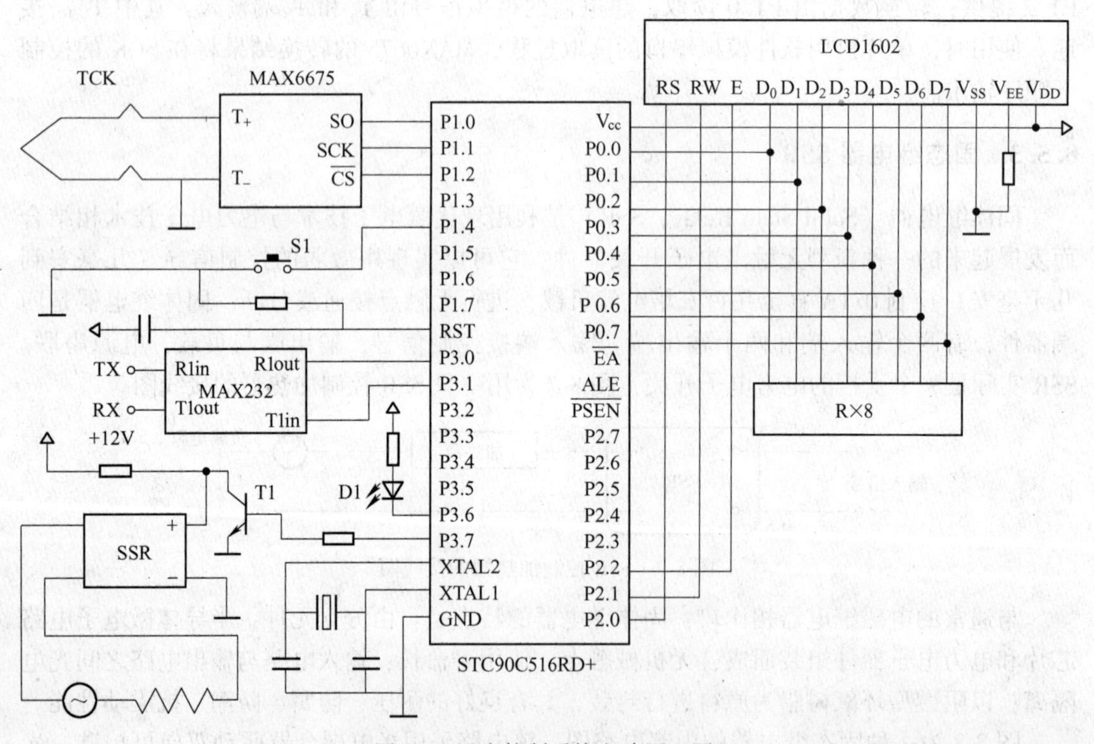

图 8-9　温度控制系统电路原理图

系统中采用带有片内扩展 XRAM 的 STC 单片机。温度传感器为 K 型热电偶 TCK，通过 K 型热电偶串行模数转换器 MAX6675 芯片采集热电偶信号并转换为串行数字信号输出。发光二极管 D1 用于指示断偶状态。单片机的 UART 引脚与 MAX232 芯片连接，实现 UART 与 RS232 之间的电平转换。MAX232 芯片的另一侧可与 PC 机或其他设备的 RS232

接口连接，实现串行通信。电热器的电热丝由固态继电器 SSR 控制。P3.7 输出高电位时，三极管 T1 导通，SSR 正端 0 电位，SSR 断开，电热丝断电；P3.7 输出低电位时，T1 截止，12V 电压加到 SSR 正极，SSR 导通，电热丝通电。系统采用 LCD1602 作为显示器。

8.6 PID 控制

炉温控制系统中的单片机，根据温度设定值和温度测量值相减得到偏差值，然后通过 PID 控制算法计算控制量，并通过控制量控制电热丝的通电时间，也就是控制 PWM 输出的占空比。

8.6.1 PID 闭环控制系统的组成

PID 是比例、积分、微分的缩写，按偏差值的比例、积分、微分进行控制的控制器称为 PID 控制器。典型的 PID 模拟量控制系统如图 8-10 所示。图中，$sp(t)$ 是给定值，$pv(t)$ 是过程变量（反馈量），误差 $e(t)= sp(t)-pv(t)$，$M(t)$ 是 PID 控制器的输出，$c(t)$ 是系统的输出量。

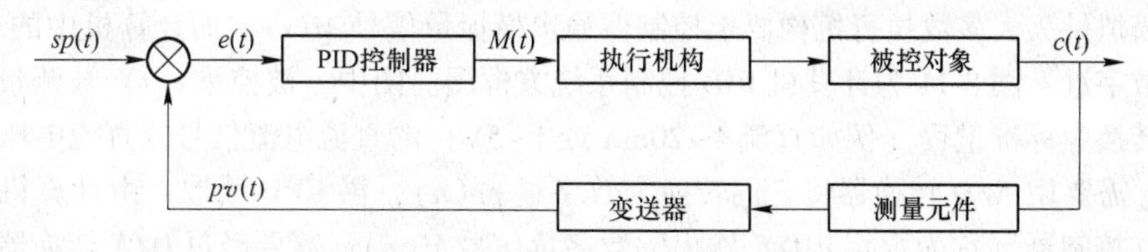

图 8-10　PID 模拟量控制系统方框图

PID 控制器的输入输出关系式如下：

$$M(t)=K_{\mathrm{C}}\left[e(t)+\frac{1}{T_{\mathrm{I}}}\int_{0}^{t}e(t)\,\mathrm{d}t+T_{\mathrm{D}}\frac{\mathrm{d}e(t)}{\mathrm{d}t}\right]+M_{\mathrm{initial}} \tag{8-1}$$

式中，$M(t)$ 是 PID 控制器的输出；M_{initial} 是 PID 控制器输出的初始值；K_{C} 是 PID 回路的增益；T_{I} 是积分时间常数；T_{D} 是微分时间常数。

PID 的输出等于比例项、积分项、微分项、输出的初始值之和。比例项（P）、积分项（I）、微分项（D）分别与误差、误差的积分和误差的微分成正比。如果取其中的一项或两项，可以组成 P、PD 或 PI 控制器。当需要较好的动态品质和较高的稳态精度时，可以选择 PI 控制方式；当控制对象的惯性滞后较大时，应选择 PID 控制方式。

比例控制（P）是一种最简单的控制方式。其控制器的输出与输入误差信号成比例关系。比例控制的特点是响应快速、控制及时，但不能消除余差。

在积分控制（I）中，控制器的输出与输入误差信号的积分成正比关系。积分控制可以消除余差，但具有滞后特点，不能快速对误差进行有效的控制。

在微分控制（D）中，控制器的输出与输入误差信号的微分（即误差的变化率）成正比关系。微分控制具有超前作用，它能预测误差变化的趋势，避免较大的误差出现。微分控制不能消除余差。

PID 控制器是控制工程中技术成熟、应用最广的闭环控制器，经过长期的工程实践，已经形成了一套完整的控制算法和典型的结构。PID 控制具有以下的优点：

(1) 不需要被控对象的数学模型。自动控制理论中的分析和设计方法主要是建立在被控对象的线性定常数学模型的基础上。这种模型忽略了实际系统中的非线性和时变性，与实际系统有较大的差距。对于许多工业控制对象，根本就无法建立较为准确的数学模型，因此自动控制理论中的设计方法很难用于大多数控制系统。对于这一类系统，使用PID控制可以得到比较满意的效果。

(2) 结构简单，容易实现。PID控制器的结构典型，程序设计简单，计算工作量较小，各参数有明确的物理意义，参数调整方便，容易实现多回路控制、串级控制等复杂的控制。

(3) 有较强的灵活性和适应性。根据被控对象的具体情况，可以采用PID控制器的多种变种和改进的控制方式，例如PI、PD、带死区的PID、被控量微分PID、积分分离PID和变速积分PID等。随着智能控制技术的发展，PID控制与神经网络控制等现代控制方法结合，可以实现PID控制器的参数自整定，使PID控制器具有经久不衰的生命力。

8.6.2 PID控制器的数字化

在模拟量闭环控制系统中，被控量 $c(t)$（例如压力、温度、流量、转速等）是连续变化的模拟量，大多数执行机构要求控制器输出模拟量信号 $M(t)$，而计算机中的CPU只能处理数字量。图8-11为计算机PID控制系统方框图。图中，被控量 $c(t)$ 被测量元件和变送器转换为标准量程（例如直流4~20mA或1~5V）的直流电流信号或直流电压信号 $pv(t)$ 后，需要用A/D转换器将它们转换为数字量 $pv(n)$，供CPU读取；由计算机程序实现的PID控制器（称为数字PID）输出的数字量信号 $M(n)$，需要经过D/A转换器转换为模拟量信号 $M(t)$ 后，再传送给执行机构。图8-11中，$sp(n)$、$pv(n)$、$e(n)$、$M(n)$ 均为计算机第 n 次采样的数字量，$pv(t)$、$c(t)$、$M(t)$ 为模拟量。

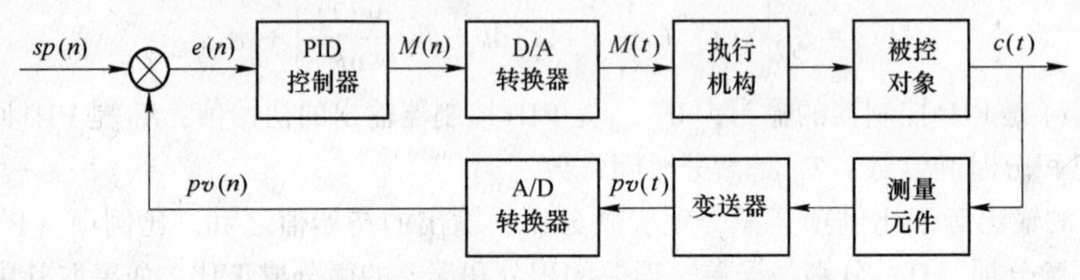

图8-11　计算机PID控制系统方框图

假设PID回路控制周期（又称为采样周期）为 T_S，系统开始运行的时刻 $t=0$，用求和的方法代替积分，用求差的方法代替微分，将式（8-1）离散化，第 n 次采样PID控制器的输出为：

$$M_n = K_C e_n + \left(K_I \sum_{j=1}^{n} e_j + M_{\text{initial}}\right) + K_D(e_n - e_{n-1}) \tag{8-2}$$

式中，e_n是第 n 次采样时的误差值；e_{n-1}是第 $n-1$ 次采样时的误差值；K_C、K_I、K_D分别是PID回路的增益、积分项系数和微分项系数。

式（8-2）可简化为：

$$M_n = K_C e_n + (K_I e_n + MX) + K_D(e_n - e_{n-1}) \tag{8-3}$$

这样，计算机每次计算只需要保存上一次的误差 e_{n-1}和上一次的积分项 MX。

式（8-3）可写成如下形式：

$$M_n = MP_n + MI_n + MD_n \tag{8-4}$$

式中，MP_n、MI_n、MD_n分别是第 n 次的比例项、积分项和微分项。

（1）比例项。

$$MP_n = K_C e_n = K_C(SP_n - PV_n) \tag{8-5}$$

式中，SP_n和 PV_n分别是第 n 次采样的给定值和过程变量值（即反馈值）。

（2）积分项。积分项与误差的累加和成正比，其计算式为：

$$MI_n = K_I e_n + MX \tag{8-6}$$

式中，MX 是前面所有积分项之和。每次计算出 MI_n后，需要用它去更新 MX。MX 的初值是控制器输出的初值 $M_{initial}$。

（3）微分项。微分项 MD_n 与误差的变化率成正比，其计算式为：

$$MD_n = K_D(e_n - e_{n-1}) \tag{8-7}$$

8.6.3 带死区的 PID

通常在系统进入稳态后，偏差是很小的，如果偏差在一个很小的范围内波动，控制器对这样微小的偏差计算后，将会输出一个微小的控制量，此时输出的控制值在一个很小的范围内，不断地改变方向，频繁动作，发生震颤。因此，当控制过程进入这种状态时，就进入系统设定的一个偏差允许带 e_o：当偏差 $|e| < e_o$时，不改变控制量，使控制过程能够稳定地进行。这就是带死区的 PID。

8.6.4 输入量的转换及标准化

每个 PID 控制回路都有两个输入量，即给定值和过程变量。给定值一般为固定值，而过程变量则动态地变化。例如温度控制中设定的温度值是给定值，经测温元件和 A/D 转换得到的值是过程变量。在实际控制中，无论是给定值还是过程变量都是工程实际值，对于不同的系统，它们的取值范围和测量单位可能不一致，因此进行 PID 运算前，必须将工程实际值标准化，即转换成无量纲的相对值。

转换的方法是将工程值或由 A/D 转换得到的整数值转换为［0，1］区间的无量纲相对值，即标准化值，又称为归一化值，转换公式为：

$$R_{norm} = (R_{raw}/Span) + Offset \tag{8-8}$$

式中，R_{norm}为工程实际值的标准化值；R_{raw}为工程实际值的实数形式值；*Span* 是取值范围，即最大允许值减去最小允许值；*Offset* 为零点偏移量。

8.6.5 输出量转换为工程实际值

PID 运算后，对输出产生的控制作用是［0，1］区间的标准化值。为了能够驱动实际的驱动装置，必须将其转换成工程实际值。转换公式为：

$$R_{scal} = (M_n - Offset) \times Span \tag{8-9}$$

式中，R_{scal}为按工程量标定的过程变量的实数形式；M_n为过程变量的标准化值；*Span* 是取值范围，即最大允许值减去最小允许值；*Offset* 为零点偏移量。

8.7 基于 RTX51 Tiny 的单片机炉温控制程序设计

单片机炉温控制程序设计采用 RTX51 Tiny 多任务系统。

8.7.1 软件组成

控制程序由多任务内核，报警任务、按键任务、显示任务、通信任务、控制任务，串口中断、T0 中断、T2 中断组成，如图 8-12 所示。

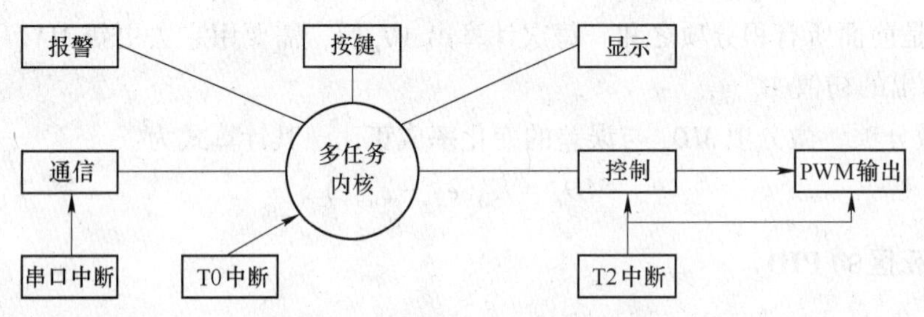

图 8-12 单片机炉温控制程序组成

8.7.1.1 报警任务

控制系统中诸如热电偶开路（断偶）、温度偏差值超限等事件需要报警操作，以提示监控者注意并及时处理。源程序中，报警任务函数 Alarm_查询断偶状态并进行显示。

8.7.1.2 按键任务

按键任务负责扫描键盘，对被按下的键进行标记并进行相应的处理。根据硬件电路设计，按键任务函数 Key_对按钮 S1 进行扫描并标记，用以切换 LCD 的显示内容。

8.7.1.3 显示任务

信息显示是温度控制系统必不可少的功能。与七段数码管相比，LCD1602 能够显示更多的信息。显示任务函数 LCD_能够对温度的当前值和设定值进行显示。通过扩展，还可以令 LCD1602 显示更多信息。

8.7.1.4 控制任务

控制任务按采样、滤波、PID 计算、PWM 输出的流程进行工作。

数字 PID 的控制周期 T_S是一个重要参数，控制任务函数 Control_即以该周期循环执行控制流程。T_S的定时是用 T2 定时中断实现的。T2 以 10ms 为周期产生中断，当 T2 中断次数等于 Control_Cycle 时，T2 中断服务程序便向 Control_任务发信号，使其处于就绪状态。Control_Cycle 就是 T_S基于 10ms 的倍数，T_S可通过主机设定并传送给单片机。

当开始执行一个控制流程时，Control_函数首先读取控制对象温度值，即采样。为降低干扰影响，一般要进行多次采样并采取一定的滤波算法确定最终的采样值。这时的采样值还是与 MAX6675 输出格式相同的数字量，在进行 PID 计算前，还需要把它转换为温度值（标度变换），并进行归一化处理。

设 MAX6675 输出数字量为 4095 时的理论温度是 1023. 75℃，实际零点偏移值为 -24℃，则标度变换计算式为：

$$f = \text{MAX6675 输出数字量}/4-24$$

设控制系统温度（即工程值）的取值范围为 0~1000℃，零点偏移量为 0，则由式(8-8）得：

归一化值=温度值/1000

PID 计算需要两个输入，一为经上述计算得到的归一化过程变量值，另一个为温度设定值，该值由主机设定并传送给单片机，在进入 PID 前也要进行归一化处理。

PID 计算后，输出 0~1 之间的控制值，以驱动执行机构。根据硬件电路，系统的执行机构为电热丝，由单片机 P3.7 引脚输出 PWM 脉冲进行加热控制，所以 PID 的输出就是 PWM 脉冲的占空比。

PWM 脉冲宽度仍以 T2 的 10ms 定时中断为基本单位，当 T2 中断次数等于 PWM_N 时，便进行下一个 PWM 脉冲输出。PWM_N 就是 PWM 脉冲宽度基于 10ms 的倍数，PWM 脉冲宽度可通过主机设定并传送给单片机。

在一个 PWM 脉冲输出中，分为低电平输出和高电平输出两部分。在 T2 的 PWM_N 个 10ms 中断中，前 PWM_Low 个 10ms 中断使 P3.7 输出低电平，其后则输出高电平。所以，需要把 PID 输出的占空比转换为 PWM_Low，算式为：

PWM_Low = (1.0 - PID 输出值) * PWM_N

8.7.1.5　通信任务

单片机作为从机，与主机通过 RS232 接口进行串行通信。通信协议定义为：通信信息为 ASCII 字符串；主机发送命令信息，从机接收信息并进行处理；主机命令信息的第一个字符为命令字符，其后可跟随一个整数或浮点数，整个信息以回车符'\ r'结尾。串行通信参数为：19200 波特率，8 数据位，无奇偶校验位，1 停止位。

单片机采用中断方式接收主机信息。在串口中断服务程序 UartISR 中，当接收到信息结束符'\ r'，或接收字符数达到了接收缓冲区 RcvBuf 的长度，就通过调用 os_send_signal 函数向通信任务 UART_发信号，使通信任务进入就绪状态，并在其后进入运行状态。RcvBuf 定义于 XRAM 区。单片机向主机发送信息采用查询方式进行。

当通信任务函数 UART_运行时，便对串口接收信息进行处理。其处理过程就是读取主机命令字符并进行相应的操作。例如，对'a'命令，单片机将多个控制参数发送给主机；对'P'命令，单片机把主机发送的数据设置为 PID 控制器的比例增益；对'S'命令，单片机把主机发送的数据归一化后设置为 PID 控制器的设定值。

8.7.2　任务调度

控制程序采用 RTX51 Tiny 的协作式任务切换方式。其设定方法就是在 conf_tny.A51 文件中把 TIMESHARING 设置为 0。另外，RTX51 Tiny 使用 T0 定时中断产生基准时钟周期，当单片机晶振频率为 11.0592MHz 时，若产生 10ms 的定时间隔，其计数值为 9216，所以，对 conf_tny.A51 文件做以下修改：

```
; 在 conf_tny.A51 文件中修改以下 2 个数值
INT_CLOCK EQU 9216; default is 10000 cycles
;   Define Round-Robin Timeout in Hardware-Timer ticks.
TIMESHARING EQU      0; default is 5 Hardware-Timer ticks.
;                    ; 0 disables Round-Robin Task Switching
```

协作式多任务调度的特点，就是一个正在运行的任务只有在调用了某些 RTX51 Tiny 系统函数才会停止运行，否则它就会一直运行下去。所以在编写每一个任务函数时，都需要在函数体的某些地方调用诸如 os_wait 等系统函数，以允许其他任务运行。协作式任务调度的一个优点是在程序设计时不需要考虑函数的可重入问题，虽然它不支持抢先式任务切换，但适于诸如温度控制等对快速实时响应要求不苛刻的系统。

RTX51 Tiny 占用 T0 中断，对单片机的其他中断则不加限制，不影响中断服务程序的设计。RTX51 Tiny 还提供有在中断服务程序中向指定任务发送信号的系统函数 os_send_signal，具体应用参见下面的串口中断和 T2 中断服务程序。

8.7.3 单片机温度控制 C51 程序

单片机温度控制 C51 示例程序如下：

```
#include<RTX51TNY.h>
#include<atmel\AT89X52.h>
#include<intrins.h>
#include<stdio.h>
#include<stdlib.h>
#include<math.h>

/*引脚定义*/
#define DATA_BUS  (P0)     /* LCD data bus */
#define RS        (P2_0)   /* LCD RS       */
#define RW        (P2_1)   /* LCD RW       */
#define E         (P2_2)   /* LCD E        */

sbit SO  = P1^0;           /* MAX6675 SO  */
sbit SCK = P1^1;           /* MAX6675 SCK */
sbit CS  = P1^2;           /* MAX6675 CS  */

sbit Shift_Key = P1^4; /* LCD换屏按钮 */
sbit ALARM_LED = P3^6; /* 报警指示灯 */
sbit PWM_OUT   = P3^7; /* PWM输出    */

/* PWM状态定义*/
#define PWM_OFF  1
#define PWM_ON   0

/*断偶标志*/
bit TCK_open;
/*串口接收缓冲区定义*/
#define RCVBUF  256                   //接受数据缓冲区大小
unsigned char xdata RcvBuf[RCVBUF];   //接收数据缓冲区
unsigned char RcvCount = 0;           //接收字符计数
```

```
/* LCD缓冲区及变量定义 * /
xdata char LCD_buf [20];
xdata char LCD_buf1 [256];
char LCD_Page = 0;

/* PID控制周期Ts——>用定时器T2中断给出标志, 等待信号 * /
xdata struct PID {
float pv;                                    //process value 过程量
float sp;                                    //set point     设定值
float integral;                              //积分值
float pgain;                                 //比例增益
float igain;                                 //积分增益
float dgain;                                 //微分增益
float deadband;                              //死区
float last_error;                            //上次误差
} pid0;

/* T2定时中断初值定义 * /
#define N_TH2 (65536-9216)/256        //10ms (100Hz) TH2初值
#define N_TL2 (65536-9216)% 256       //10ms (100Hz) TL2初值

unsigned int PWM_N=200;               //PWM周期初值, 200 * 10ms=2sec
unsigned int Control_Cycle=500;       //PID周期初值, 500 * 10ms=5sec
unsigned int PWM_Low=50;              //PWM低电平时间初值, 50 * 10ms=0.5sec
///////////////////////////////////////////////////////////////////////
/* 初始化串口 * /
void init_serial (void)
{
    PCON | = 0x80;                    //baudrate×2
    TMOD | = 0x20;                    //T1, 初值自动重装
    TH1 = 0xFD;                       //Baud: 9600 ×2 = 19200bps (fosc=11.0592MHz)
    SM0=0, SM1=1;                     //UART mode 1: 8-bit, 1-stopbit, no parity,
    REN = ES = TR1 = 1;               //rcv enable 打开串口中断 开始计数
}
/* 串口中断接收函数 * /
void UartISR (void)   interrupt 4   using 3
{
    if (RI) {                         //串口接收中断
        RI=0;
        RcvBuf [RcvCount++] = SBUF; //接收数据
        if (SBUF =='\r') {            //'\r'为结束符
            RcvCount=0;
```

```
            os_send_signal (3);       //接收完成，向 UART 任务发信号
        }
    }
}
/*串口发送字符串函数 */
void UartSend (unsigned char *p)    //发送字符串，包括'\0'
{
    do {
        SBUF = *p;
        while (TI != 1);            //等待数据传送
        TI = 0;                     //清除数据传送标志
    } while (*p++);
}
/////////////////////////////////////////////////////////////////////////////////
/* MAX6675 函数 */
unsigned int Read_6675 ()
{
    unsigned char i;
    unsigned int temp;
    //接口初始化
    CS=1;
    SCK=0;
    _nop_(); _nop_();
    CS=0;
    //获取 16 位数据
    for (i=0, temp=0; i<16; i++) {
        SCK=1;
        temp<<=1;
        if (SO==1) temp |=0x01;
        SCK=0;
        _nop_();
    }
    CS=1;
    TCK_open = temp & 0x0004; /*断偶标志*/
    //取出其中 12 位温度数据
    temp=temp<<1;
    temp=temp>>4;
    return temp;
}
/////////////////////////////////////////////////////////////////////////////////
/*测试 LCD 忙 */
void check_busy (void)
{
```

```
    do {
        DATA_BUS = 0xff;
        E = 0; RS = 0; RW = 1;
        E = 1; _nop_();
    } while (DATA_BUS & 0x80);
    E = 0;
}
/* 向 LCD 写命令 */
void write_command (unsigned char cmd)
{
    check_busy ();
    E = 0; RS = 0; RW = 0;
    DATA_BUS = cmd;
    E = 1; _nop_();
    E = 0; _nop_(); _nop_(); //delay (1);
}
/* 向 LCD 写字节 */
void write_data (unsigned char c)
{
    check_busy ();
    E = 0; RS = 1; RW = 0;
    DATA_BUS = c;
    E = 1; _nop_();
    E = 0; _nop_(); _nop_(); //delay (1);
}
/* 初始化 LCD */
void init_LCD (void)
{
    write_command (0x38); //8-bits, 2 lines, 7x5 dots
    write_command (0x0C); //no cursor, no blink, enable display
    write_command (0x06); //auto-increment on
    write_command (0x01); //clear screen
}
/* LCD 显示字符串 */
void LCD_string (unsigned char cmd, unsigned char *s)
{
    int i;
    write_command (cmd);
    for (i=0; *s>0&&i<16; i++)
    {
        write_data (*s++);
    }
}
```

```
////////////////////////////////////////////////////////////////////////
/*初始化T2,10ms定时*/
void init_T2 ()
{
    C_T2=0;             //T2 as Timer
    T2MOD=0x00;         //T2OE=0, CDEN=0, 自动重装方式
    RCAP2H=N_TH2;       //装入TH2自动重装初值
    RCAP2L=N_TL2;       //装入TL2自动重装初值
    TR2 = 1;            //启动定时器
    ET2 = 1;            //开T2中断
}
/* T2中断服务程序 */
void t2_isr () interrupt 5
{
    static unsigned int n, i;
    TF2 = 0;            //clr TF2
    if (++n == Control_Cycle) {
        n = 0;          //中断次数清零
        isr_send_signal (4);
    }
    PWM_OUT = (i < PWM_Low)? PWM_OFF: PWM_ON;
    if (++i ==PWM_N) i=0;
}
////////////////////////////////////////////////////////////////////////
/*初始化PID */
void init_PID (struct PID xdata *pid)
{
    pid->pgain = 10.0;
    pid->igain = 0.0;
    pid->dgain = 0.0;
    pid->deadband = 0.01;
    pid->sp = 0.5;
    pid->integral= 0; //Minital
    pid->last_error = 0;
}
/* PID计算 输出为0~1.0 */
float PIDCalc (struct PID xdata *pid)
{
    float error, pterm, dterm, result;    //偏差,比例项,微分项,PID值
    /*计算偏差*/
    error = (pid->sp) -(pid->pv);
    /*判断偏差是否大于死区*/
    if (fabs (error) > pid->deadband) {  //大于死区
```

```
        /* 计算比例项 */
        pterm = pid->pgain * error;
        /* 计算积分项 */
        if (fabs (pterm) > 1.0)              // |比例项|>1.0, 积分项=0
            {pid->integral = 0.0;}
        else {
            pid->integral += pid->igain * error;
            if (pid->integral > 1.0) {pid->integral = 1.0;}
            //如果计算结果小于 0.0, 则等于 0
            else if (pid->integral < 0.0) pid->integral = 0.0;
        }
        /* 计算微分项 */
        dterm = (error -pid->last_error) * pid->dgain;
        /* 计算 PID 值 */
        result = pterm + pid->integral + dterm;
    }
    else {    //在死区范围内, 保持现有输出
        result = pid->integral;
    }
    /* 保存上次偏差 */
    pid->last_error = error;
    /* 输出 PID 值 (0~1.0) */
    if (result<0.0) result=0.0;
    if (result>1.0) result=1.0;
    return (result);
}
//////////////////////////////////////////////////////////////////////////
/* 控制任务函数 */
void Control_() _task_4   {
    unsigned int i, sample;
    float f;
    init_PID (&pid0);
    while (1)   {
        os_wait (K_SIG, 0, 0);          /* 等待由定时器定时中断产生的信号 */
        for (i=0, sample=0; i<5; i++) {
        sample += Read_6675 ();         /* 读 MAX6675 */
            os_wait (K_TMO, 25, 0);     /* wait for timeout: 25 ticks = 250ms */
        }
        sample /= 5;                    //取均值
        f = sample/4-24;                //转换为温度值,℃
        pid0.pv = f/1000;               //标度变换, 归一化
        f = PIDCalc (&pid0);            //PID 计算
        PWM_Low = (1.0 -f) * PWM_N;     //根据 PID 结果控制 PWM 输出
```

```
    }
}
/* LCD任务函数 */
void LCD_() _task_1    {
        float f;
        int i, j, k;
    while (1)     {
        f = Read_6675 () /4-24; /*读MAX6675 */
        /*将数据格式化后,写入LCD_buf及LCD_buf1,用于LCD显示和串口发送 */
        sprintf (LCD_buf," t=% -5.1f SP=% -5.1f \r", f, pid0.sp * 1000); //用于
        显示t, SP
        i=sprintf (LCD_buf1," Kp=% -4.2f Ki=% -4.2f ", pid0.pgain, pid0.igain);
        j = sprintf (LCD_buf1+i," Kd=% -4.2f
    DB=% -5.3f \r", pid0.dgain, pid0.deadband);
        k = sprintf (LCD_buf1+i+j," SP=% -5.3f Ts=% -1dSec "
                , pid0.sp, Control_Cycle/100);
    sprintf (LCD_buf1+i+j+k," Tpwm=% -1dSec \r", PWM_N/100);
    /* LCD操作 */
    write_command (0x01);          //clear screen
    LCD_string (0x80, LCD_buf);   //0x80+y*0x40+x::y=0:第1行,y=1:第2行,x:列
    if (LCD_Page) {
        write_command (0x01);     //clear screen
        LCD_string (0x80, LCD_buf1);
        LCD_string (0x80+0x40, LCD_buf1+16);
        }
    os_wait (K_TMO, 100, 0);
    }
}
/* Key任务函数 */
void Key_() _task_2    {
    while (1)     {
        LCD_Page = (Shift_Key == 0) ? 1: 0;
        os_wait (K_TMO, 100, 0);
    }
}
/*通信任务函数 */
void UART_() _task_3
{
    while (1) {
        float f;
        os_wait (K_SIG, 0, 0);         /*等待信号 */
        f=atof (&RcvBuf [1] );         //预先把主机发来的信息转换为数值
        switch ( RcvBuf [0] ) {        //根据接收的主机命令分别进行处理
```

```
        case 'a':                   //主机读取各参数命令
            UartSend (LCD_buf1); //向主机发送各参数
            break;
        case 'b':                   //主机读取断偶状态及温度值
            UartSend (TCK_open ? " Tck Open ":" Tck Close " ); //发送断偶状态
            UartSend (LCD_buf); //向主机发送检测温度及设定温度
            break;
        case 'B':                   //主机设置 PID deadband 命令
            pid0.deadband = f; //存入数值
            break;
        case 'C':                   //主机设置 PID 控制周期命令, sec
            if ( f<5 || f>200 ) break; //上下限限制
            Control_Cycle = f*100; //标度变换: sec to 10ms
            break;
        case 'P':                   //主机设置比例增益命令
            pid0.pgain = f; //存入数值
            break;
        case 'I':                   //主机设置积分增益命令
            pid0.igain = f; //存入数值
            break;
        case 'D':                   //主机设置微分增益命令
            pid0.dgain = f; //存入数值
            break;
        case 'W':                   //主机设置 PWM 周期命令, sec
            if ( f<2 || f>20 ) break;
            PWM_N = f*100; //标度变换: sec to 10ms
            break;
        case 'S':                   //主机设置温度设定值命令,℃
            if ( f<20 || f>1000 ) break;
            pid0.sp = f/1000.0; //归一化: [0~1000] -> [0~1.0]
            break;
        default: break; //无效的命令
        }
    }
}
/*报警任务函数 */
void Alarm_() _task_0   {
    init_LCD ();                //初始化 LCD
    init_serial ();
    init_T2 ();
    os_create_task (1);         //LCD_
    os_create_task (2);         //Key_
    os_create_task (3);         //Uart_
```

```
    os_create_task(4);              //Control_
    while(1){
        ALARM_LED = ~ (TCK_open);   /*断偶检测及显示*/
        os_wait(K_TMO,211,0);
    }
}
```

8.7.4 程序编译

用 Keil uV4 对控制程序进行编译的步骤如下:

(1) 新建工程项目，命名，如：wdpid，保存。

(2) 选择单片机为 NXP 公司的 P87C51RD2，以便于 Proteus 仿真。

(3) 进入 Project 菜单下的 Options for Target 'Target1'选项窗口，对 Target 卡片中的 Operation System 选项，选择：RTX-51 Tiny；勾选 Output 卡片中的 Create HEX File。

(4) 将包含上面的 C51 程序文件以及 Conf_tny. A51 复制到所建工程项目的目录下。Conf_tny. A51 文件在 \ Keil \ C51 \ RtxTiny2 \ SourceCode 文件夹中。

(5) 在 uV4 的 Project 窗口中，对 Source Group 1 图标右键，点击 Add Files to Group 'Source Group 1'，添加 Conf_tny. A51 文件；再次操作，添加 C51 程序文件。

(6) 按前述修改 Conf_tny. A51 文件。

(7) 进入 Project 菜单，点击 Build Target 进行编译。如果编译成功，就会生成 wdpid. hex 文件。

8.7.5 温度控制系统的 Proteus 仿真

Proteus 软件是英国 Labcenter Electronics 公司出版的 EDA 工具软件。它是目前最好的仿真单片机及外围器件的工具，可以仿真 51 系列、AVR、PIC、ARM 等主流单片机，还可以直接在基于原理图的虚拟原型上编程，再配合显示及输出，能看到运行后输入输出的效果。配合系统配置的虚拟逻辑分析仪、示波器等，Proteus 建立了完备的电子设计开发环境。用 Proteus 对本章温度控制系统进行仿真时，首先要用 Proteus 的 isis 模块绘制电气原理图，其步骤如下。

(1) 选取电气元件。

在 isis 原理图界面点击 ▶ (元件方式)，然后点击 P (从库中选元件)，选取下列元件:

P87C51RD+：为 51 内核型单片机，具有片内扩展 64KB ROM 和片内扩展 1KB RAM，便于仿真具有片内扩展 ROM、RAM 的 STC90C516RD+单片机；

LM016L：16 列 2 行 LCD，用于仿真 LCD1602；

RES、RESPACK-8：电阻，带有公共端的 8 排阻；

MAX6675：MAX6675 芯片；

TCK：K 型热电偶；

BUTTON：按钮；

PNP：PNP 型三极管；

DIODE：二极管；

LED-YELLOW：发光二极管（黄色）；

RELAY：继电器，用于仿真 SSR；

OVEN：加热炉；

ALTERNATOR：交流电源。

（2）绘单片机与 LM016L 连接电路。

1）用鼠标逐一选取 P87C51RD+、LM016L、RES、RESPACK-8，并放置在绘图区。

2）点击 isis 界面左侧图标，进入电气终端模式，选取并放置 GROUND（地线）、POWER（电源线），然后进行连接，见图 8-13。

3）点击 isis 界面左侧总线模式图标，在绘图区绘制总线，然后把各引脚与总线相连接。

4）点击 isis 界面左侧导线标号模式图标 LBL，然后用鼠标点选各导线，进行标号，如图 8-13 所示。

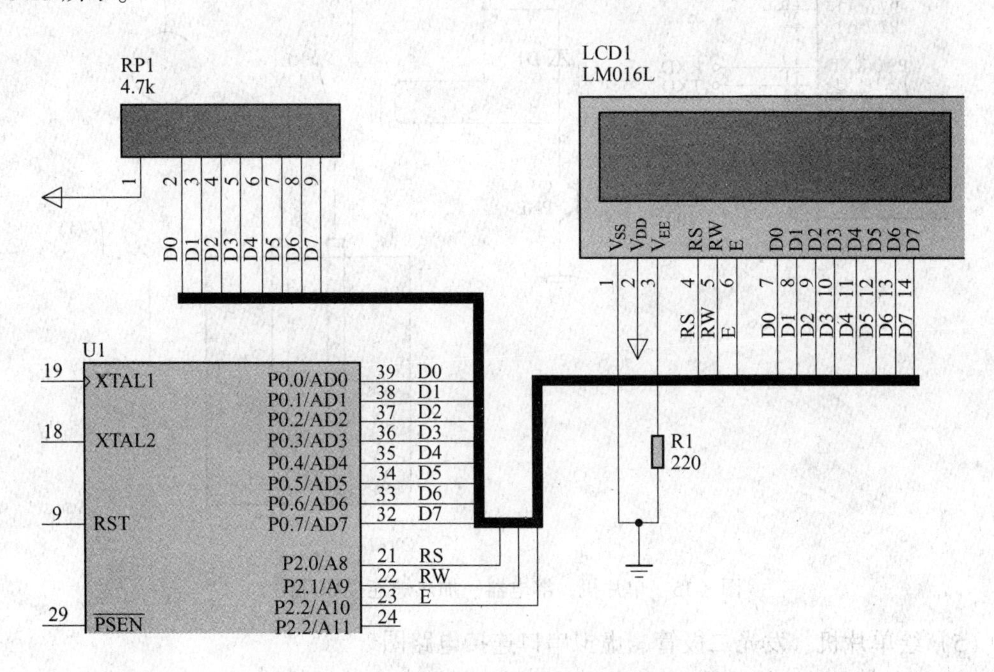

图 8-13　单片机、LCD 连接原理图

（3）绘单片机、MAX6675、TCK 及按钮连接电路图。

用鼠标逐一选取并放置 MAX6675、TCK、BUTTON，然后进行连线，如图 8-14 所示。

（4）绘单片机、继电器、加热炉连接电路图。

在绘图区放置图 8-15 所示各电器元件后，进行连线。对于继电器 RL1 线圈电源线，鼠标右键后点击 Edit Properties 项，在随后弹出的卡片中键入+15V，即用+15V 电源为 RL1 线圈供电。点击 isis 界面左侧电压探针图标，与加热炉的 T 输出端连接，该电压探针显示的电压值与加热炉炉温相对应。

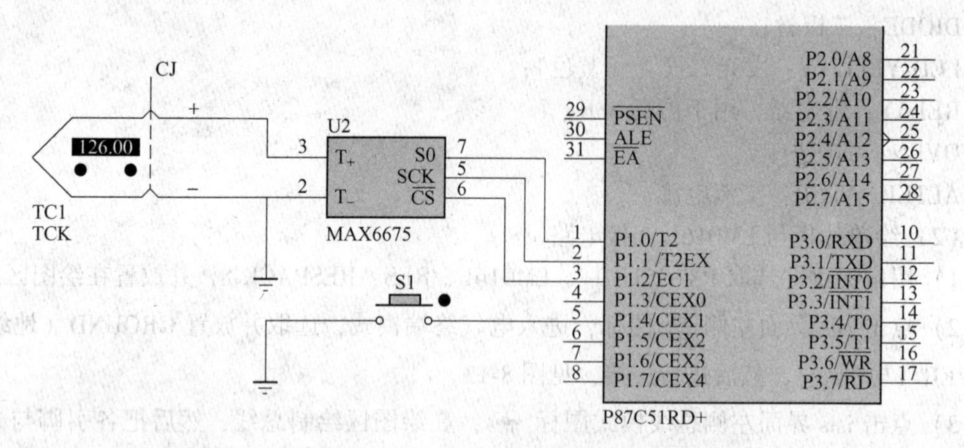

图 8-14 单片机、MAX6675、热电偶及按钮连接原理图

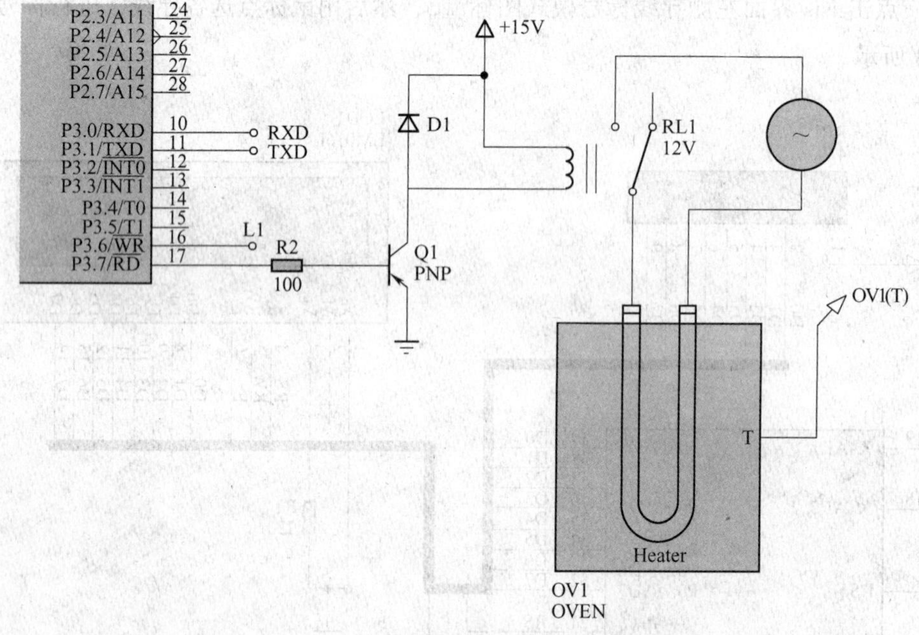

图 8-15 单片机、继电器、加热炉连接原理图

（5）绘单片机、发光二极管、虚拟串口连接电路图。

1）完成发光二极管连线，如图 8-16 所示。

2）点击 isis 界面左侧虚拟仪器模式图标，点选 VIRTUAL TERMINAL（虚拟终端），放置于绘图区，如图 8-16 所示。然后在绘图区双击该虚拟终端，弹出 Edit Component 卡片，在其中选择串口通信参数，见图 8-17。

3）点击 isis 界面左侧图标，进入电气终端模式，选取 DEFAULT，然后在绘图区放置终端符号，通过鼠标右键可进行标号、对称等操作，如此完成 RXD、TXD、L1 终端信号的绘制和连线。

4）对元器件位置进行调整，得到完整的仿真电路图，见图 8-20。

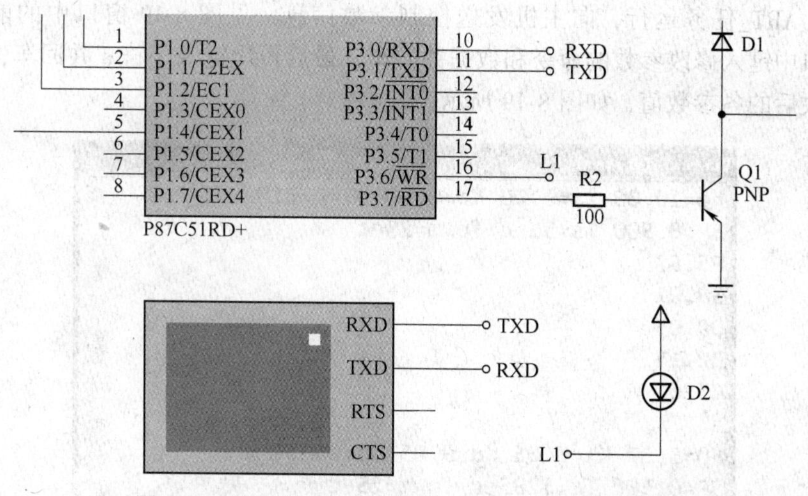

图 8-16 单片机、发光二极管、虚拟串口连接原理图

Baud Rate:	19200	Hide All
Data Bits:	8	Hide All
Parity:	NONE	Hide All
Stop Bits:	1	Hide All
Send XON/XOFF:	No	Hide All
PCB Package:	(Not Specified) ?	Hide All

图 8-17 虚拟终端通信参数选择

电路原理图绘制完成后，双击 P87C51RD+芯片，弹出 Edit Component 卡片。在 Program File 栏填写由 Keil uV4 编译生成的 hex 文件的路径，在 Clock Frequency 栏填写单片机时钟频率，如图 8-18 所示。

Component Reference:	U1	Hidden:
Component Value:	P87C51RD+	Hidden:
PCB Package:	DIL40 ?	Hide All
Program File:	wdpid.hex	Hide All
Clock Frequency:	11.0592MHz	Hide All
Advanced Properties:		
Enable trace logging	No	Hide All

图 8-18 单片机运行参数

仿真工作包括通过虚拟终端发送接收信息操作、S1 按键操作、TCK 温度调整操作，观察 LCD 显示、继电器动作、OVEN 状态及 T 端输出的数值。这里介绍对虚拟终端操作。程序仿真运行时，在 Virtual Terminal 窗口右键并点选 Echo Typed Characters。然后在窗口中键入字符 a 并回车，主机就会把它们通过虚拟终端发送到单片机；单片机接收到回车符后，触发 UART_任务运行，向主机发送控制参数信息，见图 8-19 窗口中的前两行。然后，在窗口中键入修改参数的命令和数据并回车。最后再次键入字符 a 并回车，窗口中就显示出修改后的各参数值，如图 8-19 所示。

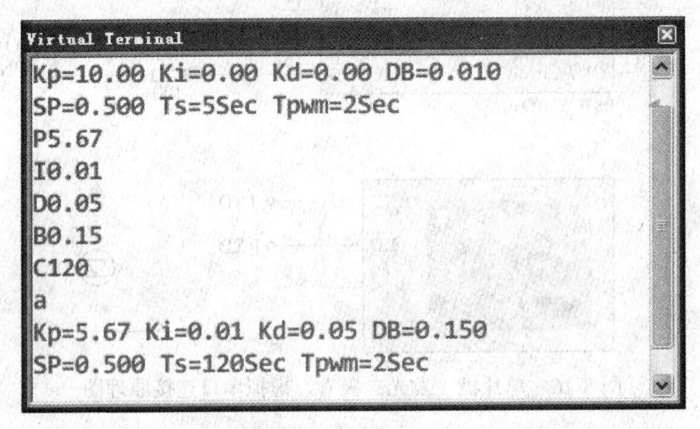

图 8-19　串口通信窗口

图 8-20 显示了整个电路的仿真运行情况。

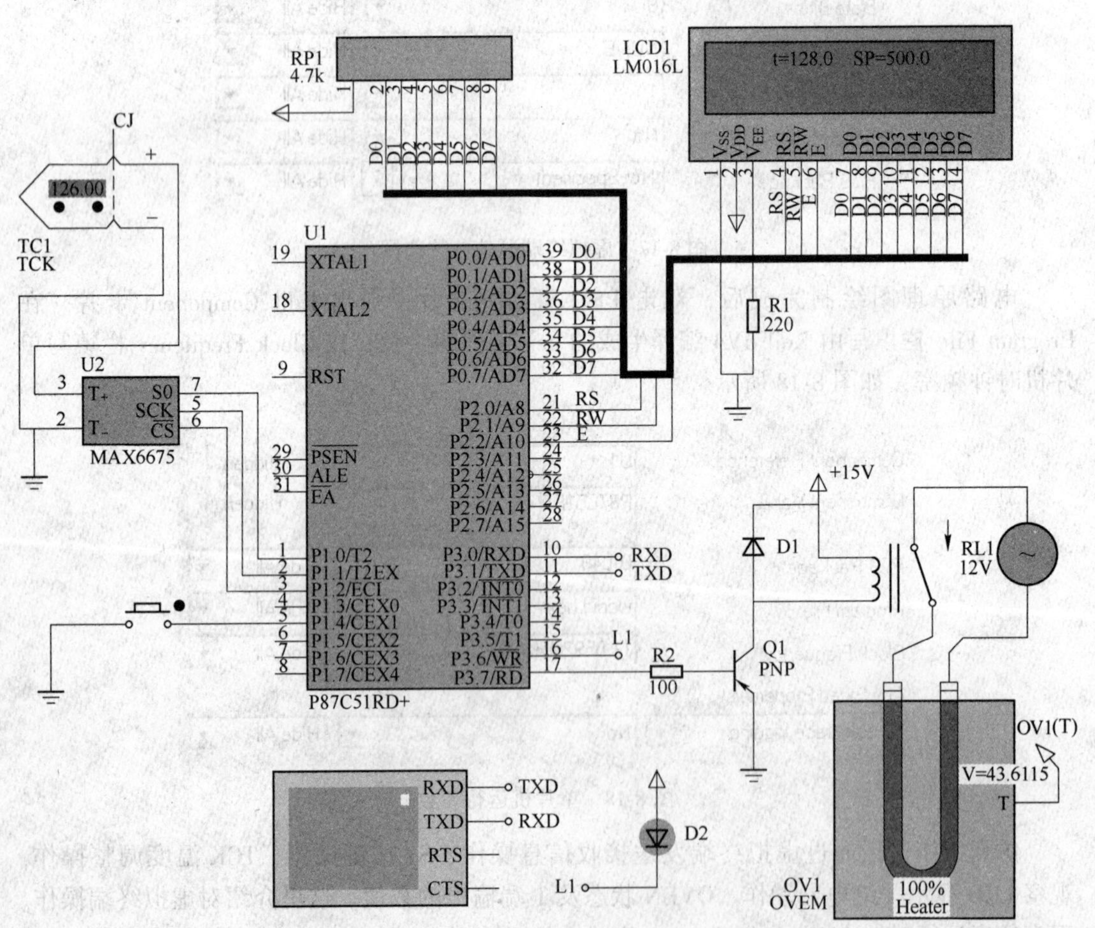

图 8-20　完整的电路图（仿真状态）

习　题

8-1 什么是单任务系统，什么是多任务系统？

8-2 什么是实时系统？

8-3 RTX51 Tiny 的时钟是如何确定的？

8-4 如何编写 RTX51 Tiny 的任务函数？

8-5 RTX51 Tiny 有哪几种任务状态？

8-6 实时系统中的事件有何作用，RTX51 Tiny 有哪几种事件？

8-7 简述时间轮转任务切换方式的特点和配置方法。

8-8 简述协作式任务切换方式的特点和配置方法。

8-9 试绘出一种用单片机检测热处理炉温的电路图。

8-10 简述 PID 各部分的控制作用。

8-11 为什么要把 PID 数字化？

8-12 何谓带死区的 PID？

8-13 单片机如何根据 PID 的输出产生 PWM 波形？

8-14 用 Proteus 仿真 AT89S52 与仿真 STC90C516RD+有何不同？

8-15 某水箱水温由热敏电阻测温，用一只电热丝加热，水箱水温采用 PID 控制。控制系统采用 STC12C5A60S2 单片机，用两只七段数码管显示温度值，用红外遥控器进行温度和控制参数的设定。试绘出控制电路图，并进行程序设计。注：热敏电阻的电压温度表参见第 5 章最后的程序。

8-16 某直流电动机转速采用 PID 控制。控制系统采用 STC12C5A60S2 单片机，直流电动机的转速通过单片机 PWM 输出电压给定，电动机实际转速通过与电动机同轴安装的光电编码器检测，光电编码器刻线数为 1800。试绘出控制电路图，并进行程序设计。

8-17 某热处理用燃气炉由 K 型热电偶测温，用天然气加热，一个角行程电动执行器用于驱动天然气管道的阀门，以控制天然气流量。电动执行器接受 1~5V 的控制信号，对应于 0~90°的转角。燃气炉炉温采用 PID 控制。控制系统采用 STC12C5A60S2 单片机，通过 RS-485 串口与上位机通信，单片机接收上位机命令，按要求修改控制参数或向上位机发送数据。（1）试绘出控制电路图，并进行程序设计。（2）单片机采用 Modbus 协议与上位机通信，且上位机通过组态软件实现对单片机的监控，试进行单片机程序设计，并进行上位机组态监控设计。

参 考 文 献

[1] 张自红，付伟，罗瑞 . C51 单片机基础及编程应用［M］. 北京：中国电力出版社，2012.
[2] 陈继文，杨红娟，于复生 . 单片机机械控制设计及典型应用［M］. 北京：化学工业出版社，2013.
[3] 唐颖 . 单片机技术及 C51 程序设计［M］. 北京：电子工业出版社，2012.
[4] 贾好来 . 单片机嵌入式系统原理及应用［M］. 北京：机械工业出版社，2013.
[5] 夏路易 . 单片机原理及应用：基于 51 及高速 SoC51［M］. 北京：电子工业出版社，2010.
[6] 侯玉宝，陈忠平，李成群 . 基于 Proteus 的 51 系列单片机设计与仿真［M］. 北京：电子工业出版社，2009.
[7] 廖常初 . PLC 编程及应用［M］. 2 版 . 北京：机械工业出版社，2005.
[8] 王永华 . 现代电气控制及 PLC 应用技术［M］. 2 版 . 北京：北京航空航天大学出版社，2008.
[9] 万隆，巴奉丽 . 单片机原理及应用技术［M］. 北京：清华大学出版社，2010.
[10] 兰吉昌 . 单片机 C51 完全学习手册［M］. 北京：化学工业出版社，2008.
[11] 张义和，陈敌北 . 例说 8051：单片机程序设计案例教程［M］. 2 版 . 北京：人民邮电出版社，2014.
[12] 文武松，杨桂恒，王璐，曹龙汉 . 单片机实战宝典：从入门到精通［M］. 北京：机械工业出版社，2013.
[13] 郭天祥 . 新概念 51 单片机 C 语言教程：入门、提高、开发、拓展全攻略［M］. 北京：电子工业出版社，2009.
[14] 刘恩博，田敏，李江全 . 组态软件数据采集与串口通信测控应用实战［M］. 北京：人民邮电出版社，2010.
[15] 张铁异，何国金，黄振峰 . 基于 PLC 控制的混合型气动机械手的设计与实现［J］. 液压与气动，2008（9）：6.
[16] 李文涛，余福兵 . 基于 STM32 单片机的电阻炉智能温度控制器的设计［J］. 化工自动化及仪表，2012（1）：89.
[17] 武培雄 . 基于 Proteus 的温度控制系统的设计与仿真［J］. 实验技术与管理，2012（6）：106.
[18] www. STCMCU. com：STC90C51RC/RD+系列单片机器件手册
[19] www. STCMCU. com：STC12C5A60S2 系列单片机器件手册
[20] Information on http：//www. uscada. com
[21] Information on http：//www. keil. com /rtx51tiny/

双峰检